DEUTSCHE DEMOKRATISCHE REPUBLIK
DEUTSCHE AKADEMIE DER LANDWIRTSCHAFTSWISSENSCHAFTEN ZU BERLIN
INSTITUT FÜR LANDWIRTSCHAFTLICHE INFORMATION UND DOKUMENTATION

Landwirtschaftliches Zentralblatt

ABTEILUNG I

LANDTECHNIK

9. JAHRGANG

1963

AKADEMIE-VERLAG · BERLIN

LZ. I. LANDTECHNIK · JG. 1963 · NR. 7 · SEITE 829—1034 · BERLIN · AUGUST 1963

INHALTSVERZEICHNIS

LZ. I/7/63

NAMENVERZEICHNIS

Seitenzahl in [Klammer] bedeutet Bibliographie, mit Stern * bedeutet Buchbesprechung

LANDWIRTSCHAFTLICHES ZENTRALBLATT
ABTEILUNG LANDTECHNIK

1968 NR. 7 AUGUST

I. A L L G E M E I N E S

A. ALLGEMEINE FRAGEN DER LANDTECHNIK

A n o n y m. Automation in agriculture. (Automatisierung in der Landwirtschaft.) - Econ. Comm. Europe, AGRI 1962 Nr. WP 2/69. 52 S. - 24 Abb.

Der "Arbeitskreis für Mechanisierung der Landwirtschaft" des "Kommitees für landwirtsch. Probleme" in der "Ökonomischen Kommission für Europa" prüfte auf seiner 9. Sitzung einen von der sowjet. Delegation ausgearbeiteten Bericht über Automatisierung an Traktoren und Landmaschinen. Der Bericht enthält folgende Abschnitte: I. Automatisierung beweglicher Prozesse. - II. Automatische Lenksteuerung beweglicher Aggregate. Klassifizierung und Terminologie. Programmierungssysteme für die Bewegung. Fernsteuerung und kombinierte Systeme. - III. Automatische Steuerung der Traktorgeschwindigkeit und Traktorbelastung. - IV. Automatische Steuerung der angebauten Landmaschinen. - V. Automatisierung von Warnsignalen und Sicherheitsvorrichtungen. - VI. Automatisierung von nicht ortsbeweglichen Prozessen in der Landwirtschaft. R.Reumschüssel. 1005.

B u c k i n g h a m , Frank. Engineering changes in the wind. New horizons. (Wandlung in der Technik. Neue Perspektiven.)-Implement & Tractor Farm Implement News 78 (1963) Nr. 1. S. 16-19. 48. - 3 Abb. Aus: Dok.-Dienst ILT 1963 Nr. 3.

Zusammenfassender Überblick über Tendenzen der techn. Entwicklung auf folg. Gebieten: Stalldungräumung (Beseitigung des überschüssigen Stalldungs, der nicht bei Düngung Verwendung finden kann); Futtertransport (pneumat. Förderung von brikettiertem Futter); Getreidetrocknung und -lagerung (Ausnutzung der Sonnenenergie, Vorbestimmung des erforderlichen Belüftungsgrades, Möglichkeiten der Schnelltrocknung mit hohen Temp.); Traktoren (Radiosteuerung, Verwendung elastischer Felgen, Grenzen in der Rentabilität des Allradantriebes, Antischlupfvorrichtungen); Halmfutter (Klärung der Faktoren, die für Zusammenhalten der Heuwaffeln verantwortlich sind, noch vorhandene Aussichten für Einsatz von Heuwaffelpressen); Feldbestellung für den Maisbau (Saatbettbereitung und Dibbeln in einem Arbeitsgang); Pflege von Sojabohnen- und Maiskulturen mit Flammenwerfern; besserer Einsatz der Bewässerung. 1005.

Èškov, I.N. (Eskow, I.N.) Traktornoe i sel'skochozjajstvennoe mašinostroenie v 1963 g. (Der Landmaschinen- und Traktorenbau im Jahre 1963.) Traktory i sel'-chozmašiny, Moskva 33 (1963) Nr.1. S.1-2. - Aus: Dok.-Dienst ILT 1963 Nr.3.

Anwachsen der Traktorenproduktion 1963 gegenüber 1959 um 52 %. Spezialisierung der sowjet. Traktorenwerke auf bestimmte Typen: in Minsk: Weiterentwicklung des "MTZ-50" (60 PS); in Wolgograd: Serienproduktion des "DT-75" (3-Mp-Klasse, Kettentraktor); in Kischinjow: Entwicklung eines 2-Mp-Traktors für den Weinbau. Die Landmaschinenproduktion wird 1963 um 20 % anwachsen. Schwerpunkte im Landmaschinenbau: weitere Mechanisierung des Mais-, Zuckerrüben- und Hülsenfruchtanbaus und der Viehwirtschaft. Stärkere Produktion von Reihenmähern mit großer Arbeitsbreite. 1005.

K a n a f o j s k i , Cz.; Warschau, Inst. für Mechanisier. und Elektrifizier. der Landwirtsch. Neue Landtechnik für die polnische Landwirtschaft.- Dtsch. Agrartechn. 12 (1962) Nr. 10. S.447-449. 1005.

F r ö h l i c h , G.; Leipzig, Karl-Marx-Univ., Inst. für Trop. und Subtrop. Landwirtsch. Der Einsatz landwirtschaftlicher Geräte und Traktoren der DDR in den Republiken Ghana und Guinea. - Dtsch.Agrartechn. 12 (1962) Nr. 10 S.443-446. 1005.

A n o n y m. Wer baut Maschinen? - Fach-Bezugsquellennachweis für Maschinen, Apparate, Präzisionswerkzeuge, Maschinenteile und -zubehör. - 25. Ausg. Hrsg. VDMA Verein Deutscher Maschinenbau-Anstalten e.V. Frankfurt (Main). Darmstadt: Hoppenstedt Wirtschaftsverlag G.m.b.H. 1963. (1207 S.) 25 x 10,5 cm DM 5,--.
Das wieder in blauer Farbe gehaltene Suchwortregister im Abschnitt A des Bezugsquellennachweises 1963 weist ca. 13000 Maschinenbau-Erzeugnisse der westdtsch. und westberliner Maschinenindustrie in alphabetischer Folge nach. Die Kennziffern hinter den Suchwörtern verweisen auf die Fachbereiche und Einzelprodukte mit den Herstellerfirmen im weißen Teil des Abschnittes A (Bezugsquellenregister). Der gelbe Teil des Abschnittes B bringt ein alphabetisches Herstellerverzeichnis von ca. 20000 Firmen mit den notwendigen verkehrsfördernden Angaben, wozu ein bes.Postleitzahlenverzeichnis gehört. Die Landmaschinen, Molkereimaschinen und Ackerschlepper sind in einem bes. Fachbereich zusammengefaßt. Der bequem zu handhabende Einkaufsführer ist in diesem Jahr in dtsch., engl., franz. und span. Sprache erschienen. W.Gerlach. 1005.

S e g l e r, G. und V o r n k a h l, W. Die Mechanisierung der Landwirtschaft. Freiburg. 1962. Aus: Veröffentl. Inst. für Landtechn. mit Landesanstalt für Landwirtsch.Maschinenwes. der Landwirtsch.Hochschule Hohenheim, vom 1.Jan. 1960 bis 31.Dez. 1962. = In: Der Große Herder, Ergänzungsband Bd.1. S. 288-295.

B u t o r i n, Innokentij Michajlovič. Statistika mechanizacii i ėlektrifikacii sel'skogo chozjajstva. (Statistik der Mechanisierung und Elektrifizierung der Landwirtschaft.) - Moskva: Gosstatizdat. 1962. (120 S.) 8°. (1963 A 301)

Farm mechanization in the Soviet Union. Washington: Gov.Pr.Off. 1959. 33 S. 4°. (1963 B 3)

Postep w rolnictwie NRD, ČSRS. (Fortschritte in der Landwirtschaft der ČSSR und der DDR.) - Warszawa: Panstw. wyd. roln. i leśne. 1962. (390 S.) 8°. (1963 A 156)

K l a u d e r , G. Landwirtschaftliche Faustzahlen - Wichtige Mittelwerte, Betriebszahlen und Begriffe aus der Landwirtschaft. - 4. neu bearb.Aufl. Berlin; Hamburg: Verlag Paul Parey.

Mladý mechanizátor. (Der junge Mechanisator.) - Praha: Státní zemědělské naklad. 1962. (153 S.) 8°. (1962 A 1521)

S e g l e r , G. und V o r n k a h l, W. Verzeichnis des landtechnischen Schrifttums in der Bundesrepublik Deutschland nach dem Stand vom 1.9.1961. - Hrsg.: Max-Eyth-Gesellschaft Frankfurt. 1962. Aus: Veröffentl. Inst. für

Landtechn. mit Landesanst. für Landwirtsch. Maschinenwes. der Landwirtsch. Hochschule Hohenheim, vom 1.Januar 1960 bis 31.Dez.1962.

K o s i e k, Zdzisław. Bibliografia polskich bibliografii gospodarstwa wiejskieo.(Bibliographie der polnischen Bibliographien der Landwirtschaft.) - Warszawa: Państw. wyd. roln. i leśne. 1962. (119 S.) 8°. (1962 A 1352)

C. UNTERRICHT, BERUFSAUSBILDUNG

R e h r l, Karl; Wien, Hochschule für Bodenkult. Gedanken zu einer zeitgemäßen Umgestaltung der landtechnischen Ausbildung. - Förderungsdienst/Wien/ II (1963) Nr. 1. S.1-3. 1205.

S c h e n k l i n g, W.; Cottbus. Die Ausbildung von Spezialisten für die Feldwirtschaft der Sowjetunion. - Wiss.-techn.Fortschr.Landwirtsch. 4 (1963) Nr.2, S.62-65. 1205.

D z i e d z i c, W o j c i e c h . Kółko rolnicze ósrodkiem mechanizacji wsi. (Der landwirtschaftliche Zirkel als Mittelpunkt für die Mechanisierung des Dorfes.) - Warszawa: Panstw. wyd. rolnicze i leśne. 1962. (107 S.) 8°. (1962 A 1688)

D. FORSCHUNG

A n o n y m. Bericht über die Tätigkeit derForschungsanstalt für Landwirtschaft Braunschweig-Völkenrode im Jahre 1960. - Ber. Tätigk. Forsch.-Anst. Landwirtsch. Braunschweig-Völkenrode 1960 (hrsg. 1962) S. 1-86.

B a t e l, W. Institut für landtechnische Grundlagenforschung. Ber.Tätigk. Forsch.-Anst. Landwirtsch. Braunschweig-Völkenrode 1960 (hrsg. 1962) S.46-51. - 7 Abb., 5 Diagr. -

Die Forschungsarbeiten dieses Inst. konzentrieren sich nach wie vor auf Probleme der Bodenmechanik, Grundverfahren, Kinematik, Werkstoffe, festigkeitsgerechte Konstruktionen sowie Meßtechnik. Die innerhalb dieser einzelnen Bereiche behandelten Probleme von Pflugkörpern, die Ermittlung von Bodenkenngrößen, der maschinellen Aufbereitungsverfahren, stufenloser Getriebe, Kurvengetriebe, Aufstellung eines Vierwinkel-Getriebeatlas, Gelenkspieluntersuchungen, Verschleißversuche an Rollenketten, Probleme selbstschärfender Mähmesserklingen, Haltbarkeit der Bodenbearbeitungsgeräte, Spannungsuntersuchungen an immer wiederkehrenden Bauteilen im Landmaschinenbau sowie spez. Regelungsanlagen einschließlich der Temperaturregelung werden skizziert. Die damit im Zusammenhang stehenden Veröffentlichungen des Inst. sind zusammengestellt.

K.-J.Zurawski. 1305.

S i m o n s, D. Institut für Landmaschinenforschung. - Ber.Tätigk.-J. Forsch.-Anst.Landwirtsch. Braunschweig-Völkenrode 1960 (hrsg. 1962) S.57-61. - 2 Abb., 3 Diagr., 1 Tab. -

Den Hauptanteil an den im Berichtszeitraum durchgeführten Untersuchungen nahmen Fragen der Mechanisierung der Kartoffelernte und -pflege ein; die Arbeiten an Stalldungstreuern und Greiferanlagen für die Gärfutterwirtschaft wurden fortgesetzt, ebenso Untersuchungen über die Anwendung der Fremdenergie in der Innenwirtschaft. In bezug auf die Kartoffelpflege war die Abhängigkeit des Zugwiderstandes und des Arbeitserfolges der Häufler von den Winkeln ihrer Arbeitsfläche nachzuweisen. Als maßgebend haben sich dabei die Anstellwinkel herausgestellt. Fortgesetzt wurden die Untersuchungen über den Einfluß der Reihenweite auf den Ertrag und die Sammelernte. Untersuchungen an einer holländ.

Krautrupfmaschine haben gezeigt, daß für einen wirkungsvollen Einsatz ein genaues Legen und Pflegen notwendig ist. Daneben wurden Untersuchungen an umlaufenden Siebketten für Kartoffelerntemaschinen sowie mechan. Trennhilfen an Kartoffelrodern durchgeführt. Eine für den universellen Einsatz bestimmte Zinkenform für Silogreifer ist für verschiedene Gutformen untersucht worden. Die Untersuchungen über den Einsatz von Elektroenergie in der Innenwirtschaft konnten abgeschlossen werden. Die Vielzahl der Einflußfaktoren ließ nur eine Tendenz ihrer Auswirkung erkennen, nicht aber eine gesicherte Abhängigkeit. Einzelne Beispiele werden angegeben. Abschließend sind die von Mitarbeitern des Inst. veröffentlichten Arbeiten angegeben. K.-J.Zurawski. 1305.

II. T E C H N I S C H E G R U N D L A G E N

B. GRUNDLAGENWISSENSCHAFTEN, ERFINDUNGEN, KONSTRUKTION

T u r b i n, B.I.; Moskau, Landwirtsch. Timirjasew-Akad. Novyj metod silovogo razčeta mechanizmov s.-ch. mašin. (Neue Berechnungsmethode der auf die Mechanismen von Landmaschinen einwirkenden Kräfte.)- Traktory i sel'chozmašiny, Moskva 32 (1962) Nr.12. S.17-19. - 2 Lit., 4 Zeichn. Aus: Dok.-Dienst ILT 1963 Nr.1.

Math.-theoret. Bestimmung von Kräften, die auf die in Bewegung befindlichen Glieder eines Mechanismus einwirken, und Feststellung der an den Verbindungsstellen dieser Teile entstehenden Drücke. Dabei Berücksichtigung aller Kräfte, auch der Trägheitskräfte. Methodik der Kräfte- und Druckbestimmung. - Besonderheit: Alle Kräfte im Mechanismus sind in entspr. Punkten eines Geschwindigkeitsdiagr. veranschaulicht. Vorteil: Unmittelbare Bestimmung des Druckes in beliebigem Kräftepaar möglich. Keine Anhäufung von Fehlern. Anwendung dieser Methode an kinematischem Schema einer Räum- und Sammelpresse. 2110 a.

S c h a w l o w i t s c h, M. Organisch-mineralische Materialien von hoher Festigkeit.- Int.Z.Landwirtsch.(Sofia/Berlin) 1962 Nr.5. S.84-87.

Ausgehend von den zahlreichen Unzulänglichkeiten der unter dem Namen Plastbeton bekannten Verbindung von Plasten mit einfachen Füllstoffen, beschreibt Vf. eine neue Methode zur Gewinnung von organisch-mineralischen Stoffen mit hoher Festigkeit, die auch auf den verschiedensten Gebieten der Landwirtschaft verwendet werden können. Die neue Methode sieht eine bessere Aufbereitung, Trocknung und Oberflächenaktivierung der Füllstoffe durch thermomechanische Trocknung sowie Magnet- und Elektro-Striktionssäuberung vor. Die Mischung von 92,5 % gereinigtem Quarzsand und 7,5 % Furfurol-Azeton-Monomer wird in einem bes. Elektro- und Magnet-Striktionsvibrationsmischer vorgenommen. Die sorgfältig vermengte Masse wird mit einer pneumatischen Vorrichtung oder durch Kaltguß in die gewünschten Formen oder Profile gebracht. Die Polymerisation und Erhärtung erfolgt in 2,5 bis 4,5 Minuten. Die nach dieser Methode gewonnenen Erzeugnisse zeichnen sich durch eine ganze Reihe sehr guter Eigenschaften aus, so daß in Zukunft mit einer wesentlich größeren Anwendung zu rechnen ist.
W.Bohrisch. 2135.

S t ö l z l e, Karl; Augsburg, VDI. Zahnräder und Zahnradgetriebe (Jahresliteraturübersicht). - VDI-Z. 105 (1963) Nr. 6. S. 265-271. - 302 Lit. 2135.

H i e r s i g, Heinz M.; Witten. Schneckengetriebe (Jahresliteraturübersicht). - VDI-Z. 105 (1963) Nr. 6. S.272. - 238 Lit. 2135.

M e y e r zur C a p e l l e n, Walther und D i t t r i c h, Günter; Aachen, TH, VDI. Ungleichförmig übersetzende Getriebe (Jahresliteraturübersicht.)-VDI-Z. 105 (1963) Nr. 6 S. 273-277. - 238 Lit. 2135.

S t e l l e r , Arpad; Graz. Gleit- und Wälzlager (Jahresliteraturübersicht). - VDI-Z. 105 (1963) Nr. 6. S. 277-280. - 124 Lit. 2135.

B u ß m a n n, Karl Heinz und S c h r i m m e r, Peter; Bonn; Berlin. Treibriemen und Riementriebe (Jahresliteraturübersicht). - VDI-Z. 105 (1963) Nr.6. S. 280-282. - 33 Lit. 2135.

A n o n y m. Aluminium als Bau- und Werkstoff in der Landwirtschaft. - Landmaschinen-Markt 41 (1962) Nr.19. S. 1122. 1124. 2140.

A n o n y m. Kunststoffe für die Landwirtschaft. - Mitt.dtsch.Landwirtsch.Ges. 78 (1963) Nr.13. S.450-451. - 7 Abb. 2140.

H a l l, Dana. Elastomers: New developments for farm equipment design. (Elastomere: Neuentwicklungen für die Landmaschinenkonstruktion.) - Implement & Tractor Farm Implement News 77 (1962) Nr.19. S.16-17. 26. - 3 Abb. Aus: Dok.-Dienst ILT 1962 Nr.10.

Definition und chem. Charakteristik der Elastomere. Typenbezeichnung nach Eigenschaften und Möglichkeiten für die Variierung der Eigenschaften durch entspr. chem. Zusammensetzung. Bedeutung verschiedener Begriffe der Mechanik in der Anwendung auf Elastomere. Bestimmte Teilgruppen, die z.Z. aus diesem Material gefertigt werden können (Dämpfung und Isolierung von Schwingungen, verwindbare und verformbare Systeme, Schutz gegen Korrosion und Verschleiß). Verfahrensweise bei der Entwicklung von Elastomerteilen und Notwendigkeit enger Zusammenarbeit zwischen Konstrukteur und Chemieingenieur. 2140.

S á b o s, Z., M a n g e r o n, D. und S t a n, I. Fundamentale mecanicii. (Die Grundlagen der Mechanik.) - Bucureşti: Acad. 1962. (386 S.)

M a g a r i k, V.A. und N a g o r n y j, N.M. (Magarik W.A. und Nagorny N.M.) Sistema komand universal'noj cifrovoj avtomatičeskoj mašiny BESM-2 vyčislitel'nogo Centra AN SSSR. (Das Kommandosystem der universalen automatischen Zahlenmaschine "BESM-2" des Rechenzentrums der Akademie der Wissenschaften der UdSSR.) 2.überarb. Aufl., Moskva: Akad. nauk SSSR. 1961. (88 S.) (1962 K 96)

O p p e l t, W. Kleines Handbuch technischer Regelvorgänge.- 3.Aufl. Weinheim/ Bergstraße: Verlag Chemie GmbH. 1960.

Regelungstechnik. Benennungen und Begriffe. Berlin; Köln: Beuth-Vertrieb. 1954.

M i t t e l s t a e d t,H. Hrsg. Regelungsvorgänge in lebenden Wesen. Vorträge einer Tagung, die von der Association Internationale de Cybernétique, dem Haus der Technik, Essen und dem Ausschuß Regelungskunde der VDI/VDE-Fachgruppe, Regelungstechnik am 6. u. 7.Nov. 1958 in Essen veranstaltet wurde. Beihefte zur Ztschr. "Regelungstechnik". (191 S.m.107 Abb.) DM 24,-.

Literatur über Steuerungs- und Regelungstechnik. - Hrsg. Instn.: Hochschule f. Verkehrswesen "Friedrich List", Dresden. (Lit.-Nr.: 42/62. Titelanzahl: 157. Ber.-Zeit: 1944 - 1962.)

Literatur über systematisches Konstruieren. Hrsg. Instn.: Zentralinst. f. Automatisierung, Abt. Dok.. Dresden. (Lit.-Nr.31. Titelanzahl: 42. Ber.-Zeit: 1956 - 1961.)

Šatunovskij, Grigorij Michajlovič. Technologičnost' konstrukcij i ėkonomičeskaja ėffektivnost' sel'skochozjajstvennych mašin. (Technologiegerechte Konstruktionen und ökonomischer Nutzeffekt der Landmaschinen.) - 2., überarb.Aufl. Moskva: Mašgiz. 1962. (443 S.) 8°. (1963 A 295)

Cikličeskaja pročnost' metallov. (Die zyklische Verschleißfestigkeit der Metalle.) - Moskva: Akad.nauk SSSR. 1962. (338 S.) (1962 B 770)

C. FERTIGUNG, INSTANDSETZUNG, PFLEGE

B e r e z n i k o v, V.V. und M a k u š k i n, A.P. (Beresnikow, W.W. und Makuschkin, A.P.) Nanesenie plastmassovych pokrytij na detali mašin v psevdoožižennom sloe. (Auftragung von Plaste auf Maschinenteile in quasiflüssigem Pulvermedium.) - Traktory i sel'chozmašiny, Moskva 32 (1962) Nr.8. S.39-42. - 3 Diagr., 2 Zeichn., 1 Tab., 7 Lit.

Eines der modernsten Verfahren für die Auftragung von Plaste auf Teile aus Metall, Glas, Keramik, Porzellan, Beton usw. ist das Versenken der erwärmten Teile in Plastepulver, das von unten von Luft durchströmt wird und sich dabei wie eine kochende Flüssigkeit verhält. Für das Verfahren lassen sich alle Plaste verwenden, deren Zersetzungstemp. über ihrer Schmelztemp. liegt. Am meisten verwendet werden Polyamide, Polyäthylene und Epoxydharze. Vff. beschreiben das Verfahren und die Apparatur, die aus einem Kasten mit luftdurchlässigem Boden besteht, durch den Luft von unten nach oben gedrückt wird. Wichtig ist die Vorbearbeitung der Werkstückoberfläche, die mit Schmirgelpapier oder einem Sandstrahlgebläse bearbeitet und anschließend phosphatiert werden muß. Die Temp. des Werkstückes hängt von seiner Dicke ab und beträgt 218-370 °C. Luftdurchströmtes Pulver durchläuft mit steigender Luftgeschwindigkeit 3 Zustände (luftdurchlässig, kochend, schwebend), die an Hand eines Diagr. behandelt werden. Bei der Verwendung von Pulvergemischen sind die Korngrößen der Bestandteile in Abhängigkeit von den Dichten der Bestandteile zu wählen. Die Dicke der aufgetragenen Schicht hängt von der Dauer des Eintauchens und der Temp. ab. Die Abkühlung muß in einem inerten Stoff oder Öl von 180 °C langsam erfolgen. W.Balkin. 2210.

T u r, G. Vosstanovlenie detalej naplavkoj v srede para. (Instandsetzung von Einzelteilen durch Auftragschweißen im Wasserdampf.) - Technika v sel'skom chozjajstve, Moskva 23 (1963) Nr.1. S.69-70. - 2 Schemata. Aus: Dok.-Dienst ILT 1963 Nr.3.

Instandsetzungsverfahren für Traktorstützrollen ohne Verwendung von Pulver. Ausrüstung und Verfahren werden beschrieben. Vorteil der Methode: Eine mechan. Bearbeitung der Flächen ist nicht erforderlich, da keine Schlackenbildung entsteht. Leistung: 30-35 Rollen/Schicht (das Dreifache als bei UP-Auftragschweißen) 2215.

A n o n y m. Wetterfeste Schutzanstriche für landwirtschaftliche Holzbauten. - Dtsch.landtech.Z. 13 (1962) Nr.10. S. 532.534. 2220.

Tabulky shodných náhradních dílu stroju národního podniku agrostroj pelhřimov. (Tafeln genormter Maschinenersatzteile des VEB Landmaschinen Pilgram.) - Praha: Ústřední podnik zeměd. techniky ve státní zeměd. naklad. 1962. (91 S.) 8°. (1962 A 1533)

S p o u s t a, Čeněk. Údržba a opravy traktoru. (Pflege und Reparatur der Traktoren.) - Praha: Státní zeměd. naklad. 1962. (236 S.) 8°. (1962 A 1516)

D. TECHNISCHE BETRIEBSANGELEGENHEITEN

K r ü g e r, Horst; Hannover. Kostenabrechnung als Grundlage für die Planung von Betriebsorganisation und Arbeitswirtschaft in Hackfruchtbaubetrieben. Teil I. Zuckerrübenbaubetriebe. - Kali-Briefe, Fachgeb. 15 7 (1963) Nr.5. S.1-8. 2325.

B r u t h a n s, J. Sezonnost potřeby práce a celoroční využiti pracovniku v zemědělstvi. (Jahreszeitliche Verteilung des Arbeitsbedarfs und ganzjährige Auslastung der Arbeitskräfte in der Landwirtschaft.) - Praha: Naklad. polit. lit. 1962. (159 S.) 8°. (1962 A 1508)

F i s c h e r - G u r i g, A., F i n z e l, H. und G i e r i n g, H. Technisch-wirtschaftliche Kennzahlen (TWK) zur Planung der Arbeit in LPG und VEG. - Berlin: VEB Deutscher Landwirtschaftverlag. (176 S.m.Register) 28 x 16,7 cm. DM 18,90.

W r o b l e w s k i, Jozef. Ekonomika prac maszynowych. (Die Ökonomik der Maschinenarbeit in der Landwirtschaft.) - Warszawa: Panstw. wyd. rolnicze i leśne. 1962. (134 S.) 8°. (1962 A 1229)

Literatur über Kosten des Maschineneinsatzes in Landwirtschaftsbetrieben unter bes. Berücks. der Reparaturkosten. - Hrsg.-Instn.: Hochschule f.LPG.Dok. Meißen. (Lit.-Nr.: 237. Titelanzahl: 27. Ber.-Zeit: 1959-1962).

E. MEß- UND PRÜFWESEN

G ä t k e, R.: Methodische Gesichtspunkte zur Rationalisierung des Landmaschinenprüfwesens in der DDR. - Int.Z.Landwirtsch. (Sofia/Berlin) 1962 Nr. 5. S.76-80.

Um die durch die stetig wachsende Mechanisierung laufend steigenden Anforderungen an das Landmaschinenprüfwesen bewältigen zu können, ist eine Rationalisierung des gesamten Prüfwesens erforderlich. Grundlage bildet eine straffe Organisation und das Arbeiten nach genau festgelegten Prüfmethodiken. Der Aufbau und Inhalt der Methodiken und ihre Zuordnung zueinander werden beschrieben. Ebenso wird auf die einzelnen, den Prüfmethodiken beigefügten Meßverfahren eingegangen. Sie können ohne Änderung der Prüfmethodik untereinander ausgetauscht oder aber durch neuere und bessere Verfahren ersetzt werden. Der Ablauf der Prüfungen zeigt ein lückenloses Ineinandergreifen der einzelnen Teilarbeiten unter Vermeidung jeglicher Doppelarbeit. Auf diese Weise können kurz nach Beendigung einer Maschinenprüfung die Prüfberichte zur Information vorliegen.
W.Bohrisch. 2405.

T o e l l e r, Heinrich; Frankfurt/M., Firma Hartmann & Braun AG, Entwicklungsabt. Einige Gedanken zur Entwicklung der Meßtechnik. VDI-Z. 105 (1963) Nr.4. S.133-142. - 18 Abb., 26 Lit. 2405.

W i n k l e r, Otto; Marl, Kreis Recklinghausen, Firma Chem.Werke Hüls AG, Abt. Betriebskontrolle. Die Meßtechnik bei Energie- und Stoffumwandlungsprozessen. - VDI-T. 105 (1963) Nr.4. S.143-151. - 16 Abb., 26 Lit. 2405.

F i n k, Kurt; Düsseldorf, Vereinigte Hütten- und Röhrenwerke, Phoenix-Rheinrohr Aktienges. Die Meßtechnik bei Umformungs- und Fertigungsprozessen. - VDI-Z. 105 (1963) Nr.4. S.152 - 159. - 10 Abb., 32 Lit. 2405.

C a p a r r i n i, P. Nuove attrezzature dell'instituo di meccanica agraria dell' universitá di Pisa per le prove delle macchine agricole. (Neue Geräte des Instituts für Landtechnik der Universität Pisa für die Erprobung der Landmaschinen.) - Macchine & Motori agric. 20 (1962) Nr.9. S.79-83. - 8 Abb. Aus: Dok.-Dienst ILT 1963 Nr. 3.

Entwicklung und Realisierung verschiedener Meßgeräte für Traktoren und andere landwirtsch. Zugmaschinen. Es werden einige Geräte kurz beschrieben, wie: Hydraulische Bremsdynamometer für Motoren bis 160 PS und 360 PS sowie 10-12 PS, Bremsen zur Erzeugung von Bremskräften bis 4000 und 30 000kp, hydraulische Zugkraftmesser, elektrische Sekundenzähler. Weitere Meßgeräte werden entwickelt. 2410.

E h r h a r d t, Joachim und S c h o r c h t, Adelbrecht. pH-Registrierregler. Gerät zum Messen, Registrieren und automatischen Regeln von pH-Werten. - Jenaer Rdsch. 1963 Sonderh. Leipziger Frühjahrsmesse S. 35 - 40. - 7 Abb., 19 Lit. 2410.

V i d a l, H.; München, Bayer. Landesanst. für Landkult. und Moorwirtsch. Erfahrungen mit Hartschaumstoffen als Temperaturisolierung von hydrologischen und meteorologischen Meßinstrumenten. - Z. Kulturtechn. 4 (1963) Nr. 1. S.42-44. - 1 Lit.

Z e l ' c e r m a n, I.M. (Selzerman, I.M.); Unions-Forsch.-Inst. für Landmaschinenbau. Pročnost' i nadežnost' s.-ch. mašin. (Stabilität und Betriebssicherheit von Landmaschinen.) - Traktory i sel'chozmašiny, Moskva 32 (1962) Nr.12. S.20 - 23. - 2 Abb., 3 Schemata. Aus: Dok.-Dienst ILT 1963 Nr.1.

Beschreibung einer stationären Tensometeranlage für Festigkeitsuntersuchungen an Landmaschinen unter Laborbedingungen und einer fahrbaren Anlage für Fahr- und Feldprüfungen. Messungen dynamischer und statischer Belastungen an Kartoffellege- und -erntemaschinen und Heuwerbungsmaschinen. Meßergebnisse. 2415a.

B o h r i s c h, W.; Potsdam-Bornim, Inst. für Landtechn. der Dtsch. Akad. der Landwirtsch.-Wiss. zu Berlin. Beitrag zur elektrischen Messung mechanischer Größen mit Trägerfrequenzgeräten. - Arch.Landtechn. 3 (1961/62) Nr. 2. S. 119-143. - 21 Abb. Zus. in Russ., Engl. nach Zus.

Einleitend wird der Aufbau und die Wirkungsweise von Meßverstärkern beschrieben, die bei Transistorbestückung und in Verbindung mit geeigneten Gebern robuste und zuverlässige Elektrische Meßapparaturen für die Aufnahme mechanischer Größen auch bei schwierigen Verhältnissen, wie sie in der Landtechnik vorliegen, ergeben. Es werden das Wesen des Differentialtransformators und seine verschiedenen Verwendungsmöglichkeiten abgehandelt, ohne jedoch Anspruch auf Vollständigkeit hinsichtlich weiterer Ausführungsformen zu erheben. An einigen Beispielen wird das Prinzip dieses Meßwandlers betrachtet. Anhand von ausgeführten Geberelementen wird der augenblickliche Stand dargelegt. 2415d.

P a v l o v, B. und G i b e r t, A. (Pawlow, B. und Gibert, A.) Ustrojstvo dlja opredelenija neispravnostej gidrosistemy. (Vorrichtung zur Bestimmung von Störungen in der Hydraulik.) - Technika v sel'skom chozjajstve, Moskva 23 (1963) Nr. 1. S. 58 - 59. - 2 Schemata, 2 Tab. Aus: Dok-Dienst ILT 1963 Nr.3.

Die Wechselbeziehung zwischen einer Störung in hydraulischen Antrieben und ihren Anzeichen werden in einer mathematischen Formel zusammengefaßt. Darstellung der Formel an Schaltbild einer elektrischen Vorrichtung, deren Schalter den jeweiligen Symptomen entsprechen. Gerät und Schaltbild werden beschrieben, Störungsmerkmale und jeweilige Schalter in Tab. aufgeführt. 2415d.

F. EIGENSCHAFTEN, VERHALTEN UND NATURWISSENSCHAFTLICHE GRUNDLAGEN DES BODENS, DER LANDWIRTSCHAFTLICHEN PRODUKTE UND DER HILFSSTOFFE

Z s c h a a g e, F.; Potsdam-Bornim, Inst. für Landtechn. der Dtsch.Akad. der Landwirtsch.-Wiss. zu Berlin. Gerät zur Registrierung der Scherkraft an Bodenproben. - Arch. Landtechn. 3 (1961/62) Nr. 2. S. 165-174. - 7 Abb., 1 Tab., 5 Lit. Zus. in Russ.,Engl. nach Zus.

Es wird ein Gerät zur Registrierung der Scherkraft an Bodenproben beschrieben, die mittels der 100- cm^3 Stechzylinder entnommen werden. Das Gerät besteht aus folgenden Hauptteilen: der Halterung für den Stechzylinder mit Auswerfer für die Bodenprobe, dem Meßschlitten mit der Meßfeder und der Schreibeinrichtung. Der Stechzylinder mit der Bodenprobe wird in die Halterung eingeklemmt. Durch den Auswerfer wird die Probe zur Hälfte in einem im Meßschlitten angebrachten 100 - cm^3-Stechzylinder gedrückt. Wird durch Drehen an einem Handrad der Meßschlitten bewegt und dadurch der obere Stechzylinder gegen den unteren seitlich verschoben, so wird die Probe abgeschert. Dabei zeichnet die Schreibeinrichtung den Scherkraftverlauf über dem Scherweg auf. Mit Hilfe dieses Scherkraftschreibers sollen Erkenntnisse gewonnen werden über einen Zusammenhang zwischen Scherkraft und Bearbeitbarkeit des Bodens. 2510.

K u n a t h, Liselotte; Potsdam-Bornim, Inst. für Landtechn. der Dtsch. Akad. der Landwirtsch.-Wiss. zu Berlin. Zur Bodendichtebestimmung mit Bodensonden. - Arch. Landtechn. 3 (1961/62) Nr. 3. S. 227 - 242. - 15 Abb., 5 Tab., 17 Lit. nach Zus.

In den Jahren 1961 und 1962 wurden zur Klärung der Frage, ob mit Hilfe der Bodensonde durch die Einstichkraftmessung eine Aussage über die Größe der Verdichtung unter Fahrzeugspuren oder z.B. unter der Pflugsohle möglich sei, Laborversuche in homogenem Material und Feldmessungen auf verschiedenen Böden durchgeführt. Die Laborversuche dienten vor allem der Untersuchung der Tiefeneinwirkung auf den Einstichwiderstand. Aus den Laborversuchen und einer großen Anzahl Feldmessungen wurden die Folgerungen gezogen: 1) Porenvolumen und Einstichkraft zeigen keine eindeutige Beziehung zueinander. 2) Die Feststellung unterschiedlicher Bodenverfestigung - bei Feldmessungen unter gleichen Bodenbedingungen und bei Laborversuchen innerhalb ein und derselben Füllung - ist mit der Bodensonde, bes. bei kleinen Unterschieden, sicherer möglich als mit Stechzylindern. Außerdem brachten die Laborversuche folgende Ergebnisse: I. Der Einfluß der Einstichtiefe auf den Einstichwiderstand konnte nachgewiesen werden. II. Die von Bekker aufgestellte Gleichung für die Einsinktiefe von Platten gilt ebenfalls für Spitzen. Mit der Bodensonde nach Bohrisch können Bodenverdichtungen qualitativ festgestellt werden. Es ist jedoch damit noch nicht möglich, eine Aussage über die Größe der Verdichtung zu machen. 2510.

G. ALLGEMEINES ZU TECHNOLOGISCHEN PROZESSEN FÜR ZWECKE DER LANDTECHNIK

W e l s c h o f, G. Pneumatische Förderung bei großen Fördergutkonzentrationen. - VDI-Forschungsh. 1962 Nr.492. 2640.

B a t e l, Wilhelm. Über das Sortieren körniger Stoffe. - Grundlagen Landtechnik 1960 Nr.12. S. 18-24. - 8 Diagr., 16 Schemata, 1 Tab., 7 Lit.

Unter dem "Sortieren körniger Stoffe" (wie Mineraldünger, Getreide, Kartoffeln, Sämereien, Obst) wird das "Trennen nach physikalischen Merkmalen" (wie Größe,

Masse, Dichte, Farbe, Elastizität, magnetische und elektrische Eigenschaften) verstanden. Die Vorgänge in den Sortiermaschinen und -apparaten gehorchen physikalischen Gesetzmäßigkeiten. Vf. gibt in Einzelheiten einen Überblick über die grundsätzlichen Abhängigkeiten bei den wichtigsten Sortierverfahren und unterscheidet: 1) Sortieren nach der Größe (Sieben). Erläutert werden: Plansiebmaschinen und Wurfsiebmaschinen nebst Antrieb, Siebböden; 2) Sortieren nach der Fallgeschwindigkeit und nach der Korngröße (Anwendung: Windfege, Steig- und Zentrifugalsichter, Sichten, Sedimentieren); 3) Sortieren nach der Masse (Wägung - mechanisch, elektromechanisch und elektrisch; wird bei der Kartoffelsortierung erstrebt); 4) Sortieren nach der Dichte durch Schwerflüssigkeit (Anwendung: Reife und unreife Erbsen, Kartoffeln und Steine); 5) Sortieren nach der Dichte auf Grund der Fallgeschwindigkeit (Anwendung: Windfege, Sichter, Trennung von Kartoffeln und Steinen, Legemaschine); 6) Sortieren nach der Dichte auf Grund des Flächendruckes (Anwendung: Trennung von Kartoffeln und Steinen mit Hilfe von Schaumgummiunterlagen, Fingerböden, Bürsten); 7) Sortieren nach der Farbe mittels Photozellen bei Röstkaffee, bei reifen und unreifen Zitronen; 8) und 9) Sortieren nach magnetischen (Trommelabschneider) und elektrischen Eigenschaften. Bekannt sind noch die Trennung nach der Kornform mit dem Trieur, nach der Festigkeit durch Aufspießen, nach der Elastizität durch Stoßvorgänge und nach der Benetzbarkeit durch Flotation.

W. Gerlach. 2650.

S c h e e l e ,Karl. Die Biegebeanspruchung von Gummifördergurten mit Gewebeeinlagen. - Diss.TH Hannover 1960.

III. E N E R G I E , K R A F T M A S C H I N E N U N D S C H L E P P E R

B. ENERGIE UND KRAFTMASCHINEN

W a l t e r, M.; Neustadt, Holstein. Stromversorgung durch kleine Windkraftwerke. - Elektro-Anz.,Ausg. ges.Ind. 15 (1962) Nr. 20. S. 417 - 418. - 2 Abb.
Wenn auch die "Windmotore" mit ihren vielflügeligen Windrädern und den hohen Gittertürmen den Aufgaben von Pumpwerken noch genügen, so entsprechen sie nicht mehr den Anforderungen für Stromversorgungsanlagen. Bes. Beachtung erforderte bei der Weiterentwicklung der Windkraftwerke das Schwingungsproblem bei schnell laufenden Windflügeln. - Für Siedlungen, Viehfarmen und Einzelanwesen geeignete Aggregate lassen sich bei Leistungen zwischen 0,2 und 3 kW (12 - 48 V) als Kippmastanlage errichten. Sie arbeiten ab Windgeschwindigkeiten von ca. 2,5 m/s und erreichen ihr Maximum bei ca. 10 m/s. Höhere Windgeschwindigkeiten werden, da sie außerhalb des Leistungsmaximums liegen, nicht mehr ausgenutzt, stören aber auch nicht den Betrieb. Windpausen werden durch Speicherbatterien (Bleizellen bis 180 Ah) überbrückt. F. Lüpnitz. 3120.

P o h l i t, Wolfgang und Rajewsky, Boris; Frankfurt/M. Strahlenschutzmaßnahmen. - VDI-Z. 105 (1963) Nr. 4. S.176 - 177. 3126.

J e n n y, Ernst. Methoden der direkten Energie-Umwandlung. - Motortechn.Z. 24 (1963) Nr. 2. S. 57 - 58. - 1 Schema, 2 Lit.
Unter Beigabe einer übersichtlichen Tafel mit erläuternden Schemabildern werden 4 technische Möglichkeiten unmittelbarer Elektrizitätserzeugung beschrieben: Brennstoffzellen, thermoelektrische, thermionische und magnetohydro-dynamische Generatoren. 3130b.

A n o n y m. Brennstoffzellen - Energiewandler von morgen? - Elektro-Techn. 44 (1962) Nr. 46/47. S. 678 - 679. - 1 Schema.
Hochwertige chem. Energie kann in Brennstoffzellen ohne die Zwischenstufe "Wärme" in elektrische Energie umgewandelt werden. Bei dieser "kalten Verbrennung" wird ein Wirkungsgrad bis zu 80 % erreicht. Darüberhinaus benötigt die Brennstoffzelle keine mech. bewegten Teile, sie ist geräuschlos und erzeugt keine schädlichen Abgase. - Flüssiger oder gasförmiger Brennstoff (Wasserstoff, Sauerstoff, Methan, Glykol) wird durch poröse Elektroden in ein Elektrolyt geleitet, in dem das Reaktionsprodukt Wasser gekühlt und abgeleitet wird. Die elektrochem. Reaktion findet an der Dreiphasengrenze fest-flüssig-gasförmig innerhalb der Elektroden statt, von ihnen wird auch die Spannung (theoretisch 1,23 V) abgenommen. Die Elektroden bestehen aus Kohle-, Nickel- oder Silbersinterkörper.- Mit dem Strom der Brennstoffzellen können Gleichstrom-Reihenschlußmotore in Fahrzeugen getrieben werden. Von wirtschaftlicher Bedeutung ist der Wirkungsgrad der Brennstoffzellen, da er nicht von der Anlagegröße abhängt. - Bei Umkehrung des Arbeitsprinzipes ist eine Wasserelektrolyse möglich, mit deren Hilfe überschüssige Elektrizität in Gasform gespeichert und im Bedarfsfall über Brennstoffzellen wieder zurückgewonnen werden kann.
Lüpnitz.F. 3130b.

B o n d a r e n k o, S.P.; Ukrain. Akad. der Landwirtsch.-Wiss. Rozšyryty naukovi doslidžennja po perevedennju na elektrotransmisiju mobil'nych skladnych sil'śkogospodarśkych mašyn. (Intensivierung der wissenschaftlichen Arbeiten zur Ausrüstung fahrbarer komplizierter landwirtschaftlicher Maschineneinheiten mit Elektroantrieben.) - Visnyk sil'śkogospodarśkoi nauky, Kyïv 4 (1961) Nr.5. S. 12 - 15. - 2 Zeichn. Orig.: ukrain.,Aus.: russ.
Vf. berichtet über einige Arbeiten, wo in komplizierten landwirtsch. Maschineneinheiten mechanische Kraftübertragungen durch elektrische ersetzt wurden.und fordert eine Verstärkung der Forschungstätigkeit auf diesem Gebiet, um von störanfälligen Transmissionen zu einsatzsicheren Maschineneinheiten mit größerem Arbeitsvermögen zu kommen. Im einzelnen wird über das Mähwerk "KN-14" bzw. "KE-14" (Ljuberezker Landmaschinenwerk) berichtet, über eine Getreide-Vollerntemaschine "RSM-8" mit Elektroantrieb, über das Mähwerk "ŽEAN-12" und den Diesel-Elektrotraktor "DET-250". Es werden jeweils praktisch erreichte Arbeitsleistungen verglichen, wobei Vf. bes. den Vorteil der größeren Einsatzsicherheit herausstellt. H.Ahlgrimm. 3130f.

D a s k a l o v, A. (Daskalow, A.) Obrabotka na indikatornite diagrami na dvigatelite s vŭtrešno gorene i metodika za opredeljane pokazatelite na politropite. (Bearbeitung der Indikatorendiagramme von Verbrennungsmotoren und eine Methode zur Bestimmung der polytropen Prozesse.) - Naučni trudove. Visš institut po mechanizacija i elektrifikacija na selskoto stopanstvo - Ruse 4 (1962) S. 131-141. - 7 Abb., 4 Tab., 6 Lit. Zus. in Russ., Dtsch.

Es werden die Indikatorendiagr. untersucht, die durch einen pneumatisch-elektrischen Indikator an Verbrennungsmotoren zwecks Ermittlung von Kennziffern über polytrope Verdichtungen und Ausdehnungen aufgeschrieben worden sind. Die Vorbereitungsarbeiten am Indikatordiagr. zwecks Bestimmung der Durchschnittskurven der Veränderung P = P (V) werden vervollkommnet, und zur Bestimmung der Polytropenzahl werden 2 Methoden vorgeschlagen: 1) eine analytische, unmittelbar aus dem Temperaturdiagr. und 2) eine graphische, aus dem Diagr. P = P . (V).

D. Dinew. 3135a.

A n o n y m. Corrosion, lubrication and temperature control. (Korrosion, Schmierung und Temperaturkontrolle.) - Oil Engine Gas Turbine 30 (1963) Nr.352. S.332 - 333. - 2 Abb., 1 Diagr., 1 Tab. Aus: Dok.-Dienst ILT 1963 Nr. 2.

Nach langjährigen Erfahrungen entsteht der stärkste Verschleiß nicht an Zylinderlaufbuchsen, sondern an Kolben, bes. an dem oberen Kolbenringnut, durch häufigen Start bei unterkühltem Motor bezw. bei häufigem Wechsel zwischen langen Stillstandszeiten und kurzen Betriebsperioden. Gefährliche Ursache für Korrosion ist die bei der Verbrennung sich bildende Schwefelsäure. Nach Untersuchungen der Fa. Hepworth & Grandage Ltd. ist Abhilfe möglich: Anwendung bes. resistenter Metalle (sehr kostspielige Methode), regelmäßiger Ölwechsel zum jeweils richtigen Zeitpunkt sowie möglichst genaue Kontrolle der Betriebstemperatur (Thermostatkontrolle). Ergebnisse verschiedener Motorenprüfungen im praktischen Betrieb. 3135c.

A r e š i d z e , N.D. (Areschidse, N.D.) Vyključajuščijsja ventiljator traktornogo dvigatelja. (Vom Fahrerhaus aus abschaltbarer Kühlerventilator.) - Traktory i sel'chozmašiny, Moskva 32 (1962) Nr.8. S. 14. - 2 Zeichn.

Im Inst. für Maschinenkunde der Akad. der Wiss. der Grusin.SSR ist ein Kühlerventilator entwickelt worden, der vom Fahrerhaus aus abgeschaltet werden kann, wodurch die Zeit zum Erwärmen des Motors beim Anlassen herabgesetzt wird und die Motortemp. bei verschiedenen Außenlufttemp. konstant gehalten werden kann. Vf. beschreibt die Konstruktion der Zusatzvorrichtung und teilt mit, daß durch Versuche folgende Anwärmzeiten festgestellt worden sind: Lufttemp. 15 °C, Ausgangstemp. des Kühlwassers 20 °C, Endtemp. 70 °C. Dauer der Erwärmung mit laufendem Ventilator 45 Min., mit abgestelltem Ventilator 18 Min.

W. Balkin. 3135c.

H o l l a n d, Jörn; Hannover. Gleitlager in Kolbenmaschinen.-Motortechn. Z.23 (1962) Nr.7. S. 243 - 250. - 13 Diagr., 12 Lit. Zus. in Engl., Franz.

Für die instationär belasteten Gleitlager in Kolbenmaschinen wird ein Berechnungsgang angegeben, der sowohl theoretisch genügend genau, als auch praktisch anwendbar ist. Dabei wird gezeigt, wie man alle Lager in Kolbenmaschinen genau in ihrem Verhalten erfassen kann. Es wurde dafür die Bahn des Wellenzapfens im Lager bestimmt und mit Meßergebnissen verglichen. Zur Erleichterung der Rechnung wird auf die Anwendung von elektronischen Digitalrechnern hingewiesen. Außerdem werden die Reibungsziffer und der Öldurchfluß angegeben.

K.-H. Schulte. 3135c.

A n o n y m. Kühlwasservorwärmer für Verbrennungsmotoren. - Motortechn.Z. 24 (1963) Nr. 1. S. 22. - 2 Abb.

Es wird eine Kühlwasser-Vorwärmeanlage beschrieben, die einen elektrisch beheizten Durchlauferhitzer enthält und die Kühlwassertemperaturen thermostatisch auf + 40 °C zwecks Kaltstarterleichterung hält. 3135c.

K o l l m a n n, Karl, K a s p a r - S i c k e r m a n n, Walter und S t e g e m a n n, Dieter. Verschleißmessungen mittels radioaktiver Isotope an Kolbenringen und Gleitlagern von Verbrennungsmotoren. - Motortechn.Z. 24 (1963) Nr. 2. S. 33-39. - 9 Abb., 2 Tab., 16 Lit.

Für Verschleißversuche mit radioaktiven Isotopen an Motorteilen wurden verschiedene Meßmethoden im Versuch miteinander verglichen. Mit der empfindlichsten Anordnung wurde nacheinander an 10 gleichen radioaktiven Kolbenringen in einem Dieselmotor die Reproduzierbarkeit der Verschleißmessung untersucht. Außerdem wird über Verschleißmessungen an einem Kurbelwellenlager berichtet. 3135c.

B a i s t, Walter. Motorenverschleiß, insbesondere bei Kaltbetrieb. - Motortechn.Z. 24 (1963) Nr. 2. S. 40-43. - 6 Abb., 3 Tab., 10 Lit.

Versuche mit Vollmotoren zeigten bes. an Ventilstößeln, Zylindern und Kolbenringen, daß im Bereich zwischen hydrodynamischer Schmierung und metallischer Berührung hoher Gleitflächenverschleiß auftreten kann, sogenannter "Dünnfilmverschleiß", durch Additive, Alterungsstoffe und Wasser beeinflußt. Beispiele zeigen den Unterschied zwischen Dünnfilmverschleiß und korrosivem Verschleiß, ferner den Kondenswassereinfluß bei Kaltbetrieb. 3135c.

A n o n y m. Abgasturboaufgeladene Ottomotoren in USA. - Motortech.Z. 24 (1963) Nr. 2. S. 55-56. - 5 Abb.

Beschreibung der Abgasturboaufladung bei den Motoren "Spyder" von Chevrolet und "Jetfire" von Oldsmobile. Auszug aus SAE-Schrift 531A. 3135d.

V v e d e n s k i j, A.A. (Wwedenski, A.A.) Teplovoe sostojanie masla v dizele vozdušnogo ochlaždenija. (Der Wärmezustand des Öls in luftgekühlten Dieselmotoren.) - Izvestija Timirjazevskoj sel'skochozjajstvennoj akademii, Moskva Nr. 3. S. 134-143. - 8 Abb., 3 Tab. Zus. in Engl.

Der luftgekühlte Dieselmotor "Tatra 924" wurde auf den Wärmezustand des Öls im Lab. des Lehrstuhls für Traktoren und Kraftfahrzeuge der Akad. bei verschiedenen Geschwindigkeiten und Belastungen untersucht. Der Motor war in einem Prüfstand eingebaut, der sich in einer isothermischen Kammer befand und wo die Lufttemp. zwischen 21 - 50 °C verändert wurde. Die Temp. des Öls wurde an verschiedenen Stellen des Motors gemessen. Der Wärmezustand des Öls befindet sich bei dem untersuchten Motor bei allen Arbeitsbelastungen in zulässigen Grenzen.
H.Beyer. 3135e.

I r m l e r, Christian; Hannover. Wärmespannungen im Zylinderkopf. - Motortechn.Z. 23 (1962) Nr. 10. S. 368-370. - 5 Diagr., 2 Schemata, 7 Lit.

An Hand von Messungen und einer qualitativen Betrachtung wird gezeigt, wie Wärmespannungen im Ventilsteg eines Viertakt-Dieselmotors entstehen, wie groß sie sind und wie man sie gering halten kann. Das wichtigste Mittel zum Abbau der Temperaturunterschiede und damit der Spannungen und Spannungsunterschiede ist die gezielte Stegkühlung. Im Versuch wurde sie dadurch erreicht, daß der Steg des Zylinderkopfes mit Hilfe eines Röhrchens mit kaltem Wasser angespritzt wurde. Die Spannungen wurden hierdurch von 19,2 auf 13,3 kp/m^2 abgebaut.
K.-H.Schulte. 3135e.

S a j i, Kunizo; Tokio, Mitsubishi Nippon Heavy Industries, Ltd. 1,5-Liter-Vierzylinder-Dieselmotor von Mitsubishi Nippon. - Motortechn.Z. 23 (1962) Nr.10. S. 371-374. - 1 Abb., 12 Diagr., 2 Schemata, 3 Tab.

Es wird über die Entstehung, Konstruktion und Eigenschaften des Mitsubishi-Nippon-Klein-Dieselmotors, der 1960 herausgebracht wurde, berichtet. Der mit Wirbelkammer ausgestattete Motor ist wassergekühlt, seine Höchstleistung beträgt 52 PS bei 4400 U/min; Hub/Bohrung 84/75 mm, Gesamthubraum 1484 cm^3, Verdichtung 21:1, Höchstdrehmoment 10 mkp bei 2800 U/min, Raumbedarf: 645 mm lang, 653 mm hoch, 550 mm breit, Trockenmasse 160 kg. Der Dieselmotor wird u.a. für kleine Lastwagen mit einer Nutzlast von 1,75 t sowie kleine Raupenschlepper und Kübelraupen für Bau- und Landwirtschaft verwendet.

K.-H.Schulte. 3135e.

Cv e t k o v, V.V. (Zwetkow, W.W.); Charkow, Transportmaschinenwerk. Issledovanie raboty toplivnoj apparatury na različnych vidach topliva. (Arbeitsweise der Dieseleinspritzpumpe bei verschiedenen Kraftstoffen.) - Traktory i sel'-chozmašiny, Moskva 32 (1962) Nr.8. S. 10-12. - 3 Diagr., 1 Tab., 1 Zeichn., 5 Lit.

Der Dieselmotor "D-54" wurde mit Winter-Dieselkraftstoff, dem Benzin "A-74" und dem Motorkraftstoff "DT-2" betrieben. Vf. bringt zunächst in einer Tab. die Kennwerte der Kraftstoffe, aus der sich u.a. folgende Zähigkeiten in Englergraden bei 20 °C ergeben: Dieselkraftstoff 1,4 °E, Benzin o,34 °E, Motorkraftstoff 28 °E. Der Motorkraftstoff mußte vor der Einspritzung auf 50 - 90 °C erwärmt werden. Danach veranschaulicht Vf. in Diagr. die Abhängigkeit des Fördergrades und der effektiven Einspritzdauer von der Drehzahl der Kraftstoffpumpe bei den genannten Kraftstoffen und bespricht die Arbeitsweise des Motors. Es ergibt sich bei Benzin eine wesentlich schlechtere Arbeit des Motors, die hauptsächlich durch die geringere Zähigkeit und schnellere Verdampfung des Benzins hervorgerufen wird. Vf. gibt Hinweise zur Behebung dieser Mängel. Mit dem Motorkraftstoff "DT-2" arbeitete der Motor gut, wenn man den Kraftstoff auf 80 - 90 ° erwärmte, wodurch er eine Zähigkeit von 1,8 - 2,o °E erhielt, und anschließend sorgfältig filtrierte. W.Balkin. 3135e.

V o g e l, Wilhelm. Die Nachahmung eines Dieseleinspritzvorgangs auf einem elektronischen Analogrechner. - Motortechn.Z. 24 (1963) Nr. 1. S. 7-13. - 13 Abb., 4 Lit.

Beschreibung eines Verfahrens zur Nachahmung der Vorgänge in einer Dieseleinspritzanlage mit einem kleinen Analogrechner. Die Nachbildung der Schwingungen des Öles in der Leitung erfolgt über ein federgekoppeltes Zweimassensystem. Zahlenbeispiel für den Vergleich zwischen Rechen- und Meßergebnissen.

3135e.

H ö f k e n, Wilfried. Der Einfluß der baulichen Auslegung von Einspritzventilen auf das Schnarrverhalten der Ventilnadel. - Motortechn.Z. 24 (1963) Nr. 1. S. 14-18. - 6 Abb., 6 Lit.

Durch das Schnarren oder Schwingen der Ventilnadeln von Einspritzventilen kann die Gemischbildung im Dieselmotor beeinflußt werden. Stabilitätskriterien werden entwickelt, die es gestatten, die konstruktiven Abmessungen eines Einspritzventiles im Hinblick auf das Schnarrverhalten der Ventilnadel zu diskutieren.

3135e.

P i s c h i n g e r, Rudolf. Bombenversuche mit schwer zündenden Kraftstoffen bei Selbstzündung. - Motortechn. Z. 24 (1963) Nr. 1. S. 2-6. - 17 Abb., 10 Lit.

Ottokraftstoffe verursachen im Dieselmotor wegen der hohen Zündtemp. Schwierigkeiten. Bombenversuche zeigen mit steigendem Gehalt von Ottokraftstoff im Gemisch mit Dieselkraftstoff Streuungen des Zündverzuges und Instabilität des Verbrennungsbildes. Bei Wirbelbildung ist die Verbrennung von der Wand weg stabiler als in der Luft. 3135e.

C u b e, Hans-Ludwig von; Wilhelmsfeld bei Heidelberg, VDI. Kältetechnik (Jahres-Literaturübersicht). - VDI-Z. 105 (1963) Nr. 7. S. 305-315. - 18 Abb., 1 Tab., 155 Lit. 3155.

Literatur über Windkraftanlagen. Hrsg.-Inst.: Universitäts-Bibliothek. TWA, Jena. (Lit.-Nr.: 10/63. Titelanzahl: 62 m. Annotationen. Ber.-Zeit: 1926 - 1962.)

Literatur über Wasserkraftmaschinen. Hrsg.-Inst.: Universitäts-Bibliothek. TWA, Jena. (Lit.-Nr.: 9/63. Titelanzahl: 62. m. Annotationen. Ber.-Zeit: 1924 - 1962.)

K a i n d l, K. und L i n s e r, H. Radiation in agricultural research and practicie. München: Verlag R. Oldenbourg. 1961 (48 S.) DM 3,20 - Schriftenreihe Nr.10 der Internatinal Atomic Agency Wien.

P i l s z a k, Jerzy und K n o p p, Władysław. Paliwa i smary w kołku rolniczym. (Kraftstoff und Schmieröle im landwirtschaftlichen Zirkel.) - Wyd. 2. Warszawa: Panstw. wyd. rolnicze i leśne. (51 S.) 8°. (DA 1439)

B e d y ń s k i, Bogdan, L u b a ń s k i, Lech und S o l e c k i, Zbigniew. Pompy wtryskowe i wtryskiwacze ciagników. (Einspritzungen und Einspritzer für Schlepper.) - Warszawa: Panstw. wyd. rolnicze i leśne. 1962. (71 S.) 8°. (DA 1436)

C. SCHLEPPER MIT AUSRÜSTUNG UND ZUBEHÖR

A n o n y m. Agricultural mechanization. Tractor needs for large-scale farming. Technical and economic considerations. (Mechanisierung der Landwirtschaft. Anforderungen an Traktoren für Großwirtschaften. Technische und wirtschaftliche Betrachtungen.) - Agric. Mechanization, UN, Geneva 1962 Nr.20. S. 1-23. - 6 Abb., 9 Tab.

Vf. gibt einen Überblick über das Traktorensystem der UdSSR und die techn. Daten der neuen Traktorentypen. Darüber hinaus werden für die Ukraine die klimatischen Bedingungen, die Klimazonen, die Farmtypen sowie die hierauf bezogene Traktorenverteilung nach Klassen angegeben. Dazu kommen Kurzinformationen über Landwirtschaft und Stand der Mechanisierung in Großbritannien, Bulgarien, Dänemark, Rumänien und Frankreich. K.-H.Schulte. 3205.

T r e p e n e n k o w , I. Ein Hauptkennwert für die Klassifizierung des Traktorensystems. - Int.Z.Landwirtsch.(Sofia/Berlin) 1962 Nr.3. S. 100-102. - 1 Tab.

Als Hauptkennwert des z.Z. geltenden Maschinensystems für die Vollmech. der Landwirtsch. der RGW-Länder wird die Motorleistung verwendet. Insges. wurden 12 Traktorenklassen festgelegt. Da sich jedoch viele techn. Kennwerte des Traktorensystems in den RGW-Ländern (z.B. Spurweite, Kraftheber, Zapfwelle) in den letzten Jahren geändert haben, entsprechen sie nicht mehr den Anforderungen der Praxis; daher kann auch die Motorleistung nicht mehr als Hauptkennwert dienen.

Zweckmäßiger ist die Einstufung nach der Zugkraft (ZK) des Traktors bei der niedrigsten Arbeitsgeschwindigkeit auf einem Getreidestoppelfeld mit normaler Feuchtigkeit (= Nenn-ZK). Um die Zugehörigkeit eines Traktors zu einer ZK-Klasse festzulegen, genügt es, die ZK annähernd zu ermitteln (z.B. ± 7 bis 8 %). Die Erhöhung der Arbeitsgeschwindigkeit der Traktoren ist eine zur Leistungssteigerung führende Tendenz. Sie ist jedoch mit der systematischen Erhöhung der Motorleistung bei Traktoren der gleichen ZK-Klassen verknüpft. Die Berechnung der Nenn-ZK für Radtraktoren beruht auf dem Adhäsionskoeff. der Reifen, der dem energetisch optimalen Schlupf (15-16 %) entspricht, sowie auf dem Koeff. des Rollwiderstandes auf der Getreidestoppel. Eine Berechnungsformel wird angegeben. W.Fleischmann. 32o5.

I z o t o v, A.E. und T r e p e n e n k o v, I.I. (Isotow, A.Je. und Trepenenkow, I.I.) Proekt perspektivnogo tipaža traktorov na 1966 - 1970 gg. (Entwurf einer Typenreihe von Traktoren für die Jahre 1966 - 1970.) - Traktory i sel'chozmašiny, Moskva 32 (1962) Nr.12. S.4-9. - 4 Diagr., 5 Tab. Aus: Dok.-Dienst ILT 1963 Nr.1.

Vorschlag einer Typenreihe von 41 Traktoren, davon 14 Grundmodelle, 4 Einzelmodelle und 23 Varianten, mit insgesamt 11 Zugkraftklassen von o,2 bis 5o Mp. Erläuterung der allg. Tendenzen bei der Entwicklung von Traktoren und Motoren. Grobeinteilung in landwirtsch. Traktoren sowie Traktoren für Industrie und Melioration. Techn. Kennziffern nach Ermittlung der optimalen Arbeitsgeschwindigkeiten, der Nenn-Zugkraft, des max. Zugwirkungsgrades, des Materialeinsatzes und der erforderlichen Motorleistung. Weiterhin Motortypenreihe mit insgesamt 5 Motorgruppen. 32o5.

A n o n y m. Tractor requirements for the 197os. (Entwicklung der Traktorkonstruktion ab 1970.) - Farm Mechanizat. 14 (1962) Nr. 160. S. 427-428. - 5 Skizzen. Aus: Dok.-Dienst ILT 1963 Nr. 1.

Zusammenfassende Darstellung der Forderungen der Fa. Green Giant Co.: 1) Aufbau des Traktors aus 4 Haupt-Baugruppen: Rahmenträger mit Lenkung und Vorrichtungen zum Anbau von Geräten; Triebachsengruppe; Motorgruppe; Führerstand mit sämtlichen Einrichtungen und trennbaren Anschlüssen. Diese Gruppen sind je nach Erfordernissen verschieden zu kombinieren. 2) Der Antrieb soll durch eine Zapfwelle auf alle 4 Räder umschaltbar sein und eine Leistung von ca. 50 PS haben. 3) Weitere Forderungen: 4-Rad-Anhängerbremse, Transportgeschwindigkeit 80 km/h, 6-7-Gang-Getriebe für Vor- und Rückwärtsfahrt, Schlupfmesser, Automatisierung der Steuerung der Geräte, bessere Arbeitsfähigkeit bei schlechtem Wetter. 3205.

A n o n y m. Die Landtechnik im Rückspiegel. - Landmaschinen-Rdsch. 14 (1962) Nr. 12. S. 339-344. 346. - Aus: Dok.-Dienst ILT 1963 Nr.2.

Entwicklung der Ackertraktoren auf größere Leistungen. Neue Typen in der 50-75-PS-Klasse. Getriebe z.T. auf 8 Vor- und 4 Rückwärtsgänge ausgelegt. Bau von Traktoren unter 15 PS geht stark zurück. Zahlreiche Neuentwicklungen der Leistungsklassen 25-45 PS. Forderung nach 2 Zapfwellendrehzahlen, Fahrerkomfort, Sicherheitskabine und Regelhydraulik. Stärkeren Eingang findet der Tragtraktor mit 20-25 PS Leistung. Entwicklung der Einachstraktoren hauptsächlich innerhalb der mittelstarken 5-7-PS-Klasse. 3205.

S c h ü n k e, Ulrich; Braunschweig-Völkenrode, Inst. für Schlepperforsch. Kurzer Überblick über die Schlepperbauarten. - Techn. u. Landwirtsch. 14 (1962) Nr. 14. S. 324 - 326. - 7 Abb., 4 Schemata, 1 Tab.

Vf. analysiert das auf der DLG-Ausstellung 1962 in München gezeigte Lieferprogramm der verschiedenen Firmen nach Schlepperbauarten. Von 25 Firmen hatten 13 nur Zugschlepper, 7 Zug- und Tragschlepper, 2 Firmen Zugschlepper und Geräteträger und je eine Fa. Frontsitzschlepper, Geräteträger und ein Mehrzweckgerät ausgestellt. Bei den Zugschleppern ist das Typenangebot der Firmen eingeschränkt worden. Alle Firmen liefern jetzt abgerundete Baureihen, teilweise in Verbindung mit ausländischen Firmen. Bei den Tragschleppern hat sich eine Verringerung der Hersteller und der Typen bemerkbar gemacht. Gegenüber Köln 1960 haben 2 Hersteller die Fabrikation von Tragschleppern aufgegeben, bei den verbliebenen Firmen wird teilweise nur noch ein Typ als Tragschlepper ausgeliefert.

K.-H.Schulte. 3205.

W a s k o w s k i, S. Traktoreneinsatz bei höheren Arbeitsgeschwindigkeiten. - Int.Z.Landwirtsch. (Sofia/Berlin) 1962 Nr. 5. S. 71-76. - 5 Schemata, 2 Tab.

Vf. berichtet über die Untersuchungen und Erfahrungen bei der Anwendung höherer Arbeitsgeschwindigkeiten in der Landwirtschaft der UdSSR. Die Erhöhung der Arbeitsgeschwindigkeiten der Maschineneinheiten ist die größte Reserve zur Steigerung der Maschinenleistungen und zur Arbeitszeitverkürzung im Feldbau. Die Erfahrungen zeigen die hohe ökonomische Wirksamkeit und Zweckmäßigkeit dieser Arbeitsweise. Die Forschungs- und Konstruktionsorganisationen der UdSSR arbeiten an der Modernisierung der vorhandenen und an der Konstruktion neuer Traktoren und Landmaschinen, mit denen die Leistung noch mehr gesteigert und die Arbeitsbedingungen der Mechanisatoren verbessert werden können. Neben der Popularisierung der Geschwindigkeiten von 5 bis 9 km/h werden in der UdSSR Untersuchungen angestellt, die auf die Konstruktion von Traktoren und Landmaschinen für den Geschwindigkeitsbereich von 9 bis 15 km/h ausgerichtet sind.

K.-H.Schulte. 3205.

K i r t b a j a , Ju.K. und S a v č e n k o , N.Z. (Kirtbaja, Ju.K. und Sawtschenko, N.S.); Ukrain. Akad.der Landwirtsch.-Wiss. Vybor tjagovych sredstv dlja kompleksnoj mechanizacii. (Wahl der Schlepper für den vollmechanisierten Kartoffelanbau.) - Vestnik sel'skochozjajstvennoj nauki, Moskva 7 (1962) Nr. 4. S. 112-118. - 2 Diagr., 2 Tab., 1 Zeichn. Zus. in Engl., Franz., Dtsch.

Vff. untersuchen theoretisch die spez. Schlepperleistung bei der Verrichtung landwirtsch. Arbeiten, die mittlere Ausnutzung mobiler Landmaschinen, den auf die Flächeneinheit bezogenen Arbeitsaufwand und die direkten Produktionskosten. Die Ergebnisse theoretischer und experimenteller Untersuchungen werden dargestellt in Diagr. der Abhängigkeit des Maschinenausnutzungsgrades und der spezifischen Leistung von der Schlaglänge für das Kartoffellegen, Eggen, Hacken und Kartoffelernten mit verschiedenen Schleppern sowie in einem Diagr. die Abhängigkeit des Schlepperwirkungsgrades vom Zugwiderstand für verschiedene Schlepperklassen. In einer Tab. geben Vff. die spez. Leistung, den Metallaufwand, den Arbeitsaufwand und den Kostenaufwand für verschiedene Schlepper und Arbeitsmaschinen und verschiedene Arbeiten an. Abschließend nennen sie die für den Kartoffelanbau in der Waldzone der Ukrainischen SSR zu empfehlenden Schleppertypen.

W.Balkin. 3205.

H e i n r i c h. Schlepper und Landmaschine als Arbeitseinheit. - Landmaschinen-Markt 41 (1962) Nr. 20. S. 1181-1183. 3205.

K o l a r o v, M. (Kolarow,M.) Analiz na metodite za techničesko normirane na traktornite raboti. (Analyse der Methoden der technischen Normung von Schlepperfeldarbeiten.) - Izvestija na Instituta po mechanizacija i elektrifikacija na selskoto stopanstvo, Sofija 2 (1962) S. 165-182. - 2 Abb. Zus. in Russ., Engl.

Es wird festgestellt, daß die bestehenden Normungsmethoden Nachteile aufweisen: 1) Der Einfluß der normbildenden Faktoren wird nur bei bestimmten Bedingungen berücksichtigt. Für alle übrigen Bedingungen werden die Normen nur umgerechnet. 2) Jede der bestehenden Methoden führt zu günstigen und ungünstigen Normen. Als Folge davon unterlassen die Traktoristen die Ausführung bestimmter Arbeitsvorgänge. 3) Die Festlegung der Arbeitsnormen und ihre Differenzierung erfordert viel Zeit und ist für die Praxis ungeeignet. Es wird eine neue Art der Leistungsberechnung und Entlohnung der Traktoristen vorgeschlagen: Vorläufige Festlegung des mittleren Belastungsgrades, mit dem die verschiedenen landwirtschaftl. Arbeiten ausgeführt werden. Verwendung von am Schlepper angebauten Meßgeräten zur Bestimmung der wirklichen mittleren Belastung und der Zeitdauer unter den gegebenen Betriebsbedingungen. A.Kalojanow. 3205.

S e f e r o v i c h , Geo.H. How hard do farmers work their tractors? (Wie stark beanspruchen die Farmer ihre Traktoren?) - Implement & Tractor Farm Implement News 77 (1962) Nr. 24. S. 40-43. - 2 Tab., 3 Diagr. Aus: Dok.-Dienst ILT 1963 Nr. 2.

Die Anzahl der Arbeitsstunden eines Traktors ist u.a. abhängig von folg. Faktoren: Alter, Leistung, Größe des Betriebes und Anzahl der Traktoren, Größe der Getreideanbaufläche, Verwendungszweck. Die Diagr. sagen aus, daß die durchschnittliche Stundenanzahl im Jahr von 355 (1932) bis 840 (1954) gestiegen ist, was einem Durchschnitt von 717 Stunden pro Jahr entspricht. Je stärker der Traktor und je größer der Betrieb, umso mehr Arbeitsstunden/Jahr leistet er. Aufteilung der gesamten Einsatzzeit eines Traktors auf die verschiedenen Arbeiten der Getreidewirtschaft. 3205.

R o s e g g e r , Sylvester. Arbeitsphysiologische Probleme in der Landtechnik, insbesondere beim Schlepperfahren. - Grundlagen Landtechn. 1961 Nr.13. S. 62-66. - 3 Abb., 1 Diagr., 1 Tab., 40 Lit.

Durch die beim Schlepperfahren auftretenden Erschütterungen wirken auf den menschlichen Körper verschiedene, schwer gegeneinander abgrenzbare Belastungsmomente ein. Vf. berichtet über die damit im Zusammenhang stehenden Reaktionen im Bereich des Magen-Darm-Kanals und der Wirbelsäule. Von den mehr als 300 untersuchten Traktoristen fanden sich bei 76 % röntgenologisch nachweisbare pathologische Magenveränderungen, bei 51 % klinische Erscheinungen und bei 65 % die jugendliche Rückgratverkrümmung (Adolescentenkyphose). Aus den arbeitsmedizinischen Untersuchungen ist zu folgern, daß das Fahren von Schleppern im Zuge der stark zunehmenden Mechanisierung der Landwirtschaft und den daraus resultierenden neuen Beruf des Schlepper- und Landmaschinenfahrers zu einem ernsten Problem geworden ist. Es geht dabei nicht allein um die Verbesserung des Schleppersitzes, sondern um die bessere konstruktive Gestaltung des gesamten Fahrzeuges als komplexe Aufgabe für den Schlepperkonstrukteur.

K.-H.Schulte. 3205.

D u p u i s, H. Bequem fahren - auch mit Schlepper? - Mitt. dtsch. Landwirtsch.-Ges. 77 (1962) Nr. 29. S. 1007-1010. - 2 Abb., 3 Diagr.

Vf. berichtet - in Anlehnung an eine Ausschußsitzung auf der Wintertagung der DLG in Wiesbaden - über den Einfluß des Motorenlärms und der Sitzschwingungen auf die Bequemlichkeit des Schlepperfahrers. Danach entstehen unabhängig von der subjektiven Geräuschempfindlichkeit des jeweiligen Menschen physiol. Auswirkungen; z.B. löst bereits ein niedriger Geräuschpegel nachts beim Schlafenden physiol.Reaktionen aus, ohne ihn aufzuwecken. Mit Hilfe elektronischer Meßgeräte können auch unter Praxisbedingungen Fahrzeugschwingungen erfaßt werden, wobei festgestellt wurde, daß Schlepperschwingungen bis 7 x größer sind als beim PKW. W.Fleischmann. 3205.

Z m a n o v s k i j, V.A. und B u c h t i j a r o v, I.D. (Smanowski, W.A. und Buchtijarow, I.D.); Sibir. Zweigstelle des Unions-Forsch.-Inst. für Mechanisier.der Landwirtsch. Uslovija truda traktoristov, rabotajuščich na skorostnom traktore T-75. (Arbeitsbedingungen der Traktoristen auf dem Schnellschlepper "T-75".) - Vestnik sel'skochozjajstvennoj nauki, Moskva 7 (1962) Nr. 4. S. 105 - Ill. - 3 Diagr., 2 Schemaskizzen, 2 Tab. Zus. in Engl., Franz., Dtsch.

Bei Untersuchungen des Schleppers "T-75" ergab die chem. Analyse der Luft im Fahrerhaus, daß der CO-Gehalt in Kopfhöhe des Schlepperführers nur o,o15 mg/l betrug (zulässig o,o2 mg/l). Der Staubgehalt der Luft im Fahrerhaus hängt von vielen meteorologischen und betrieblichen Bedingungen ab. Meist betrug er 200-250 mg/m^3 (35-40 mal mehr als zulässig).Es muß daher eine künstliche Belüftung mit Luftfilter eingebaut werden. Die körperliche Arbeit des Schlepperführers wurde aus dem Produkt Weg x Kraft für die Bedienung der Hebel während 1 Std. errechnet. Der Schlepperführer verwendet 69 % der reinen Arbeitszeit für die Bedienung der Lenkhebel und verrichtet in 1 Std. eine Arbeit von 542 kpm. Seine Arbeit muß also automatisiert oder mindestens durch Lenkhilfen erleichtert werden. Der Lärm in der Kabine beträgt beim Pflügen ohne zusätzliche Schalldämpfung 125 Dezibel (15 dB höher als zulässig). Die "Membraneigenschaften" des Fahrerhauses müssen verringert werden, um zu vermeiden, daß die Schlepperleistung durch zusätzliche Schalldämpfung absinkt. Die Schwingungen des Fahrersitzes, der Rückenlehne und der Armstützen sind um ein Vielfaches größer als zulässig. W.Balkin. 3205.

G e l l e r , Luise; Einbeck. Traktorfahren und Gesundheit. - Traktor u.Landmaschine /Brugg/ 24 (1962) Nr. 13. S. 705.

I g n a t ' e v, A.K. (Ignatjew, A.K.) Mechanizaciju i kompleksnuju avtomatizaciju v traktornoe i sel'skochozjajstvennoe mašinostroenie. (Die Mechanisierung und komplexe Automatisierung in den Landmaschinen- und Traktorenbau einführen.) - Traktory i sel'chozmašiny, Moskva 32 (1962) Nr.7. S. 29-32. - 3 Abb.

Das Forschungsinst. für Landmaschinen- und Traktorenbau hat im Jahre 1961 über 70 neue technol. Prozesse in 60 Fabriken eingeführt, darunter 13 Komplexe automatische Straßen. Unter anderem einen Automaten zur Herstellung von Rollenketten für Landmaschinen, eine Fertigungsanlage für Bimetall-Lagerschalen für Motoren, eine Fertigungseinrichtung mit neuer Technologie für Hydraulikzylinder, ein Automat zur Herstellung von Ölabstreifringen aus Stahlguß für Motoren, ein Automat zur Fertigung von Ventilen für Motoren.

E.Stieglitz. 3205.

S o r o k i n, E.M. (Sorokin, Je.M.) Amerikanskie kolesnye traktory. (Amerikanische Radtraktoren.) - Traktory i sel'chozmašiny, Moskva 33 (1963) Nr.1. S.41-45. - 4 Abb., 2 Tab., 7 Lit. Aus: Dok.-Dienst ILT 1963 Nr.3.

Entwicklungsstand der amer.Radtraktoren und Zusammenfassung ihrer konstruktiven und Leistungskennziffern in Tab. Weiterhin Charakteristik nach Leistungskennziffern des Motors (Leistungsbereich 10 - 94 PS), Art und Schaltbereichen der Getriebe und nach Konstruktion des Fahrwerkes. Beurteilung der dynamischen Eigenschaften von Traktoren. 3215.

A n o n y m. The "smog" casts no pall over Smithfield. (Smithfield - Ausstellung 1962.) - Farm Implement Machinery Rev. 89 (1963) Nr. 1053. S.79-82. 85-90. 93. - 26 Abb. Aus: Dok.-Dienst ILT 1963 Nr. 3.

Bes. stark gefragt waren die starken Traktoren. An Neuerscheinungen wurden u.a. gezeigt: MF "35X" mit 44 PS, MF "Super 90" mit 77 PS, "County Super 6" mit Vierradantrieb 95 PS, John Deere "5010" mit 117 PS und "4010" mit 84 PS. 3215.

A n o n y m. Nouveau développement de la gamme des tracteurs Renault. (Neue Entwicklung in der Renault-Traktorenreihe.) - Techn.agric. 181 (1962) S.14-15. - Aus: Dok.-Dienst ILT 1962 Nr. 12.

Entspr. den Forderungen der Praxis nach stärkeren Traktoren wird Renault seine Traktorreihe umstellen. Erster Traktor der neuen Reihe ist der 1962 in Serienproduktion eingeführte 42-PS-Traktor "Super 7" (3-Zylinder-Dieselmotor, max. Drehmoment 16 kpm bei 12oo U/min, max. Leistung 42 PS bei 2150 U/min; Universal-Getriebe mit 10 Vorwärts- und 2 Rückwärtsgängen, Fahrgeschwindigkeit o,8 - 23 km/h; Zugkraft am Haken im 1. Gang 19o4 kp). Für 1963 geplant: Typ "385" mit 55 PS (luft- oder wassergekühlter Motor; Wechselgetriebe mit 10 Vorwärts- und 2 Rückwärtsgängen, Fahrgeschwindigkeit vorwärts 10,9 - 24,5 km/h, rückwärts 1,6 - 7,6 km/h; Hydrauliksystem zur Betätigung von Servolenkung, Bremsen, 3-Punkt-Aufhängung, Differentialsperre). 3215.

A n o n y m. Austro trekkers. ("Austro"-Schlepper.)- Landbouwmechanisatie 13 (1962) Nr. 11. S. 987-988. - 1 Abb., 1 Tab.

Hersteller: J. Warchalowski, Wien. - Beschreibung: Alle 3 Schleppertypen dieser Fa. sind mit Dieselmotoren mit Direkteinspritzung und Luftkühlung ausgerüstet. - Techn. Daten (in der Reihenfolge "WT 20", "WT 33", WT 50"): Zylinderzahl 2, 3, 4; Bohrung/Hub bei allen 90/90 mm; Zylinderinhalt 1145, 1617, 2290 cm^3; Leistung 20, 30, 50 DIN-PS bei Motordrehzahlen von 2600, 2800, 2800 U/min; Vorwärtsgeschwindigkeiten: 3,4 - 5,7 - 9.3 - 14, 6 - 24,9 km/h, 1,8 - 3,0 - 6,1 - 7, 7 - 6. 1 - 10, 7 - 22, 1 - 28, 1 km/h, 1,6 - 2,9 - 4, 5 - 7, 6 - 5, 9 - 10, 3 - 16, 2 - 28 km/h; Hubeinrichtung "ZF" Bosch 800, 950, 1200 kp; Spurweite bei allen 125 und 150 cm; Masse 1094, 1380, 1860 kg.

M.Lüpnitz. 3215.

M i c h e c o i u, I. Neue rumänische Traktoren ("UTOS-45" und "UTOS-52E"). - Int. Z. Landwirtsch. (Sofia/Berlin) 1962 Nr. 5. S. 95 - 97. - 7 Abb.

P o d k o v y r i n , A. (Podkowyrin, A.) Novyj traktor Onežskogo traktornogo zavoda. (Ein neuer Traktor vom Traktorenwerk Onega.) - Traktory i sel'chozmašiny, Moskva 33 (1963) Nr.1. S. 3-4. - 1 Abb. Aus: Dok.-Dienst ILT 1963 Nr.3.

Der Traktor "T-210 (4 x 4)" mit Knicklenkung ist für die Forst- und Bauwirtschaft bestimmt. Nennleistung: 300 PS, max. Drehmoment: 154 kpm. Hydraul. Kupplung und Servolenkung. Hydraul. Betätigung des Getriebes. Der Rahmen besteht aus 2 gelenkig verbundenen Brücken, die horizontal und vertikal zueinander beweglich sind. Ausrüstung: Hauptseilwinde (10 Mp. Zugkraft einer Trommel), Hilfsseilwinde (3 Mp Zugkraft einer Trommel), Planierschild und Ladeschild (beide mit 3,5 m Arbeitsbreite), Zweiachsanhänger (25 Mp Tragkraft), Rutschen für den Anhänger und für den Traktor zum Beladen. Über der Hinterachsbrücke kann entweder das Ladeschild für den Holztransport oder ein Kastenaufbau für den Transport von Schüttgut angebracht werden. 3215.

S o r o k i n, E. (Sorokin, Je.) Traktory MTZ-50 i MTZ-52. (Die Traktoren vom Typ "MTZ-50" und "MTZ-52".) - Technika v sel'skom chozjajstve, Moskva 22 (1962) Nr.12. S. 35-39. - 2 Abb., 2 Zeichn., 1 Tab. Aus: Dok.-Dienst ILT 1963 Nr.1.
2 Konstruktionen des Minsker Traktorenwerkes mit folg. gemeinsamen Merkmalen: Nominelle Zugkraft 1,4 Mp; 50-55-PS-Vierzylinder-Dieselmotor mit Wasserkühlung; Geschwindigkeitsbereich 1,34 - 24,3 km/h. Konstruktive Besonderheiten: Servolenkung, Zapfwelle seitlich und hinten; Antischlupfvorrichtung; Stufenlos verstellbare Spurbreite der Vorderräder (12oo-18oo mm). Unterscheidende Merkmale: "MTZ-50": Zweiradantrieb; "MTZ-52": Vierradantrieb mit Kardanwelle und Verteilergetriebe. Beschreibung aller Antriebselemente und ihrer Funktionsweise. Prüfungen mit Zusatzgewichten an Rädern. Einige Betriebskennziffern der beiden Traktoren. 3215.

Š a r a p o v a, A.I. (Scharapowa, A.I.) Universal'nyj traktor-tjagač D-4 K. (Universal-Allradtraktor Typ "D-4 K".) Traktory i sel'chozmašiny, Moskva 33 (1963) Nr.1. S.45 - 46. - 1 Abb. Aus: Dok.-Dienst ILT 1963 Nr.3.
Beschreibung des ungar. 65-PS-Allradtraktors. - Antrieb: Wassergekühlter Viertakt-Dieselmotor mit 4 Zylindern (Zylinderbohrung 112 mm; Kolbenhub 14o mm, Hubraum 5,5 l) und Mindest-Kraftstoffverbrauch 19o g/PSh. - Techn. Daten: Spurweite 1500 mm; Radstand 1850 mm; Wenderadius 5 m; zusätzlicher Bodendruck durch Zusatzgewichte und Einfüllen von Wasser in Reifen; pneumat. Bremsen; 2 unabhängige Zapfwellen; Dreipunktaufhängung für Maschinenanbau. - Leistungsmerkmale: max. Zugkraft 4000 kp; Öldruck in Hydraulik 60 kp/cm^2; max. Arbeitsgeschwindigkeit mit 4-Furchenpflug 7 km/h. Für 1965 ist eine Jahresproduktion von 4000 Stck. vorgesehen. 3215.

A n o n y m. Holder Cultitrac "A 12". - Schlepper u.Landmaschine 14 (1963) Nr. 1. S. 12. - Aus: Dok.-Dienst ILT 1963 Nr.3.
Motor: 12-PS-Sachs-Diesel, Luftkühlung; Allradantrieb über 2 Differentiale, Differentialsperre, 9-Gang-Wechselgetriebe mit Kriechgang, 6 Vor-, 3 Rückwärtsgänge, 0,8 - 14 km/h; Knicklenkung mit Selbstsperrung, Wenderadius ca. 1,5 m; Zapfwelle: gangunabhängig, 540 und 920 U/min; Hydraulik: serienmäßig eingebaut; Bereifung: vorn und hinten 5 - 16 oder 5,5 - 16. Sonstige Ausrüstung: 12 V Batterie, Anlasser, Vorglüheinrichtung; Steckdose für Anhängerbeleuchtung, Anhängemaul vorn und hinten. Geeignet für Forst- und Landwirtschaftsarbeiten; Preis: 6840 DM. 3215.

A n o n y m. Neuer schwerer Radschlepper mit 100 PS. - Schlepper u.Landmaschine 13 (1962) Nr. 12. S. 404. - Aus: Dok.-Dienst ILT 1963 Nr. 2.

Hersteller: Matbro Horley (England), Preis: 2500 engl. Pfund. Antrieb: Ford-6-Zylinder-Dieselmotor "6 D". 6 Vor-, 2 Rückwärtsgänge, 5,35 - 33,5 km/h. Leistung: im 3. Gang zieht der Traktor einen 5-Furchen-Pflug von 1,5 m Arbeitsbreite und 18 - 21 cm Furchentiefe. Knicklenkung mit 45° Einschlag, hydraulisch. Wenderadius 3,75 m. Hydraulik für Kategorie I und II, "Ford Qualitrol" (Regelhydraulik nach Zugwiderstand). 3215.

A n o n y m. Four-wheel-drive - four-wheel-steer. (Vierrad-Antrieb und Vierrad-Lenkung.) - Pract.Power Farming 29 (1962) Nr.4. S.14. - 2 Abb.

Von der Fa. Matbro Ltd. von Horley, Surrey, wurde ein neuer 100-PS-Allradtraktor herausgebracht. Der Traktor wird mittels Knicklenkung gelenkt und ist mit hydraulischer Dreipunktaufhängung und Differentialsperre in beiden Achsen ausgestattet. Lenkung und Differentialsperren werden hydraulisch betätigt. Die meisten der verwendeten Bauteile sind Originalteile von Fordson. Der Traktor hat eine Masse von 6000 kg, wovon etwa ein Drittel Ballastmassen (Gußeisen und Wasserfüllung) sind. Der Traktor ist mit den Reifen 11 - 36 ausgerüstet.

K.-H.Schulte. 3215.

L a r s e n, L.F., S t e i n b r u e g g e, G.W., S u l e k, J.J. und Y u n g, F.D.; Lincoln,Univ.of Nebraska, Agric. Exp. Stat. Allis-Chalmers D 19 Diesel. (Allis-Chalmers-Traktor "D19 Diesel" - Nebraska Test.) - Nebraska Tractor Test Nr.811. (1962) 2 S. - 1 Abb., 5 Tab.

Hersteller: Allis-Chalmers Manufacturing Company, Milwaukee, Wisconsin. - Bauart: Vierradschlepper. - Motor: 6 Zylinder, stehend mit Turbo-Aufladung, Verdichtung 14 : 1. Die übrigen techn. Daten des Motors sowie die Angaben zum Fahrwerk entsprechen den Daten im Nebraska Traktor Test Nr. 810 (s.vorst.Ref.). - Leistung: Max. Zapfwellenleistung 66,92 h.p. bei einem Kraftstoffverbrauch von 0,540 lb./h.p.hr. (ca. 245 g/PSh). Bei einer Schleppermasse (mit Fahrer) von 11210 lb. (5085 kg) beträgt die max. Zugleistung im 5. Gang 62,05 h.p. bei 5,57 % Schlupf und 0,601 lb./h.p.hr. (ca. 273 g/PSh) Kraftstoffverbrauch. Bei 75 % bzw. 50 % dieser Leistung wurde der Kraftstoffverbrauch mit 0,644 lb./h.p.hr. bzw. 0,735 lb./h.p.hr. (ca. 292 bzw ca. 333 g/PSh) ermittelt.

J.Güssefeldt. 3215.

L a r s e n , L.F., S t e i n b r u e g g e, G.W., S u l e k , J.J. und Y u n g, F.D.; Lincoln, Univ. of Nebraska, Agric.Exp.Stat. Allis-Chalmers D10 gasoline. (Allis-Chalmers-Traktor "D10 Gasoline" - Nebraska Traktor-Test.) Nebraska Tractor Test Nr.812. (1962) 2 S. - 1 Abb., 5 Tab.

Hersteller: Allis-Chalmers Manufacturing Company, Milwaukee, Wisconsin. - Bauart: Vierradschlepper. - Motor: 4 Zylinder, stehend, Gasoline, Motordrehzahl 1650 U/min, Bohrung/Hub 3½ in. x 3 7/8 in. (88,9 x 98,4 mm), Verdichtung 7,5 : 1, Hubraum 149 cu.in. (2442 cm^3), Wasserkühlung (Thermostat). - Fahrwerk: 4 Räder, Luftbereifung, vorn 5,00-15, hinten 11-24; verstellbare Spurweite, vorn 40 in. - 64 11/16 in. (1016 - 1643 mm), hinten 42 in. - 72 in. (1067 - 1829 mm), Radstand 78 3/4 in. (2000 mm). - Riemenscheibendrehzahl 1220 U/min, Zapfwellendrehzahl 538 U/min. 4 Vorwärtsgänge: 2,0 - 14,4 m.p.h. (3,2 - 23,1 km/h), 1 Rückwärtsgang: 3,5 m.p.h. (5,6 km/h). - Leistung: Max. Zapfwellenleistung 33 h.p. bei einem Kraftstoffverbrauch von 0,466 lb./h.p.hr. (ca. 212

g/PSh). Bei einer Schleppermasse (mit Fahrer) von 5560 lb. (2522 kg) beträgt die max. Zugleistung im 3. Gang 28,78 h.p. bei 6,41 % Schlupf und 0,535 lb./h.p.hr. (ca. 243 g/PSh) Kraftstoffverbrauch. Bei 75 bzw. 50 % dieser Leistung wurde der Kraftstoffverbrauch mit 0,547 bzw. 0,655 lb./h.p.hr. (ca. 248 und ca. 297 g/PSh) ermittelt. J.Güssefeldt. 3215.

Larsen, L.F., Steinbruegge, G.W., Sulek, J.J. und Yung, F.D.; Lincoln, Univ. of Nebraska, Agric. Exp.Stat. Allis-Chalmers D 12 Gasoline. (Allis-Chalmers-Traktor "D12 Gasoline" - Nebraska Traktor-Test.) - Nebraska Tractor Test Nr.813. (1962) 2 S. - 1 Abb., 5 Tab.
Hersteller: Allis-Chalmers Manufacturing Company, Milwaukee, Wisconsin. - Bauart: Vierradschlepper. - Die Angaben zum Motor, der Bereifung und den Geschwindigkeiten entsprechen den techn. Daten im Nebraska Test Nr. 812 (s. vorst. Ref.). - Spurweite, verstellbar, vorn 47 ½ in. - 72 3/16 in. (1206,5 - 1833,5 mm), hinten 52 in. - 79 1/4 in. (1320,8 - 2013 mm). - Leistung: Max. Zapfwellenleistung 33,32 h.p. bei einem Kraftstoffverbrauch von 0,498 lb./h.p.hr. (ca. 226 g/PSh). Bei einer Schleppermasse (mit Fahrer) von 5630 lb. (2554 kg) beträgt die max. Zugleistung im 3. Gang 29,43 PS bei 6,56 % Schlupf und 0,576 lb./h.p.hr. (ca. 262 g/PSh) Kraftstoffverbrauch. Bei 75 % bzw. 50 % dieser Leistung wurde der Kraftstoffverbrauch mit 0,560 bzw. 0,668 lb./h.p.hr. (ca. 254 und ca. 303 g/PSh) ermittelt. J.Güssefeldt. 3215.

Larsen, L.F., Steinbruegge, G.W., Sulek, J.J. und Yung, F.D.; Lincoln, Univ. of Nebraska, Agric.Exp.Stat. Allis-Chalmers D 19 LPG. (Allis-Chalmers-Traktor "D19 LPG" - Nebraska Traktor-Test.) - Nebraska Tractor Test Nr.814. (1962) 2 S. - 1 Abb., 5 Tab.
Hersteller: Allis-Chalmers Manufacturing Company, Milwaukee, Wisconsin. - Bauart: Vierradschlepper. - Motor: 6 Zylinder, stehend, Propan, Motordrehzahl 2000 U/min, Bohrung/Hub 3 9/16 in x 4 3/8 in. (90,5 x 111,12 mm), Verdichtung 9,65 : 1, Hubraum 262 cu.in. (4293 cm^3), Wasserkühlung (Thermostat). - Fahrwerk: 4 Räder, Luftbereifung, vorn 7,50 - 16, hinten 18,4 - 34; verstellbare Spurweite, vorn 60 in. - 88 5/8 in. (1524 - 2251 mm), hinten 60 in. - 80 in. (1524 - 2032 mm), Radstand 102 3/8 in. (2600 mm). - Riemenscheibendrehzahl 1678 U/min, Zapfwellendrehzahl 540 U/min bei 1760 U/min des Motors. - 8 Vorwärtsgänge: 1,9 - 13,9 m.p.hr. (3,0 - 22,3 km/h) und 2 Rückwärtsgänge: 2,6 und 4,0 m.p.h. (4,1 - 6,4 km/h). - Leistung: Max. Zapfwellenleistung 66,19 h.p. bei einem Kraftstoffverbrauch von 0,474 lb./h.p.hr. (ca. 214 g/PSh). Bei einer Schleppermasse (mit Fahrer) von 11160 lb. (5062 kg) beträgt die max. Zugleistung im 5. Gang 58,29 h.p. bei 5,65 % Schlupf und o,545 lb./h.p.hr. (ca. 247 g/PSh) Kraftstoffverbrauch. Bei 75 % bzw. 50 % dieser Leistung wurde der Kraftstoffverbrauch mit 0,553 bzw. 0,644 lb./h.p.hr. (ca. 250 bzw.ca.292 g/PSh) Kraftstoffverbrauch ermittelt. J.Güssefeldt. 3215.

Larsen, L.F., Hurlbut, L.W., Steinbruegge, G.W. und Sulek, J.J.; Lincoln, Univ.of Nebraska, Agric.Exp.Stat. International 4300 Diesel. (International Traktor "4300 Diesel" - Nebraska Traktor-Test.) - Nebraska Tractor Test Nr.815. (1962) 2 S. - 1 Abb., 3 Tab.
Hersteller: The Frank G. Hough Company, Libertyville, Illinois. - Bauart: Vierradantrieb. Motor: 6 Zylinder, stehend, mit Turbo-Aufladung, Diesel, Motordrehzahl 2100 U/min, Bohrung/Hub 5 3/8 in. x 6 in. (136,5 X 152,4 mm), Verdichtung 16,5 : 1, Hubraum 817 cu.in. (13388 cm^3), Wasserkühlung (Thermostat). -

Fahrwerk: 4 Räder, Luftbereifung, vorn und hinten 23,1 - 26; Spurweite, vorn und hinten 88 in. (2235 mm), Radstand 120 in. (3048 mm). - 8 Vorwärtsgänge: 3,5 - 22,7 m.p.h. (5,6 - 36,5 km/h) und 4 Rückwärtsgänge: 2,7 - 11,2 m.p.h. (4,4 - 18,0 km/h). - Leistung: Max. Zugleistung im 4. Gang 203,32 h.p. bei einem Kraftstoffverbrauch von 0,504 lb./h.p.hr. (ca. 228 g/PSh). Bei 75 % bzw. 50 % dieser Leistung beträgt der Kraftstoffverbrauch 0,534 bzw. 0,613 lb./h.p.hr. (ca. 242 und ca.278 g/PSh). Die Schleppermasse (mit Fahrer): 29815 lb. (13524 kg). J.Güssefeldt. 3215.

L a r s e n, L.F., H u r l b u t, L.W., S t e i n b r u e g g e, G.W. und S u l e k, J.J.; Lincoln, Univ. of Nebraska, Agric.Exp. Stat. Farmall 504 Diesel. (Farmall-Traktor "504 Diesel" - Nebraska Traktor Test.) - Nebraska Tractor Test Nr.816. (1962) 2 S. - 1 Abb., 5 Tab.

Hersteller: International Harvester Co., Chicago, Ill. - Bauart: Dreiradform. - Motor: 4 Zylinder, stehend, Diesel, Motordrehzahl 2220 U/min, Bohrung/Hub 3 11/16 in. x 4,390 in. (93,7 x 111,6 mm), Verdichtung 18,7 : 1, Hubraum 187,5 cu.in. (3072,5 cm^3), Wasserkühlung (Thermostat). - Fahrwerk: 4 Rädern, Luftbereifung, vorn 6,00 - 16, hinten 13,8 - 38; verstellbare Spurweite, vorn 8 in. - 14 in. (203,2 - 355,6 mm), hinten 52 in. - 84 in. (1320,8 - 2133,6 mm), Radstand 89 in. (2260,6 mm). - Riemenscheibendrehzahl 1168 U/min, Zapfwellendrehzahl 548 U/min bei 2000 U/min des Motors. - 5 Vorwärtsgänge: 1,96 - 17,64 m.p. h., (3,15 - 28,42 km/h), mit Drehmomentenwandler: 1,32 - 11,90 m.p.h. (2,1 - 19,1 km/h) und 1 Rückwärtsgang: 1,64 m.p.h. (2,6 km/h). - Leistung: Max. Zapfwellenleistung 45,99 h.p. bei einem Kraftstoffverbrauch von 0,466 lb./h.p.hr. (ca. 212 g/PSh). Bei einer Schleppermasse (mit Fahrer) von 8075 lb. (3663 kg) beträgt die max. Zugleistung im 3.Gang 38,9 h.p. bei 4,69 % Schlupf und 0,535 lb./h.p.hr. (ca. 243 g/PSh) Kraftstoffverbrauch. Bei 75 % bzw. 50 % dieser Leistung wurde der Kraftstoffverbrauch mit 0,564 bzw. 0,651 lb./h.p.hr. (ca. 255 bzw. ca. 296 g/PSh) ermittelt. J.Güssefeldt. 3215.

L a r s e n, L.F., H u r l b u t, L.W., S t e i n b r u e g g e, G.W. und S u l e k, J.J.; Lincoln, Univ. of Nebraska, Agric. Exp. Stat. International B414 gasoline. (International-Traktor "B414 Gasoline" - Nebraska Traktor-Test.) - Nebraska Tractor Test Nr.817. (1962) 2 S. - 1 Abb., 5 Tab.

Hersteller: International Harvester Co., Chicago, Illinois. - Bauart: Vierradschlepper. - Motor: 4 Zylinder, stehend, Gasoline, Motordrehzahl 2000 U/min, Bohrung/Hub 3 3/8 in. x 4 in. (85,7 x 101,6 mm), Verdichtung 6,3 : 1, Hubraum 143,1 cu.in (2345 cm^3), Wasserkühlung (Thermostat). - Fahrwerk: 4 Räder, Luftbereifung, vorn 6,00 - 16, hinten 13,6 - 28; verstellbare Spurweite, vorn und hinten 48 in. - 76 in. (1219,2 - 1930,4 mm), Radstand 76,5 in. (1953 mm). - Riemenscheibendrehzahl 1285 U/min, Zapfwellendrehzahl 545,5 U/min. - 4 Vorwärtsgänge: 4,3 - 15,5 m.p.h. (6,9 - 24,9 km/h) und 1 Rückwärtsgang: 6,4 m.p.h. (10,2 km/h), Geschwindigkeiten in den entspr. Kriechgängen: 1,5 - 5,3 m.p.h. (2,4 - 8,5 km/h) vorwärts und 2,2 m.p.h. (3,5 km/h) rückwärts. - Leistung: Max. Zapfwellenleistung 36,46 h.p. bei einem Kraftstoffverbrauch von 0,505 lb./ h.p.hr. (ca. 229 g/PSh). Bei einer Schleppermasse (mit Fahrer) von 6625 lb. (3005 kg) beträgt die max. Zugleistung im 4. Kriechgang 30,86 h.p. bei 5,44 % Schlupf und einem Kraftstoffverbrauch von 0,595 lb./h.p.hr. (ca. 270 g/PSh). Bei 75 bzw. 50 % dieser Leistung wurde der Kraftstoffverbrauch mit 0,658

bzw. 0,778 lb./h.p.hr. (ca. 298 und ca. 351 g/PSh) ermittelt.
J.Güssefeldt. 3215.

L a r s e n , L.F., H u r l b u t, L.W., S t e i n b r u e g g e, G.W. und S u l e k, J.J.; Lincoln, Univ.of Nebraska, Agric. Exp. Stat. Farmall 404 gasoline. (Farmall-Traktor "404 Gasoline" - Nebraska Traktor Test.) - Nebraska Tractor Test Nr.818. (1962) 2 S. - 1 Abb., 5 Tab.

Hersteller: International Harvester Co., Chicago, Illinois. - Bauart: Vierradschlepper. - Motor: 4 Zylinder, stehend, Gasoline, Motordrehzahl 2000 U/min, Bohrung/Hub 3 1/4 in. x 4 1/16 in. (82,5 x 103,2 mm), Verdichtung 7,7 : 1, Hubraum 134,8 cu.in. (2209 cm^3), Wasserkühlung (Thermostat). - Fahrwerk: 4 Räder, Luftbereifung, vorn 5,50 - 16, hinten 11,2 - 36; verstellbare Spurweite, vorn 50 in. - 74 in. (1270 - 1879,6 mm), hinten 48 in. - 80 in. (1219,2-2032 mm), Radstand 87,6 in. (2225 mm). - Riemenscheibendrehzahl 948 U/min, Zapfwellendrehzahl 542 U/min. - 4 Vorwärtsgänge: 3,19 - 21,03 m.p.h. (5,1 - 33,8 km/h) und 1 Rückwärtsgang: 5,01 m.p.h. (8,0 km/h), Geschwindigkeiten in den entspr. Kriechgängen: 2,23 - 14,67 m.p.h. (3,5 - 23,5 km/h) vorwärts und 3,5 m.p.h. (5,6 km/h) rückwärts. - Leistung: Max. Zapfwellenleistung 36,70 h.p. bei einem Kraftstoffverbrauch von 0,496 lb./h.p.hr. (ca. 226 g/PSh). Bei einer Schleppermasse (mit Fahrer) von 6645 lb. (3014 kg) beträgt im 3. Kriechgang die max. Zugleistung 32,97 h.p. bei 5,31 % Schlupf und 0,565 lb./h.p.hr. (ca. 256 g/PSh) Kraftstoffverbrauch. Bei 75 % bzw. 50 % dieser Leistung wurde der Kraftstoffverbrauch mit 0,606 bzw. 0,722 lb./h.p.hr. (ca. 275 bzw. ca. 328 g/PSh) ermittelt. J.Güssefeldt. 3215.

L a r s e n, L.F., H u r l b u t , L.W., S t e i n b r u e g g e, G.W. und S u l e k, J.J.; Lincoln, Univ. of Nebraska, Agric. Exp. Stat. Farmall 504 gasoline. (Farmall-Traktor "504 Gasoline" - Nebraska Traktor Test.) - Nebraska Tractor Test Nr. 819. (1962) 2 S. - 1 Abb., 5 Tab.

Hersteller: International Harvester Co., Chicago, Illinois. - Bauart: Dreiradform. - Motor: 4 Zylinder, stehend, Gasoline, Motordrehzahl 2200 U/min. Bohrung/Hub 3 3/8 in. x 4 1/4 in. (85,7 x 107,9 mm), Verdichtung 7,7 : 1, Hubraum 152,1 cu.in. (2492,4 cm^3), Wasserkühlung (Thermostat). - Fahrwerk: 4 Räder, Luftbereifung, vorn 6,00 - 16, hinten 13,6 - 38; verstellbare Spurweite, vorn 8 in. - 14 in. (203,2 - 355,6 mm), hinten 52 in. - 84 in. (1320,8 - 2133,6 mm), Radstand 89 in. (2260,6 mm). - Riemenscheibendrehzahl 1168 U/min, Zapfwellendrehzahl 548 U/min bei einer Motordrehzahl von 2000 U/min. - 5 Vorwärtsgänge: 1,96 - 17,64 m.p.h. (3,1 - 28,3 km/h) und 1 Rückwärtsgang: 2,42 m.p.h. (3,8 km/h), mit Drehmomentenwandler 1,32 - 11,90 m.p.h. (2,1 - 19,1 km/h) vorwärts und 1,64 m.p.h. (2,6 km/h) rückwärts. - Leistung: Max. Zapfwellenleistung 46,20 h.p. bei einem Kraftstoffverbrauch von 0,496 lb./h.p.hr. (ca. 226 g/PSh). Bei einer Schleppermasse (mit Fahrer) von 7870 lb. (3570 kg) beträgt die max. Zugleistung im 3. Gang 40,41 h.p. bei 4,43 % Schlupf und 0,560 lb./h.p.hr. (ca. 254 g/PSh) Kraftstoffverbrauch. Bei 75 bzw. 50 % dieser Leistung wurde der Kraftstoffverbrauch mit 0,618 bzw. 0,755 lb./h.p.hr. (ca. 280 bzw. ca. 342 g/PSh) ermittelt. J.Güssefeldt. 3215.

L a r s e n , L.F., H u r l b u t , L.W., S t e i n b r u e g g e, G.W. und S u l e k, J.J.; Lincoln, Univ. of Nebraska, Agric. Exp. Stat. Farmall 504 LPG. (Farmall-Traktor "504 LPG" - Nebraska Traktor Test.) - Nebraska Tractor Test Nr. 820. (1962) 2 S. - 1 Abb., 5 Tab.

Hersteller: International Harvester Co., Chicago, Illinois. - Bauart: Dreiradform. - Die techn. Daten für den Motor, das Fahrwerk, die Bereifung und die Geschwindigkeiten entsprechen den Angaben im Nebraska Traktor Test Nr. 819 (s. vorst. Referat). - Max. Zapfwellenleistung 44,36 h.p. bei einem Kraftstoffverbrauch von 0,473 lb./h.p.hr. (ca. 214 g/PSh). Bei einer Schleppermasse (mit Fahrer) von 7895 lb. (3581 kg) beträgt im 3. Gang die max.Zugleistung 40,17 h.p. bei einem Schlupf von 5,05 % und einem Kraftstoffverbrauch von 0,529 lb./h.p.hr. (ca. 239 g/PSh). Bei 75 % bzw. 50 % dieser Leistung wurde der Kraftstoffverbrauch mit 0,535 bzw. 0,618 lb./h.p.hr. (ca. 243 bzw. ca. 280 g/PSh) ermittelt. J.Güssefeldt. 3215.

L a r s e n, L.F., H u r l b u t, L.W., S t e i n b r u e g g e, G.W. und S u l e k, J.J.; Lincoln, Univ. of Nebraska, Agric. Exp. Stat. Kramer KL 400 Diesel. (Kramer-Traktor "KL 400 Diesel" - Nebraska Traktor Test.) - Nebraska Tractor Test Nr. 821. (1962) 2 S. - 1 Abb., 5 Tab.

Hersteller: Kramer-Werke, Überlingen/Bodensee, Westdeutschland. - Bauart: Vierradschlepper. - Motor: Hersteller Deutz, 3 Zylinder, Diesel, Motordrehzahl 2300 U/min, Bohrung/Hub 3,74 in. x 4,72 in. (95 x 120 mm), Verdichtung 17,8 : 1, Hubraum 155,5 cu.in. (2548 cm^3), Luftkühlung. - Fahrwerk: 4 Räder, Luftbereifung, vorn 6,00 - 16, hinten 12,4 - 28; verstellbare Spurweite, vorn 53 3/4 in. - 84 1/2 in. (1365 - 2146 mm), hinten 54 1/2 in. - 75 in. (1384 - 1905,5 mm), Radstand 77 in. (1955,8 mm). - Riemenscheibendrehzahl 1410 U/min, Zapfwellendrehzahl 540 U/min bei einer Motordrehzahl von 2122 U/min. - 10 Vorwärtsgänge: 0,9 - 12,1 m.p.h. (1,4 - 19,6 km/h) und 2 Rückwärtsgänge: 2,7 und 3,8 m.p.h. (4,3 - 6,1 km/h). - Leistung: Max. Zapfwellenleistung 32,66 h.p. bei einem Kraftstoffverbrauch von 0,514 lb./h.p.hr. (ca. 233 g/PSh). Max. Zugleistung im 7. Gang beträgt 27,35 h.p. bei 6,14 % Schlupf, 0,558 lb./h.p.hr. (ca. 253 g/PSh) Kraftstoffverbrauch und 5020 lb. (2277 kg) Schleppermasse (mit Fahrer). Bei 75 % bzw. 50 % dieser Leistung wurde der Kraftstoffverbrauch mit 0,608 bzw. 0,706 lb./h.p.hr. (ca. 276 bzw. ca. 321 g/PSh) ermittelt.

J.Güssefeldt. 3215.

L a r s e n , L.F., H u r l b u t , L.W., S t e i n b r u e g g e, G.W. und S u l e k, J.J.; Lincoln, Univ. of Nebraska, Agric. Exp. Stat. Massey-Ferguson Super 90 Diesel. (Massey-Ferguson-Traktor "Super 90 Diesel" - Nebraska Traktor Test.) Nebraska Tractor Test Nr.822. (1962) 2 S. - 1 Abb., 5 Tab.

Hersteller: Massey-Ferguson Incorporated, Detroit, Michigan. - Bauart: Vierradschlepper. - Motor: Hersteller Perkins, 4 Zylinder, stehend, Diesel, Motordrehzahl 2000 U/min, Bohrung/Hub 4,5 in. x 4,75 in. (114,3 x 120,7 mm), Verdichtung 16,0 : 1, Hubraum 302,2 cu.in. (4952 cm^3), Wasserkühlung (Thermostat) - Fahrwerk: 4 Räder, Luftbereifung, vorn 7,5 - 18, hinten 18,4 - 30; Spurweite, vorn 56 in. (1422,4 mm) hinten 64 in. (1625,6 mm), Radstand 88 in. (2235,2 mm). - Riemenscheibendrehzahl 1355 U/min. Zapfwellendrehzahl 540 U/min bei einer Motordrehzahl von 1497 U/min. - 8 Vorwärtsgänge: 1,7 - 21,59 m.p.h. (2,7 - 34,6 km/h) und 2 Rückwärtsgänge: 1,04 und 5,57 m.p.h. (1,7 und 8,9 km/h). - Leistung: Max. Riemenscheibenleistung 68,53 h.p. bei einem Kraftstoffverbrauch von 0,438 lb./h.p.hr. (ca. 198 g/PSh). Bei einer Schleppermasse (mit Fahrer) von 12575 lb. (5704 kg) beträgt im 3. Gang die max. Zugleistung 59,8 h.p. bei 6,77 % Schlupf und 0,502 lb/h.p.hr. (ca. 228 g/PSh) Kraftstoffverbrauch. Bei 75 % bzw. 50 % dieser Leistung wurde der Kraftstoffverbrauch mit 0,525 bzw. 0,617 lb./h.p.hr. (ca. 238 bzw. ca. 280 g/PSh) ermittelt.

J.Güssefeldt. 3215.

L a r s e n, L.F., S t e i n b r u e g g e, G.W., S u l e k, J.J. und Y u n g, F.D.; Lincoln, Univ. of Nebraska, Agric. Exp. Stat. Allis-Chalmers D 19 gasoline. (Allis Chalmers-Traktor "D19 Gasoline" - Nebraska Traktor Test.) - Nebraska Tractor Test Nr. 810. (1962) 2 S. - 1 Abb., 5 Tab.

Hersteller: Allis-Chalmers Manufacturing Company, Milwaukee, Wisconsin. - Bauart: Vierradschlepper. - Motor: 6 Zylinder, stehend, Gasoline, Motordrehzahl 2000 U/min, Bohrung/Hub 3 9/16 in. x 4 3/8 in. (90,5 x 111,12 mm), Verdichtung 8 : 1, Hubraum 262 cu.in. (4293 cm^3), Wasserkühlung (Thermostat). - Fahrwerk: 4 Räder, Luftbereifung, vorn 7,50 - 16, hinten 18,4 - 34; verstellbare Spurweite, vorn 60 in. - 88 5/8 in. (1524 - 2251 mm), hinten 60 in. - 80 in. (1524 - 2032 mm), Radstand 102 3/8 in. (2600 mm). - Riemenscheibendrehzahl 1678 U/min, Zapfwellendrehzahl 540 U/min bei 1760 U/min des Motors. - 8 Vorwärtsgänge: 1,9 - 13,9 m.p.h. (3,0 - 22,3 km/h) und 2 Rückwärtsgänge: 2,6 und 4,0 m.p.h. (4,1 und 6,4 km/h). - Leistung: Max. Zapfwellenleistung 71,54 h.p. bei einem Kraftstoffverbrauch von 0,530 lb./h.p.hr. (ca. 240 g/PSh). Bei einer Schleppermasse (mit Fahrer) von 11045 lb. (5010 kg) beträgt die max. Zugleistung im 5. Gang 63,91 h.p. bei 6,45 % Schlupf und 0,645 lb./h.p.hr. (ca. 293 g/PSh) Kraftstoffverbrauch. Bei 75 % bzw. 50 % dieser Leistung wurde der Kraftstoffverbrauch mit 0,675 bzw. 0,748 lb./h.p.hr. (ca. 306 bzw. ca. 339 g/PSh) ermittelt.

J.Güssefeldt. 3215.

M e l e š k o, I.I. und Z a v j a l o v a, A.A. (Meleschko, I.I. und Sawjalowa, A.A.); Mittelasiat. Maschinenprüfstat. Traktor DT-54A s bolee moščnym dvigatelem. (Der Traktor "DT-54A" mit stärkeremMotor.) -Chlopkovodstvo, Moskva 12 (1962) Nr.4. S. 20-24. - 2 Diagr., 2 Tab.

Durch Austausch der Reglergewichte und -federn des Kettentraktors "DT-54A" gegen Bauteile des Kettentraktors "DT-75" wurde durch Motordrehzahlerhöhung die Nennleistung bei 1500 U/min auf 65 PS erhöht. Durch diese Motorforcierung über die Drehzahl wurde eine Fahrgeschwindigkeitserhöhung von 15 % erreicht. Die Zughakenleistung steigerte sich um 22,7; 22, 2 und 24,8 % (entsprechend im I, II und III Gang), während die Zugkräfte um 5,6; 9,2 und 9,3 % vergrößert wurden. Der Einsatz über 2000 Std. in der mittelasiatischen Maschinenprüfstation erbrachte keine im Vergleich mit dem "DT-54" unerwartete Schäden oder Verschleißerscheinungen. Vff. beschreiben einzelne Vergleichs- bzw. Kontrollmessungen zur Bekräftigung der Einsatzergebnisse und fordern, mit den Instandsetzungsarbeiten diese einfache Umrüstaktion zu koppeln.

H.Ahlgrimm. 3220.

A l b r e c h t, H.E. Hat der Geräteträger noch Zukunft? - Schlepper u.Landmaschine 13 (1962) Nr. 11. S. 355 - 356. - Aus: Dok.-Dienst ILT 1963 Nr.1.

Der größte Vorteil des Geräteträgers ist die Einmannbedienung bei gut abgestimmter Gerätereihe und die durch die Motorhaube nicht gestörte Sicht vor dem Fahrzeug. Diese wirkt sich bes. beim Frontlader aus, dessen Anteil bei Schleppern nur 2 - 10 % je nach Type ausmacht, dagegen 42 % bei Geräteträgern. Bei Aufbau-

Erntemaschinen ist das Verhältnis von Funktion und Preis sorgfältig abzuwägen; nur wenn Einsparung von Arbeitskräften, größere Schlagkraft und Hangsicherheit, bessere Manöverierfähigkeit, Verbilligung in der Anschaffung und Einsparung der vorbereitenden Handarbeit gewährleistet sind, ist der Absatz gegenüber dem selbstfahrenden Gerät gesichert. Entscheidend für die Zukunft des Geräteträgers ist außerdem, daß bei Beschaffung eines stärkeren Geräteträgers auch die alten Geräte noch verwendbar sind. 3225.

A n o n y m. 11000 Fendt-Geräteträger. Techn.u.Landwirtsch. 14 (1962) Nr.19. S. 456 - 457. - 2 Abb.

Seit 1958 wurden 11000 "Fendt"-Geräteträger mit 19- b zw. 25-PS-Motoren gebaut, die zu 62 % mit Drillmaschinen, 53 % Rübenhackgeräten, 78 % mit Kartoffelpflegeeinrichtungen, 42 % mit Frontladern und 51 % mit Kartoffellegeeinrichtungen ausgerüstet wurden. Auch ein Aufbaugerät für die Rübenvollernte wurde dazu entwickelt. Mit Ladepritsche ausgerüstet, dient er Transportzwekken, wobei er gleichzeitig auch als Zugmaschine benutzt werden kann.

A.Jeske. 3225.

A n o n y m. Schweizer Arbeitsmaschine besonderer Art. - Schlepper u.Landmaschine 13 (1962) Nr. 11. S. 368 - 369. - 4 Abb. Aus: Dok-Dienst ILT 1963 Nr.1.

Vierrad-Universal-Gelände-Traktor "Pullax", zweiradgetriebener Traktor mit großer Zugkraft, guter Kurvenbeweglichkeit und unveränderlichem Radstand, geeignet für Acker- und Transportarbeiten. Antrieb: 2-Zylinder -Viertakt-Dieselmotor, 20 PS bei 2400 U/min. 6 Vor-, 2 Rückwärtsgänge. Radlenkung über Achsschenkel, [illegible]schlag 55 ° nach jeder Seite. Spur 1320 mm, Radstand 1700-2500 mm, Bereif[illegible] x 18 oder 7,5 x 18. Zulässige Totalmasse ca. 3200 kg. Auf Wunsch: autom[illegible]sches Seilspill mit ca. 1500 kp Zugkraft für 200 m Seil 8 mm Dmr.,Hydraulik und Dreipunktaufhängung, Ladebrücke. 3230.

A n o n y m. Land-Rover jetzt als Frontlenker. - Schlepper- u.Landmaschine 14 (1963) Nr. 1. S. 14. - 1 Abb. Aus: Dok.-Dienst ILT 1963 Nr.3.

Durch Ausrüstung des "Land-Rover" mit Frontlenkung und Neukonstruktion des ganzen Grundaufbaus ist die Tragkraft auf 1532 kp erhöht worden. Steigungen bis 50 % können noch mit einer Nutzlast von 1270 kg überwunden werden. Die bisher schon gute Geländegängigkeit wurde noch gesteigert durch bessere Gewichtsverteilung, größere Reifen und Bodenfreiheit. Der seitliche Kippwinkel liegt bei 40 °. Motor: 2,25-l-Vierzylinder, 77 PS bei 4250 U/min. 4 Vorwärtsgänge, 1 Rückwärtsgang; Bodenfreiheit 25,4 cm; Wendekreis 11,4 m, Zugkraft 1775 kp,Gesamtmasse 3540 kg. 3230.

A n o n y m. Ein neuartiges Sonderfahrzeug. - Landmaschinen-Rdsch. 14 (1962) Nr. 11. S. 316. - 1 Abb. Aus: Dok.-Dienst ILT 1963 Nr. 2.

Der "Kraka" ist ein reines Zweckfahrzeug zur Lösung von Arbeits- und Transportproblemen in unwegsamem Gelände. Fahrgestell -Vorder- und Hinterschwinge durch zwei Gummifederelemente gegeneinander abgestützt. Vorderachse an einem zentralen Punkt drehbar gelagert, Hinterachse als Motorschwinge ausgebildet. Motor 400 cm^3 luftgekühlter Zweizylinder-Zweitaktmotor, Leistung 20 PS bei 5000 U/min. Steigfähigkeit des Fahrzeuges ca. 60 %. Anwendbar auch als Geräteträger mit den entsprechenden Zusatzgeräten. 3230.

S e i f e r t, Artur; Braunschweig-Völkenrode, Inst. für Schlepperforsch. Die Verbrennungsmotoren für die Landwirtschaft. - Techn. u. Landwirtsch. 14 (1962) Nr. 14. S. 327 - 329. - 6 Abb.

In der Entwicklung von Dieselmotoren für Ackerschlepper läßt sich folgender Trend feststellen: stärkere Motoren, Erhöhung der mittleren Leistung; Ausbau der Typenreihen; Verringerung der Zylindergrößen; mehrzylindrige Motoren; Erhöhung der Drehzahl; mehr kurzhubige Motoren; Zweitakt-Motoren größerer Leistung im wesentlichen nur noch für Kettenschlepper; reparatur- und austauschgerechte Konstruktionen. Beim Ausbau der Typenreihen wird angestrebt, mit möglichst einem Motor-Grundtyp auszukommen, der im wesentlichen durch die Abmessung für Zylinderbohrung, Kolbenhub und Verbrennungsverfahren bestimmt wird.

K.-H.Schulte. 3235.

L e a c h, E.F. und W e b e r, J.A.; Peoria, Ill.; Cater pillar Tractor Co.; Urbana, Univ. of Illinois. Tractor part-load fuel efficiency improved. (Verbesserung der Kraftstoffausnutzung von Traktormotoren im Teillastbereich.) - Agric. Engng. 43 (1962) Nr.11. S.640 - 643. - 1 Abb., 11 Diagr., 2 Schemata, 5 Lit.

Vff. berichten über ihre Untersuchungen an Vergasermotoren in Traktoren zur Senkung des Kraftstoffverbrauches und Erhöhung der Wirtschaftlichkeit des Traktorenbetriebes. Ausgehend davon, daß die Traktoren in der Landwirtschaft mehr im Teillastbereich als bei Vollast eingesetzt sind, wurden am Vergaser und an der Zündung Veränderungen vorgenommen, die entweder der Verdünnung des Kraftstoff-Luft-Gemisches bzw. der Zündzeitpunktverlagerung zur besseren Kraftstoffausnutzung im Teillastbereich dienten. Die Veränderungen eines serienmäßig gelieferten Vergasers brachten in einem Versuchstraktor eine Jahreseinsparung von 15 % Kraftstoff. K.-H.Schulte. 3235.

Coenenberg, Hans Helmut; Braunschweig-Völkenrode, Inst. für Schlepperforsch. Abgerundeter Entwicklungsstand bei den Triebwerken. - Techn. u. Landwirtsch. 14 (1962) Nr. 14. S. 330.332-333. - 1 Abb., 4 Schemata

Die allg. Konsolidierung des westdeutschen Schlepperbaues war auch bei den Schlepper-Triebwerken und anderen Leistungsübertragungen zu finden. Die meisten Triebwerksbaureihen sind in den bereits aus den letzten Jahren bekannten Grundkonzeptionen beibehalten worden. Stufenlose Schleppergetriebe wurden nicht gezeigt. Im Einzelfall und im Detail finden sich viele Neuerungen. Die Zahl der Gänge ist bei vielen Schleppertypen gegen früher noch etwas größer geworden. Getriebe mit 6 - 10 Vorwärtsgängen und 2 - 4 Rückwärtsgängen beherrschen das Feld. Neben den gewöhnlich schaltbaren Schubradgetrieben waren auch verschiedene leichter schaltbare Getriebe vertreten. K.-H.Schulte. 3240.

B u c k i n g h a m, Frank. The shift in transmissions. (Getriebeschaltungen.) - Implement & Tractor Farm Implement News 77 (1962) Nr.12. S.32-36.92.94-95. - 10 Schemata.

Vf. erläutert die verschiedenen Getriebe amer. Traktorenfirmen, die sich bes. durch Schalterleichterungen auszeichnen und eine bessere Ausnutzung der Motorleistung gestatten. In den mechanischen Getrieben werden zumeist Planetengetriebe und hydraulisch oder mechanisch betätigte Schaltkupplungen verwendet. Hydraulische Drehmomentenwandler finden wenig Anwendung bei Traktoren. Hydrostatische Antriebe sind verschiedentlich in Versuchstraktoren eingebaut. Wegen der noch zu hohen Herstellungskosten besteht noch kein serienmäßiger Einbau derartiger Antriebe. In einem weniger fortgeschrittenen Versuchsstadium befinden sich Einzelradantriebe auf elektromotorischer Basis.

K.-H.Schulte. 3240

M e i l e, Carl H.; Chicago, Ill., Internat. Harvester Co. Hydrostatic drives for tractors. (Hydrostatischer Antrieb für Traktoren.) - Agric. Engng. 43 (1962 Nr.10. S. 570 - 571. - 2 Abb., 1 Schema.

Es werden die beiden Versuchstraktoren der International Harvester Co. mit hydrostatischem Antrieb beschrieben. Beide Traktoren verwenden Staffa-Hydraulik-Radialmotoren, die in den Triebrädern untergebracht sind. Als Hydraulikpumpe wird eine Lukas-Pumpe mit veränderlicher Verdrängung verwendet. Beim Typ "HD-340" erfolgt der Pumpenantrieb durch einen Mehrzylinder-Dieselmotor, beim Typ "HT-340" durch eine Gasturbine mit einem Leistungsvermögen bis zu 80 PS. Im Versuchstraktor werden jedoch nur 40 PS genutzt. K.-H.Schulte. 3240.

A n o n y m. This hydrostatic transmission is tested and ready. (Dieses hydrostatische Getriebe ist geprüft und ausgereift.) - Farm Implement Machinery Rev. 89 (1963) Nr.1053. S.75. - 1 Abb. Aus: Dok.-Dienst ILT 1963 Nr.3.

Das hydrostatische Getriebe "Lucas 100", ein Fabrikat der Joseph Lucas Ltd., Birmingham, ist nach 2jähriger Erprobung reif für die Verwendung im Traktorenbau. Es zeichnet sich aus durch Zuverlässigkeit, Festigkeit und moderne Konstruktion. Es überträgt Drehmomente bis 105 kpm und 100 PS Leistung. Pumpe und Axialkolbenmotor sind zu einem Block vereinigt. Pumpe und Motor, beide mit veränderlicher Verdrängung und Taumelscheibenregelung, gestatten eine stufenlose Schaltung. Die Taumelscheiben werden hydraulisch gesteuert. Der erforderliche Druck für die Servoaggregate wird durch eine bes. Förderpumpe erzeugt.

Ein Absperrventil kann den Druck des Systems aufheben, um das Fahrzeug abschleppen zu können. 3240.

B u c h č e v, I., S t o j a n o v, Ch. und B e b i n, N. (Buchtschew,I., Stojanow, Ch. und Bebin, N.) Teglitelni charakteristiki na traktor s chidroobmenna bezstepenna transmisija. (Zugkraftcharakteristik eines Schleppers mit stufenlosem, hydraulischem Getriebe.) - Izvestija na Instituta po mechanizacija i elektrifikacija na selskoto stopanstvo, Sofija 2 (1962) S. 39-63. - 25 Abb. Zus. in Russ., Engl.

Vf. gibt den Rechnungsgang für die theoretische Zugkraftcharakteristik eines Schleppers mit hydraulischem Getriebe an. In Bulgarien wurde die erste Versuchsserie solcher Schlepper gebaut. Zur Regelung der Schleppergeschwindigkeit wurden 4 Methoden untersucht: 1) durch Regelung der spez. Pumpenleistung des hydraulischen Getriebes, 2) durch Änderungen der Aufnahmeleistung des hydraulischen Motors, 3) durch kombinierte Regelung der spez. Pumpen- und Motorleistung und 4) durch Regelung der Pumpenleistung und ihrer Drehzahl. Die theoretischen Zugkraftlinien für diese 4 Sonderfälle sind aufgezeichnet.

A.Kalojanow. 3240.

S p i r i d o n o v, K.M. und C h a r i t o n č i k, E.M. (Spiridonow, K.M. und Charitontschik, Je.M.) Issledovanie žestkosti opytnoj korobki peredač traktora klassa 6 t. (Untersuchung der Starrheit eines Versuchsgetriebes für Schlepper der 6-Mp-Klasse.) - Traktory i sel'chozmašiny, Moskva 32 (1962) Nr.8. S. 5-7. - 1 Abb., 5 Diagr., 6 Lit.

Das untersuchte Versuchsgetriebe für den Schleper "S-100" hatte 5 Vorwärts- und 2 Rückwärtsgänge. Bei den Vorwärtsgängen wurde das Drehmoment unmittelbar von der oberen auf die untere Getriebewelle übertragen. An die Antriebsachse wurde ein Drehmoment von 90 kpm (125 % des vom Motor des Schleppers "S-100" entwickelten Moments) gelegt und die Abtriebsachse wurde abgebremst. Die Verformungen wurden mit mechanischen Meßgebern, deren Skalenteilung o,ol und o,oo2 mm betrug, ermittelt. Vf. zeigt in einem Getriebequerschnitt die Stellen der Messungen, stellt in Diagr. die Verformung des Getriebegehäuses in der Längs- und Querrichtung, die Abhängigkeit der Verformung der oberen und unteren vorderen Wellenlagerung von der Belastung und die Verlagerung und Verformung der oberen und unteren Welle im 1., 2. und 3. Gang dar, gibt in Tab. einige Verformungswerte in Millimetern und Grad an und bespricht die Verformungsvorgänge, wobei er weitere Werte, z.B. die gegenseitige Verkantung der Getriebezähne mitteilt. W.Balkin. 3240.

A n s d a l e , R.F. Differential locks and limiting devices. (Differentialsperren und Ausgleichsbegrenzungsvorrichtungen.) - Automobile Engr. 53 (1963) Nr. 1. S. 2-9. - 18 Abb., 1 Diagr. Aus: Dok.-Dienst ILT 1963 Nr. 2.
Ausführliche Beschreibung und Erklärung der Wirkungsweise der Differentialsperren von: Zahnradfabrik Friedrichshafen, Daimler Benz, Ferguson, Borg-Warner, Detroit Automotive Products Co., Kirkstall, Salisbury Transmission Ltd., Eaton Mfg.Co. und General Motors Co., die für PKWs und LKWs geeignet sind. Für die bes. Verhältnisse bei Traktoren werden die Differentialsperren von Friedrichshafen für alle Arten von Traktoren, Salzmann (Schweiz) und Ferguson als die besten erkannt. Alle beschriebenen Differentialsperren sind dadurch gekennzeichnet, daß sie den zu starken Ausgleich der Antriebsräder begrenzen und dadurch trotz übermäßigen Schlupfes des einen Rades eine ausreichende Zugkraft des anderen Rades gewährleisten und sich z.T. automatisch ein- und auskuppeln.
3240.

B u j a n k o v, L.I. (Bujankow, L.I.); Leningrad, Traktorenwerk. K voprosu avtomatičeskoj blokirovki differenciala kolesnogo traktora. (Automatische Differentialsperre am Radtraktor.) - Traktory i sel'chozmašiny, Moskva 32 (1962) Nr.12. S. 16-17. - 2 Schemata. Aus: Dok.-Dienst ILT 1963 Nr. 2.
Mängel der bisherigen Differentiale. Verbesserung durch automatische Sperre über eine Mehrscheiben-Friktionskupplung, die vom Wendemechanismus des Traktors aus automatisch gesteuert wird. Bei Geradeausfahrt: automatisches Einschalten der Differentialsperre. Die Reibungs-Sperrkupplung kann hydraulisch oder mechanisch betätigt werden. Unterschiede zwischen den gesperrten und ungesperrten Differentialen bei Geradeausfahrt. Schaltskizzen. 3240.

S k u n d i n, G.I. und D o b r o c h l e b o v, A.P. (Skundin, G.I. und Dobrochlebow, A.P.); Moskau, Forsch.-Inst. für Schlepperbau. Issledovanie usilij, peredavaemych detaljami transmissii kolesnogo traktora. (Untersuchung der von den Getriebeelementen des Radtraktors übertragenen Kräfte.)-Traktory i sel'-chozmašiny, Moskva 32 (1962) Nr. 5. S. 8-13. - 2 Abb., 2 Diagr., 1 Schaltskizze, 9 Tab., 4 Lit.
Am Radtraktor "MTZ-5M" wurden die Getriebebeanspruchungen durch Vermessen des durchgeleiteten Drehmomentes bei verschiedenen landwirtsch. Arbeiten mit Hilfe einer Tensomeßeinrichtung ermittelt. Es sollten Angaben über normale Einsatzfälle ermittelt werden, außerdem waren die Auswirkungen erhöhter Arbeitsgeschwindigkeiten zu erfassen. Festgelegt für die Berechnungen wurde als Bezugsgröße das Drehmoment, welches von der Triebachse über die Reifen 11 - 38 bei einer Achslast von 2100 kp bei einem wirksamen Radhalbmesser von 722,5 mm übertragen werden könnte, wenn bei zulässigem Radschlupf ein Transmissionsfaktor (Kraftschlußbeiwert) von o,7 vorausgesetzt wird. Alle Meßwerte wurden mit diesem Nennwert verglichen. Da der Motor bei einer Nennleistung von 44,7 PS bei

1480 U/min ein Drehmoment von 21,5 kpm entwickelte, betrugen die berechneten Werte an den Triebrädern in den Gängen V, VI, VII, VIII, IX und X entsprechend 1815, 1334, 1125, 885, 539 u. 394 kpm. Da das auf den Boden übertragbare Moment mit 1052 kpm begrenzt war, lagen für die Beanspruchungen in den Gängen V, VI und VII die Grenzen in der Kraftübertragung zwischen Rad und Fahrbahn, während in den Gängen VIII, IX und X die Begrenzung durch den Motor verursacht wurde. Bei Pflugarbeiten auf Brache wurde mit einem 3-Furchen-Anbaupflug bei einem zulässigen Schlupf bis zu 20 % eine Beanspruchung der Getriebeteile beobachtet, welche das 0,98 - 1,07 fache des bei der Berechnung zu Grunde gelegten Wertes beträgt. Die Spannungsbeanspruchung in den Zahnflanken betrug nur bei seltenen Spitzenbelastungsmomenten 7 - 12 % mehr als nach den Normen zulässig ist. Bei leichteren Pflugarbeiten auf Gemüseland betrugen diese Werte nur 0,74 - 0,87 %. Ähnliche Werte wurden im Zusammenhang mit Kultivatoren "KP-4" und Triebachsenanhängern "PTS-2,5" ermittelt. Als bes. Ergebnisse der Untersuchungen ist die Ermittlung der Schwingungsamplituden der Belastungsänderungen sowie die Ermittlung der Spitzenwerte herauszustellen. Die Meßeinrichtung sowie die Meßmethode wird für den beschriebenen Zweck als vorteilhaft empfohlen. H.Ahlgrimm. 3240.

D r o n g, I.I. und B e l o v, S.M. (Drong, I.I. und Below, S.M.) O samovyključenii zubčatych muft traktornych korobok peredač. (Über das Selbstausrükken von Zahnradkupplungen in Traktorgetrieben.) - Traktory i sel'chozmašiny, Moskva 32 (1962) Nr.12. S. 9-14. - 6 Schemata, 1 Tab., 4 Lit. Aus: Dok.-Dienst ILT 1963 Nr.2.

Zahnradkupplungen, bei denen sowohl das Drehmoment als auch die Radiallast übertragen werden, können eine Axialverschiebung der Kupplungsmuffenhälften durch gegenseitige Einwirkung der Zähne der Kupplungsmuffen auf Grund ungleicher Belastung der Zähne haben. Eine Verschiebung der Kupplungsmuffenhälften bei Schiefstellen der Muffenachsen kommt einer Verschiebung gleich, die als Ergebnis der Einwirkung einer Axialkraft auf die Gleitmuffe entsteht. Der Schrägverschleiß der Laufflächen der Muffenzähne läßt zusätzliche Axialkräfte entstehen. 3240.

S o e n e n b e r g , H.-H.; Braunschweig-Völkenrode. Inst. für Schlepperforsch. Drehmomentschwingungen in Kupplungen von Schleppern und Maschinen. - Grundlagen Landtechn. 1961 Nr.13. S. 44 - 53. - 1 Abb., 15 Diagr., 6 Schemata, 36 Lit.

Vf. berichtet über Drehmoment-Schwingungs-Untersuchungen an Schleppern und Maschinen und kommt dabei zu den Schlußfolgerungen, daß die Eigenschaften der vorwiegend verwendeten Reibpaarungen noch recht weit von einer wünschenswerten umfassenden Konstanz des Reibungsbeiwertes entfernt sind. Die bisher entwickelten Kupplungen mit Drehmomentbegrenzung und mit Ausgleich des Reibungsbeiwertes befriedigen bisher zwar stationär, aber nicht in ihrem Schwingverhalten. Bei geeigneter Konstruktion ist jedoch eine wesentliche Besserung des letzteren möglich. K.-H.Schulte. 3240.

B o k l a g, V.M. (Boklag, W.M.) Povorot tjagača s šarnirnoj ramoj. (Wenden von Zugmaschinen mit Gelenkrahmen.) - Traktory i sel'chozmašiny, Moskva 33 (1963) Nr.1. S. 12-13. - 1 Abb., 2 Diagr., 2 Schemata. Aus: Dok.-Dienst ILT 1963 Nr.3.

Untersuchungen über die Stabilität von Fahrzeugen mit Knicklenkung an Hand eines Modells des Traktors "T 90". Durch Neigen der Drehgelenkachse läßt sich die Stabilität des Fahrzeugs mit Knicklenkung erhöhen. Gleichzeitig können dadurch das Gelenkzentrum und die Schwerpunkte der beiden Fahrzeughälften in der Höhe verändert werden. Bestimmung des Stabilisierungsmomentes. 3245.

A n o n y m. Reading's latest "thinking" tractor. (Neuester "denkender" Traktor der Reading-Universitätsfarm.) - Farm Implement Machinery Rev. 89 (1963) Nr. 1053. S. 58. - 1 Abb. Aus: Dok.-Dienst ILT 1963 Nr. 3.

Vf. beschreibt den mit selbsttätiger Steuerung ausgerüsteten International-"b 275"-Traktor, der die von einem in die Erde verlegten Kabel ausgestrahlten Impulse über eine vorn angebrachte Antenne aufnimmt. Die Impulse werden verstärkt und auf ein Relais übertragen, das die Steuerorgane über elektro-hydraulische Ventile betätigt. Die Lenkung wird durch 2 Potentiometer überwacht, dessen Ausschläge über ein elektro-hydraulisches Ventil die Fahrtrichtung einstellen. Kupplung und Bremsen sind servobetätigt. 3245.

Einzelradmeßvorrichtung. - Potsdam-Bornim, Inst. Landtechn. Dtsch.Akad. Landwirtsch.Wiss. Berlin, Plan-Nr.: 170 123 h-1-21. Abschlußber.(2.1.1963).

Die Anforderungen an landwirtsch. Räder und Reifen, ihre Kennwerte und Kennlinien sowie die Ermittlungsverfahren wurden zusammengestellt. Für die stationäre Meßeinrichtung, für die Einzelradmeßvorrichtung mobiler Art und für eine Dauerstandprüfeinrichtung, die noch zu konstruieren sind, wurden die zu ermittelnden Kennwerte aufgegliedert, Meßbereiche ermittelt und Prüfbesonderheiten genannt. 3245.

A n o n y m. "Special Service" tractor tyre. (Traktorreifen für Sonderbeanspruchungen.) - Farm Implement Machinery Rev. 89 (1963) Nr. 1053. S. 76. - 1 Abb. Aus: Dok.-Dienst ILT 1963 Nr. 3.

Traktorreifen 14 - 30 für bes. starke Beanspruchung durch Arbeiten im Walde, z.B. Rücken der Baumstämme, Bauarbeiten, Grabenräumen, Straßenbau. Der Reifen hat eine kräftige Karkasse aus Nylongewebe und breite Stollen, die in hohem Grade unempfindlich sind gegen Einschneiden und Reißen beim Fahren über Baumstümpfe und Schotter sowie gegen Feuchtigkeit und Stöße. Versuche ergaben eine mehrfach längere Lebensdauer der Stollen gegenüber normalen Reifen gleicher Größe, Hersteller: Firestone Tyre and Rubber Co., Ltd., Brentford, Middlesex. 3245.

P o l j a k, M.S. Povyšenie iznosostojkosti katkov gusenic. (Erhöhung der Verschleißfestigkeit der Stützrollen von Traktorketten.) - Traktory i sel'chozmašiny, Moskva 32 (1962) Nr. 12. S. 38. - 1 Abb. Aus: Dok.-Dienst ILT 1963 Nr. 1.

Verlängerung der Nutzungsdauer der Stützrollen durch Auftragschweißung unter Verwendung einer neuen Zusammensetzung der Schweißelektroden (Elektrodenkern aus normalem Schweißdraht mit niedrigem C-Anteil. Mantel aus 20 % Graphit, 50 % Manganeisen, 5 % Siliziumeisen, 25 % Kreide. Stärke der Mantelschicht 6 mm). Beschreibung der Technologie. Ergebnis nach anschließendem Härten der Schicht: Austenitstahl mit Karbideinschlüssen. Härte 320 - 340 HV, Proportionalitätsgrenze bei 105 kp/mm^2; Längung 41 %; sehr verschleißbeständig. Prüfungsergebnis: Standzeit der Stützrollen 300 - 950 ha mittleres Pflügen. Stabilität der Rollen um das 3 - 4fache erhöht. 3245.

R i d, H.; München. Biologische Voraussetzungen und Folgen des Schlepper- und Maschineneinsatzes auf dem Acker. - Landarbeit 13 (1962) Nr.6. S. 41 - 44.
Beim Einsatz der Technik auf dem Ackerland ergeben sich 2 Gefahrenmomente: 1) Zwischen 20 % und 30 % beginnt der schädliche Radschlupf. Außerdem wird ab 30 % Radschlupf die Arbeit unproduktiv. 2) Höheres Schleppergewicht (größerer Raddruck) verändert das Porenvolumen nur geringfügig. Deshalb sind leistungsfähige Schlepper, mit denen der Maschineneinsatz in kurzer Zeit durchgeführt werden kann, leichten Schleppern vorzuziehen. - Die Feldarbeiten sollen nach dem Grad der Maschinenempfindlichkeit der Böden organisiert werden. Verfasser verweist auf den Einsatz des Gitterrades am Schlepperhinterrad. Während Zwillingsreifen zu Doppelspuren führen, stützt das Gitterrad die Last in Form einer Leiter auf den Boden ab. Die bodenschonende Wirkung der Raupe wird überschätzt, ihre Bodenpressung ist nachweisbar kaum geringer als die des Schleppers. L.Kunath. 3250.

P o l e t a e v, A.F. (Poletajew, A.F.); Moskau, Automechan.Inst. Uplotnenie počvy pri kačenii kolesa. (Die Bodenverdichtung beim Rollen des Rades.) - Traktory i sel'chozmašiny, Moskva 32 (1962) Nr. 8. S. 1-5. - 6 Diagr., 8 Lit.
Grundlage für die moderne Theorie des Abrollens eines starren Rades auf nachgebendem Boden ist die Annahme, daß in der Berührungsfläche nur Normalkräfte wirken. Beobachtungen haben jedoch gezeigt, daß diese Annahme nicht zutrifft, sondern daß sich die Berührungsfläche in 3 Zonen teilt. In der "Gleitzone" gleitet der nachgiebige Boden unter dem Rade in der Bewegungsrichtung des Rades, in der "Rutschzone" bewegt sich der Boden unter dem Rade entgegen der Bewegungsrichtung des Rades, und in der "Haftzone" ist keine Relativbewegung vorhanden. Vf. bringt Schemata der Bewegungsbahnen von Punkten angetriebener und nicht angetriebener starrer Räder und entwickelt eine Reihe von Ausdrücken für die Bewegungsvorgänge am Rade und im Boden. Er bespricht an Hand dieser Ausdrücke und der dargestellten Diagr. die Vorgänge in den einzelnen Zonen sowie den Einfluß der Bodenverformbarkeit, der Spurtiefe, des Druckes und der Reibungszahl. Bei einem angetriebenem Rad sind nur die Rutsch- und Haftzone und bei einem nicht angetriebenem Rad alle 3 Zonen vorhanden. W.Balkin. 3250.

Schlepperzugfähigkeit. - Potsdam-Bornim,Inst.f.Landtechn. der Dtsch.Akad. Landwirtsch.wiss. Berlin - Plan-Nr.:170 123 h-1-07/0: Abschlußber.(2/1. 1963).
Die für den Traktoreneinsatz wichtigen Werte über Zugfähigkeit und Rollwiderstand in den landwirtsch. Einsatzbereichen "Saatbettvorbereitung", "Bestellung", "Stoppelbearbeitung" und "Hackfruchternte" wurden ermittelt. Die verschiedenen Möglichkeiten für die Erhöhung der Zugfähigkeit, insbes. der 1,4-Mp-Klasse, wie großvolumige Reifen mit niedrigem Reifenluftdruck, gutes Laufflächenprofil mit hohen Stollen, Erhöhung des Zugpunktes oder zusätzlicher Frontantrieb wurden nach den unterschiedlichen Fahrbahneigenschaften eingeschätzt. 3250.

T e r p s t r a, J.; Wageningen, Inst. voor Landbouwtechnen. Rationalisatie. De Hofka Nylabourband. (Reifen Hofka "Nylabourband".) - Landbouwmechanisatie 13 (1962) Nr.8. S. 680 - 689. - 10 Diagr., 3 Tab. Zus. in Engl.
Die Bereifung von Schleppern mit dem "Nylabourband" (I) der Fa. Hofka, Klaaswaal, mit einer bes. Profilgestaltung wurde in Zugkraftversuchen auf verschiedenen Bodenarten mit normaler Bereifung "Opencenter" (II) verglichen. Unter un-

günstigen Umständen ist die Antischlupfwirkung von I bes. augenscheinlich, die Reifen sind daher vor allem für Kleigebiete geeignet. Auf Sandboden waren bei I kaum Vorteile gegenüber II zu beobachten. Der Verschleiß ist bei I sehr gering. Nach 1 Jahr praktischem Einsatz waren die Profile nur um 5-6 mm abgenutzt. - Einige Ergebnisse der Zugkraftmessungen: max.Zugkraft: auf schwerem Kleiboden, Getreidestoppeln mit Klee, sehr naß, 70 % Schlupf, bei I 950 kp, bei II 750 kp; auf Kleiboden, Rübenland, sehr naß, bei I 630 kp bei 47 % Schlupf, bei II 490 kp bei 59 % Schlupf. M.Lüpnitz. 3250.

S k o t n i k o v, V.A. (Skotnikow, W.A.) Prochodimost' guseničnych traktorov. (Geländegängigkeit von Kettentraktoren.) - Traktory i sel'chozmašiny, Moskva 33 (1963) Nr.1. S.4-7. - 8 Diagr., 1 Zeichn., 8 Lit. Aus: Dok.-Dienst ILT 1963 Nr. 3.
Bestimmung der Fahrtüchtigkeit von Kettentraktoren auf weichen Böden (Torfsümpfe usw.). Analyse der Ergebnisse aus experimentellen Untersuchungen über die Wechselwirkung zwischen Ketten und Boden. Formeln für die Berechnung der normalen spez. Drücke unter den Ketten. Darlegung einer Methode zur Beurteilung der Geländegängigkeit von kettengetriebenen Fahrzeugen. 3250.

S e i f e r t, Artur; Braunschweig-Völkenrode, Inst. für Schlepperforsch. Der Entwicklungsstand der Hydraulik für den Ackerschlepper. - Techn. u.Landwirtsch. 14 (1962) Nr. 14. S. 334 - 336. - 5 Abb., 2 Schemata.
Fast alle deutschen Schlepperfirmen zeigten auf der DLG-Ausstellung 1962 einen regelnden hydraulischen Kraftheber für Dreipunktaufhängung, bes. für Anbaupflüge. Einige Firmen bauen ihn serienmäßig ein, andere liefern auf Wunsch.
K.-H.Schulte. 3255.

Coenenberg, H.H.; Braunschweig-Völkenrode. Inst. für Schlepperforsch. Einwirkungen des Frontladers auf den Schlepper. - Grundlagen Landtechn. 1962 Nr.14. S. 36-50. - 5 Abb., 25 Diagr., 5 Schemata, 3 Tab., 16 Lit.
Im Ergebnis der Untersuchung der dynamischen Kräfte beim Frontladereinsatz kommt Vf. zu den Schlußfolgerungen, daß die hohen Beanspruchungen des Schleppers und Laders mit Schwingungs- und Stoßvorgängen verbunden sind, die der Fahrer bei den üblichen Sitzfederungen in etwa gleichem Maßstab verspürt. Dabei liegt die objektive Dauerertrüglichkeit, bei der noch keine Körperschäden eintreten, allg. für den Fahrer wesentlich niedriger als die subjektiv von ihm noch erträglich empfundene. Der Bericht bringt einen allg. Überblick über die Ursachen und Größenordnungen der mech. Einwirkungen des Frontladers auf den Schlepper. K.-H.Schulte. 3255.

K o e n i g, Walter; Bergisch-Gladbach, Klöckner-Humboldt-Deutz AG. Statische Beanspruchung des Ackerschleppers durch Frontlader. - Grundlagen Landtechn. 1962 Nr. 14. S. 51-57. - 3 Diagr., 11 Schemata, 4 Tab.
Der Frontlader stellt erhebliche Ansprüche an die Standfestigkeit des Schleppers und erschwert die Bedienung des Schleppers in hohem Maße. Vf. untersucht die die Standfestigkeit beeinflussenden Kräfte bei der Arbeit mit dem Frontlader. Dabei werden verschiedene Anbauweisen am Schlepperrumpf berücksichtigt.
K.-H.Schulte. 3255.

K o e n i g, Walter; Köln-Deutz, Klöckner-Humboldt-Deutz AG. Was ist und wozu braucht man die Regelhydraulik? - Landtechn. Forsch. 12 (1962) Nr.6. S. 167 - 173. - 1 Diagr., 10 Schemata, 3 Tab., 5 Lit.

Die Regelhydraulik ersetzt die bisherige auf einer Sohlenkraft oder Stützradkraft beruhende Selbstführung der Geräte. Da die Geräte bei der Regelhydraulik vollkommen vom Schlepper getragen werden, ist es möglich, die volle Gewichtskraft und den vollen Vertikalanteil der Bodenkräfte der Geräte auf dem Schlepper abzustützen und so dessen Zugfähigkeit zu steigern. Einstellen und laufende Korrektur der Arbeitstiefe werden durch die Regelhydraulik gegenüber der Freiganghydraulik mit und ohne Achslastübertragung sehr erleichtert.

K.-H.Schulte. 3255.

P i l l e r, B.A.; Moskau, Unions-Forsch.-Inst. für Landmaschinenbau. Gidrosistema pogruzčikov. (Hydraulik von Ladegeräten.) - Traktory i sel'chozmašiny, Moskva 32 (1962) Nr.11. S. 31 - 33. - 2 Schemata. Aus: Dok.-Dienst ILT 1962 Nr.12.

Aufbau und Funktionsweise von sowjet. Front- und Heckladern. Kritische Einschätzung der Leistungsfähigkeit ihrer Hydrauliksysteme. Feststellung von Disproportionen hinsichtlich der Nutzungsdauer der Zahnradpumpen und Gesamtarbeitszeit der Ladegeräte. Konstruktive Mängel in Verteilersystemen und Ölfiltern (Netzfilter). Zur Verlängerung der Nutzungsdauer der Hydraulik und ihrer einzelnen Baugruppen werden folg. Forderungen erhoben: 1) Mindestnutzungsdauer der Pumpe 1500 Std.; 2) Verbesserte Filterelemente; 3) Konstruktive Veränderungen im Verteilersystem. 3255.

F e l d m a n, George; Evansville, Ind., Perpetuflash Corporation. Tractor and implement safety lighting. (Traktor- und Landmaschinen-Sicherheitsleuchten.) - Implement & Tractor Farm Implement News 77 (1962) Nr.17. S. 14 - 15. 24. - 5 Abb.

Vf. berichtet über die mangelhafte Ausrüstung amer. Traktoren und Landmaschinen mit Sicherheitsleuchten. Die Zahl der nicht mit Sicherheitsleuchten (Schlußlichter, Begrenzungsleuchten usw.) ausgestatteten Maschinen wird mit 37 Mill. angegeben. Viele Verkehrsunfälle in der Landwirtschaft und dabei insbes. beim Befahren der öffentlichen Straßen ließen sich vermeiden. Vf. gibt in diesem Zusammenhang Hinweise über verschiedene mehr oder weniger zweckdienliche und kostenaufwendige Beleuchtungseinrichtungen für Traktoren und Landmaschinen und deren richtiger Anwendung. K.-H.Schulte. 3265.

D u p u i s, Heinrich. Gute Schleppersitze- lohnend für Händler und Landwirt. - Landmaschinen-Markt 41 (1962) Nr. 20. S. 1184.1186. - 5 Abb. 3265.

D r e c h s l e r, K.; Potsdam-Bornim, Inst. für Landtechn. Untersuchungen an Schleppersitzen. - Dtsch. Akad. Landwirtsch.-Wiss. Berlin, Tagungsber. 1961 Nr. 40. S. 93 - 108. - 11 Abb., 6 Schemata, 4 Tab., 6 Lit. Zus. in Russ., Engl.

Die beim Befahren von charakteristischen landwirtsch. Fahrbahnen am Rücken des Traktoristen wirkenden Vertikalbeschleunigungen werden dargestellt und einem Belastungsmaßstab gegenübergestellt. Darüber hinaus werden auch für das Befahren einer künstlich angelegten Hindernisbahn Beschleunigungsmeßergebnisse für verschiedene Schlepper-Sitzausführungen dargestellt und Schlußfolgerungen für die Weiterführung der Schleppersitz-Untersuchungen gezogen.

K.-H.Schulte. 3265.

A n o n y m. Skyddshytt Klippan, typ MAN 4R3 BO 61 för traktorn MAN 4R3. (Fahrerhaus Klippan, Typ "MAN 4R3 BO61" für den Traktor "MAN 4R3".) - Statens Maskinprovningar, Medd. Nr. 1623. (1962) S. 1-3.
Hersteller: AB Bröderna Ottosson & Co., Klippan. 3265.

S k a l w e i t, Helmut; Braunschweig-Völkenrode, Inst. für Schlepperforsch. Schlepperanbaugeräte und Regelungsfragen. - Techn. u. Landwirtsch. 14 (1962) Nr. 14. S. 338 - 344. - 8 Abb., 1 Diagr., 2 Schemata.
Vf. untersucht die Frage der zweckmäßigsten Verwendung der Geräte, die bisher überwiegend für Kraftheber in Schwimmstellung am Dreipunktanbau bestimmt waren und nun auch für regelnde Kraftheber ohne grundsätzliche konstruktive Änderungen vorgesehen werden sollen. Zur Klärung der Problematik geht Vf. auf die Regelung durch den Pflug allein und durch den Kraftheber mit Zugwiderstandsregelung und Tastrad-Tiefenregelung ein. Als Besonderheit wird die Tiefenregelung mit den in der Furche laufenden Tastrad behandelt.
K.-H.Schulte. 3270.

S t a u f f e r, Otto; Frankfurt/M. Landmaschinen und Sicherheit im Straßenverkehr. - Landtechnik 17 (1962) Nr. 21/22. S. 782 - 785. 3275.

D m i t r e w s k i, Jerzy. Ciagnik rolniczy. (Der landwirtschaftliche Schlepper.) - Warszawa: Panstw. wyd. rolnicze i leśne. 1962. (111 S.) 8°. (1962 A 1687)

Ciagnik Ursus C-325. (Der Schlepper "Ursus C-325".) - Warszawa: Panstw. wyd. rolnicze i leśne. 1962. (331 S.) 8°. (1962 A 1693)

V o d o l a ž č e n k o, Jurij Trofimovič. Kratkij spravočnik po traktoru DT-54 A. (Handbuch der Wartung und Instandhaltung des Traktors "DT-54 A".) - Bratislava: Slov. vyd. pôdohosp. lit. 1961. (194 S.) 8° = Edícia zaujímavosti z pol'nohospodárstva v zahraničí. Zv. 9. (SR 2882, 9)

NégykerékjajtásúUE-28 univerzális Diesel Traktor kezelési és karbantartási utasítás. (Gebrauchs- und Instandhaltungsanweisung für den Universaldieseltraktor "UE-28" mit Vierradantrieb.) - Budapest: Vörös Csillag traktorgyar. 1962. (142 S.) 8°. (1962 A 1126)

D. SEILZUG MIT AUSRÜSTUNG UND ZUBEHÖR

H ü b n e r , Richard; Bad Kreuznach, Max-Planck-Inst. für Landarb. und Landtechn. Fernbedienung von landwirtschaftlichen Seilbahnen. - Landtechn. Forsch. 12 (1962) Nr. 6. S. 186 - 188. - 3 Abb., 2 Schemata, 1 Lit.
Versuche mit landwirtsch. Seilbahnen haben ergeben, daß dieselben bei geringem Kostenaufwand mit Elektromotorenantrieb sicher fernbedient werden können und anfallende Transporte am Steilhang durch 1 AK zu bewältigen sind. Die für die Motorschaltung installierten Relais können gleich gut für eine Fernbedienung über ein mehradriges Kabel und Drucktasten oder für eine drahtlose Funkfernbedienung verwendet werden. Im rauhen landwirtsch. Betrieb ist die Fernbedienung über Kabel der Funkfernbedienung vorzuziehen. K.-H.Schulte. 3305.

E. FLUGZEUG MIT AUSRÜSTUNG UND ZUBEHÖR

M a r i a n, Eliahu E.; Tel Aviv, Dep. of Civil Aviation. Agricultural aviation in Israel. (Agrarluftfahrt in Israel.) - Agric. Aviation The Hague 5 (1963) Nr.1 S. 16-21. - 3 Abb., 4 Tab. Zus. in Franz., Dtsch.

In Israel arbeiten z.Zt. 3 Agrarluftfahrtbetriebe mit insges. 32 Starrflüglern und 5 Hubschraubern. Die Starrflügler gehören zu den Typen "Piper PA18A", "Piper Pawnee" und "Stearman B75" (letzte baulich z.T. stark verändert), die Hubschrauber "Kolibrie" und "Djinn". Nach offiziellen Vorschriften werden Arbeiten zur Bekämpfung von Schädlingen, Pflanzenkrankheiten und Unkräutern, zur Defoliation und zur Düngung durchgeführt. 1960/61 wurden 219 ooo ha bearbeitet. Seit einigen Jahren laufen Versuche, mit Hilfe von Silberjodid, das von Flugzeugen ausgebracht wird, Cumulus-Wolken zum Abregnen zu bringen. Zur Erhöhung der Sicherheit müssen Agrarpiloten einen offiziellen Lehrgang absolvieren.

R.Angermann. 3405.

Z u c c h i, G. Il convegno di Forli sull'impiego dei mezzi aerei in agricoltura. (Die Tagung in Forli über den Einsatz von Flugzeugen in der Landwirtschaft.) - Macchine & Motori agric. 20 (1962) Nr.10. S. 43 - 48. - 7 Abb. Aus: Dok.-Dienst ILT 1963 Nr. 2.

Laut Berichten bisher geringer Flugzeugeinsatz in Italien. Gute Erfolge bei Schädlingsbekämpfung in Reis-, Obst- und Weinbaugebieten. Bedeutende Einsparung an Arbeitskräften und an Kosten für Landfahrzeuge. Wirtschaftlicher ist das Streuen von Pulver als das Versprühen von flüssigen Mitteln, da bedeutend mehr ha pro Tag behandelt werden können. Flugzeuge unersetzlich für den Einsatz über Wäldern. Flugkosten pro Std. 20000-30000 Lire für Tragflächen-Flugzeuge, 60000-70000 Lire für Hubschrauber. 3405.

A n o n y m. Aircraft and equipment. (Flugzeug und Ausrüstung.) - Agric. Aviation The Hague 5 (1963) Nr. 1. S. 21-23. - 1 Abb.

1) "Durawing". - Die "Durawing" ist ein einmotoriger Tiefdecker in robuster Ganzmetallausführung. Sie ist mit einem chemikalienfesten Anstrich versehen. Zum Schutz des Piloten befindet sich der Chemikalienbehälter vor dem Pilotensitz, dieser ist mit Drahtabweisern und einem Überschlagschutz ausgestattet. Zur Verminderung der Kosten ist die Fairchild-PT-Serienzelle als Grundlage gewählt worden. Als Antrieb dient ein Motor vom Typ "Continental W670" Techn. Daten: Spannweite 11,58 m, Startmasse 1588 kg, Leermasse 900 kg, Startstrecke 300 m, Landegeschwindigkeit 72 km/h, Höchstgeschwindigkeit 176,7 km/h, Reisegeschwindigkeit 152,6 km/h, Behälterinhalt 719 dm^3, Kraftstoffvorrat 17o l.-

2) "Aermacchi Lockheed 60". - Ein einmotoriger Hochdecker in Ganzmetallausrüstung (Aeronautica Macchi, Italien). Das Fahrwerk ist im Hinblick auf den landwirtsch. Einsatz breit und robust gehalten. Das Bugrad ist steuerbar oder nachlaufend. Die Kabinenausführung gestattet nahezu volle Rundsicht. Die 1,85 m^2 großen Landeklappen werden mechanisch durch einen senkrecht verschiebbaren Griff betätigt. Bei voll ausgefahrenen Landeklappen beträgt die Geschwindigkeit der beladenen Maschine 85 km/h. Die Bedienungselemente einschl. Trimmung werden über aus- und einschiebbare Griffe betätigt. Das Bugrad ist mit einem Drahtabweiser versehen, ebenso ist die Seitenflosse durch ein starkes Drahtkabel geschützt. Die landwirtsch. Ausrüstung besteht aus einem "Venturi"-Stäubegerät, § Micronair-A100"-Rotationszerstäubern oder einer Spritzrohranlage. Die Zentrifugalpumpe ist windradgetrieben. Das Pumpenwindrad kann mechanisch, die Rotationszerstäuber können hydraulisch gebremst werden. Der Notablaß leert den ca. 700 l fassenden Behälter in 6 Sek. Techn. Daten: Spannweite 12 m, Länge 8,5 m, Startmasse 1737,5 kg, Leermasse 990 kg, Nutzlast 742,5 kg, Triebwerk "Continen-

tal-TSI047oB", 260 PS, Reisegeschwindigkeit 207 km/h, Steigfähigkeit 252 m/min, Startstrecke 213 m, Landestrecke 171 m. R.Angermann. 3405.

M a r t e l l i, L. Attuale possibilità operative degli aeromobili nel settore dei trattamenti. (Heutige Betätigungsmöglichkeiten der Flugzeuge auf dem Sektor der Kulturenpflege.) - Macchine & Motori agric. 20 (1962) Nr. 10. S. 51-59. - 5 Abb., 1 Tab. Aus: Dok.-Dienst ILT 1963 Nr. 2.

Es werden bestimmte wesentliche Charakteristiken für die bei der Schädlingsbekämpfung eingesetzten Flugzeuge als Voraussetzung für wirtschaftliche Leistung genannt sowie Kennwerte für in italienischen Provinzen eingesetzte Hubschrauber "Piper PA 18a", "Bell-Type G" und "Djinn SO 1221" aufgeführt. Der Einsatz des Tragflächenflugzeuges sowie des Hubschraubers für den einzelnen Fall werden abgewogen und Bedingungen für wirksamsten Einsatz gestellt. Forderungen: Schaffung einfacher, robuster und billiger Flugapparate und von Studien- und Forschungszentren zur Verbesserung der Flugzeuge, der Sprüh- und Spritzgeräte. Vorschläge der chem. Industrie zur Produktion der durch Flugzeuge ausgebrachten Chemikalien. 3405.

B u r n e t t, G.F.; Arusha, Tanganyika, Trop.Pest Res.Inst. Research in East Africa on the control of tsetse flies from the air. (Forschungen über die Bekämpfung der Tsetsefliege vom Flugzeug aus in Ostafrika.) - Agric.Aviation The Hague 4 (1962) Nr. 3. S.79-87. - 2 Abb., 2 Tab., 25 Lit. Zus. in Franz., Dtsch.

Die Bekämpfung der Tsetsefliege als Überträger der Schlafkrankheit ist außerordentlich bedeutungsvoll. In Anbetracht der Größe der zubehandelnden Gebiete ist das Flugzeug für die Anwendung der Bekämpfungsmittel bes. geeignet. Seit 1948 werden deshalb Versuche mit Flugzeugen durchgeführt. Die ersten Versuche gegen eine im Walde lebende Art mit Ölspritzmitteln schlugen fehl, da die großen Tropfen die Baumkronen nicht genügend durchdrangen. Die weiteren Versuche richteten sich deshalb gegen die in der Savanne lebenden Arten. Dabei zeigte sich, daß das Spritzverfahren ungünstiger zu bewerten war als das Sprühverfahren.
Bei den Versuchen wurden folgende Flugzeugtypen eingesetzt: "Anson I" (2 Motoren) mit Spritzrohren, Flüssigkeitsförderung durch Schwerkraft; "Anson I" mit Auspuffgenerator, Förderung durch Schwerkraft; "Anson I" mit Spritzrohren, Förderung durch windradgetriebene Pumpe;, Anson XIX" mit Spritzrohren (verkürzt), Förderung durch windradgetriebene Pumpe; "Auster I5G" mit Rotationszerstäubern. Geplant ist der Einsatz einer "Cessna 182" mit Auspuffgenerator, Förderung durch Pumpe. Die einfache Förderung des Mittels durch Schwerkraft war sehr ungünstig, da mit zunehmender Entleerung des Behälters nicht nur die je ha ausgebrachte Menge sank, sondern auch die Arbeitsbreite abnahm. Alle Versuche sind in einer Tab. mit Angaben über Flugzeugtyp, Ausrüstung, Mittel, Aufwandmenge, Tropfengröße, Arbeitsbreite und biol. Erfolg aufgeführt.
R.Angermann. 3405.

A n o n y m. New spray unit for Hughes 269A helicopter. (Neue Spritzanlage für den Hubschrauber "Hughes 269A".) - Agric.Aviation (The Hague) 4 (1962) Nr. 3. S. 100 - 101. - 2 Abb.

Die neue Anlage besitzt 2 insges. 227 l fassende Behälter, die an den beiden Seiten des Hubschraubers angebracht sind. Sie sind mit einer Leitung verbunden, so daß die Füllung von einem Behälter aus erfolgen kann. Das 7,6 m lange Spritzrohr ist hinter dem Triebwerk montiert und mit 26 oder 39 Düsen ausgerüstet.

Die beiden Hälften des Spritzrohrs können nach vorn angeklappt werden. Die Pumpe wird über Keilriemen mit 3 PS vom Triebwerk angetrieben. Die gesamte Anlage hat eine Masse von 31, 75 kg und kann in 15 Min. demontiert werden. Die Arbeitsbreite beträgt je nach Flughöhe 9-12 m. Die wichtigsten techn. Daten des "Hughes 269A" sind: Höhe über alles 2,3 m, Länge über alles 6,2 m, Leermasse 412 kg. Nutzlast 290 kg, Höchstgeschwindigkeit 138 km/h, günstigste Arbeitsgeschwindigkeit 112 km/h, Reichweite 320 km, Kraftstoffverbrauch 30 l/h. R. Angermann. 3405.

A n o n y m. Synchronized full feathering aircraft spray pump windmill system. (Synchronisiertes Windradsystem mit Einstellmöglichkeit auf volle Segelstellung für Flugzeugspritzpumpen.) - Agric. Aviation (The Hague) 4 (1962) Nr. 2. S. 58. - 1 Abb.

Das Windrad besitzt 6 Nylonflügel. Die verstärkten Wurzeln der Flügel werden durch eingepreßte Zähne in ihrer Befestigung gehalten. Die Veränderung des Anstellwinkels erfolgt für alle Flügel gemeinsam über eine Sechskantschraube in der Nabe. Der Anstellwinkel kann in wenigen Sek. stufenlos von 10 ° bis zur vollen Segelstellung verändert werden. Die günstigste Drehzahl des 50,8-cm-Windrades liegt zwischen 3000 -4000 U/min. Obwohl das Rad für max. 8000 U/min. ausgelegt ist, wird die Drehzahl bei leerlaufender Pumpe in Folge der aerodynamischen Formgebung automatisch unter 7000 U/min gehalten. Die Dauerfestigkeit und Zähigkeit des Nylonwerkstoffes schließen nahezu vollständig aus, daß die Flügel abbrechen und dabei das Flugzeug beschädigen. R. Angermann. 3405.

IV. TRANSPORT UND FÖRDERUNG

A. ALLGEMEINES

A n o n y m. Die Transportarbeiten im bäuerlichen Betrieb. - Landarbeit 14 (1963) Nr. 3. S. 20-21. 4005.

O t t o, Friedrich-Karl. Hoftransporte - Hofgeräte. - Landtechnik 17 (1962) Nr. 16. S. 593-595. - 4 Abb.

Es werden drei Haupttransportgruppen der Innenwirtschaft bezüglich Mechanisierung untersucht: Kleintransporte, Entmistung und Futterverteilung. Zur Mechanisierung der Kleintransporte stehen zur Verfügung: 1) Zweirädrige Karren zum Transport von Futter, Einstreu, Milch und Stückgut. 2) Gebläse, Förderbänder und Förderschnecken für Transporte von Schütt- und Stückgütern in senkrechter Richtung. 3) Greiferaufzüge und Stallbahnen für Transporte in vertikaler und horizontaler Richtung. - Für die Entmistung: 1) Frontlader, 2) Seilzugschieber (Schleppschaufel), 3) Schubstangenanlage, 4) Verteilungsanlagen für Dungmieten.- Für die Futterverteilung: 1) Kettenförderer, 2) Futterband mit Seilwindenantrieb, 3) Förderschnecken, 4) Dosierungsanlagen für Tröge (Schweinemast), 5) Schubstangenverteilung (ähnlich Entmistung).- Richtpreise für die verschiedenen Mechanisierungsmöglichkeiten werden angegeben. E. Stieglitz. 4010.

B. FAHRZEUGE

A n o n y m. Släpvagnskoppling Universal, typ U-1. (Anhängerkopplung "Universal", Typ "U-1".) - Statens Maskinprovningar, Medd. Nr. 1617. (1962) S. 1-3.

Hersteller: Släpvagnskopplingar AB, Vänersborg. 4105.

K r a c h k a, Karl. Ladewagen - eine interessante Neuentwicklung. - Prakt. Landtechn./Wien/ 15 (1962) Nr. 23. S. 426-428. - 3 Abb. Aus: Dok.-Dienst ILT 1963 Nr. 1.

Einachsanhänger m. Kratzboden und Pick-up-Vorrichtung an der Stirnseite zur Aufnahme des im Schwad liegenden Erntegutes. Gegenüberstellung der Vorteile (Lader und Wagen bilden eine Einheit; geringer Kraftbedarf; Einmannarbeit; u.a.m.) und Nachteile (nicht vielseitig anwendbar; bei Verwendung als Miststreuer Demontage des Aufnahmeapparates). 4111.

D. FÖRDERMITTEL

M e i n c k e , K. Förderbänder und Förderschnecken in der Landwirtschaft. - Mitt. dtsch. Landwirtsch.-Ges. 78 (1963) Nr. 6. S. 149 - 150. 152. - 7 Abb., 2 Diagr.

Bandförderer mit Längen von 2 - 12 m und Bandbreiten von 20 - 65 cm zeichnen sich gegenüber pneumat. Fördereinrichtungen vornehmlich durch eine geringe spez. Leistungsaufnahme aus (1,2 - 2,2 kW). Seitliche Führungsleisten und speziell geformte Transportbänder entsprechen in fast allen Fällen den gestellten Anforderungen. Unter Verwendung von Zusatzeinrichtungen lassen sich bei fast geräuschlosem Betrieb und schonender Behandlung des zu fördernden Gutes Steigerungen bis zu 60° überbrücken. Zu beachten ist, daß Universalgeräte bei Verwendung für den Transport von Spezialgütern nicht immer die angegebene Leistungsfähigkeit erzielen. Bandbreiten von 40 cm werden als für die meisten Zwecke voll ausreichend angesehen. Der Einsatzbereich von Förderschnecken erstreckt sich auf gutfließende Schüttgüter. Je nach Verwendungszweck und Gutart schwanken die Rohrdurchmesser zwischen 70 und 250 mm. Als bes. Vorteil ist die Möglichkeit der selbsttätigen Aufnahme und Weiterleitung des Förderguts aus Tanks, Silos usw. zu nennen. Durch Verlängerungsstücke läßt sich die Förderlänge den jeweiligen Gegebenheiten anpassen. Hinweise für die beim Einsatz zu beachtenden Einzelheiten werden gegeben. K.-J.Zurawski. 4315.

K o č e r y g i n, Ju. I. und B u c h a r k i n, V.N. (Kotscherygin, Ju.I. und Bucharkin, W.N.) Moskau, Unions-Forsch.-Inst. für Landmaschinenbau. Sel's-kochozjajstvennye pogruzčiki. (Landwirtschaftliche Ladegeräte.) - Traktory i sel'chozmašiny, Moskva 32 (1962) Nr.12. S. 41-44. - 6 Abb., 1 Tab., 1 Zeichn., 7 Lit. Aus: Dok.-Dienst ILT 1963 Nr.1.

Überblick über im Ausland (England, Westdeutschland und DDR) eingesetzte Frontlader und Gabelstapler. Beschreibung ihrer Konstruktion und Funktionsweise sowie ihrer verschiedenartigen Austauschwerkzeuge. Technische Daten. 4320.

F. PUMPEN

A n o n y m. Gödselpump Suntetorp, typ GL 1. (Kreiselpumpe Suntetorp, Typ "GL 1.") - Statens Maskinprovningar, Medd. Nr. 1625. (1963) S. 1-5.

Hersteller: Nils-Johan Sahlström, Suntetorps Maskiner, Skövde. 4505.

Literatur über hydraulische Widder-Stoßheber. Hrsg.Instn.: VEB Zentrale Entwicklung u. Konstruktion (ZEK) Pumpen u. Verdichter, Halle. (Lit.-Nr.: XI/96. Titelanzahl: 36. Ber.-Zeit: 1909-1961.)

V. PFLANZLICHE PRODUKTION

A. ALLGEMEINES

R j a b c e v, V.N. (Rjabzew, W.N.); Kalinin, RSFSR, Maschinenprüfstat. Mašiny na službe u l'novodov. (Maschinen für den Leinanbau.) - Len i konoplja, Moskva 7(24) (1962) Nr.11. S.33-36. - 7 Abb. 5005e.

K o r o b e n i k o w, A.; Kursk. Prüfung landwirtschaftlicher Maschinensysteme in der UdSSR. - Dtsch. Akad. Landwirtsch.-Wiss. Berlin, Tagungsber. 1961 Nr.40. S.53-60. - 2 Tab. Zus. in Russ., Engl.
Die Maschinen-Prüfstationen der UdSSR gehen von der Prüfung einzelner Maschinen zur Prüfung von Maschinenkomplexen über, die bereits zu brauchbaren Ergebnissen geführt haben. Dabei kamen unterschiedliche Formen der Arbeitsorganisation und verschiedene Maschinenausführungen zur Anwendung. Eine derartige Inangriffnahme der Prüfungsaufgaben wurde zur Berücksichtigung der besonderen Bedingungen einzelner Zonen und Wirtschaftsformen erforderlich.
K.-H.Schulte. 5010.

Č e š k o v, A.F. Komplexné mechanizované výrobné skupiny a čaty. (Komplexmechanisierte Produktionsgruppen und Brigaden.) Bratislava: Slov. vyd. pôdohosp. lit. 1962. (113 S.) 8°. (DA 1476)

K a r w o w s k i, Tadeusz. Mechanizacja uprawy ziemniaków i buraków. (Die Mechanisierung des Kartoffel- und Rübenanbaues.) Warszawa: Panstwowe wyd. rolnicze i leśne. 1962. (95 S.) 8°. (DA 1440)

B. FELDARBEITEN AUSSCHLIESSLICH ERNTE

G e r a b e k, K.; Wien. Das landwirtschaftliche Meliorationswesen in Österreich. - Wasser u. Boden 15 (1963) Nr.1. S.12-14. - 2 Abb. 5110a.

K r e s s e r, W.; Wien. Lehre und Forschung auf dem Gebiete der Wasserwirtschaft in Österreich. - Wasser u. Boden 15 (1963) Nr.1. S.22-24. - 2 Abb. 5110a.

H o f m a n, G.H.B. Einfache Staueinrichtungen und Wirtschaftswegbrücken aus Betonfertigteilen. - Wasser u. Boden 14 (1962) Nr.11. S.393-395. - 5 Abb.
Die Baukosten eines Staues aus Betonfertigteilen sind niedriger als die eines Staues aus Ortbeton. Der Entwurf eines solchen Staues der Nederlandsche Heidemaatschappij ist für Durchflußbreiten von 95, 143 und 190 cm bestimmt. Die Höhe zwischen Drempel und Stauwasserspiegel beträgt 100 bzw. 130 cm, die Bauzeit 2-4 Tage. Der Entwurf einer Wirtschaftswegbrücke besteht aus nebeneinander liegenden Betonplatten für 8 oder 4 t Achslast. Die Breite der Platten beträgt 75 oder 100 cm, die Länge 4,30 m bis 8,30 m. An einem Tage können bis zu 5 kleinere Brücken eingebaut werden. Unmittelbar nach der Fertigstellung können die Brücken passiert werden. D.Voigt. 5110a.

M a s l o v, B.S. (Maslow, B.S.); Kostjakow-Unions-Forsch.-Inst. für Hydrotechn. und Meliorat. O normach osušenija i orošenii nizinnych bolot. (Be- und Entwässerungsnormen für Niederungsmoore.) - Gidrotechnika i melioracija, Moskva 14 (1963) Nr.1. S.31-38. - 4 Diagr., 3 Tab., 7 Lit. 5110a.

S ö h n e, W. und M ö l l e r, R. Über den Entwurf von Streichblechformen unter besonderer Berücksichtigung von Streichblechen für höhere Geschwindigkeit. - Grundlagen Landtechn. 1962 Nr.15. 2. Teil S.15-27.

Die Arbeit vermittelt zunächst auf der Grundlage einer Analyse der Bodenwiderstände und des Leistungsbedarfes beim Pflügen einen Überblick über die mögliche Weiterentwicklung der Schlepperleistungen und Pfluggeschwindigkeiten. Eine Steigerung der Motorleistung um 40 % in ca. 10 Jahren wird möglich sein, wodurch auf schweren Böden Pfluggeschwindigkeiten von 8,3 km/h und auf leichten Böden von 10 km/h erreicht werden können. Vff. gehen dann auf die Grundformen der Pflugstreichbleche ein, die sich auf die zylindrische und Schraubenform reduzieren lassen. Dann wird ein Einblick in die Theorie des Pflügens gegeben, wobei Vff. feststellen, daß die bisher vorliegenden Arbeiten nur als ein Anfang für eine wirkliche Theorie des Pflügens betrachtet werden können. Es werden einige Verfahren zum Entwurf von Streichblechen für normale und erhöhte Geschwindigkeiten behandelt. Für letztere gehen Vff. in einer neuen Methode von den Bahnkurven auf bewährten vorhandenen Pflugkörpern aus. Unter Berücksichtigung der jetzt geforderten Pfluggeschwindigkeiten und ackerbaulicher Gesichtspunkte beim Pflügen werden funktionell begründete Angaben über Seitenrichtungs-, Scharschnitt- und Scharschneidenwinkel gemacht. Eine Entwicklung von Schnellpflugkörpern kann sowohl aus dem Universalkörper als auch aus der Wendelform erfolgen, wobei die Unterschiede beider Typen geringer werden. Für schwere Böden wird darüber hinaus auch die Schraubenform Bedeutung erlangen. D.Ermich. 5115c.

B e c k e r, Ewald. Pflugarbeit am Hang. - Landmaschinen-Markt 42 (1963) Nr.1. S.8-10. - 4 Abb., 3 Lit. Aus: Dok.-Dienst ILT 1963 Nr.1.

Es werden die verwendeten Pflugkörperformen, die Maßnahmen des Pfluganbaues und der Einsatz von Überlastsicherungen bei der Pflugarbeit am Hang behandelt. 5115c.

S a c k, Hans. Über die Ursachen der Bodenverdichtung in der Sohle der Pflugfurche und deren Vermeidung. - Grundlagen Landtechn. 1962 Nr.15. 2.Teil S.5-10.

Wie Luft- und Wasserdurchlässigkeitsmessungen zeigen, werden Bodenverdichtungen in der Furchensohle beim Pflügen in fast gleichem Umfange durch das Schlepperrad, stumpfe Schare und die Schleifsohle verursacht. Diese hat bes. bei Anbaupflügen erhebliche Vertikalkräfte aufzunehmen, die sich durch ein landseitiges Stützrad (Umwandlung der gleitenden in rollende Reibung), Regelhydraulik und Antischlupfvorrichtungen (Übertragung von Pfluggewicht auf die Triebachse) oder durch Regelung der Pflugtiefe über ein die Hydraulik steuerndes Tastrad in ihrer Schadwirkung auf die Struktur der Furchensohle bedeutend einschränken lassen. Die Verdichtungen durch die Seitenkräfte (Anlage) sind weniger schädlich. Die mittleren Böden zeigen als Folge unsachgemäßer Pflugarbeit stärkere Sohlenverdichtungen als die schweren Böden. Die schädliche Wirkung unscharfer Schare kann durch die Einführung von Hartstahlscharen mit dünner Schneide, die nach einmaliger Abnutzung weggeworfen werden (Razor-Blade-Shares), bedeutend herabgesetzt werden.

D.Ermich. 5115c.

5 Löchern in der Stützstrebe vom Schwert zum Grindel (Veränderung des Anstellwinkels des Schwerts). Um den "Mascol" auszuheben, fährt der Schlepper 30 cm rückwärts, wodurch die Stützstrebe in einer Raste verschoben, der Anstellwinkel des Schwertes verändert und die Meißelspitze schräg nach oben gerichtet wird. Auf 1,60 m Vorwärtsfahrt fährt der Pflug aus und wird dann hydraulisch gehoben. Der "Mascol" schnitt bei einem Vergleich mit 3 Anbau- bzw. Anhängepflügen mit kürzeren Grindeln (0,60-1,80 m) und verschiedener Anlenkung auf einer Versuchsfläche mit künstlichen Unebenheiten hinsichtlich der Gefälleeinhaltung unabhängig von der Bodenoberfläche am besten ab und bewährte sich in 3jährigen Versuchen. R.Teipel. 5110c.

B i n s a c k, Rudolf. Anwendung neuer Dränverfahren. - Mitt. dtsch. Landwirtsch.-Ges. 77 (1962) Nr.38. S.1254. 1256-1257. - 3 Abb.
Eine Vollmechanisierung erscheint bei der herkömmlichen Tonrohrdränung wenig sinnvoll. Die Verwendung 5-6 m langer, biegsamer, gelochter oder geschlitzter Plastrohre, die durch Muffen oder Erweiterungen verbunden werden, erlaubt eine nahezu fortlaufende Arbeitsweise. Die Rohre sollten bereits im Werk mit Glaswolle, Steinwolle und Schaumstoffen als Filterung gegen Verschlammung ummantelt werden. Die Dränleistung läßt sich durch automatische Dräntiefensteuerung wesentlich erhöhen. Die in Westdeutschland zunehmend erscheinenden PVC- und Polyäthylen-Dränrohre, deren Preise um 50-100 % über denen vergleichbarer Tonrohre liegen, werden z.Z. auf Versuchsfeldern erprobt, so daß noch kein endgültiges Urteil über ihre Brauchbarkeit vorliegt. Auch die Verwendung von Plastfolien, die erst im Boden zu Rohren geformt werden, eröffnet neue Möglichkeiten. Bisher wurde nur das finnische Narsmo-Verfahren in der DBR erprobt. Ihm haften noch techn. Mängel an. Auf Moorböden wird das Mecking-Dränverfahren, bei dem in der gewünschten Dräntiefe ein Hohlraum von 15x20 cm ausgefräst wird, zunehmend angewendet.
R.Teipel. 5110c.

A n o n y m. Reiniging drainreeksen. (Reinigung von Dränrohren.) - Inst. Landbouwtechn. Rationalisatie Wageningen, Werkvolgorde, Aanwijzingen 3 (1962) Nr.29. 1 S. - 3 Abb. 5110c.

A n o n y m. Verwaarloosde sloten zijn niet meer nodig. (Verwahrloste Gräben können geräumt werden.) - Loonbedrijf Land- en Tuinbouw 15 (1962) Nr.10. S.588-589. 591. - 6 Abb.
Im Sept. 1962 wurden bei Kamperveen Maschinen und Geräte für die Grabenräumung vorgeführt, über deren Arbeitsweise berichtet wird. Von den Baggern für Schlepperanbau wird den seitlich angebrachten Geräten, die das Schlepperfahren parallel zum Graben gestatten, der Vorzug gegeben gegenüber Geräten, die vorn oder hinten am Schlepper angebaut werden. Bei letzteren treten durch das Vor- und Zurückfahren des Schleppers nicht selten Bodendruckschäden auf. Die Geräte von Ridder und Schukken haben einen geknickten Ausleger und können auch für Gräben mit steilen Böschungen Verwendung finden. Beim Einsatz lag die Arbeitsleistung des erstgenannten Gerätes höher. - Hydraulische Kräne mit Baggermulde waren durch die Typen "Demag" und "Komeet" vertreten. Der "Demag" war durch die Ausrüstung mit einer 80 cm breiten Baggermulde schlecht für die Grabenreinigung geeignet, der "Komeet" dagegen zeigte hohe Arbeitsqualität und -leistung. Unter den Ge-

räten mit rotierenden Arbeitsorganen wird ein Gerät von Wulff angeführt, bei dem die Verteilung des Grabenaushubes über das Land verbessert worden ist.
M.Lüpnitz. 5110c.

K i r e e v, V.F. (Kirejew, W.F.); Zentr. Maschinenprüfstat. des Schwarzerdegebietes. Universal'nyj transeekopatel' TKU-0,9. (Universelles Grabenziehgerät Typ "TKU-0,9".) - Traktory i sel'chozmašiny, Moskva 33 (1963) Nr.1. S.34-35. - 2 Abb. Aus: Dok.-Dienst ILT 1963 Nr.3.
Diese Maschine kann als Grabenziehgerät, Mietenzudeckgerät sowie für die Silageentnahme aus Durchfahrtsilos eingesetzt werden. - Konstruktionsmerkmale: Anhängemaschine mit hydraul. Steuersystem; kontinuierliche Arbeitsweise. - Leistung: Bei Grabenziehen 45 lfd.m/h; bei Rübenentnahme 48 lfd.m/h. - Techn. Daten: Länge 4600, Breite 2800 und Höhe 2700 mm; Gesamtmasse mit Rübenentnahmevorrichtung 2150 kg; Transportgeschwindigkeit bis zu 10 km/h; Kopplung mit Traktor "Belaruś". Bei Prüfung gewonnene Leistungswerte: Grabenziehen: Gräben von 91,4 cm Tiefe und 87 cm Breite; Rübenentnahme: 92,6 %, davon 2,79 % Verluste und 10,35 % Gesamtbeschädigung der Rüben, 5,77 % leicht beschädigte Rüben. Für Betriebsprüfungen ist eine Fertigung von 100-150 Stck. vorgesehen. 5110c.

O b e r n i c h i n, V. (Obernichin, W.); Melitopol, Inst. für Mechanisier. der Landwirtsch. Novyj tip transeekopatelja. (Ein neuartiges Grabenziehgerät.) - Technika v sel'skom chozjajstve, Moskva 23 (1963) Nr.1. S.38-39. - 2 Abb., 1 Diagr. Aus: Dok.-Dienst ILT 1963 Nr.3.
Frässchnecke, die mittels 4 Träger an Traktor "MTZ-5L" angebaut wird. - Verwendungszweck: Ziehen von 0,25 m breiten und 1,25 m tiefen Gräben, Bohren von Pflanzlöchern usw. - Konstruktionsmerkmale: Eingängige Schnecke mit Bodenlockerer am unteren Ende; Steigung des Schneckenganges 90°; stufenloser Kettentrieb für Drehzahländerung; Ausheben und Einsetzen erfolgt hydraulisch; Fahrgeschwindigkeit auf 0,036 km/h reduzierbar. - Leistungsaufnahme für 1 m^3 Schwarzerde oder Sand 0,41-0,5 PSh und für schweren Lehmboden 0,9-1,2 PSh bei optimaler Fräsgeschwindigkeit; max. Leistung: 60 lfd.m/h.
5110c.

P r ü n, H. Erleichterte Schilfbekämpfung an Wasserläufen. - Techn. u. Landwirtsch. 14 (1962) Nr.19. S.458-459.
Die mechanische Entkrautung erfordert einen großen Arbeitsaufwand und kann das Grabenprofil nachteilig beeinflussen. Mit dem Präparat "Basinex" (30 kg/ha) können bei Herbstanwendung (Aug.-Sept.) die genannten Unkräuter auf mehrere Jahre vernichtet werden. Zu diesem späten Zeitpunkt wird der Geräteeinsatz weniger erschwert und auch die Gefahr von Abtriftschäden vermindert. Frühjahrsanwendung hat sich gegen Seggen bewährt. Ein Zusatz anderer Wirkstoffe kann erfolgen, wenn die Vernichtung breitblättriger Unkräuter (Brennesseln, Gestrüpp) beabsichtigt ist. A.Jeske. 5110c.

N o r t h, J.J. Irrigation. (Bewässerung.) - Wld. Crops 14 (1962) Nr.9. S.302-305. 307. - 5 Abb.
Die Kosten der Beregnung umfassen die Kosten für Installation und Betrieb. Zu den festen Kosten gehören vor allem die Kosten für Pumpstation, Rohrleitungen und Regner. Die Kosten für die Pumpstation sind vor allem von der Fördermenge, der Förderhöhe und der Antriebsart abhängig. Die Rohrleitungen können unterirdisch oder oberirdisch verlegt sein. Die unterirdi-

schen Rohrleitungen bestehen meistens aus Asbestzementrohren; in zunehmendem Maße werden auch Plastrohre verwendet. Die transportablen Leitungen bestehen meist aus Aluminiumrohren. Der Rohrdurchmesser ist von der Durchflußmenge abhängig. Die Durchflußgeschwindigkeit soll 5 f.p.s. (152,5 cm/s) nicht überschreiten. Die Wahl der Regnertypen ist vor allem von der Boden- und der Kulturart abhängig. Die Anlagen sollen möglichst viele Stunden täglich arbeiten, um die festen Kosten zu senken. Die veränderlichen Kosten umfassen im wesentlichen die Pump-, Lohn- und Reparaturkosten. Für die Beregnung von 1 acre mit 1 in. werden etwa 2-2½ AKh benötigt. Die Lohnkosten betragen etwa 20-25 % der Gesamtkosten der Beregnung. Um umfangreiche Transporte zu vermeiden, sollen die Beregnungsschläge möglichst dicht beisammen liegen. Die Regenhöhe je Gabe soll möglichst groß sein, um die Zahl der Gaben und damit den Arbeitsaufwand gering zu halten. Bei Schlepperpumpen betragen die Pumpkosten für 1 acre je in. über 15 s. Die für verschiedene Kulturen spezifischen Beregnungsgaben und -zeiten werden abschließend behandelt. D.Voigt. 5110d.

W a n g e r i n, Arthur. Beregnung. - Techn. u. Landwirtsch. 14 (1962) Nr.13. S.302-303. - 2 Abb.
Kurzer Bericht über die auf der DLG-Ausstellung 1962 gezeigten Beregnungsgeräte. Die Fa. Metzger brachte als Neuheit die Buckner-Regner mit wartungsfreiem GDG-Lager. PERROT zeigte SK-Rohre mit Steckkupplung (Leichtstahlrohr 6 m lang, NW 70 mm, 11 kg). Rohre der Fa. Metzger aus Leichtmetall 6 m lang, NW 70, 5,7 kg, ebenfalls mit Steckkupplung. Hüdig zeigte Kunststoffrohre. D.Voigt. 5110d.

S c h o n n o p p, Günther. Beregnung - weiter automatisiert. - Landtechnik 17 (1962) Nr.16. S.588-590. - 4 Abb., 1 Tab., 7 Lit.
Die Fa. Perrot-Regnerbau-GMBH & Co. Calw, bietet eine Überwachungsanlage für Pumpenaggregate an, die aus dem Motorwächter und einem Schaltkasten besteht. Der Motor wird durch ein Ventil, das die Kraftstoffzufuhr unterbricht, bei Unterdruck an der Pumpe und Übertemperatur oder Ölmangel des Motors stillgelegt. Mehrere Firmen (Bauer, Mannesmann, Perrot) liefern Pumpen-Aggregate, die durch Verbrennungsmotor angetrieben werden, mit Ejektor oder Gasstrahlentlüftung. Die Pumpe wird durch den Sog der ausströmenden Motor-Abgase entlüftet. Für einen Grundwasserstand von mehr als 6-7 m Tiefe liefert die Fa. Bauer eine horizontale Kreiselpumpe, die über ein Kegelradgetriebe vom Verbrennungsmotor angetrieben werden kann. Die Fa. Perrot liefert für gleiche Zwecke Tiefbrunnenpumpen, die bei einer Entnahmetiefe von 9-30 m eine Fördermenge von 16-19 m^3/h haben. Von der Fa. Mannesmann-Regner-GMBH und anderen Firmen werden Kunststoffrohre aus Polyäthylen hergestellt. Für den Einsatz in tropischen Gebieten werden Standdüsenregner angeboten, die mit Drücken von 0,8-1,5 atü arbeiten. Die Fa. Perrot hat einen neuen Großflächen-Kreisregner Typ "ZO 30" mit Schwinghebelantrieb und Düsen von 20-30 mm herausgebracht. D.Voigt. 5110d.

G u n z e l m a n n, F. Die Modernisierung der Bewässerungsanlagen in der elsässischen Hardt durch Umstellung auf Beregnung. - Wasser u. Boden 14 (1962) Nr.10. S.349-354. - 3 Abb., 4 Lit.

Die neue Wasserzuleitung erfolgt durch eine 1200 m lange unterirdisch verlegte Rohrleitung aus Stahlbeton, Durchmesser 3,25 m und einen anschließenden 1770 m langen Freispiegelkanal aus bewehrtem Beton (Sohlenbreite 2,40 m). Zur Abdichtung gegen Wasserverluste wurden verschiedene Bauweisen erprobt. Die Anlage wurde mit modernen selbsttätigen Armaturen (Stauschilder, Regelüberlaufe und Entlastungsheber) ausgerüstet. Aus dem Kanal- und Grabennetz wird das Wasser für die Beregnung durch Pumpwerke entnommen und in das unterirdische Rohrnetz gedrückt. Als Regner werden Regner von Perrot oder Siamec verwendet. Das gesamte Beregnungsgebiet soll von 3000 ha auf 10000 ha vergrößert werden. Die Anlagekosten betragen (ohne Zuleitungskanäle) rd. 3650 DM/ha. Die jährlichen Gesamtkosten (rd. 86-95 DM/ha) setzen sich aus den festen Kosten in Höhe von rd. 65 DM/ha und den beweglichen Kosten von rd. 28 DM/ha zusammen. Die reinen Betriebskosten (Löhne usw.) sind darin nicht enthalten. Es wird mit einem Mehrertrag von rd. 162 DM/ha gerechnet. Abschließend werden auf Versuchsflächen gewonnene Erkenntnisse mitgeteilt. D.Voigt. 5110d.

P a l m e r, Robert S. Water jet breakup from stainless steel tubes. (Die Auflösung von Wasserstrahlen.) - Agric. Engng. 43 (1962) Nr.8. S.456-457. - 3 Abb., 4 Lit.

Es wird ein Verfahren zum Zählen und Sammeln von Wassertropfen sowie zur Untersuchung der Auflösung von Wasserstrahlen beschrieben. Die Zähleinheit besteht aus einem Photovervielfacher mit kalter Kathode und einem schnellen magnetischen Zähler. Sie kann bis zu 30000 Impulse je Min. mit einer kürzesten Impulsdauer von 0,0002 Sek. zählen. Die Zeit vom Austritt des Strahles aus der Ausflußöffnung bis zu seiner Auflösung in einzelne Tropfen ist von der anfänglichen Amplitude der Störungen und von dem Maß ihrer Zunahme abhängig. Für 2 verschiedene Rohrlängen von gleichem Dmr. sind die charakteristischen Kurven für die Strahllänge in Abhängigkeit vom Druck angegeben. Wenn die Geschwindigkeit der Tropfenbildung genau genug konstant gehalten werden kann, kann eine entspr. Anlage zur Untersuchung des Ausströmens durch kleine Düsen und zur Bestimmung der Tropfengrößen bei der Strahlauflösung verwendet werden. Die Ergebnisse können nützlich sein für die Konstruktion von Regnerdüsen für Bewässerungsanlagen. D.Voigt. 5110d.

A n o n y m. Vielseitiger Rotorschneider. - Landmaschinen-Rdsch. 15 (1963) Nr.1. S.18. - 1 Abb. Aus: Dok.-Dienst ILT 1963 Nr.3.

Der Rotorschneider "RSB 630" zum Dreipunktanbau am Traktor kann zum Roden von Unterholz und Buschwerk, zum Freischlagen von Schneisen, zum Roden verwachsener Schilfflächen sowie zum Säubern von stark verunkrauteten Brachflächen vor dem Pflügen, zum Sauberhalten von Weiden, Obstplantagen, Wege- und Straßenrändern und darüber hinaus zum Zerschlagen von Stengeln im Mais-, Tabak-, Zuckerrohr-, Kaffee- und Baumwollanbau verwendet werden. Techn. Daten: Arbeitsbreite 161 cm, Schnitthöhenverstellung von 0-30 cm, Antrieb durch Traktoren ab 18 PS. Arbeitsweise ähnelt dem bekannten Sichel-Rasenmäher. Hersteller: Fa. Gebr. Eberhardt (DBR). 5110f.

H a u s e r, V.L. und C o x, M.B. Evaluation of Zingg conservation bench terrace. (Untersuchung der "ZINGG Conservation Bench Terrace".) - Agric. Engng. 43 (1962) Nr.8. S.462-464. 467. - 2 Abb., 5 Tab., 3 Lit.

Es wird über die Ergebnisse zweier mehrjähriger Versuchsreihen zum Studium des neuen Terrassen-Systems berichtet. Ziele der Untersuchungen waren im wesentlichen der Vergleich der "Zingg"-Terrassen mit den herkömmlichen ebenen planierten Terrassen, die Ermittlung der Menge des aufgefangenen Wasserabflusses, das günstigste Verhältnis der Bermenfläche zur Fläche des Wasserdaches, die Messung des Abflusses von typischen Wasserdächern sowie Ermittlung der Beziehungen zwischen Bodenfeuchte und Ernteerträgen. Die Versuche ergaben, daß die "Zingg Conservation Bench Terraces" die Erosion in gleicher Weise regulieren wie die herkömmlichen Terrassen. Sie konservieren den Wasserabfluß jedoch wirksamer und sind in entspr. Konstruktionen anwendbar. Die Feldversuche ergaben die Notwendigkeit exakter Planierung, ausreichender Auslässe für die Ableitung überschüssigen Wassers sowie der wirksamen Verwendung des gespeicherten Wassers für die Vegetation. Die Planierung des ganzen Feldes ist hinsichtlich der erreichten nutzbaren Bodenfeuchte nicht so wirksam wie die Planierung nur eines Drittels der Feldfläche und die Verwendung der restlichen zwei Drittel als Wasserdach.

D.Voigt. 5110h.

F e u e r l e i n, Walter. Neue Geräte für die Bodenbearbeitung. - Techn. u. Landwirtsch. 14 (1962) Nr.16. S.373-376. 378. - 10 Abb.

Nach einleitender Einschätzung des Traktoren- und Landmaschinenumsatzes während des abgelaufenen Jahrzehntes und derzeitiger Verkaufstendenzen gibt Vf. eine Übersicht über die auf der DLG-Ausstellung 1962 in München vorgestellten neuen Geräte für die Bodenbearbeitung. Zunehmende Mechanisierung und Intensivierung in der Feldwirtschaft haben zur Erweiterung der Aufgabenstellung bei der Bodenbearbeitung geführt. Die Landmaschinenindustrie versucht dieser durch verschiedene Neuentwicklungen gerecht zu werden. Dabei zeichnen sich neue Prinzipien der Bodenbearbeitung ab, die durch den "Spatenpflug", den "Kreiselpflug" und den "Rotorpflug" auf der Münchener Ausstellung dargestellt wurden. Die direkte Übertragung der Motorkraft auf die Bodenbearbeitungsgeräte kam ferner bei mehreren verbesserten Fräsen und Nachbearbeitungsgeräten zur Anwendung. Sehr auffallend war das umfangreiche Angebot an Kombinations- bzw. Koppelungsgeräten, wie Notzon-, Rühr- und Drahtwälzeggen, Feingrubbern u.ä. Bei den Pflügen treten Scheiben- hinter Scharpflügen zurück. Bes. Augenmerk der Hersteller galt der Anpassung der Geräte an die Regelhydraulik. Vf. stellt verschiedene Neukonstruktionen von Winkeldreh-, Dreh-, Wechsel- und Beetpflügen dar. G.Curdt. 5115a.

F e u e r l e i n, Walter. Die Bodenbearbeitungsgeräte auf der DLG. - Landtechnik 17 (1962) Nr.14. S.508-515.

Bei den Pflügen wird eine Zunahme von Kehrpflügen auf Kosten der Beetpflüge jetzt auch im Großbetrieb sichtbar, dabei geht wegen der höheren Körperzahl eine Rückentwicklung vom Winkeldrehpflug zum Volldrehpflug vonstatten. Das Aufsattelprinzip gewinnt zur Schonung der Kraftheberanlage bei großen Beetpflügen wieder an Bedeutung. Diese Pflüge werden gleichzeitig vorn und hinten (über das Stützrad durch einen gesonderten Arbeitszylinder) hydraulisch ausgehoben. Bei den Pflugkörpern gewinnt die Wendelform mehr an Bedeutung. Das Schnellpflügen findet bisher kaum Interesse. Überlastsicherungen werden zu universeller Verwendbarkeit neuerdings in die unteren und den oberen Lenker eingebaut. Trotz weiterer Zunahme der Reifenbreite gibt es noch keine Pflüge, die das Fahren des Traktors außerhalb der Furche ermöglichen. An zapfwellenangetriebenen Geräten wurden Spatenmaschinen und Rotorpflüge ital., holländ. und engl. Herkunft, der Kreiselpflug von Raussendorf und neue Typen von Ackerfräsen (mit Mehrstufengetriebe) gezeigt. Es werden eine Reihe ausgestellter Antischlupfeinrichtungen für Traktoren, Kombinations- und Nachbearbeitungsgeräte sowie Verbesserungen der Funktion und Anordnung der Vorarbeitswerkzeuge zu den Pflügen beschrieben.

D.Ermich. 5115a.

D o m s c h, M.; Potsdam-Bornim, Inst. für Landtechn. der Dtsch. Akad. der Landwirtsch.-Wiss. zu Berlin. Neuere Geräte und Maschinen für die Bodenbearbeitung und Stalldungausbringung in der UdSSR. - Dtsch. Agrartechn. 12 (1962) Nr.10. S.450-452. - 8 Abb. 5115a.

F r e s e, H. Bewährte alte und neue Geräte für die Frühjahrsbestellung 1963. - Mitt. dtsch. Landwirtsch.-Ges. 78 (1963) Nr.7. S.181-183. - 5 Abb. 5115a.

R ü s t i g. Vollmechanisierung des Dammräumens. - Hopfenbau 4 (1962) Nr.3. S.9-10.

Mit dem Dammräumer "B 179" ist es nicht möglich, die Dämme in den Stammreihen zu räumen, so daß Hopfenanlagen mit 7,5 m Stammreihenentfernung bisher nur zu ca. 75 % vollmechanisiert geräumt werden konnten. Zur Einsparung von Handarbeit wurde deshalb von Holtz ein Gerät mit aushebbarem seitlichen Ausleger entwickelt. Aus einem Vergleich beider Geräte unter Berücksichtigung der beim "B 179" erforderlichen Handarbeit geht hervor, daß mit dem Dammräumer System Holtz trotz der in den Stammreihen herabzusetzenden Fahrgeschwindigkeit nur 20 % der AKh benötigt werden, die mit dem "B 179" einschließlich Handräumung jeder Stammreihe erforderlich sind.

D.Ermich. 5115a.

E r m i c h, D. Über einige Fragen der zweckmäßigen Bearbeitung schwerer Böden im Süden der DDR. - Dtsch. Landwirtsch. 13 (1962) Sonderh. S.27-31.

Die notwendige Vertiefung der Ackerkrume auf schweren Böden setzt u.a. eine Verstärkung der energetischen Basis, exakt wendende Pflugkörper mit ausreichendem Tiefgang und stabilere Pflugrahmen voraus. Auch bei den Nachbearbeitungsgeräten sind Ergänzungen erforderlich. Für das Bergland ist die Verbesserung der Hangtauglichkeit von Traktoren und Geräten notwendig. Vor allem fehlen geeignete Kehrpflüge. Der zunehmende Einsatz der Technik verlangt bes. auf den schweren Böden eine stärkere Berücksichtigung bodenmechanischer Gesetzmäßigkeiten. Hierzu bedarf es grundlegender Forschungsarbeit, die u.a. zur Ermittlung von Kennwerten über die Bodenverformung und ihrer acker- und pflanzenbaulichen Folgen in Abhängigkeit von Textur, Struktur und anderen Faktoren bei unterschiedlichem spez. Auflagedruck von Schleppern und Maschinen führen muß. Bei bodenzustandsgerechtem Einsatz der Technik sind Strukturschäden und Ertragsausfälle auch auf schweren Böden weitgehend vermeidbar. D.Ermich. 5115c.

D o m s c h, M. Sicherung der termingerechten Bodenbearbeitung durch bessere Einsatzbedingungen für Gerät und Schlepper. - Dtsch. Landwirtsch. 13 (1962) Sonderh. S. 31-34.

Der Scheibenschälpflug vereinigt die guten Seiten von Scharpflug und Scheibenegge und schaltet deren Nachteile aus, so daß mit ihm eine gute Arbeitsqualität bei hoher Flächenleistung erreicht wird. Er kann außerdem Bestandteil einer brauchbaren Bestellungsmaschine im Zwischenfruchtbau werden. Bei der Tieffurche ist eine Produktivitätssteigerung am leichtesten über die Erhöhung der Pfluggeschwindigkeit möglich, falls spezielle Schnellpflugkörper mit unerheblichem Anstieg des spez. Arbeitswiderstandes im erhöhten Geschwindigkeitsbereich entwickelt werden. Das meliorative Pflügen kann nicht nur mit Kettenschleppern und dem "B 185", sondern ebenso mit Radschleppern unter Verwendung eines vom Vf. entwickelten Anbaupfluges durchgeführt werden. Es werden Hinweise auf neue Anbaugeräte für die Nachbearbeitung gegeben und Vorschläge zur Verbesserung der Zugfähigkeit und -sicherheit der Traktoren gemacht. Schließlich wird die unerläßliche Klärung komplexer Zusammenhänge zwischen Bodenstruktur und Pflanzenwachstum im Hinblick auf einen rationelleren Einsatz der Technik angeregt und begründet.

D.Ermich. 5115c.

K u i p e r s, H. und O u w e r k e r k, C.van; Groningen, Inst. voor Bodemvruchtbaarheid. Invloed op de grond van drie jaar vroeg of laat ploegen. (3jährige Versuche über den Einfluß von frühem und spätem Pflügen auf den Boden.) - Landbouwvoorlichting 20 (1963) Nr.1. S.43-49. - 3 Abb., 4 Tab., 2 Lit. 5115c.

A n o n y m. Tentoonstelling en demonstratie in de Flevopolder. (Ausstellung und Vorführung in dem Flevopolder.) - Landbouwmechanisatie 13 (1962) Nr.11. S.930-933. - 9 Abb.

Anläßlich des Weltwettpflügens im Okt. 1962 erfolgte eine Ausstellung und Vorführung von Bodenbearbeitungsgeräten, über deren Neuheiten berichtet wird. 1) Spatenpflug von Vicon mit 5,23 m Arbeitsbreite; das Aggregat besteht aus 3 Teilen, von denen 2 Teile seitlich vom Schlepper und eins hinten an der Dreipunktaufhängung angebracht wird. 2) Automatischer Pflug "Agri Robot" von Sieling, der imstande ist, nach der Einstellung ohne Bedienungsperson eine Parzelle zu pflügen. Auf der zentralen Achse des Aggregates ist ein Dieselmotor montiert, der die Energie für die beiden Hydraulikmotoren, das hydraulische System und die elektrische Ausrüstung liefert. Die beiden Hydraulikmotoren treiben je ein Rad des Pfluges an. 3) Rotierender Pflug von Raussendorf mit 2 Arbeitselementen, die über die Schlepperzapfwelle angetrieben werden. 4) Spatenpflug von Howard; durch Auswechseln von Zahnrädern kann die Umlaufgeschwindigkeit der Spatenwelle und damit die Arbeitsintensität geregelt werden.

M.Lüpnitz. 5115c.

B o e r, J. Tiende wereldkampioenschap ploegen in de flevopolder. (10. Weltwett-Pflügen im Flevopolder.) - Landbouwmechanisatie 13 (1962) Nr.12. S.1041-1048. - 16 Abb. Zus. in Engl. 5115c.

D o u g a l l, B.M. und D a v i e s, P.J. A comparison of the effects of rotary and conventional cultivations. (Ein Vergleich der Wirkung rotierender und herkömmlicher Bodenbearbeitung.) - Farm Mechanizat. 14 (1962) Nr. 154. S.198-199. - 4 Diagr., 2 Tab.

Landmaschinenzählungen in den letzten 10 Jahren haben eine starke Zunahme in der Zahl der rotierenden Bodenbearbeitungsgeräte ausgewiesen. Vergleichende Parzellenversuche mit rotierenden und wendenden Werkzeugen ergaben keinerlei nachteilige Wirkung des Rotors auf die Stabilität der Bodenaggregate; diese wurde wahrscheinlich vielmehr von der Anbauweise der Nutzpflanzen und der Viehhaltung (Trittverdichtung!) beeinflußt. Allg. ist es aber so, daß beide Bearbeitungsprinzipien einander ergänzen.

W.Fleischmann. 5115c.

P r i h o d a, E.; Prag. Standardisierte Reihe von Traktorpflügen in der CSSR. - Dtsch. Agrartechn. 12 (1962) Nr.10. S.452-453. 5115c.

H a r d e n, Eldon A. Mounted vs. semimounted plows for large tractors. (Anbau- und Aufsattelpflüge für schwere Traktoren.) - Agric. Engng. 43 (1962) Nr.9. S.516-517.

Ausgehend von den Vorteilen des am Traktor angebauten Pfluges bespricht Vf. die Konsequenz, welche aus einer Erhöhung der Pflugkörperzahl am Traktorpflug für die Verbindung zwischen Traktor und Pflug und die Achsbelastung des Traktors erwachsen. Bes. ausführlich werden Untersuchungen über die Traktorstabilität und Manövrierfähigkeit beim Transport und bei der Arbeit beschrieben und die Vorteile größerer Beweglichkeit drehbarer bzw. halbstarrer Verbindungen und Rahmenkonstruktionen hervorgehoben. Nach den aus den Untersuchungen gezogenen Schlußfolgerungen sind sowohl fest als auch beweglich angebaute Traktorenpflüge notwendig, wenn bei großen Traktoren Manövrierfähigkeit und Zugkraftregelung verbessert sowie Kosten vermindert werden sollen. Durch Anwendung des Gerätemomentes und eines Traktor-Stabilitätsmomentes läßt sich schnell feststellen, wann die eine oder andere Traktor-Pflug-Kombination zweckmäßig ist. Vf. sieht das derzeitige Entwicklungsoptimum in jenen halbstarr angebauten Pflügen, welche sich um einen vertikalen Drehpunkt bewegen können und die an Traktoren mit lenkbaren Hinterrädern angebaut sind. C.Curdt. 5115c.

Š a r o v, N.M. (Scharow, N.M.) Plug s rolikovym otvalom. (Pflug mit Rollen-Streichblech.) - Traktory i sel'chosmašiny, Moskva 32 (1962) Nr.11. S.46-47. - 2 Abb., 1 Tab. Aus: Dok.-Dienst ILT 1962 Nr.12.

Folg. Aufgabe bei Konstruktion eines Pfluges war zu lösen: Verminderung des Pflugwiderstandes. Lösung des Problemes an ungarischem 3-Furchenpflug durch gummiüberzogene Rollen anstelle der Streichbleche und durch Gummiwalze am letzten Körper anstelle der Anlage. - Techn. Daten: Konstruktive Arbeitsbreite 1,05 m; reine Arbeitsleistung 0,64 ha/h; Außenabmessungen: Länge 2600, Breite 1570, Höhe 1230 mm; Bodenfreiheit 350 mm; 6 Schmierstellen. - Verwendungszweck: Saatbettbereitung für Getreide und techn. Kulturen in 27 cm Tiefe. Vergleichsprüfungen mit sowjet. Pflug, Typ "PN-35 R", auf Stoppel- und Kleefeld. - Ergebnisse: Einpflügen von Pflanzenresten weniger zufriedenstellend als mit Vergleichspflug (auf Kleefeld bleiben 8,5-10 % Rückstände); Zugwiderstand geringer; Krümelungsgrad besser. Übrige Leistungskennziffern nicht unter denen des sowjet. Pfluges. 5115c.

A n o n y m. Verbesserte Kehr-Rollpflüge. - Landmaschinen-Markt 42 (1963) Nr.1. S.26. - 1 Abb. Aus: Dok.-Dienst ILT 1963 Nr.1.

Kehr-Rollpflüge in 2furchiger Ausführung. Vorteile der Neuerungen: Gute Abstimmung zu jedem Traktor mit 3-Punkt-Anbauvorrichtung; optimale Schlupfminderung, kein Seitenzug des Traktors - unabhängig, ob hangauf- oder hangabwärts; unbedingte Tiefenhaltung beim Tiefpflügen und Schälen; verminderter Verschleiß an den Vorderradlagern und den Reifenprofilen des Traktors; erhöhte Betriebssicherheit beim Pflügen am Hang. 5115c.

A n o n y m. A fully automatic plough. (Ein vollautomatischer Pflug.) - Wld. Crops 14 (1962) Nr.12. S.433-434.

Im Bericht werden über Konstruktion und Arbeitsweise eines von C. Seiling, Melissant in den Niederlanden entwickelten vollautomatischen Pfluges "Agri-Robot" beschreibende Angaben gemacht. Der Pflug besteht aus einem Grundgerät, 2 Pflughälften und Steuervorrichtungen. Das Grundgerät wird durch einen Dieselmotor dargestellt, der auf einem von 2 luftbereiften Triebrädern getragenen Rahmen befestigt ist. Der Motor treibt eine Hydraulikpumpe an, welche ihrerseits 2 hydraulische Motoren mit Getriebe in Bewegung setzt, die die Räder antreiben. Das Starten, Halten, Senken und Umkehren wird durch Kontrollventile bes. Konstruktion automatisch geregelt. Die vorn und hinten am Grundgerät befindlichen Pflüge arbeiten wechselseitig nach Kippflug-Prinzip. Das Einsetzen und Ausheben der Pflugkörper, die Einhaltung der Furchen, Begradigung von Krümmungen und die Tätigkeit einer Anti-Schlupf-Vorrichtung werden hydraulisch bzw. elektrisch gesteuert. Vf. beschreibt am Aggregat befindliche Steuerungs-, Korrektur- und Sicherheitsvorrichtungen und ihre Wirkungsprinzipien. Die Lenkung, Kupplung, das Einsetzen und Ausheben des Gerätes werden durch Tasträder in Verbindung mit Steuer-Scheibensechen reguliert. Unterbrecher und Ventile setzen Antischlupf- und Antikollisionsvorrichtungen in Tätigkeit. Der Sicherheit dienen ferner Vorrichtungen, welche die Maschine bei zu hoher Motortemperatur, bei Absinken des Öldrucks in Motor und Hydraulik bzw. starken Niederschlägen anhalten und abstellen. Vorbedingung für die automatische Pflugarbeit ist das Anfurchen des Feldes und die Begrenzung der Arbeitsfläche durch Kopffurchen. Durch Einsatz des bereits industriell gefertigten "Agri-Robot" sollen die Arbeitskosten bei verdreifachter Leistung gegenüber üblichen Traktoren vermindert werden. G.Curdt. 5115c.

U h l m a n n, S. Neue Ergebnisse über die Arbeit mit dem Hopfenpflug für 3 m Anlagen. - Hopfenbau 4 (1962) Nr.3. S.6-8.

Das An- und Abpflügen der Hopfenreihen kann in 3 m Anlagen unter Verwendung von Anbauvielfachgeräten sowohl mit dem "RS 14/36" als auch mit dem "RS 09" erfolgen. Bei letzterem ist jedoch zur Erhaltung der Lenkfähigkeit anstelle des am Heck angebauten Vielfachgerätes "P 316" mit Zusatzeinrichtung das zwischenachsige Gerät "P 320" erforderlich. Damit kann also der "RS 09" auch in 3 m Anlagen unter voller Ausnutzung der von der Geräteseite her gegebenen Mechanisierungsmöglichkeiten für sämtliche Düngungs-, Pflege- und Bodenbearbeitungsmaßnahmen komplex eingesetzt werden. Gegenüber dem An- bzw. Abpflügen mit dem Hopfenschlepper "RS 56" und dem Spezialpflug "B 178" in 1,5 m Anlagen wird mit dem "RS 09" und zwischenachsigen "P 320" in 3 m Anlagen eine Leistungssteigerung um 150 % erzielt. D.Ermich. 5115c.

G a l l w i t z, K. Die Dräntechnik heute. - Z. Kulturtechn. 3 (1962) Nr.5. S.271-290. - 16 Abb., 3 Tab., 23 Lit.

Seit 1958 untersucht das Landmaschineninstitut der Univ. Göttingen maschinentechnische Probleme der Dränarbeiten. Dem Einziehen von Tonröhren in Maulwurfgänge (u.a. "Poppelsdorfer Dränverfahren") kommt keine Bedeutung zu, dafür umso größere der Plastrohrverlegung mit Maulwurfpflügen (Vorteile: kein Flurschaden, Einsatz während der Vegetationszeit, keine Verfüllarbeit, höhere Arbeitsgeschwindigkeit und wenig Verschleißteile am Gerät; Nachteile: schwierige Kontrolle der Rohrlage, erschwertes Auffinden von Bruchstellen, Bruchgefahr bei kalter Witterung, Frage der Standfestigkeit der Plastrohre). Die Verfahren von Janert und Juusela (Narsmo-Pflug-Finnland) werden besprochen. Bei der maschinellen Tonrohrdränung sollte der durch die Grabwerkzeuge feinzerkrümelte Boden gleich hinter der Maschine mit Förderband wieder eingefüllt werden. Voraussetzung dafür ist eine automatische Kontrolle der Rohrlage (evtl. Aufzeichnung auf Lagediagrammen). Die Dränmaschinen von Allen-England, Eberhardt-Ulm, Homberg-Kupferzell, Hoes-Oldenburg, Schelten u. Petersen-Leer, v.d. Ende u. Barth-Holland und aus der UdSSR werden mit ihren technischen Daten aufgezählt. Die teuren Spezialmaschinen müssen jährlich möglichst lange und auf großen Flächen eingesetzt werden (Sommerdränung). Die Maschinenleistungen sollten in lfm je AKh angegeben werden. Die Dränbagger müssen sowohl Sauger- als auch Sammlergräben in allen Böden bei jedem Wetter mit Abweichungen von max. ± 1 cm/10 m herstellen und wieder verfüllen können. Neue Dränmaschinen sollten sorgfältig geprüft werden; ihre Tagesleistungen hängen wesentlich von der Organisation der Baustelle und von der entspr. Projektierung ab. Die Arbeitsgeschwindigkeit kann nur bei automatischer Tiefenregelung weiter erhöht werden. Die Tiefensteuerung durch Abtasten eines in der Gefällelinie gespannten Leitdrahtes (Eberhardt-Ulm) wird z.Z. noch wenig angewendet. Am Landmaschineninstitut Göttingen wurden Versuche mit einem optisch-elektrischen Gerät der Fa. Dr. Fahrentholz-Kiel durchgeführt. Abschließend wird auf die Plastrohrdränung eingegangen und über Prüfergebnisse an in Westdeutschland hergestellten Anger-, Wavin-, Rehau- und (gewellten) FFKuD-Rohren berichtet.

R.Teipel. 5110c.

C r o s s, M.W. Mole drain plough performances compared. (Vergleich verschiedener Maulwurfdränpflüge.) - New Zealand J. Agric. 105 (1962) Nr.1. S.31-37. - 8 Abb., 2 Lit.

Die Maulwurfdränung wird in Neuseeland verbreitet durchgeführt. Bei Versuchen von Childs (1942) wurden Bodenunebenheiten von ± 10 cm Höhe und weniger als 1,20 m Länge von einem Anhänge-Maulwurfdränpflug mit 3,67 m langem Grindel, 0,51 m Tiefgang und 0,20 m Bodenfreiheit nicht mehr kopiert. Vom Massey-College wurde der Anbau-Maulwurfdränpflug "Mascol" für einen 50-PS-Radschlepper mit hydraulischer 3-Punkt-Anbauvorrichtung entwickelt. Das 3,67 m lange Grindel (T-Träger) ist mit Doppelspindel höhen- und seitenverstellbar unter der Schlepper-Hinterachse und mit Ketten an den beiden unteren Lenkern befestigt; die Bodenfreiheit beträgt bei 2 verwendeten Schwertern für 0,38 und 0,45 m Tiefgang 18-23 cm. Die Tiefeneinstellung erfolgt durch Umstecken an 2 Löchern im Schwert (Aufhängung am Grindel) und an

F r e s e, H. und A l t e m ü l l e r , H.-J. Über einige morphologische Beobachtungen an Pflugsohlen. - Grundlagen Landtechn. 1962 Nr. 15. 2. Teil S. 10-14.

Die schädliche Wirkung einer gleichbleibenden Pflugtiefe ist wegen der Überlagerung durch Begleitfaktoren wie z.B. den Raddruck in der Furche nur schwer nachzuweisen. Deshalb wurden spezielle Messungen über den Einfluß des Scharschnittes und der Schleifsohle auf die Bodenstruktur verdichtungsempfindlicher Lößlehmböden im Modellversuch vorgenommen. Die Untersuchungen erfolgten mit der mikromorphologischen Dünnschliffmethode. Es zeigt sich, daß der Scharschnitt zur Bildung regelmäßig angelegter Mikrorisse an der Pfluggrenze führt, wodurch der Unterboden gut offen gehalten werden kann. Verdichtungszonen entstehen vor allem durch die Schleifsohlen. Mehrere über- und nebeneinanderliegende Spuren solcher Schleifsohlen können die Bildung von sog. Pflugsohlen stark begünstigen. Diese Verdichtungszonen sind zwar oft nur wenige mm stark, sie setzen jedoch die Durchlässigkeit an der Bearbeitungsgrenze soweit herab, daß echte Störungen des Pflanzenwachstums auftreten können. Die Feinporosität des Unterbodens geht an der Bearbeitungsgrenzschicht bes. auf zu feucht bearbeiteten Standorten stark zurück.

D.Ermich. 5115c.

B e r n a c k i, Henryk. Untersuchungen von Scharfräsen in der Bodenrinne und auf dem Acker. - Grundlagen Landtechn. 1962 Nr. 15. 2. Teil S. 28-36.

In Vergleichsversuchen zwischen Schar- und Normalfräse wurden bei variierter Fahr- (v) und Umfangsgeschwindigkeit (u) die spezifische Arbeit, der Leistungsbedarf und der Energieverbrauch ermittelt. Vf. stellt eine Formel auf, die eine Zerlegung der Arbeit der Fräsmesser in Schnitt- und Beschleunigungsarbeit ermöglicht. Aus den Modellversuchen ging hervor, daß die Scharfräse bei einer Bissenlänge (1_b) von 4,2 cm nur 62 % und bei einer 1_b von 6 cm ca. 73 % der spezifischen Arbeit der Normalfräse benötigt. Die Krümelung des Bodens wird in entscheidendem Maße von u bestimmt; die Scharfräse erbrachte eine nicht so starke Feinkrümelung des Bodens als die Fräse allein. Bei den Feldversuchen traten für die Scharfräse infolge des höheren spezifischen Arbeitsbedarfes des Schares im "gewachsenen" Boden ungünstigere Werte auf. Die Beschleunigungsarbeit ist bei der Scharfräse geringer, weshalb sie für höhere v besser geeignet ist als die Normalfräse. Zur Einsparung von Zugkraft sollten die Scharstiele nur im bereits gefrästen Boden laufen. Vf. schlußfolgert, daß mit Scharfräsen bei gleichem Energieverbrauch tiefer gearbeitet werden kann als mit Normalfräsen. Der Leistungsbedarf des Pfluges liegt jedoch erheblich unter dem der Scharfräse. D.Ermich. 5115d.

A n o n y m. Die Spatenegge - ein wirtschaftliches Arbeitsgerät. - Landmaschinen-Rdsch. 15 (1963) Nr. 1. S. 18-19. - 1 Abb. Aus: Dok.-Dienst ILT 1963 Nr. 3.

Fahr-Spatenegge für Zapfwellenantrieb, vielseitig verwendbares Bodenbearbeitungsgerät mit rotierendem Werkzeugen. Die Messer zerkrümeln bis zu einer Tiefe von 18 cm, wobei im Untergrund keine Bodenverdichtungen auftreten. Die Spatenegge kann auch für spezielle Hackarbeiten eingesetzt werden, hierfür wurden Hacksterne geschaffen. Die Hacksterne werden anstelle der Spatenmesser angebracht oder aber mit denselben kombiniert. Der Einsatz erfolgt mit Traktoren mit und ohne Dreipunktanbauvorrichtung. 5115d.

A n o n y m. Nya brukningsredskap måste jämföras. (Bodenbearbeitungsgeräte müssen verglichen werden.) - Traktor J. /Stockholm/ 7 (1962) Nr. 9. S. 564 bis 569. - 5 Abb., 3 Schemata.

Berichtet wird über Versuche mit Grubber und Egge, die von der Zapfwelle des Schleppers angetrieben werden. Diese Geräte gewährleisten eine vollständige Bearbeitung bei einem Durchgang. Bei richtigem Einsatz hat sich der Grubber als ausgezeichnetes Mehrzweckgerät erwiesen; mit ihm läßt sich auch die Stoppel gut unterbringen. - Eine Neuentwicklung stellt die Egge dar (Hersteller AB Bil & Truck, Alingsåsverken), die anstelle der abgewinkelten Messer schmale, durch Zapfwellenantrieb rotierende Stahlzinken aufweist, die so gekröpft sind, daß sie nicht in der gleichen Spur laufen. Durch leichte Schrägstellung der Egge zur Fahrtrichtung wird der Boden gleichmäßig bearbeitet. Die Tiefeneinstellung wird durch ein Schleppbrett reguliert, das vor den Zinken angeordnet ist. Diese Egge bewirkt eine feinere Krümelstruktur des Bodens als der Grubber. Deshalb ist sie für die Saatbettbereitung und dort bes. geeignet, wo eine feinere Krümelung gewünscht wird; ferner läßt sich die Quecke gut mit ihr bearbeiten (ihre Ausläufer werden an die Oberfläche gebracht und vertrocknen).

E.Kahn. 5115e.

A n o n y m. Nieuwe PZ machines. (Neue PZ Maschinen.)- Landbouwmechanisatie 13 (1962) Nr. 11. S. 988. - 3 Abb.

Von der Maschinenfabrik P.J. Zweegers en Zonen, Geldrop, wurden 3 neue Maschinen entwickelt. 1) Schleuderstreuer mit Antrieb durch die beiden Bodenräder. Der Düngerbehälter hat einen Inhalt von 225 l. Bei einer Arbeitsgeschwindigkeit von 4,5 km/h beträgt die Streubreite für Granulate ca. 6 m, für Kalisalze ca. 4 m. 2) Stallmiststreuer, der mit einem Schleuderstreuer kombiniert werden kann. Der Inhalt des Laderaumes beträgt ca. 1 m^3. Der Streumechanismus wird durch einen 7-PS-Zweitaktmotor angetrieben und bewegt sich beim Streuen langsam von hinten nach vorn. Der Schleuderstreuer kann hinten am Wagen angebracht und durch den Aufbaumotor angetrieben werden. Diese Kombination wurde speziell für Hanglagen entwickelt. 3) Schnellheuer für Einachsschlepper. M.Lüpnitz. 5120a.

A n o n y m. Flotation tire for spreaders cuts root injury in vegetable soils. (Verringerung der Wurzelbeschädigungen bei der Düngerausbringung durch Ausrüstung der Verteilergeräte mit Flugzeug-Bereifung.)- Agric. Chemicals 17 (1962) Nr. 8. S. 35-36.

Bei der Verteilung von Düngemitteln wurde versucht, Lastwagen mit Flugzeugreifen auszurüsten. Als Vorteile werden genannt: leichte Fahrweise; genügend Zugkraft auf dem Feld; Verbesserung der Manövrierfähigkeit auf nassen und sandigen Böden; Verringerung der Bodenverdichtung und genügende Lebensdauer der Reifen bei Fahrten auf der Landstraße. Auch die Wurzelverletzungen waren bei der Düngung von Pflanzenbeständen geringer. Man ist dadurch in der Lage, im Vergleich zu früher mehr Dünger auf der gleichen Ladefläche zu transportieren. Der Dünger wird durch Förderschnecken zu den Verteilergeräten am Ende der Lastwagen transportiert, wobei die Zuführung der Düngermenge mit der Fahrgeschwindigkeit abgestimmt ist. Durch Verwendung hochkonzentrierter Granulate und bestimmter Verteilergeräte können eine gleichmäßige Ausbringung über 18 m Arbeitsbreite und eine Stundenleistung von 20–25 ha erreicht werden. Bei der Verteilung von Granulaten kann sich ihre große Fließfähigkeit negativ auswirken, indem bei der Arbeit an geneigten Flächen auf der tiefer gelegenen Seite bis zu 50 % mehr Dünger ausgebracht werden. Werden wässrige Ammoniak-Lösungen verwendet, so erfolgt der Düngertransport innerhalb verschiedener Behälter und die Verteilung in der Regel mittels Druckluft. Zur Senkung der hierbei auftretenden NH_3-Verluste sind größere techn. Vorkehrungen erforderlich. A. Jeske. 5120c.

A n o n y m. Application plus développée des engrais liquides. (Stärkere Anwendung flüssiger Düngemittel.) – Techn. agric. 181 (1962) S. 31–35. – Aus: Dok.-Dienst ILT 1962 Nr. 12.

Arten und Zusammensetzung flüssiger Düngemittel. Entwicklung in der Anwendung von flüssigen Stickstoff-Düngemitteln und Ergebnisse der Ammoniakdüngung in den USA. Günstigste Einsatzbedingungen (Bodenart, Feuchtigkeit) für Ammoniakdünger, Verteilung und Wirkungszeit im Boden, Aufnahme und Nutzung des Stickstoffes durch die Pflanzen. Vorzüge in Anwendung, agronomische Wirkung und ökonomischer Nutzeffekt. Erforderliche Investitionen an Geräten und Einrichtungen zur Realisierung der Methode. Rentabilität dieser Investitionen. 5120 5120c.

M o r d u c h o v i č, A.I. und K r i v o š e j, M.N. (Morduchowitsch, A.I. und Kriwoschei, M.N.) Razbrasyvatel' udobrenij centrobežnogo tipa RUS-4,0. (Schleuderdüngerstreuer vom Typ "RUS-4,0".) – Traktory i sel'chozmašiny, Moskva 33 (1963) Nr. 1. S. 33–34. – 1 Abb., 1 Schemata. Aus: Dok.-Dienst ILT 1963 Nr. 3.

Neuentwicklung des Werkes "Krasnaja Swesda" mit folg. Merkmalen: keine Stütz- und Antriebsräder; abnehmbares Leitblech für Bearbeitung im Obstbaumbereich. Techn. Daten: Max. Fassungsvermögen des Düngerkastens 200 kg; Arbeitsbreite 4,5–12 m, Masse mit Windschutzvorrichtung 220 kg. Der Einsatz erfolgt mit Gartentraktor "DT-20". Zapfwellenantrieb. – Verwendungszweck: Breitstreuen des Düngers in Gärten und Obstbaumdüngung. Leistungsbereich bei 8,5 km/h 3,8–10 ha/h. 5120c.

A n o n y m. Vielzweck-Düngerstreuer "Rotina". – Landmaschinen-Markt 42 (1963) Nr. 4. S. 175. – 1 Abb. Aus: Dok.-Dienst ILT 1963 Nr. 3.

Der Düngerstreuer "Rotina 600" ist ein Einachs-Anhängegerät mit Autoanhängerachse (verstellbar von 1,20 bis 1,60 m) und luftbereiften Rädern. Die Maschine besitzt einen aufklappbaren, stabilen Rohrrahmen mit einem Segeltuchbehang, der gleichzeitig als Windschutz dient und die Staubentwicklung auf ein Minimum herabdrückt. Streubreite 5 m, Fassungsvermögen des Streubehälters 1000 kg. Die "Rotina" mischt automatisch verschiedene Düngersorten einwandfrei. 5120c.

A n o n y m. Zweisorten-Düngerstreuer für vielseitigen Einsatz. – Landmaschinen-Markt 42 (1963) Nr. 4. S. 174. – 1 Abb. Aus: Dok.-Dienst ILT 1963 Nr. 3.

Der Zweisorten-Düngerstreuer stellt eine Vereinigung zweier kompletter Düngerstreuer in einem Kasten dar. Die Streumenge kann für jeden Kasten gesondert eingestellt werden. Streumechanismus funktioniert wie bei den Einleisten-Düngerstreuern (einfach und unempfindlich). Alle Typen können mit Rührwerk, Reihenstreuvorrichtung und rostfreiem Streubodenblech ausgerüstet werden. 5120c.

A n o n y m. Danish spreader. (Dänischer Streuer.) - Agric. Machinery J. 17 (1963) Nr. 2. S. 78. - 1 Abb. Aus: Dok.-Dienst ILT 1963 Nr. 3.
Kurzinformation über dän. Maschine "Refix" NM mit folg. Merkmalen: Leitschaufel führt Dünger der Schleuderscheibe zu, garantiert gleichmäßige Verteilung nach hinten und nach den Seiten und verhindert, daß Dünger gegen Traktorheck geschleudert wird; vollkommen abgedichtetes, im Ölbad laufendes Getriebe. Drei Größen des Fülltrichters: 250 kg, 342 kg und 363 kg. Für alle Traktorfabrikate und zur Ausbringung von pulverförmigem und granuliertem Dünger geeignet. 5120c.

A n o n y m. Flüssigmist ist wirksamer! - Techn. u. Landwirtsch. 14 (1962) Nr. 20. S. 476-478.
Flüssigmist zeigt eine bessere Düngewirkung als Stapelmist, da die Nährstoffe feiner verteilt und damit den Pflanzen schneller zugänglich gemacht werden. Mit einem Dungfräsmischer "Främix" wird aus Stapel- oder Frischmist und Jauche im Verhältnis 1 : 1 eine Gülle hergestellt und auch ausgebracht. Durch Zugabe von Superphosphat zum Faßinhalt kann das Nährstoffverhältnis wieder ausgeglichen werden. Der "Främix" besteht aus einem Einachs-Fahrgestell mit Stützrad, einem Faß (1150, 1500, 2000 oder 3000 l Inhalt) mit Fräs- und Rührwerk, einem komb. Keilriemen- und Gelenkwellenantrieb sowie einem Zentrifugalverteiler. Das Fräs- und Rührwerk besteht aus sägeähnlichen Frässcheiben, die auf einer Welle sitzen und durch die Zapfwelle in rotierende Bewegung versetzt werden. Die Faßöffnung ist groß genug, um mit allen Geräten (Mistlader, Frontlader usw.) das Faß füllen zu können. Man füllt zunächst den Behälter bis zur Hälfte mit Jauche, setzt nun die Fräswelle in Betrieb und gibt solange Mist dazu, bis er voll ist. Einige Arbeitsdaten sind: Fahrgeschwindigkeit 2-6 km/h, Arbeitsbreite 6-7 m, Leistungsbedarf max. 25 PS (ohne Zugkraft), Leistung 1,3-3,6 ha/h bei 550-160 dt/ha Aufwandmenge. Die Wartung besteht nur im Nachspülen mit Wasser.
A.Jeske. 5120d.

K u h r i g, H. Welche Möglichkeiten bietet die moderne Landtechnik zur Vermeidung von Bodenstrukturschäden bei den Bestellarbeiten - besonders im Frühjahr. - Dtsch. Landwirtsch., Sonderh. 13 (1962) S. 62-65.
Die Frühjahrsarbeiten auf druckempfindlichen Böden können nicht allein mit Kettenschleppern bewältigt werden. Es ist deshalb notwendig, alle ackerbaulichen und techn. Möglichkeiten zum schadlosen Einsatz auch der Radtraktoren auszunutzen. Es werden Hinweise zur Verwendung von Radverbreiterungen gegeben und Antischlupfeinrichtungen angekündigt. Auch erhöhte Fahrgeschwindigkeiten, die Vergrößerung der Arbeitsbreite sowie die volle Auslastung der Motorleistung durch zweckvolle Gerätekombinationen tragen zur Strukturschonung bei. Es wird eine Verdoppelung von Arbeitsgeschwindigkeit und -breite in Etappen für möglich gehalten. Durch die Steigerung der Motorleistung bei gleichbleibender Gesamtmasse soll die Leistungsmasse gegenüber älteren Traktorentypen um die Hälfte reduziert und damit der internationale Stand von 40 kg/PS erreicht werden. Die Einführung kombinierter Großaggre-

gate mit dem Ziel optimale Verhältnisse für die Pflanzen unter den verschiedenen Boden- und Klimabedingungen kurzfristig herzustellen, setzt koordinierte bodenmechanische Forschungen voraus. D.Ermich. 5125a.

G l a s o w, W. Zuckerrübenbestellung und -pflege. - Landmaschinen-Markt 41 (1962) Nr. 7. S. 320-321. - 1 Diagr. 1 Schema, 1 Tab.
Eine nachhaltige Arbeitsersparnis in der Rübenpflege ist vornehmlich bei Berücksichtigung folgender 3 Faktoren gewährleistet: 1) hochkeimfähiges und hochgradig einkeimiges Monogermsaatgut; 2) exakte Einzelkornablage des Saatgutes und 3) beste, den jeweiligen Klimaverhältnissen entsprechende Saatbettvorbereitung. 8-12 kg/ha segmentiertes Monogermsaatgut, mit der Drillmaschine ausgebracht, ermöglichen es, die aufgewachsenen Bestände mit der langen Hacke (trapezförmiges Hackenblatt) in einem Arbeitsgang bei 25-30 % Zeitersparnis gegenüber dem Vereinzeln eines gedrillten Normalbestandes zu vereinzeln. Das Einzelkorn-Drillverfahren führt sogar zu einer Arbeitsersparnis von rund 50 %. Die rel. höchste Arbeitsersparnis wird bei einem Pflanzenabstand von ca. 6 cm erzielt. Je nach Saatgutqualität, Bodenzustand und -vorbereitung sollte der Samen auf 4-5 cm Abstand in den Boden gebracht werden, was ca. 20 - 25 Samenkörnern/m entspricht; je nach Keimfähigkeit wachsen daraus ca. 13-15 Pflanzen/m auf, die dann entsprechend zu vereinzeln sind. In Versuchen zeigte es sich, daß der Zentralantrieb des Einzelkorn-Säapparates beim Vereinzeln des mit ihm ausgebrachten Bestandes eine Arbeitseinsparung von 20 % gegenüber dem Vereinzeln eines Bestandes brachte, der mit einzeln angetriebenen Apparten vorgenommen wurde. Gegenüber der möglichen Arbeitseinsparung durch Einzelkornsaat von Monogermsamen ist der arbeitseinsparende Effekt bei mech. Vereinzelung (Ausdünnung) geringer, der Saatgutaufwand höher, da er geschlossene Bestände bedingt. 5125c.

S c h r ö d e r, Walter, M a q u e, Herbert, E p p e n d o r f e r, Kurt, S c h u l z, Artur, H a h n, Fritz, R a d i k e, Horst und Z i e s c h a n g, Rudi. Empfehlungen für den wirtschaftlichen Zuckerrübenanbau. - Empfehl. Min. Landwirtsch., Erfass. Forstwirtsch. 4 (1962) 46 S. - 7 Abb., 18 Skizzen.
Vff. geben eine Anleitung zum Umrüsten der Maislegemaschine "SKGK- 6 W" und behandeln folgende Aussaatverfahren von Zuckerrüben mit der umgerüsteten Maschine: 1) Aussaat in 9 Reihen im 41,7 x 30 cm Rechteckverband mit Knotendraht; 2) Nestaussaat in 9 Reihen (41,7 x 22 bzw. 23 cm) mit Auslösestern; 3) Aussaat in 9 Reihen (41,7 x 30 bzw. 24 cm) mit Meßautomaten und 4) Einzelkornaussaat. Nach Erörterung techn. und pflanzenbaulicher Gesichtspunkte schließt die Broschüre mit einem Überblick über bisher bekannt gewordene Erfahrungen und Beispiele aus der Praxis, die zur Anwendung auf breiter Basis empfohlen werden können, zumal der ökon. Nutzeffekt beträchtlich ist; denn mit diesem Verfahren kann bei der Pflege eine Steigerung der Arbeitsproduktivität auf 154 % erreicht werden. 5125c.

Z u m b a c h, W. Untersuchung über die Eignung verschiedener Sämaschinen und Einzelkornsäapparate für die Aussaat von Monogerm-Zuckerrübensamen. - Traktor u. Landmaschine /Brugg/ 25 (1963) Nr. 1. S. 42-48.
Bericht über Feldversuche. Gegenüberstellung der Ergebnisse in Tab. Einzelkornsägeräte zeigen im Vergleich zu gewöhnlichen Sämaschinen folg. Vorteile: bessere Arbeitsqualität, Einsparung an Saatgut, gleichmäßigere Samenverteilung bei Verwendung von Zellenrädern. Aussaatmenge kann auf 75 g/a (45 mm Samenabstand) gesenkt werden. 5125c.

A n o n y m. Einzelkorn-Sägerät. - Techn. u. Landwirtsch. 14 (1962) Nr.20. S. 486.
Einzelkornsaat hat den Vorteil, daß der Bestand mit der langen Hacke durchhackt und mit 50 % Arbeitsersparnis vereinzelt werden kann. Das Einzelkorn-Sägerät "Monodrill" hat Zweirad-Bodenantrieb, Zellenräder, eine Samenabstreifrolle (präzise Einzelkorn-Ablage) und ein gefedertes Schar (gleichmäßige Tiefenablage, von 1 - 4,5 cm einstellbar). Zusätzlich kann eine Bandspritzeinrichtung zur Unkrautbekämpfung im Vorauflaufverfahren aufgebaut werden. Die Zellenräder sind auswechselbar und gestatten eine Arbeitsgeschwindigkeit des Gerätes bis max. 7 km/h, der Saatabstand ist von 4 - 5,5 cm einstellbar. A.Jeske. 5125c.

S t a r i k o v, P. und Č u n a r e v, N. (Starikow, P. und Tschunarew, N.); Altai-Forsch.-Inst. für Landwirtsch. Prisposoblenie dlja vyseva v odno gnezdo bobov i kukuruzy. (Vorrichtung zur gemeinsamen Nestaussaat von Bohnen und Mais.) - Technika v sel'skom chozjajstve, Moskva 22 (1962) Nr. 12. S. 5-7. - 1 Schema, 1 Tab. Aus: Dok.-Dienst IIT 1963 Nr. 1.
Aufgabe: Erzielung eines sehr hohen Eiweißgehaltes im Grünfutter. Erreichbar durch Ausbringung von 2-3 Maiskörnern und 3-4 Bohnen in ein Nest. Dazu Vorrichtung zur Quadratnest-Drillmaschine "SKGN-6A"; Drillscheibe mit 2 Öffnungsreihen, deren äußere Zellen der Bohnengröße und deren innere Zellen der Maiskorngröße entsprechen müssen. Ausführliche Beschreibung der Konstruktion und Hinweise für die Anfertigung. Vorteil: Ausbringung der Samen pro Nest regelbar. 5125c.

H u b a l e k, K.; Chodov bei Prag. Eine neue Kartoffellegemaschinenbaureihe in der ČSSR. - Dtsch. Agrartechn. 12 (1962) Nr. 10. S. 453-455. - 3 Abb., 1 Tab. 5125d.

R i d, Heinrich. Pflanzen und Pflegen. - Techn. u. Landwirtsch. 14 (1962) Nr. 16. S. 380-383. - 8 Abb.
Vf. gibt eine Übersicht über die auf der DLG-Ausstellung 1962 in München ausgestellten Geräte zur Bestellung, Boden- und Pflanzenpflege. Unter bes. Hervorhebung von Neuheiten werden Drill- und Pflanzmaschinen für verschiedene Kulturen beschrieben, wobei Einzelkorn-Sävorrichtungen und Anbaudrillen bes. Beachtung geschenkt wird. Sehr ausführlich geht Vf. auf techn. Hilfsmittel zur Rüben- und Maispflege ein und stellt Neuerungen bei Pflanzmaschinen heraus. Ein weiterer Abschnitt ist den Maschinen und Geräten für die Kartoffelbestellung und -pflege gewidmet. Hervorgehoben werden die rotierenden Hacken. Im abschließenden Teil werden Geräte zur Bodenpflege besprochen, hier gilt die bes. Aufmerksamkeit neben den bekannten Gitterrädern ebenfalls rotierenden Geräten, deren erweiterter Anwendungsbereich dargestellt wird. G.Curdt. 5130a.

T h a e r, Rudolf. Versuche mit Häuflern verschiedener Anstell- und Seitenrichtungswinkel. - Grundlagen Landtechn. 1962 Nr. 15. 2. Teil S. 37-45.
In Feld- und Bodenrinnenversuchen mit Häufelkörpern wurden folg. Größen variiert: Anstellwinkel (33 °, 40 °, 56 °); Seitenrichtungswinkel (33 °, 40 °, 47 °) und Geschwindigkeit (3,1; 6,6; 11,2 bzw. 5,0 und 9,5 km/h). Der Boden war sandiger Lehm. Durch Vergrößerung des Anstellwinkels steigt die Längskraft unabhängig von der Arbeitsgeschwindigkeit stark an, während die Vertikalkraft etwas kleiner wird. Ein hoher Damm wird bei großem Anstellwinkel und bei einer Geschwindigkeit von 7 km/h erzielt; dabei wurde auch der geringste Klutenanteil ermittelt. Im Vergleich zum Anstellwinkel werden durch den Seitenrichtungswinkel die Längs- und Vertikalkräfte, Klutenanteil und Dammhöhe weit weniger bzw. überhaupt nicht beeinflußt. Mit kleinem Seitenrichtungswinkel erreicht man eine erwünschte Trapezform des Dammes mit Einsattelung in Dammitte. Eine Erhöhung der Geschwindigkeit führt zur Steigerung der Längs- und Vertikalkräfte; dabei fällt die Dammhöhe stark ab. Der erreichbare Flankenwinkel des Dammes wird bei gleichzeitiger Verbreiterung und Rundung der Dämme durch höhere Geschwindigkeit kleiner; gleichzeitig wird eine intensivere Klutenzerteilung erreicht.

D.Ermich. 5130d.

Č e r n i k o v, V.I. (Tschernikow, W.I.); Kraskowo, Gebiet Moskau, Inst. für Kartoffelwirtsch. Rasčet i ispytanie rabočich organov okučnika. (Berechnung und Prüfung der Arbeitswerkzeuge eines Häufelgerätes.) - Traktory i sel'chozmašiny, Moskva 32 (1962) Nr. 11. S. 24-25. - 2 Schemata, 6 Lit. Aus: Dok.-Dienst ILT 1962 Nr. 12.
Forderung: bessere Gestaltung der Arbeitsflächen von Häufelgeräten mit 2 Streichblechen. - Theoret. Untersuchung des Häufelvorganges und math. Analyse der dabei wirksamen Kräfte. - Technol. Erwägungen vor Schaffung der Streichblechoberfläche: Gewährleistung eines lockeren Erdreiches durch Bodenlockerer, der 4-5 cm unterder Furchensohle läuft; Winkelunterschied zwischen Schneidkanten des Lockerers und des Häufelkörpers 4-6 °; besserer Krümelungseffekt bei Einsetzwinkel von 30 °; Häufelkörper mit Schwenkwinkel von 25 °. - Prüfung von Versuchsmustern unter Labor- und Feldbedingungen im Vergleich zu Standard-Häuflern. - Ergebnis: Zugwiderstand eines Werkzeuges beträgt bis zu 80 kp. Form und Beschaffenheit der Dämme und Furchensohlen und Krümelstruktur des Erdreiches entsprechen den Forderungen.

5130d.

R o g i n s k i, Stefan. Wiadomosci z melioraciji rolnych. (Die landwirtschaftliche Melioration.) Warszawa: Panstw. wyd. rolnicze. i leśne. 1962. (237 S.) 8°. (1962 A 1349)

T a k a t s, Lajos. Öntözéses legelőgazdálkodás. (Berieselungsgrünlandwirtschaft.) Budapest. 1962. (VI, 158 S.) 8°. (1962 A 1125)

F e k e t e, István und L a k o s i, József. Öntözéses gazdálkodás. Kecskemet: Megyei tanács. 1959. (1962 A 1120)

S c h i l l i n g, E. Maschinen und Geräte für die Bodenbearbeitung. 2. Aufl. Köln: Verlag E. Schilling. 1962. (372 S.m.454 Abb., 33 Taf.) DIN A 5. DM 37,80 = "Landmaschinen", 2. Band

KTV-24 kombinalt mütrágyaszórós traktorvontatású vetögep kezelési és karbantartási utasitasa. (Die kombinierte Düngerstreu-Sämaschine für den Traktorenzug "KTV-24". Budapest: Masodik Kiadas. 1958. (54 S.) 8°. (DA 1411)

K o č i, Jaroslav. Stroje pro přesné setí. (Maschinen für exakte Saat. - Nur Zuckerrüben!) Praha: Státní zeměd. naklad. 1962. (111 S.) 8°. (1962 A 1518)

C. ERNTE EINSCHLIESSLICH DRESCHEN OHNE ZUSÄTZLICHE AUFBEREITUNG

V o g t, C.; Oldenburg/Oldbg. Maschinen für die Futterernte. - Lohnunternehmen in Land- u. Forstwirtsch. 17 (1962) Nr. 9. S. 192. 194. 196. 5215a.

H o p p e, Heinz. Maschinen und Geräte zur Grünfutterernte im Langgut-Verfahren. - Techn. u. Landwirtsch. 14 (1962) Nr. 15. S. 350-352. - 6 Abb., 1 Übersicht.

Bericht über die 47. DLG-Wanderausstellung in München, auf der ein reichhaltiges Programm an Feldladern sowie an neuen techn. Lösungen zur Bewältigung der Grüngutbergung im Langgutverfahren und im Einmannsystem gezeigt wurden, die Anregungen zu neuen Gerätekombinationen gaben. Hervorstechendes Merkmal ist das Bemühen der Industrie, die Vollmech. der Grün-, Trokken- und Rauhfutterernte beschleunigt zu verwirklichen. Die Einzelheiten sind in einer Übersicht angegeben, die folgende Punkte vermerkt: Hersteller, Baumusterbezeichnung, Bauweise und Reihenfolge der verwendeten Förderelemente, Aufsammlerbreite, Förderkanalbreite, Ladehöhe, Leistung in t/h für Heu und Grüngut, Geräteanhängung und -führung, Masse, Listenpreis und Bemerkungen über ZK-Bedarf. W.Fleischmann. 5215a.

W i e c h n e r, Raimund. Einmann-Arbeit bei der Futterwerbung im Bergbauernbetrieb. - Dtsch. landtechn. Z. 13 (1962) Nr. 8. S. 417-420. 5215a.

A n o n y m. Maschineneinsatz bei der Futterbergung. - Techn. u. Landwirtsch. 14 (1962) Nr. 12. S. 289-290. 292. - 3 Abb., 1 Übersicht.

Bei der Futterbergung einschl. Strohbergung werden 4 Arbeitsverfahren bzw. -ketten unterschieden, die durch die jeweiligen Ladegeräte gekennzeichnet sind: 1) Frontlader (einschl. Heu- und Siloschwanz), 2) Fuderlader. 3) Feldhäcksler und 4) Sammelpresse. Allen 4 Arbeitsketten gemeinsam sind eine Reihe von als Heuwerbungsgeräte bezeichneten Geräten, wie z.B. Mähwerke, Rechen, Schwadwender und Knickzetter. Weiterhin haben die 4 Verfahren gemeinsam die Einlagerung der Futterpflanzen, ihre Konservierung und schließlich die Entnahme aus den Silos und Lagerräumen bis zur Verfütterung. W.Fleischmann. 5215b.

A n o n y m. "Gloster" forage harvester. (Schlegelernter "Gloster" - N.I.A.E. Test.) - Nat. Inst. agric. Engng., Rep. on Test Nr. 247/BS. (1959) S. 1-15. - 5 Abb., 4 Diagr., 6 Tab. 5215d.

S t o l z e n b u r g, W.-L. Ergebnisse der Vergleichsprüfung von Heuwerbungsmaschinen. - Dtsch. Akad. Landwirtsch.-Wiss. Berlin, Tagungsber. 1961 Nr. 40. S. 61-75. - 19 Abb., 4 Tab.

1960 wurde in der DDR eine Vergleichsprüfung von Heuwerbemaschinen mit dem Ziel durchgeführt, die für die Landwirtschaftsbetriebe der DDR zur Bodenheuwerbung bestgeeigneten Maschinen zu ermitteln. Es wurden sowohl Zetter als Einzweckmaschinen als auch Heuwender und Heuvielfachmaschinen mit unterschiedlichen Konstruktionsmerkmalen auf ihre Eignung geprüft. Der Einsatz der Geräte erfolgte in der Ebene und am Hang. Vf. beschreibt die Prüfmethodik und erläutert das Arbeitsprogramm der Vergleichsprüfung, das in 2 Gruppen (a) Zetter und (b) Heuwender durchgeführt warde. Alle Prüfgeräte sind in Abb. dargestellt. Es sind die Arbeitsergebnisse beim Zetten, beim Breitwenden und Einschwaden angegeben. Um den unterschiedlichen Trocknungserfolg der verschiedenen Maschinen besser zu veranschaulichen, wurde ein Trocknungskoeff. errechnet. Die auftretenden Verluste werden behandelt. Es wird vorgeschlagen, bei der Zetterentwicklung das Arbeitsprinzip des Rüttelzetters und bei der Entwicklung einer Heuvielfachmaschine das Arbeitsprinzip des Wurfrechwenders zu verwenden. G.Reumschüssel. 5215e.

A n o n y m. Heudreifachgerät. - Dtsch. landtechn. Z. 14 (1963) Nr. 2. S. 60. - 1 Abb. Aus: Dok.-Dienst ILT 1963 Nr. 2.

Hersteller: Fa. Park Engineering (Paddock Wood) Ltd., England. Das Gerät "Haycon" arbeitet nach neuartigem Prinzip. Schwadaufnahme und Wiederablage durch zwei 1,37 m lange verschiedenartige Walzen. Antrieb durch Traktorzapfwelle. Untere Walze rautenförmig gerillt, aus auswechselbaren Vulkanfiberscheiben bestehend; obere Walze käfigförmig aus Rundstahlstangen in V-Form. Stengel werden in Abständen von 5 cm gebrochen. 5215e.

A n o n y m. Ein neues Heuwerbungsgerät "Turboheuer". - Landmaschinen-Markt 41 (1962) Nr. 24. S. 1450. - 1 Abb. Aus: Dok.-Dienst ILT 1963 Nr. 1.

Der neue Turboheuer wird als Type "TH 6" mit 6 Kreiseln und als Type "TH 4" mit 4 Kreiseln gebaut. Je 2 Kreisel, von denen jeder mit vier langen federnden Doppelzinken bestückt ist, arbeiten zusammen. Einstellung des Abstandes der Zinken vom Boden am Traktorensitz durch Handkurbel. Antrieb des Turboheuers über Zapfwelle des Traktors. Es können die Arbeitsgänge Zetten, Wenden, Schwadenstreuen und Lüften ausgeführt werden. Die Maschine ist auch in hängigem Gelände einsetzbar. 5215e.

O z e r o v, A.M. (Oserow, A.M.) Vlijanie nekotorych parametrov podborščika i valka na process podbora sena. (Der Einfluß einiger Parameter von Pick-up-Vorrichtung und Schwad auf den Aufnahmevorgang.) - Traktory i sel'chozmašiny, Moskva 32 (1962) Nr. 11. S. 29-31. - 1 Abb., 4 Diagr. Aus: Dok.-Dienst ILT 1962 Nr. 12.

Mit Versuchstyp einer Pick-up-Vorrichtung mit Federzinken wurden Untersuchungen der Aufnahmequalität in Abhängigkeit von versch. Konstruktionsmerkmalen und von der Stärke des Schwads durchgeführt. Prüfungsverlauf und -ergebnisse. Erkenntnisse: Verbesserung der Qualität, wenn 1) die optimale Schwadstärke 2-4 kg/lfd.m und die Schwadhöhe 35-40 cm betragen, 2) Trommel-Dmr. kleiner als üblich ist (200 mm), 3) die Ausladung der Zinken von 130 auf 60 mm verringert wird, 4) der Mindestwinkel der Zinken 70 ° zur Trommelfläche mißt und 5) der Abstand der Zinken auf Trommelumfang von 103 auf 51,5 mm verringert wird. 5215f.

A n o n y m. Neue Claas-Hochdruckpresse. - Landmaschinen-Rdsch. 14 (1962) Nr. 12. S. 337. - 1 Abb. Aus: Dok.-Dienst ILT 1963 Nr. 1.

Neuentwickelte Hochdruck-Sammelpresse "Maximum" auf Schwingkolbenprinzip. Neu ist die Anordnung des Preßkanals in Maschinenmitte und die beidseitige Schneckenzuführung. Geradliniger Fluß des Preßgutes durch die Maschine, regelmäßig geformte Ballen sind das Ergebnis. Die Ballenfestigkeit wird stufenlos reguliert. Leistung der Presse bis zu 10 t/h bei Traktoren ab 30 PS. Maschine ist mit langer Laderutsche und einer Anhängevorrichtung für zu beladende Wagen ausgerüstet. 5215f.

A n o n y m. Beproeving Rivierre-Casalis opraappers type NRA 2-075. (Rivierre-Casalis Sammelpresse "NRA 2-075" - ILR-Prüfbericht Wageningen.) - Inst. Landbouwtechn. Rationalisatie Wageningen, Bull. Nr. 214 (1962) S. 1-6. - 1 Abb., 3 Tab.

Hersteller: Rivierre-Casalis, Orléans. - Beschreibung: Die "NRA 2-075" ist eine Kolbenpresse mit 3rädrigem Fahrgestell, der Antrieb erfolgt über die Schlepperzapfwelle. Die Dichte der Ballen kann reguliert werden, sie werden durch 2 Knüpfapparate mit Bindegarn gebunden. - Techn. Daten: Masse 1480 kg; Aufsammeltrommel: Arbeitsbreite 130 cm, Dmr. 36 cm, Drehzahl 52 U/min; Preßkanal 77,5 x 29 cm, Länge 120 cm, Länge der Ballen von 40-80 cm einstellbar; 70 Kolbenschläge/min. - Prüfungsergebnisse: Pressen von Heu: Die Nettoleistung beträgt ca. 8 t/h, unter günstigen Umständen 10 t/h und mehr. Die Ballenmasse liegt bei 20 kg, die Ballen werden auf dem Feld abgelegt oder auf einen hinten an die Presse gekoppelten Wagen geschoben. Beim Strohbergen wurden je Std. bei einer Arbeitsgeschwindigkeit von 4 km/h 418 Ballen bzw. fast 7900 kg Stroh gepreßt, die mittlere Ballenmasse lag bei 18,8 kg. Die Presse kann auch zum Laden von Gras (5 t/h) und Rübenblatt (12-15 t/h) eingesetzt werden. M.Lüpnitz. 5215f.

A n o n y m. Hydraulic bale density control from John Deere. (Hydraulische Ballendichtekontrolle von John Deere.) - Agric. Machinery J. 17 (1963) Nr.2. S. 30. - 1 Abb. Aus: Dok.-Dienst ILT 1963 Nr. 3.

Zusatzvorrichtung für Presse "John Deere 214" mit 3 Hauptbestandteilen: Hydraulikpumpe mit Antrieb durch obere Triebwelle der Presse, hydraul. Druckzylinder und Druckregelventil. Vorzüge: Während bei mech. Druckreglung mit Federn starke Dichteschwankungen auftreten, hält hydraul. Regelung nicht nur bei 1 Ballen, sondern bei allen aufeinander folgenden Ballen und sogar bei sehr unterschiedlichem Materialdurchsatz (ein- oder zweireihiges Schwad) stets gleichmäßige Preßdichte ein. 5215f.

F l e i ß n e r, Arnulf; Greifenburg, Kärnten. Selbstfahrender Frontschiebesammler für steiles Grünland. - Prakt. Landtechn. /Wien/ 15 (1962) Nr. 21. S. 388-390. 5215f.

H u l l, Dale O. Hay wafers a new hay-making system. (Heuwürfel - ein neues Heubereitungsverfahren.) - Iowa Farm Sci. 17 (1962) Nr. 2. S. 238-240. - 1 Abb., 1 Schema.

Heuwürfel sind kleine "Pakete" aus Heu, die mit derselben Maschinenausrüstung gefördert, gelagert und verfüttert werden können, wie sie auch für Mais und anderes Getreide verwendet wird; es kann also mit einem günstigen Kostenfaktor gerechnet werden. Dieses moderne Heubereitungsverfahren eröffnet Möglichkeiten zur mech. Behandlung des Heues vom Feld bis zum Futterbunker, während beim Ballenheu immer noch Handarbeit erforderlich ist. Die nicht mit den sog. Pellets zu verwechselnden Würfel sind größer als diese (2 x 2 in. = 50,8 x 50,8 mm) und werden auf Grund der natürlichen Bindungskräfte des Heues so zusammengehalten, daß sie die mech. Behandlung überstehen, obgleich sie wiederum so weich und locker sind, daß sie gerne und leicht vom Vieh gefressen werden. Das im Schwad liegende, durch Schlegelhäcksler geerntete und bereits vorgetrocknete Heu wird über Pick-up durch die schlepppergezogene "Würfelmaschine" aufgenommen, in dieser zu Würfeln geformt und in einen gekoppelten Anhänger mit Selbstentladung befördert.

W.Fleischmann. 5215h.

A n o n y m. Ladedemonstration am Strickhof. - Traktor u. Landmaschine /Brugg/ 24 (1962) Nr. 12. S. 633-640. 5215i.

S t e f f e n, Günther. Die Arbeitswirtschaft im getreidebaustarken Betrieb. - Techn. u. Landwirtsch. 14 (1962) Nr. 20. S. 484-485.

Bei der Auswahl der Technik sind auch ökonomische Gesichtspunkte zu beachten. Für die Körnermaisernte verdient der Mähdrescher mit Tank immer mehr den Vorzug, je nach den Verhältnissen als Selbstfahrer oder als gezogene Maschine. Von dem Stroh wird mit der Anbaupresse nur soviel geborgen, wie für Einstreu- und Futterzwecke notwendig ist. Die Hochdruckpresse hat Arbeitszeitvorteile bei großen Feldentfernungen und langen Transportwegen auf dem Hof. Den Feldhäcksler wird man dort bevorzugen, wo ein starker Futterbau mit Silowirtschaft anzutreffen ist und der Frontlader nicht ausreicht. In diesem Zusammenhang ist auch der Trocknung, Lagerung, Futteraufbereitung und stroharmen bzw. strohlosen Aufstallung verstärkte Aufmerksamkeit zu schenken.

A.Jeske. 5220a.

C o n t i u s, H. Das Seitenschneidwerk - ein wichtiges Hilfsmittel bei der Ernte flachlagernder Leguminosen. - Dtsch. Agrartechn. 13 (1963) Nr. 4. S. 155. - 1 Abb.

Das Seitenschneidwerk, welches in der CSSR seit längerem eingesetzt ist, hat sich bei der Ernte von stark verunkrauteten Leguminosen bewährt. Das Gerät wird rechtsseitig in Fahrtrichtung am Mähdrescher angebaut. Die Mähmesser stehen vertikal und bilden mit der Ebene einen Winkel von ca. 65 °. Antrieb: Keilriementrieb über Einzugstrommel. Beim Seitenschneidwerk sind im Gegensatz zum normalen Schneidwerk 2 Messerpaare in Bewegung. Drehzahl der Kurvenscheibe 132 U/min. Mit dem Seitenschneidwerk werden bei der genannten Drehzahl die seitlich anfallenden Stengel und die Blattmasse völlig beseitigt und höhere Arbeitsgeschwindigkeiten erreicht.

H.Nowatzky. 5220c.

T o l s t o v, V. (Tolstow, W.) Ispol'zovanie širokozachvatnych žatok ŽVN-10 v Celinnom krae. (Der Einsatz der Schwadmäher "ZVN-10" mit großer Arbeitsbreite im Neulandgebiet.) - Technika v sel'skom chozjajstve, Moskva 22 (1962) Nr. 12. S. 44-46. - Aus: Dok.-Dienst II/T 1963 Nr. 1.

Bericht über den Einsatz dieser vom Tulaer Mähdrescherwerk gefertigten Maschinen im Sommer 1962. Dabei festgestellte Mängel und Vorschläge für ihre Behebung.

5220c.

K o s w i g, M. Messung und Beurteilung der Körnerverluste beim Mähdrusch - Auswertung der Ergebnisse der internationalen Mähdreschervergleichsprüfungen. - Dtsch. Akad. Landwirtsch.-Wiss. Berlin, Tagungsber. 1961 Nr. 40. S. 119-132. - 14 Abb., 2 Tab., 10 Lit.

Vf. weist darauf hin, daß die Körnerverluste das hervortretendste Merkmal zur Beurteilung der Arbeitsgüte von Mähdreschern sind. Er stützt sich bei seinen Angaben auf die Ergebnisse, die bei 2 internationalen Mähdrescher-Vergleichsprüfungen gewonnen wurden: 1956 in der DDR, wo 4 und 1960 in der

CSSR, wo 8 selbstfahrende Mähdrescher aus der SU, aus den Volksrepubliken Polen und Ungarn, der CSSR und der DDR geprüft wurden. Körnerverluste entstehen am Schneid- und im Dreschwerk. Es wird die Prüfmethodik zur Bestimmung der Verluste angegeben. Die Schneidverluste steigen mit der Fahrgeschwindigkeit an. Die Dreschwerkverluste sind abhängig vom Durchsatz. Bestimmend sind hier die Schüttlerverluste. Vf. gibt eine Beurteilung der Meßwerte und zieht Folgerungen. Es wird eine vereinfachte Prüfmethode vorgeschlagen, ferner die Rationalisierung von Messungen und Ausarbeitung eines Schemas, das eine eindeutige Beurteilung der Körnerverluste gestattet, werden gefordert.

G.Reumschüssel. 5220e.

E l e m a, H.M. Enkele nieuwe typen maaidorsers. (Einige neue Mähdreschertypen.) - Landbouwmechanisatie 13 (1962) Nr. 12. S. 1071-1075. - 11 Abb., 1 Tab.

Beschreibung von 8 neuen Mähdreschertypen (die Angabe der techn. Daten erfolgt bei allen in gleicher Reihenfolge): 1) Selbstfahrer Bautz "T 604": Arbeitsbreite 270 cm; Trommel-Dmr. und Länge 60 x 98 cm; Trommeldrehzahl 500-1050 U/min; Motorleistung 52 PS; Inhalt des Körnertanks 18 hl; Masse 3300 kg. 2) Selbstfahrer Claas "Merkur", 260 cm, 45 x 106 cm; 650-1400 U/min; 52 PS; 17 hl; 3000 kg. 3) Selbstfahrer Claas "Matador Standard": 260/300 cm; 45 x 125 cm; 650-1400 U/min; 62 PS; 17 hl; 4650 kg. 4) Selbstfahrer Claeys "M 130 Armanda": 420 cm; 60 x 128 cm; 600-1100 U/min; 105 PS; 25 hl; 5500 kg. 5) "Epple-Mobil 211-H" mit 2 Dreschtrommeln: 210 cm, 50 x 80 cm; 720-1200 U/min; 41 PS; 10 hl; 3100 kg. 6) Selbstfahrer John Deere "95 Hi-Lo": 360 cm; 56 x 104; 196-1120 U/min. 7) J.F. Anbau-Mähdrescher: 152 cm; 45 x 68 cm; 900-1440 U/min; 1100 kg. 8) Nordsten Anhänge-Mähdrescher: 167 cm; 46 x 120 cm; 1040-1400 U/min; 13 hl; 1800 kg. M.Lüpnitz. 5220e.

P h i l l i p s o n, A. A comparative field test of four combine-harvesters. (Vergleichende Feldprüfungen von 4 Mähdreschern. - N. I. A. E. - Test.) - Nat. Inst. agric. Engng., Rep. on Test Nr. 324. (1962) S. 1-19. - 4 Abb., 8 Diagr., 14 Tab.

Geprüft wurden unter Praxisverhältnissen folgende auf dem brit. Markt befindliche Maschinen mit Korntank: (A) "Ransomes 902", (B) "Claas 106" (Claas Mercury), (C("Allis Chalmers Gleaner, Model EA" und (D) "McCormick International B-64". A-C sind Selbstfahrer, D ist eine Anhängemaschine. Die Schnittbreite beträgt bei A 12 ft. (3658 mm), bei B und C 10 ft. (3048 mm) und bei D 6 ft. (1829 mm), die PS-Werte sind bei A-C 62,5 50 und 76, D wird vom I.H.C.-Schlepper "B-275" gezogen. In der Reihenfolge A-D werden noch folgende techn. Daten angegeben: Trommellänge 39, 41, 30, 64 in. (9906, 10414, 7620, 16256 mm); Trommeldmr. 24, 17, 19, 15 in. (6096, 4572, 4826, 3810 mm); Strohschüttlerfläche 4424, 4523, 2838, 3446 sq. in. (28543,65, 29182, 39, 18310,78, 22263,39 cm²); Siebfläche 1289, 984, 1096, 1044 sq.i sq. in. (8316,62, 6348,77, 7071,39, 6735,89 cm²). Ermittelt werden neben Konstruktionsmängeln folgende Faktoren: Anteil von beschädigten Körnern und von Abfall bei den geernteten Körnern, Druschverluste, Arbeitsleistung und Kraftbedarf. Geerntet wurden überwiegend Getreidearten, aber auch Ackerbohnen und Rotklee, und zwar wurden die 4 Maschinen möglichst nebeneinander eingesetzt. - Die Einzelergebnisse müssen den Orig.-Tab. entnommen werden.

Eine abschließende Einschätzung besagt, daß sich alle 4 Maschinen gut bewährten. Allg. ähnelten sie sich, bes. A und B. Die Wartungsfreiheit befriedigte bei allen Maschinen noch nicht ganz, auch könnte der Fahrersitz geschützter gegen Staub und Lärm sein. W.Fleischmann. 5220e.

E l e m a, J.M. Enkele ervaringen in de oogst 1962. (Einige Erfahrungen der Ernte 1962.) - Loonbedrijf Land- en Tuinbouw 15 (1962) Nr. 12. S. 679 bis 681. 683. 685. - 12 Abb.
Bericht über den Einsatz von Mähdrescher und Sammelpressen in den Niederlanden. Beim Massey-Ferguson "500" wird neben der hohen Flächenleistung die leichte Bedienbarkeit durch den Mähdrescherfahrer hervorgehoben. Der J.F.-Anbau-Mähdrescher kann rechts an einem Radschlepper montiert werden. Die Haspel hat einen auffallend geringen Dmr. Die Leistung lag beim Einsatz höher als erwartet. - Die Verwendung von Sammelpressen für die Bergung von Heu und Stroh nimmt ständig zu. Die Anhänge-Presse "Excelsior" leistete gute Arbeit; es wird empfohlen, die Zahnräder staubdicht anzuschließen, um den Verschleiß herabzusetzen. Die Sammelpresse von Borga hat auch dicke Schwaden ohne Stockungen verarbeitet. Bei den S.A.I.M.M.-Pressen war die Zuführung nicht immer in Ordnung. Zusammenfassend wird darauf hingewiesen, daß das Pressen von nassem oder unreifem Stroh unbedingt zu vermeiden ist.
M.Lüpnitz. 5220e.

A n o n y m. This combin cut 5,700 acres. (Dieser Mähdrescher erntete 2280 ha.) - Farm Mechanizat. 14 (1962) Nr. 160. S. 430. - 1 Abb. Aus: Dok.-Dienst ILT 1963 Nr. 1.
Kurzer Bericht von Mähdrescher-Großeinsatz in Syrien, an dem engl. Maschinen vom Typ "Ransomes 902" beteiligt waren (Gesamtdauer 2 1/2 Mon.; Feuchtigkeitsgehalt des Getreides 11-12 %). Leistungswerte eines Absackmodells mit 4270 mm Schnittbreite: Einsatz insgesamt 78 Tage und Nächte, davon reine Erntezeit 64 Tage und Nächte; Flächenleistung 2280 ha; insgesamt zurückgelegte Strecke ca. 5430 km; Wartungszeit insgesamt 6 Tage, Reparaturzeit 3 Std. zum Auswechseln eines Lagers. 5220e.

A n o n y m. De Claeys armada maaidorser. (Claeys Mähdrescher "Armada".) Loonbedrijf Land- en Tuinbouw 15 (1962) Nr. 10. S. 585. - 1 Abb.
Der Mähdrescher "Armada" von Claeys kann mit 14 ft. (3,6 m), 16 ft. (4,2 m) und 18 ft. (5 m) breitem, abnehmbarem Mähwerk geliefert werden. Die Breite des Dreschwerkes beträgt 1,25 m. Die Maschine ist mit einem 5teiligen Schüttler mit 2 Kurbelwellen versehen. Die Masse des Mähdreschers beträgt ca. 5600 kg. Bei Prüfung der Nullserie wurden regelmäßig mehr als 10 t/h Getreide gedroschen. Der Mähdrescher ist mit Bedienungserleichterungen ausgerüstet: Servolenkung, um ein leichtes Wenden zu ermöglichen; Schnellverstellung des Dreschkorbes, der Trommel- und der Haspeldrehzahl. Bei einer Vergleichsprüfung der Mähdrescher "Armada" (3,6 m) und "M 103" (10 ft. = 3,05 m) in den Niederlanden wurden unter ungünstigen Verhältnissen (sehr feuchtes Korn und Stroh) gute Ergebnisse erzielt. Beide Mähdrescher arbeiteten mit gleicher Geschwindigkeit. M.Lüpnitz. 5220e.

A n o n y m. And here is a tractor-mounted "stripper". (Ährenköpfdrescher für den Traktoraufbau.) - Farm Mechanizat. 14 (1962) Nr. 160. S. 430. - 1 Abb. Aus: Dok.-Dienst ILT 1963 Nr. 1.

Kurze Information über Neuentwicklung der austral. Fa. Connor-Shea Pty. Drei Anschlußpunkte für Aufbau auf entspr. veränderten Traktor "Fordson Super Major" (Hinterräder des Traktors werden an die Maschine angebaut, wobei der Antrieb von der Traktor-Hinterachse durch Kettentrieb über einfaches Untersetzungsgetriebe erfolgt; da Aggregat bei der Arbeit rückwärts fährt, Einrichtung eines neuen Führerstandes auf dem Heck des Ährenkopfdreschers). Techn. Daten: Schnittbreite 4570 mm; Fassungsvermögen des Kornbunkers 5,456 m^3; Arbeitsgeschwindigkeit bei Prüfungen in Weizen, Hafer und Reis 11,3 km/h; Höheneinstellung der Haspel zwischen 10 und 76 cm (zusätzlich evtl. auch 1,50 m). 5220e.

A n o n y m. Eine neue Ära des Mähdrusches: Das Kontinuum-Verfahren. - Schmiede-Werkstatt 16 (1962) Nr. 8. S. 238-239. - 2 Abb.

Der Grundgedanke des Kontinuum-Druschverfahrens ist, die Halme mit den reifen Ähren zu einem breiten Band flachliegend zusammenzufassen und es kontinuierlich durch die Maschine zu führen, wo die Körner aus den Ähren möglichst vollkommen zu lösen, zu sichten und zu sieben sind, um in 2 Sorten, frei von Unkrautsamen, abgesackt zu werden. Bei der Entwicklung kam es darauf an, den Arbeitsfluß gleichmäßig, ohne Stauungen und Verzerrungen bis zum Stroh- und Körnerauslauf in der Maschine zu gewährleisten. Bes. wichtig für die störungsfreie Arbeit ist die richtig eingehaltene Haspelgeschwindigkeit. Zwischen den Messern und der Einzugsschnecke muß, unabhängig von der jeweiligen Halmlänge, der günstigste Abstand bestehen. Die so konstruierte Einzugsschnecke führt das Getreideband in der für den Ausdrusch zweckmäßigsten Breite und Dicke zusammen. Gesteuerte Greiferfinger an einer pendelnden Förderkette bringen es zur Trommel, deren Dmr. mit rund 600 mm größer ist als sonst üblich. Zwischen der Schlagleistentrommel und dem sie umgebenden Dreschkorb legen die Ähren einen zickzackförmigen Weg zurück, wobei die Zahl der weichen Anschläge so groß ist, daß ein intensiver, aber auch schonender Ausdrusch erzielt wird; der Bruchkornanteil ist sehr gering. Um jede Wirbelbildung auszuschalten, wurden vor die beiden Windeintrittsöffnungen des Gebläses Ansaugdüsen gesetzt, die den Luftstrom aerodynamisch richtig und wirbelfrei einführen. W.Fleischmann. 5220e.

S c h m i d t, F. Der Schwaddrusch. - Dtsch. landtechn. Z. 13 (1962) Nr. 7. S. 395-396. - 4 Abb. 5220e.

S t u r i s, A.I. Avtomatičeskoe regulirovanie rabočego processa kombajna SK-3. (Automatische Regulierung des Arbeitsprozesses bei der Kombine "SK-3".) - Izvestija Timirjazevskoj sel'skochozjajstvennoj akademii, Moskva 1962 Nr. 3. S. 118-124. - 6 Abb., 1 Tab. Zus. in Engl.

Eine Kombine wurde mit einem System für automatische Regulierung ausgerüstet und bei der Ernte von Winterroggen, Weizen und Wicken-Grasgemisch erprobt. Oszillographen waren mit der Welle der Dreschtrommel und der Zuführschnecke für das Erntegut gekoppelt. Das System der automatischen Regulierung garantiert eine Zuführung von 2,9 kg/s. Erntegut. Wird diese Zahl überschritten, so wird die Geschwindigkeit der Kombine vermindert. H.Beyer. 5220e.

N e u m e y e r, F. Strohbergung bei der Getreideernte. - Dtsch. landtechn. Z. 13 (1962) Nr. 7. S. 397-399. - 6 Abb. 52201.

F o s s e n, Larry van und S t o n e b e r g, E.G. What costs for harvesting, drying and storing corn? (Welche Kosten erfordern die Ernte, Trocknung und Lagerung von Mais?) - Iowa Farm Sci. 17 (1962) Nr. 2. S. 235-237. - 3 Abb., 3 Diagr., 2 Tab.

Die Kosten für die Maisbearbeitung schwanken je nach den eingesetzten Maschinen, bearbeiteten acres und anderen Faktoren. Frühere Ernte bedingt zwar geringere Feldverluste, doch können dadurch wegen der erforderlichen künstlichen Trocknung zusätzliche Kosten entstehen. Vff. werfen einige Fragen auf, die bei der Wahl eines best. Systems für die Maisernte und -lagerung wesentlich sind: Wieviel bu. Mais sollen im Jahr bearbeitet werden? Welche Feldverluste sind zu erwarten? Welches ist der ursprüngliche Aufwand/bu. für das Einlagerungsschema und was ist der jährliche Preis/Bu. für die Lagerung nach diesem Schema? In welchem Zustand befinden sich die Maschinen, Geräte und Lagerungsmöglichkeiten? Soll der Mais verkauft oder im Betrieb verfüttert werden? Welches System wird die höchsten Gewinne auf lange Sicht bringen? W.Fleischmann. 5220n.

H e c h e l m a n n, H.G. und S c h m i t z, J. Vom Feld bis zum Verbrauch. - Kartoffelbau 13 (1962) Nr. 11. S. 249-252.

Vff. berichten über die Bundesvorführung von Kartoffelsammelrodern und Aufbereitungsmaschinen auf dem Esso-Hof in Dethlingen im Sept. 1962. Größtenteils kamen Maschinen zum Einsatz, die vorher schon die DLG-Vergleichsprüfung passiert hatten. Mit der Aufbereitung des Erntegutes ist das Arbeitsverfahren "Kartoffeln vom Feld bis zur Tüte" abgeschlossen. Oberstes Gebot ist überall, die Knollen schonend zu behandeln, sie sauber zu halten und sie vor Beschädigungen zu schützen. Es wurden prakt. Lösungen vorgeführt, die bei lückenlos mech., techn., arbeitswirtsch. und betriebswirtsch. richtig aufeinander abgestimmter Arbeitskette die Ernte- und Aufbereitungsarbeit erleichtern, verbessern und zu der gewünschten guten Kartoffelqualität führen. Die Sammelroder unterscheiden sich in ihren Bauelementen beträchtlich, z.B. sind sie spez. für gut siebbare, für schwer siebbare oder zur Verarbeitung sehr steiniger Böden oder zum Abführen von großen Krautmengen eingerichtet. Bei den Abladebändern wurde der Bandgeschwindigkeit mit stufenloser Regulierung bes. Beachtung geschenkt, da dadurch die zu verarbeitende Kartoffelmenge genau bestimmt werden kann. Ein wichtiges Glied in der Aufbereitungskette wurde mit dem Erdabscheider gezeigt. Die vorgeführten Sortiermaschinen waren durchweg Flachsiebsortierer und ließen von der Konstruktion her die Bemühungen erkennen, die Bedienung und die Arbeit an der Maschine zu verbessern und zu erleichtern. Hauptsächlich trifft das auf die Beweglichkeit der Maschine und die Ausbildung des Zubringerbandes sowie der Ausläufe zu. Für das Absacken der sortierten und verlesenen Kartoffeln zeigten einige Firmen halbautomatische Absackbänder, 2 Firmen zeigten auch Abtütwaagen. W.Fleischmann. 5230a.

K r a š e n i n n i k o v, S.N. (Krascheninnikow, S.N.); Pljustschewo, Gebiet Moskau, Unions-Forsch.-Inst. für Mechanisier. der Landwirtsch. Otdelenie klubnej kartofelja ot komkov počvy i kamnej ėlektronnymi ustrojstvami. (Trennung der Kartoffel von Erdkluten und Steinen mit elektronischen Vorrichtungen.) - Traktory i sel'chozmašiny, Moskva 32 (1962) Nr. 11. S. 25 bis 26. - 1 Abb., 1 Schema, 5 Lit. Aus: Dok.-Dienst ILT 1962 Nr. 12.

Kurzer Überblick über Probleme der Sichtung bei Anwendung elektronischer Vorrichtungen. Versuche zur Ermittlung der Reflexionsfähigkeit von Knollen, Kluten und Steinen. Untersuchung einer Vorrichtung, die Erntegut je nach Reflexionskoeff. sichtet. Konstruktionsmerkmal: Geringer Abstand zwischen Strahlungsquelle und Oberfläche mit Strahlungsaufnehmer. Leistungsmerkmal: Fehlerlose Trennung von Knollen und Kluten bei Reflexionsverhältnis Knollen : Kluten =>1,5. Impulsfrequenz nach Stroboskop 180 Impulse/min. Leistungsaufnahme 150 W. Schematische Darst. der Vorrichtung. 5230a.

B a t r a k o v, K. und K r j u k o v, E. (Batrakow, K. und Krjukow, Je.) Kartofelekopatel' ubiraet botvu. (Kartoffelroder als Krautmäher.) - Kartofel' i ovošči, Moskva 7 (1962) Nr. 8. S. 19-20. - 1 Abb.

Am Kartoffelroder "KTN-2" wurden die Rodeschare durch das von der Schlepperzapfwelle angetriebene Messerwerk der Mähmaschine "K-2,1" ersetzt. Vff. beschreiben die durchzuführenden Änderungen. Das abgemähte Kraut wird über die 2 Rostförderbänder des Roders in einen an den Roder angehängten Hänger befördert. Leistung 0,8-0,9 ha/h. Das Kraut wird als Zusatzfutter für die Viehfütterung verwendet. W.Balkin. 5230c.

K u s o v, T.T., A g g e r t, B.A. und D u d k o, V.I. (Kussow, T.T., Aggert, B.A. und Dudko, W.I.); Moskau, Unions-Forsch.-Inst. für Landmaschinenbau. Rezul'taty ispytanij kartofelelekopatelej. (Ergebnisse von Kartoffelroderprüfungen.) - Traktory i sel'chozmašiny, Moskva 32 (1962) Nr. 12. S. 26-27. - 1 Abb., 2 Tab. Aus: Dok.-Dienst ILT 1963 Nr. 1.

Vergleichsprüfungen mit Siebkettenrodern der Typen "KTN-2M", "KTN-2A", "KTN-2B" und Schwingsiebrodern des Typs "KVN-2" in versch. Anbaugebieten der UdSSR. Günstigste Ergebnisse auf lockerem, lehmhaltigem Sandboden bei einer Erntemenge von 94 und 101,7 dt/ha: Schwingsiebroder Fahrgeschwindigkeit 1,02 m/s; Rodetiefe 17 cm; Gesamtverluste 5,93 % (Zudeckverluste 4,56 % und Rodeverluste 1,37 %); Knollenbeschädigung 8,35 %; Siebkettenroder "KTN-2B": Fahrgeschwindigkeit 1,41 m/s; Rodetiefe 18,3 cm; Gesamtverluste 8,05 % (Zudeckverluste 6,42 %, Rodeverluste 1,63 %); Knollenbeschädigung 8,2 %. Verschleiß der Arbeitsteile am Siebkettenroder nach 45 ha, Schwingsiebroder war nach 51 ha noch einsatzfähig. 5230d.

Ė p r o, V.R. und N e j l a n d, G.K. (Epro, W.R. und Neiland, G.K.) Ob opyte ėkspluatacii vibracionnogo kartofelekopatelja KVN-2. (Betriebserfahrungen mit dem Schwingsiebroder Typ "KVN-2".) - Traktory i sel'chozmašiny, Moskva 33 (1963) Nr. 1. S. 40. - 1 Abb., 1 Tab. Aus: Dok.-Dienst ILT 1963 Nr. 3.

Prüfung des Typs "KVN-2" auf verhältnismäßig schweren Böden mit 10-18 % Feuchtigkeitsgehalt in den Horizonten von 0-20 cm. - Techn. Daten: Arbeitsgeschwindigkeit 1,37 - 4,82 km/h; 2reihige Maschine; 70 cm Reihenbreite; Masse 600 kg; Transportfreiheit 400 mm. Arbeitsmerkmale: Auf Lehmboden Rodeverluste 1,5 %; Zudeckverluste 6 %; nicht von Kraut befreite Kartoffeln 7 %; zerschnittene Kartoffeln 3,5 %. - Erkenntnisse: 1) Um 50 % geringerer Zugwiderstand als beim Siebkettenroder; 2) um 50 % geringerer Arbeitskräftebedarf als beim Schleuderradroder; 3) Leistung 3,8 ha/10 Std. - Bearbeitete Fläche 27 ha, dabei keine Brüche und Formveränderungen bei den einzelnen Bauelementen. 5230d.

K o c h, M. (7. Internationale Vorführung von Kartoffelerntemaschinen in England.) - Dtsch. landtechn. Z. 13 (1962) Nr. 12. S. 642. 644. 646. - 10 Abb. Aus: Dok.-Dienst ILT 1963 Nr. 1.
Bildbericht über Großvorführung in Berwickshire am 3. und 4. 10. 62. Gezeigt wurden 11 Vollerntemaschinen im Einsatz (darunter die "E 675" aus der DDR). Der Vorführung vorausgehende Prüfungen zeigten im Durchschnitt folgende Ergebnisse: Anzahl der Bedienungspersonen 4-5, Rodeleistung 0,068 - 0,136 ha/h; AK-Bedarf je t Erntegut 1,06 - 1,9 AK/h/t; Beschädigungsanteil 33 - 74 %. 5230f.

K o c h, Manfried. Kartoffelerntemaschinen in England. - Landtechnik 17 (1962) Nr. 24. S. 836. 838. 840. - 7 Abb. Aus: Dok.-Dienst ILT 1963 Nr. 1.
Großvorführung von Kartoffelerntemaschinen in Berwickshire und Beurteilung von 11 Vollerntemaschinen. Der Vorführung sind Prüfungen der Maschinen vorausgegangen. Kurzer Überblick: Anzahl der Bedienungspersonen einschl. Traktorist für den einreihigen Rodebetrieb: im Durchschnitt 4-5 AK. Rodeleistungen: 0,17-0,34 acres/h (1 acre = 0,4 ha); AKh je t Erntegut: 1,06 - 1,9 . Beschädigungen: zwischen 33 und 73 Massen-%. Der hohe Anteil der Beschädigungen wird im hohen Steinanteil vermutet. 5230f.

A n o n y m. Harvesting potatoes and boulders. (Ernte von Kartoffeln auf steinigen Feldern.) - Farm Implement Machinery Rev. 88 (1962) Nr. 1051. S. 1517-1518. 1521-1522. - 11 Abb., 1 Tab. Aus: Dok.-Dienst ILT 1962 Nr. 11.
Bericht von der Maschinenvorführung in West-Foulden (Engl.), die unter sehr harten Bedingungen stattfand (viel Feldsteine; sehr lockerer, krümeliger Boden, daher starke Beschädigung der Knollen). Kurze Charakteristik der Konstruktion und der Arbeitsweise einzelner Maschinen; Vollerntemaschine Mark "IX" der Fa. W.T. Teagle (Machinery): Siebkette mit durch Pedal betätigter Rüttelvorrichtung zur Beseitigung von Verstopfungen; Krautschläger "Scimitar" von Teagle: Anbau von Stahlschlegeln, Gummischlegeln oder Stahlmessern möglich; 2reihige Maschine "Twin Major" von Johnson's (Engineering); hydraul. gesteuerter Endförderer mit Spezialrollen zur Entfernung von Krautteilen; DDR-Vollerntemaschine "E 675": mit hydraul. gesteuerten Rodescheiben und Gummikette; deutsche Erntemaschine "Stoneless": Siebkette mit Haltbarkeit von über 80 ha. Tab. Darstellung der Leistungsmerkmale. 5230f.

K o w a l c z y k, O.; Weimar, KDT. Der Kartoffelsammelroder "E 675/1" und die Möglichkeiten zur Erweiterung der Einsatzgrenzen. - Dtsch. Agrartechn. 13 (1963) Nr. 4. S. 149-150. - 1 Abb.
Die techn. Verbesserungen des Kartoffelsammelroders "E 675/1" lassen eine Erweiterung der Einsatzgrenzen zu, wenn von der Pflanzbettvorbereitung bis zur Ernte alle agrotechnischen Bedingungen erfüllt werden. Bei den techn. Verbesserungen werden die Scharformen, die Siebelemente, die Krauttrennung und die Trennung der Kartoffeln von den Beimengungen eingehend beschrieben.

H.Nowatzki. 5230f.

S t r o o k e r, E. De zestiende Engelse bietenoogstdemonstratie. (16. englische Vorführung von Rübenerntemaschinen.) - Landbouwmechanisatie 13 (1962) Nr. 12. S. 1079-1084. - 13 Abb.

Bericht über die Vorführung von Erntemaschinen und Transportfahrzeugen. In England nimmt der Einsatz von Vollerntemaschinen mit Rübenbunker stark zu. So zeigten u.a. die Firmen Catchpole, Peter Standen, Dyson Maschinen mit selbstentladendem Rübenbunker, wodurch bei der Ernte ein Schlepper und ein Schlepperfahrer eingespart werden. Die Rodeverluste der 20 eingesetzten Erntemaschinen lagen im Mittel bei 2500 kg/ha; die höchsten Verluste traten in den maschinell vereinzelten Beständen auf. Die B·attbergung mit Schlegelernter wurde durch die Kombination Schlegelernter von Taarup und 2reihiger Sammelroder von Holbaek demonstriert. Um hohe Rübenverluste durch zu tiefes Köpfen zu vermeiden und die unsaubere Köpfarbeit des Schlegelernters zu korrigieren, wurden sog. "trimmers" entwickelt, einfache Vorrichtungen, die hinten am Schlegelernter angebracht waren. Die durch die "trimmers" entfernten Rübenköpfe bleiben auf dem Felde liegen. - Einachsige Transportwagen wurden zusätzlich mit 2 Schwenkrädern ausgerüstet, wodurch das Abstellen auf dem Vorgewende vereinfacht wird, die gute Wendefähigkeit aber gewahrt bleibt. M.Lüpnitz. 5235a.

G r a a g e, W. Der Arbeitsaufwand beim Rübenroden. - Techn. u. Landwirtsch. 14 (1962) Nr. 17. S. 402-404. - 5 Abb.

Die Durchführung einzelner Arbeitsgänge brachte im Durchschnitt der Jahre 1954-61 folg. Ergebnisse: Köpfschlitten, 2reihig; 10 Std. Gesamtarbeitszeit, 2,7 ha Arbeitsleistung; Köpfschippe: 1 AK in 10 Std. o,24 ha; Rübenblätter per Hand in Haufen legen: 10 Std., 1 AK, 0,48 ha; Rübenreinigung mit Unkrautstriegel 3 m: 1 AK + 3 Pferde, 3 bis 4 x striegeln, 10 Std., 2,9 ha; Rüben zusammenwerfen: 1 AK, 10 Std., 0,23 ha; Rübenroder: 1 AK + 2 Pferde mit Rodepflug, 10 Std., 1,16 ha; Rübenroder, Vollerntemaschine: 10 Std., 0,8 ha. Die Industrie hat in den vergangenen Jahren die von ihr herausgebrachten Roder so geschaffen, daß in vielen Fällen der Vollernter einzusetzen ist. Wenn aber die Witterung den Einsatz unmöglich macht - in Gegenden mit schwierigen Einsatzbedingungen gibt es fast in jedem Jahr derartige Tage oder auch Wochen - dann müssen die altbekannten Verfahren zum Zuge kommen. W.Fleischmann. 5235a.

K o č e n e n k o, D.V. und V o r o n o v, Ju.I. (Kotschenenko, D.W. und Woronow, Ju.I.) Rotacionnyj separator dlja korneklubneuboročnych mašin. (Umlaufende Trennvorrichtung für Hackfruchterntemaschinen.) - Traktory i sel'chozmašiny, Moskva 32 (1962) Nr. 12. S. 31-32. - 1 Abb., 1 Tab., 1 Zeichn. Aus: Dok.-Dienst ILT 1963 Nr. 1.

Trennvorrichtung mit folg. Aufbau: An schrägem Rahmen sind in Lagern Wellen angeordnet, an denen sternförmige Gummischeiben mit jeweils 6 gebogenen Zähnen starr befestigt sind. Wellen sind so zueinander versetzt, daß Zahnscheiben der einen Welle in Zwischenräume der anderen eingreifen. Verwendungszweck: Zerquetschen und Absieben der Kluten in Zahnzwischenräumen. Leistungsmerkmale im Vergleich zu Stabelevator (geringfügige Beschädigung der Hackfrüchte); Funktionsweise. Techn. Daten: Neigungswinkel der ganzen Vorrichtung 13-14 °; Wellenabstand 136 mm; lineare Geschwindigkeit 0,95 m/s; Drehzahl 85-95 U/min; Scheibendurchmesser 200 mm; Länge der Vorrichtung 1620 mm; Breite 610 mm. 5235a.

verschmutzung sollte der strömungstechn. Gestaltung des Schlegelhäckslers mehr Beachtung geschenkt werden. Bodenabdeckungen und Schaffung von zusätzlichen Luftschleusen sowie strömungs- und schneidgünstigere Gestaltung der Werkzeuge könnten eine Senkung der Blattverschmutzung unter die z.Z. üblichen Werte ermöglichen. Eine schneidgünstigere Gestaltung der Schlegelwerkzeuge könnte u.U. das Zerfasern der Schnittfläche verhindern. Zu beachten ist auch im Hinblick auf die Strömungstechnik die Wahl entspr. günstigerer Umfangsgeschwindigkeiten. Eine weitere Anregung für die Konstruktion ist eine einwandfrei funktionierende Bodenführung unterhalb der Schlegelwelle, was eine gleichbleibende Schnitthöhe zur Folge hätte.

W.Fleischmann. 5235e.

T a t ' j a n k o, N.V. (Tatjanko, N.W.); Ukrain. Zweigstelle des Moskauer Unions-Forsch.-Inst. für Landmaschinen. Rasčet rabočich organov dlja obrezki botvy sacharnoj svekly. (Berechnung der Rübenköpfwerkzeuge.) - Traktory i sel'chozmašiny, Moskva 32 (1962) Nr. 11. S. 18-21. - 5 Schemata. Aus: Dok-Dienst II/T 1962 Nr. 12.

Vf. untersucht die Faktoren, die die Köpfgenauigkeit beeinflussen (Hubgeschwindigkeit, Umfangsgeschwindigkeit des Tastrades, Angriffswinkel von Tastrad) sowie der Kräfte, die bei dem Vorgang auftreten (statische und Trägheitskräfte). Darstellung am speziellen Fall einer Köpfvorrichtung mit angetriebenen Tasträdern, wobei Köpfvorgang in 4 Phasen untergliedert wird: Berühren der Rübe durch Tasträder, Anheben der Köpfvorrichtung, Köpfen, Senken der Vorrichtung bis zum tiefsten Punkt. Ergebnisse: Erhöhung der Arbeitsgeschwindigkeit durch Verwendung einer Andruckfeder möglich, wobei zulässiger Druck auf Rübe nicht überschritten werden darf. Tasträder mit größerem Dmr. sind zu bevorzugen (Erhöhung der Arbeitsgeschwindigkeit), soweit es Konstruktion gestattet. Günstigste Einsatzbedingungen bei Quadratnestkulturen (Mindestabstand 300 mm). 5235e.

A n o n y m. "Nice and Easy" at Ramsey. (Rübenernte unter optimalen Bedingungen.) - Farm Implement Machinery Rev. 88 (1962) Nr. 1051. S. 1528-1530. - 6 Abb., 1 Tab. Aus: Dok.-Dienst II/T 1962 Nr. 11.

Die Erntebedingungen waren so günstig, daß ein Leistungsvergleich der traditionellen Rodeschare und der Rodescheiben nicht möglich war. Tendenzen bei dn Erntemaschinen: Bevorzugung des Rübensammelbunkers und zunehmende Verbreitung der getrennten Ernte (als Beispiel System der dänischen Fa. Amby A/S unter Verwendung eines Feldhäckslers mit Rübenköpfer). Tendenzen bei den Zusatzausrüstungen für die Rübenernte: 1) laufende Räumung des abgesiebten Erdreiches bei den Reinigungsladern; 2) viele umgebaute Anhänger mit Selbstentladevorrichtung; 3) Anhänger mit größerer Nutzlast. Vf. gibt eine Beschreibung der vorgeführten Maschinen, die im übrigen keine konstruktiven Neuerungen erkennen ließen, und eine tab. Zusammenfassung der Arbeitsergebnisse. 5235f.

Č e r n j a k o v, V.I. (Tschernjakow. W.I.); Dnepropetrowsk, Landmaschinenbau-Betr. Novye sveklouboročnye kombajny. (Neue Zuckerrübenkombines.) - Sacharnaja svekla, Moskva 7 (1962) Nr. 9. S. 42-44. - 4 Abb., 1 Tab.

Die Kombine "KS-3" ist der "SKEM-ZG" in allen ökon. Daten bedeutend überlegen. Die Verschmutzung der Rüben mit Blatt beträgt 1,2 %, mit Erde 2,5 %;

H o o g e n d o o r n, N.; Wageningen, Inst. voor Landbouwtechn. en Rationalisatie. Nieuwe werkmethoden voor het rooien van voederbieten. (Neue Arbeitsmethoden für das Ernten von Futterrüben.)- Landbouwmechanisatie 13 (1962) Nr. 12. S. 1052-1056. - 10 Abb., 1 Tab.

Ermittlung des Arbeitsaufwandes für das Ernten von 1 ha Futterrüben bei verschiedenen Arbeitsmethoden: 1) Bei reiner Handarbeit (Köpfen und Roden in einem Arbeitsgang) beträgt der Arbeitsaufwand einschl. Rüben- und Blattabfuhr 115 AKh. 2) Das Köpfen mit Köpfschippe erfordert 40 AKh/ha, das anschließende Roden mit einem dän. Rodeschlitten 3-4 AKh/ha. 3) Beim Einsatz eines Schlegelernters mit 1,20 m Arbeitsbreite können 2 Rübenreihen geköpft werden, benötigt werden hierfür ca. 3 AKh/ha. Das Roden der Rüben erfolgt in einem 2. Arbeitsgang. Auf schwerem Sandboden konnte mit Erfolg bei der Sorte Eureka ein Schlegelernter mit gekoppeltem 2reihigem Rodeschlitten eingesetzt werden. 4) Gute Erfolge wurden auch mit dem Köpfen durch Schlegelernter und nachfolgendem Roden mit Frontlader erzielt. Mit dem Frontlader konnten 8 a/h gerodet und geladen werden. M.Lüpnitz. 5235a.

A n o n y m. Mechanisation takes over with the turnip harvest. (Die Mechanisierung der Speiserübenernte beginnt.) - Agric. Machinery J. 16 (1962) Nr. 12. S. 73. - 4 Abb. Aus: Dok.-Dienst ILT 1963 Nr. 1.

Bei einer Vorführung gezeigte Maschinen werden kurz beschrieben. Geräte zum Köpfen und Abschneiden der Wurzeln: Modell "Bamlett-Thomson" mit Steuerung des Messers durch Gleitkufen. - Einfache Roder: Geräte von Boswell, New Linton, Bisset u.a. mit Ablage der Rüben im Schwad. - Roder mit Ladeband: Typ "Boswell", Rüben werden zwischen 2 parallel laufenden Siebketten erfaßt und dem Ladeband zugeführt. Vollerntemaschine: Modell "Reekie" mit 2-stufiger Köpfvorrichtung (Grob- und Feinköpfung), 2 umlaufenden gefederten Messerscheiben zum Abschneiden der Wurzeln, Rübenfördersystem und Vorrichtung zum Schutz gegen eindringende Steine. - Maschine für getrennte Ernte von Wallace. 5235a.

G l e m m e s t a d, Even. Undersøkelser over utforming og bruk av kalrotskyfler. (Untersuchungen über Form und Gebrauch von Kopfschippe.) - Landbrukstekn. Inst., Vollebekk, Forsøksmeld. 1962 Nr. 7. S. 1-22. 5235c.

T i s c h l e r, H. Zuckerrübenblatternte mit dem Schlegelhäcksler. - Dtsch. Agrartechn. 12 (1962) Nr. 9. S. 428-430. - 1 Abb., 10 Lit.

Während der Kampagne 1960 und 1961 wurden von der Univ. Halle im Rahmen der Untersuchungen zur Zuckerrübenernte mit Mehrmaschinensystemen versuchsweise Schlegelhäcksler des VEB Fortschritt Erntebergungsmaschinen Neustadt/Sachsen und der Landmaschinenfabrik Posen eingesetzt, um die Möglichkeiten einer Beschleunigung der Rübenernte selbst sowie eine wesentliche Einsparung von AK und Transportmitteln bei der Blattbergung zu untersuchen. Es zeigte sich, daß dieses Verfahren weder aus fütterungstechn., noch aus irgendwelchen anderen Gründen grundsätzlich abzulehnen ist, sondern daß es vielmehr Vorteile bringen kann. Es sollte jedoch eine Konstruktion angestrebt werden, die das Erntegut auf seitlich neben dem Schlegelhäcksler fahrende Räumfahrzeuge fördert. Bei einer solchen Lösung kann die Arbeit des Schlegelhäckslers wie die der nachfolgenden Rübenroder nicht mehr negativ durch das Räumfahrzeug beeinflußt werden, auch entfällt das Umhängen. Bes. im Hinblick auf die Blatt-

96,7 % der Rüben sind sofort verarbeitungsfähig; der Arbeitsaufwand beträgt je ha 10,5 AK/h und die direkten Kosten 33,0 Rbl. Die analogen Daten für die "SKEM-ZG" lauten: 7,9 %, 6,0 %, 80,7 %, 147,5 AK/h und 74,63 Rbl. Ferner werden die Kombinetypen "SKTP-3", "SKN-2M", "KSO-2" und "SKP-3" kurz beschrieben. 5235f.

A n o n y m. Beproeving Stoll bietenrooier type ZS. (Stoll Rübenroder "ZS" - ILR-Prüfbericht Wageningen.) - Inst. Landbouwtechn. Rationalisatie Wageningen, Bull. Nr.215. (1962) S. 1-7. - 1 Abb., 3 Tab.
Hersteller: W. Stoll GmbH., Broistedt. - Beschreibung: Der 2reihige Rübenroder "ZS" köpft und rodet die Rüben, legt das Blatt in Längsschwaden ab und fördert die Rüben auf nebenherfahrenden Wagen. Die Reinigung erfolgt durch 2 schrägstehende Siebräder. Der Roder wird über die Schlepperzapfwelle angetrieben. - Techn. Daten: Masse 1890 kg; 2 Köpfvorrichtungen; Siebräder: Dmr. 112 bzw. 120 cm, Umlaufgeschwindigkeit 211 bzw. 173 m/min. - Prüfungsergebnisse: Der Rübenroder ist für den Einsatz auf leichten und schweren Böden geeignet. Die Arbeitsgeschwindigkeit kann 3,5-4 km/h betragen, so daß eine Flächenleistung von 3 ha/Tag möglich ist. In der Praxis beträgt die Leistung 1,5 - 2,5 ha/Tag. Bei trockenem Wetter werden die Rüben ausreichend gereinigt, auf nassem, schwerem Boden liegt der Schmutzanteil ziemlich hoch. Das Köpfen der Rüben erfolgt sehr regelmäßig. Es wird ein Schlepper mit mindestens 30 PS benötigt. M.Lüpnitz. 5235f.

K r e t z s c h m a r, H. Der Wagenköpfroder "E 710/4" und die Zusatzeinrichtung "E 723" zum Längsschwadköpfroder "E 710". - Dtsch. Agrartechn. 12 (1962) Nr. 9. S. 430-432. - 2 Abb., 1 Schema, 2 Lit.
Mit der Erweiterung der vorhandenen Längsschwadköpfroder zu Wagenköpfrodern durch Nachrüstung mit der Zusatzeinrichtung "E 723" erreicht die Rübenernte eine höhere Mech.-Stufe. Es wurde damit eine Übergangslösung zum künftigen Mehrmaschinensystem (Zweiphasenernte) geschaffen, bei dem nicht nur die Rüben, sondern auch das Blatt auf nebenherfahrende Wagen gefördert werden. Die mit einem Mehrmaschinensystem angestrebte Erweiterung der vollmech. Rübenernte auf die gesamte Zuckerrübenanbaufläche der DDR erfordert seinen Einsatz bes. in Gebieten, in denen der Längsschwadköpfroder nicht oder nur mit geringem Erfolg arbeiten kann. In den Hauptanbaugebieten wird daher auf längere Zeit hinaus (entspr. der Lebensdauer der Längsschwadköpfroder) der größte Teil der in der Rübenernte eingesetzten Maschinen aus Längsschwadköpfrodern bestehen, die zu Wagenköpfrodern nachgerüstet wurden. In einer abschließenden Übersicht werden die wichtigsten techn. Daten des Wagenköpfroders "E 710/4" angegeben, die sich gegenüber dem Längsschwadköpfroder veränderten. Erforderlicher Schlepper: 45-50 PS; Länge (Transport): 9,30 m; Höhe: 3,00 m; Breite (Transport): 3,50 m; Masse: 3800 kg; Bereifung (Nachläufer): 4,50-10 AM; Rübenreinigung: Putzeinrichtung, Siebkette, Förderkette, Walzenpaare; Ablage der Rüben: Wagen nebenherfahrend; Ablage des Blattes: Längsschwaden zu je 6 Reihen. W.Fleischmann. 5235f.

W a y m a n, J.A. und M a r c h a n t, W.T.B. A root-cleaning bucket for tractor front loaders. (Eine rübenreinigende Gabel für Schlepper-Frontlader.) - J. agric. Engng. Res. 7 (1962) Nr. 2. S. 173-178. - 3 Abb., 3 Tab., 9 Lit.

In einer Reihe experimenteller Arbeiten des brit. N.I.A.E. ist das Problem der mechanischen Reinigung von Zuckerrüben sowohl im Verlaufe des Erntevorganges als auch während der nachfolgenden Zwischenlagerungs- oder Ladevorgänge untersucht worden. Es konnte nachgewiesen werden, daß eine Minderung der Feuchte des den Rüben anhaftenden Bodens die Reinigung erleichtert und eine Zwischenlagerung in bedeckten Mieten die notwendige Trocknung erzielt. Unter gewissen Voraussetzungen führt die anschließende mechanische Behandlung der Rüben beim Laden zu ausreichender Reinigung. Handladen aus der Miete mindert den Schmutzbesatz um max. 55 % in Abhängigkeit vom Boden der Miete. Frontladereinsatz in einer Miete auf festem Untergrund erreicht nur 5-15 % Reinigung, kann auf losem Boden dagegen zu einer Erhöhung des Schmutzbesatzes um 30 % führen. Spezielle Studien der Frontlader-Arbeit ließen die Bedeutung des Zurückrollens der Rüben während des Hubes an die Gabelrückwand erkennen. Der dabei beobachtete Reinigungseffekt konnte durch die Entwicklung einer speziellen Rübengabel mit mechanisch gesteuertem Bewegungsverlauf erheblich verbessert werden. In Abänderung der Rübengabel eines Standard-Frontladers wurde ein erstes Versuchsgerät als "Rückroll-Gabel" ausgeführt. Durch ein zusätzliches Gelenksystem wird die Gabel von etwa 12 bis 18 in. Hubhöhe an während der weiteren Hubbewegung in ihrem Zapfenlager um 90 ° gedreht. Bei Erreichen dieses max. "Rückroll-Winkels" rastet ein Gelenkglied aus dem Mitnehmer an der Gabel aus. Die vom Gelenksystem getrennte Gabel dreht sich in stabile Gleichgewichtslage zurück und wird von einer Klinke gefangen. Dann erst wird sie max. angehoben und in Abwurfposition gebracht. Ein zweites Versuchsgerät wurde mit größerer Abwurfhöhe und Ladeleistung konstruiert. Die Ladeversuche erbrachten 57 % Minderung des Erdbesatzes. K.Fritzsch. 5235h.

K o n i n g, K. de. De nieuwe Borga bonenplukmachine. (Neue Borga-Bohnenpflückmaschine.) - Loonbedrijf Land- en Tuinbouw 15 (1962) Nr. 11. S. 631. 5240.

A n o n y m. Nieuwe bonenplukmachine. (Neue Bohnenpflückmaschine.) - Landbouwmechanisatie 13 (1962) Nr. 11. S. 984-986. - 4 Abb.

Die einachsige Bohnenpflückmaschine "Borga" von N.V. Ter Borg en Mensinga, Appingedam, ist für Zapfwellenantrieb vorgesehen. Die Masse der Maschine beträgt 1500 kg, die Arbeitsgeschwindigkeit 5 km/h. Es können etwa 1 ha/Tag geerntet werden. Bohnen und Blatt werden durch eine rotierende Haspel von der stehenden Pflanze abgeschlagen und über ein Transportband der Reinigungsvorrichtung zugeführt. Die Maschine ist mit einer Absackvorrichtung ausgerüstet. - Durch Mather en Platt, England, wurde eine Bohnenpflückmaschine entwickelt, die auf einem Schlepper aufgebaut wird. Verwendet wurde ein Fordson-Major mit beschwerter Vorderachse. Alle Arbeitselemente der Maschine werden hydraulisch angetrieben, die Drehzahlen sind stufenlos verstellbar und können somit gut dem Bestand angepaßt werden. Die Pflückhaspel ist vorn am Schlepper angebaut und durch 2 Schwenkräder unterstützt. Das Erntegut wird von der Pflückhaspel nach hinten schräg aufwärts der Reinigungsanlage zugeführt. Hinten am Schlepper befindet sich die Absackplattform und das Ölreservoir. M.Lüpnitz. 5240.

J e n i č e k, Vlad. und M l c e k, Ed.; Šumperk, OZS. Trifazova sklizeň červeného jetele na semeno. (Dreiphasenernte der Rotkleesamenkulturen.) - Za vysokou Úrodu 10 (1962) Nr. 24. S. 708. - 1 Abb., 1 Tab. 5240.

Sklízecí řezačka E 065/2. (Feldhäcksler "E 065/2".) Praha: Statní zeměd. naklad. 1962. (38 S.) 8°. (1962 A 1531)

Literatur über Front- und Heckgabeln für Heu- und Futterbergung am Hang. Hrsg. Instn.: Dok-Stelle im Inst. für Landmaschinen- u. Traktorenbau, Leipzig. (Titelanzahl: 14)

Literatur über die Hanfernte. Hrsg. Instn. Dok-Stelle im Inst. für Landmaschinen- u. Traktorenbau, Leipzig. (Lit.-Nr.: 14/62. Titelanzahl: 12 m. Annotationen. Ber.-Zeit: 1936-1961.)

Sklízeč brambor E 675. (Kartoffelerntemaschine "E 675".) Praha: Státní zeměd. naklad. 1962. (74 S.) 8°.. (1962 A 1532)

D. ERNTEAUFBEREITUNG UND -LAGERUNG

F o l t i n e k; Wien. Landwirtschaftliche Trocknung in Österreich. - Dtsch. Agrartechn. 12 (1962) Nr. 10. S. 460-462. - 2 Abb. 5305.

J o r d a n, D. Trocknung und Belüftung von Erntegut mit Ventilatoren. - Dtsch. landtechn. Z. 14 (1963) Nr. 2. S. 40-42. - 8 Abb. Aus: Dok.-Dienst II/T 1963 Nr. 2.

Heutrocknung: Im wesentlichen sind 3 Systeme üblich: 1) System "Aulendorf" (Heu liegt auf einem Lattenrost, auf dem durch Stöpsel Luftkamine im Heustock gebildet werden). 2) System "Braunschweig" (Lattenrost ohne Luftkamine, aber mit luftdichten Umfassungswänden). 3) System "Rabenhausen" (Heu wird um einen Lattenschacht gestapelt, in den das Gebläse Luft einbläst) - Getreidetrocknung: Heizaggregate in Verbindung mit Gebläsen sind bei hoher Luftfeuchtigkeit erforderlich. Normale Schütthöhe 1 - 1,4 m, benötigte stündl. Luftmenge 300-400 m^3 je m^3 Getreide. - Kartoffelbelüftung: Ziel: Abführung der in den Knollen gespeicherten Wärme und Haltung einer konst. Temp. von 3-7 °C. Durch Einbau von Frostschutzhermostaten automatische Sicherung möglich. 5305.

A n o n y m. Sammlung trocknungstechnischer Begriffe. - Wärme-, Lüft.- u. Gesundheitstechn. 15 (1963) Nr. 1. S. 16. 5305.

S c h e r u g a, Franz und W a x e n e g g e r, Ignaz; Wieselburg, Österreich. Feuchtigkeitsbestimmung bei Heu und Getreide. - Landtechnik 17 (1962) Nr. 18. S. 654-657. 5310a.

K ü m m e r e r , Ernst; Dunzendorf, Kreis Mergentheim. Sieben Jahre Erfahrungen mit der Heubelüftung! - Mitt. dtsch. Landwirtsch.-Ges. 78 (1963) Nr. 5. S. 119-120. 5310c.

S ü ß, A. und W e n n e r, H.L. Untersuchungen über die Luftverteilung bei Heubelüftungsanlagen mit Hilfe eines radioaktiven Gases. - Kerntechnik 4 (1962) Nr. 3. S. 100-103.

Bei 3 Heubelüftungssystemen (Heuturm, Ballentrocknung-Braunschweig, Aulendorf) wurde die Luftführung mit "markiertem Argon-41" untersucht. Die Messungen wurden an verschiedenen Stellen im Heustock durch Einlegen von Zählrohren durchgeführt, nachdem das markierte Gas zur Belüftungsluft hinzugegeben war. Als Ergebnis wurden Abweichungen in der Luftführung bei den 3 Belüftungssystemen festgestellt, die mit der Lagerungsdichte, dem Wassergehalt des Trocknungsgutes und der Art der Luftdurchführung zusammenhängen. Mit Hilfe dieser Methode ist es möglich, Belüftungssysteme untereinander exakt zu vergleichen. W.Gerlach. 5310c.

S e g l e r, G. und S c h e u e r m a n n, A. Weniger Lärm bei Heubelüftungsanlagen. - Landmaschinen-Fachbetr. 14 (1962) Nr. 23. S. 666-667. 5310c.

S e g l e r, G. und S c h e u e r m a n n, A. Heubelüftung ohne Lärm. - Württemberg. Wbl. Landwirtsch. 129 (1962) Nr. 44. S. 2691-2692. 5310c.

S e g l e r, G. Lärmverminderung bei Heubelüftungsanlagen. - Feld u. Wald 81 (1962) Nr. 44. S. 29-30. 5310c.

S e g l e r, G. Lärmschluck für Heulüfter. - Landwirtsch. Wbl. Kurhessen-Waldeck 172 (1962) Nr. 49. S. 2988. 5310c.

S e g l e r, G. Bei Heubelüftungsanlagen Anti-Schall. - Hannoversche land- und forstwirtsch. Ztg. 115 (1962) Nr. 45. S. 24-81. 5310c.

S e g l e r, G. Schalldämpfer für Heubelüftungsanlagen. - Schwäbischer Bauer 14 (1962) Nr. 45. S. 24-25. 5310c.

K a l b e n, W. von; Hohenwestedt, Holstein. Beurteilung der künstlichen Grünfuttertrocknung in finanzieller Hinsicht. - Wirtschaftseigene Futter 8 (1962) Nr. 1. S. 37-47. - 9 Tab., 5 Lit.

Die bisherigen Erfahrungen und die Bedarfslage machen einen Ausbau des Verfahrens erwünscht. Die techn. Trocknung hat starke Impulse zur Intensivierung der Grünlandwirtschaft gegeben. Andererseits haben sich die wirtschaftlichen Voraussetzungen des Verfahrens verschlechtert. Das preisgünstige ausländische Angebot macht Preiserhöhungen unmöglich. Die oft geringe Kapazität der Anlagen von Trocknungsgenossenschaften verursacht hohe Produktionskosten. Trotzdem haben bisher die Voraussetzungen für die Wirtschaftlichkeit des Gesamtverfahrens auch bei der meist schlechten Kapitalausstattung der Unternehmen bestanden. Die Möglichkeiten der Getreidetrocknung in Katastrophenjahren und der Kartoffeltrocknung können der Kostensenkung dienen. Zur Rationalisierung sind Kapazitätserweiterung und strukturelle Änderungen für kleine Trockenwerke lebenswichtig. Dazu sind staatliche Hilfsmaßnahmen in Form von Investitionszuschüssen, Zinsverbilligungen, Stützungsmaßnahmen für den Trockengrünpreis u.a. unerläßlich.

F.Weißbach. 5310d.

A n o n y m. Silo-Wasserpresse "Frika"-DLG-Prüfbericht. - DLG-Maschinenprüfber. Nr.812. Gr. 8 2/k. (1962) S. 1-4. Hersteller: Technische Artikel für die Silowirtschaft, Weinigen/Schweiz. 5310f.

A n o n y m. Fläkthack Solo nr 1. (Gebläsehäcksler "Solo Nr. 1".) - Statens Maskinprovningar, Medd. Nr.1620. (1962) S. 1-3. Hersteller: Tholins Mekaniska Verkstad, Nossebro. 5310g.

A n o n y m. Elektromagnetischer Vibrationsreiniger für Mähdrusch- und Saatgutgetreide. - Landmaschinen-Markt 41 (1962) Nr. 21. S. 1266. - Aus: Dok.-Dienst ILT 1962 Nr. 11.

Die Getreidereinigungsmaschine ist ausgerüstet mit einem elektromagnetischen

Vibrator der bei 3000 Schwingungen/min eine hohe Siebleistung garantiert. Stufenlose Regelung der Siebgeschwindigkeit, hohe Luftleistung, einwandfreie Wind- und Siebsortierung, zusätzliche Sortierung nach dem Prinzip der rollenden Reibungl Einsatz der Maschine infolge der hohen Leistung als Vorreiniger sowie bei entspr. niederer Leistung als Saatgutreiniger. 5315c.

T r e t j a k o v, V. (Tretjakow, W.); Woronesh, Landwirtsch.-Inst. Rezul'taty ispytanij triera TU-400. (Ergebnisse von Prüfungen des Trieurs „TU-400".) - Technika v sel'skom chozjajstve, Moskva 22 (1962) Nr. 12. S. 54. - Aus: Dok.-Dienst ILT 1963 Nr. 1.

Ziel der Prüfung: Klärung der Leistungsfähigkeit des Trieurs und Ermittlung konstruktiver Fehler. Erkenntnisse: Durchlaßfähigkeit des Flughaferzylinders bis zu 1,2 t/h; Sauberkeit des Endproduktes 99,5 % bei Körnerverlusten von 0,61 %. Optimale Leistung des Grassamehzylinders 0,85 t/h; Sauberkeit 99,1 % bei 2,4 % Verlusten. Forderungen: Mulde mit 30 cm^2 Querschnitt; 11/2-fache Vergrößerung des Fassungsvermögens des Bunkers; Veränderungen an Riemenscheibe; Regulierung des Luftstromes. 5315c.

A g e n a, Meint Uden. Was darf ich für eine hofeigene Getreidetrocknungsanlage investieren? - Techn. u. Landwirtsch. 14 (1962) Nr. 20. S. 478-480. 482. - 4 Abb., 3 Tab. 5315f.

A n o n y m. Drying system costed. (Kostenbilanz eines Trocknersystems.) - Farm Mechanizat. 14 (1962) Nr. 160. S. 423. - 2 Abb. Aus: Dok.-Dienst ILT 1963 Nr. 1.

Kurze Zusammenfassung der Ergebnisse, die auf einer Farm mit Trocknersystem "Crittall-Olding" (für Getreide und Grassamen) erzielt wurden. Techn. Daten: Gesamt-Lagerkapazität 273 t; durchschnittl. Stundenleistung 1,1 t bei 9 % Feuchtigkeitsentzug (von 23 auf 14 %); Antrieb des Lüfters durch 10-PS-Motor, geförderte Luftmenge 170-227 m^3/min; Keimfähigkeit von Weizen 92 %, von Gerste 90 %; Trockenleistung 46 t Gerste in 20 Std. bei 5 % Feuchtigkeitsentzug und max. Trockentemp. von 43 °C. 5315f.

B a i l e y, P.H. The measurement of crop drier performance. (Leistungsmessung von Getreidetrocknern.) - J. Proc. Instn. Brit. agric. Engr. 15 (1959) Nr. 3. S. 58-70. - 9 Diagr., 1 Schemaskizze, 9 Tab., 25 Lit. 5315f.

H a l l, Glenn E. und H a l l, Carl W. (Drying shelled corn by conduction heating.)(Kontakttrocknung von geschältem Mais.) - Agric. Engng. 42 (1961) Nr. 4. S. 186-187. 196. - 2 Diagr., 1 Schema, 1 Tab., 5 Lit.

Geschälter Hybridmais mit 56 % Feuchtigkeit wurde in dünner Schicht auf einer dünnen Stahlplatte ausgebreitet, die über einer elektr. Heizplatte aufgehängt war. Die Temp.-Regelung der Stahlplatte erfolgte durch verschiedenen Abstand zur Heizplatte. Es wurde mit Plattentemp. von 229, 189, 144 und 104 °F (159,5; 137,5; 112,5 und 90 °C) und Luftströmen quer zur Platte von 25, 50 und 100 fpm (7,62; 15,25; 30,5 m/min) und natürlichem Luftstrom gearbeitet. Dabei ergab sich folgendes: 1) Je höher die Plattentemp., umso schneller verläuft die Trocknung; 2) der natürliche Luftstrom reichte bei der Trocknung einer Schicht aus, um die Feuchtigkeit im Tempo ihrer Verdampfung "abzusaugen"; 3) der Trocknungsgrad des ganzen Kornes blieb unbeeinflußt davon, welche Seite des Kornes (die weiße oder die gelbe) der Platte auflag; 4) die Herabtrocknung von 56 auf 8 % Feuchtigkeit verlief in 4 Phasen; 5) die Kornspitze enthielt zu Beginn der Trocknung die meiste Feuchtigkeit, die wenigste aber nach der Trocknung auf 22 % Feuchtigkeit; die Spitze war der Teil des Kornes, aus dem der Hauptanteil der Feuchtigkeit entwich. Die Herabsetzung der Temp. von 229 °F (159,5 °C) auf 40 °F (54,5 °C) bewirkte eine annähernde Verdopplung der für die Trocknung von 56 auf 15 % Feuchtigkeit erforderlichen Zeit. W.Fleischmann. 5315f.

B a s t e l a e r e , G.R. van; Wageningen, Inst. voor Bewaring en Verwerking van Landbouwprodukten. Elektrische vochtmeters voor granen. (Elektrische Feuchtigkeitsmesser für Getreide.) - Landbouwmechanisatie 13 (1962) Nr. 11. S. 975-980. - 4 Tab.

Von der Physikalisch-Technischen Bundesanstalt in Braunschweig wurde ein sdg. "Normalverfahren" für die Feuchtigkeitsbestimmung bei Getreide auf der Grundlage der Vacuummethode von Guilbot entwickelt. In Westdeutschland wird von handelsüblichen Geräten verlangt, daß sie bei 18 % Feuchte nicht mehr als 0,5 % und bei 18-21 % Feuchte höchstens 0,8 % von den Ergebnissen des "Normalverfahrens" abweichen. In den Niederlanden wird von elektrischen Feuchtigkeitsmessern gefordert, daß die Resultate nicht mehr als 0,5 % vom Tr.-Subst.-Gehalt abweichen. Vergleichsversuche mit 4 elektrischen Feuchtigkeitsmessern erfüllten diese Forderungen nicht. Die genauesten Ergebnisse wurden mit einem Meßgerät erzielt, das mit gemahlenem Getreide arbeitet. Widerstands-Meßgeräte erbrachten keine genaueren Resultate als andere Geräte. Der Anwendungsbereich für elektrische Feuchtigkeitsmesser sollte daher auf orientierende Messungen in Lagerungs- und Trocknungsanlagen beschränkt bleiben. M.Lüpnitz. 5315f.

A n o n y m. Vollelektrisches Gebläseheizaggregat FIMA-Föhn "E 15/1,0" für 15 cbm Getreide in 1,0 m Schütthöhe - DLG-Prüfbericht. - DLG-Maschinenprüfber. Nr.813. Gr. 8 g/149. (1962) S. 1-9. Hersteller: Fischachtaler Maschinenbau GmbH. Oberfischach, Krs. Schwäbisch Hall. 5315f.

A n o n y m. Vollelektrisches Gebläseheizaggregat FIMA-Föhn "E 20/1,0" für 20 cbm Getreide in 1,0 m Schütthöhe - DLG-Prüfbericht. - DLG-Maschinenprüfber. Nr.814. Gr. 8 g/150. (1962) S. 1-9. Hersteller: Fischachtaler Maschinenbau GmbH. Oberfischach, Krs. Schwäbisch Hall. 5315f.

A n o n y m. Vollelektrisches Gebläseheizaggregat FIMA-Föhn "E 30/1,0" für 30 cbm Getreide in 1,0 m Schütthöhe - DLG-Prüfbericht. - DLG-Maschinenprüfber. Nr.815. Gr. 8 g/151. (1962) S. 1-9. Hersteller: Fischachtaler Maschinenbau GmbH. Oberfischach, Krs. Schwäbisch Hall. 5315f.

A n o n y m. Vollelektrisches Gebläseheizaggregat "HZ 412" für 20 cbm Getreide in 1,0 m Schütthöhe. - DLG-Prüfbericht. - DLG-Maschinenprüfber. Nr.816. Gr. 8 g/152. (1962) S. 1-9. Hersteller: Gerätebau Schwarting KG, Eriskirch/Bodensee. 5315f.

A n o n y m. Vollelektrisches Gebläseheizaggregat "HZ 512" für 30 cbm Getreide in 1,4 m Schütthöhe. - DLG-Prüfbericht. - DLG-Maschinenprüfber. Nr.817. Gr. 8 g/153. (1962) S. 1-9. Hersteller: Gerätebau Schwarting KG, Eriskirch/Bodensee. 5315f.

A n o n y m. Vollelektrisches Gebläseheizaggregat "HZ 518" für 40 cbm Getreide in 1,0 m Schütthöhe. - DLG-Prüfbericht. - DLG-Maschinenprüfber. Nr.818. Gr. 8 g/154. (1962) S. 1-9. Hersteller: Gerätebau Schwarting KG, Eriskirch/Bodensee. 5315f.

A n o n y m. Vollelektrisches Gebläseheizaggregat "SSW Klor 452-MS 12" für 30 cbm Getreide in 1,0 m Schütthöhe - DLG-Prüfbericht. - DLG-Maschinenprüfber. Nr.819. Gr. 8 g/155. (1962) S. 1-9. Hersteller: Axialgebläse "KlOR

452/29 d": Siemens-Schuckert-Werke AG, Erlangen. Elektrisches Luftanwärmgerät "MS 12": Martin Sommer, Schenefeld über Itzehoe. 5315f.

A n o n y m. Vollelektrisches Gebläseheizaggregat WESTFALIA "T 450 G/9" für 20 cbm Getreide in 1,4 m Schütthöhe. - DLG-Prüfbericht. - DLG-Maschinenprüfber. Nr.820. Gr. 8 g/156. (1962) S. 1-9. Hersteller: H.&W. Fritzen, Maschinenfabrik, Coesfeld i.W. 5315f.

A n o n y m. Vollelektrisches Gebläseheizaggregat "SSW KLOR 402-LKE 45/9" für 20 cbm Getreide in 1,0 m Schütthöhe. - DLG-Prüfbericht. - DLG-Maschinenprüfber. Nr.821. Gr. 8 g/157. (1962) S. 1-9. Hersteller: Siemens-Schuckertwerke AG, Erlangen. 5315f.

A n o n y m. Vollelektrisches Gebläseheizaggregat "SSW KLOR 452-LKE 45/9" für 30 cbm Getreide in 1,0 m Schütthöhe. - DLG-Prüfbericht. - DLG-Maschinenprüfber. Nr.822. Gr. 8 g/158. (1962) S. 1-9. Hersteller: Siemens-Schuckertwerke AG, Erlangen. 5315f.

A n o n y m. Vollelektrisches Gebläseheizaggregat "SSW KLOR 452-LKE 45/12" für 30 cbm Getreide in 1,0 m Schütthöhe. - DLG-Prüfbericht. - DLG-Maschinenprüfber. Nr.823. Gr. 8 g/159. (1962) S. 1-9. Hersteller: Siemens-Schuckertwerke AG, Erlangen. 5315f.

A n o n y m. Gebläseheizaggregat "SD 40/1,4" mit Warmwasserkessel für 40 cbm Getreide in 1,4 m Schütthöhe. - DLG-Prüfbericht. - DLG-Maschinenprüfber. Nr.824. Gr. 8 g/160. (1962) S. 1-9. Hersteller: Axialgebläse KLOR 502: Siemens-Schuckertwerke AG, Erlangen. 5315f.

G r i f f i t h s, H.J. Portable equipment for sampling and temperature measurement of bulk grain. (Eine transportable Ausrüstung zur Probenentnahme und Temperaturmessung in Getreidelagern.) - FAO agric. Engng. Branch, Land Water Development Div., Inform. working Bull. Nr. 21. S. 1-15.
Ausgehend von der Tatsache, daß der Feuchtigkeitsgehalt und die Temp. die beiden wichtigsten Faktoren bei der Lagerung von Getreide sind, wurde ein tragbares Gerät entwickelt, mit dem beide Vorgänge, die Entnahme von Getreideproben und die gleichzeitige Messung der Temp. vorgenommen werden können. Neben den Zusatzeinrichtungen wie Halterung, Kupplungs- und Verlängerungsstücken, besteht das Gerät aus 3 Grundbestandteilen, dem Kabel, das an seinem Ende als Thermoelement ausgebildet ist, und das zur Temperaturmessung dient, dem die Temp. direkt anzeigenden Potentiometer und dem Probenentnahmekörper. Die Arbeitsweise der Grundbestandteile sowie der Zusatzeinrichtungen wird beschrieben. Die Gesamteinrichtung ist einfach und robust aufgebaut, leicht zu bedienen und zur Verwendung bei der Getreidelagerung vorgesehen. W.Bohrisch. 5315g.

A n o n y m. Taul-Körnergebläse "TK 75" KM - DLG-Prüfbericht. - DLG-Maschinenprüfber. Nr.810. Gr. 10 c/5. (1962) S. 1-6. Hersteller: Brødrene Taul A/S, Vejle/Dänemark. 5315h.

Z e h e n t e r, Ludwig. Kartoffeln lagern und belüften. - Techn. u. Landwirtsch. 14 (1962) Nr.21. S. 504-506. 5320h.

VI. TIERISCHE PRODUKTION

A. ALLGEMEINES

Holzschuh, W.; Bernburg, Hochschule für Landwirtsch., Inst für Tierzucht und Tierernähr. Gedanken zur industriemäßigen Gestaltung der Produktion in der Viehwirtschaft. - Tierzucht 17 (1963) Nr.1. S.8-10. 6005.

Literatur über Kennzahlen zum Welthöchststand in der Landwirtschaft und einige Spitzenleistungen in der tierischen Produktion. Hrsg.-Instn.: Hochschule f. LPG. Abt. Dok. Meißen. (Lit.-Nr.: 226. Titelanzahl: 53. m. Annotationen. Ber.-Zeit: 1960-1962).

B. TIERHALTUNG

Krause, O.; Tützpatz-Anklam, Inst. für Agrarökon. der Dtsch. Akad. der Landwirtsch.-Wiss. zu Berlin. Hat der Anbindestall als Kaltstall eine Perspektive? - Tierzucht 16 (1962) Nr.11. S.489-490. - 1 Abb.

Sowohl bei der Kalt- als auch bei der Warmstallhaltung des Milchviehes können hohe Milchleistungen erreicht werden, wobei in kompletten Kaltstallanlagen gegenüber dem Warmstall die Arbeitsproduktivität erhöht, die Arbeit erleichtert und die Investitionskosten je Kuhplatz gesenkt werden können. Weshalb sich der als Offen- oder Laufstall ausgeführte Kaltstall bisher nur wenig durchsetzte, hat im wesentlichen folgende Ursachen: Die ersten Typenbauten waren infolge der Vernachlässigung der Nebeneinrichtungen nicht funktionsfähig, wiesen arbeitswirtschaftliche und technologische Mängel auf, die meist durch die zu kleinen Anlagen begünstigt wurden. Erst bei einer Kapazität von 180 - 240 Kühen werden die Vorteile der Laufstallhaltung offensichtlich. Unzureichend wurde das Personal auf die Laufstallhaltung vorbereitet und vielfach eine umfassende Ausbildung der Viehpfleger, bes. am Fischgrätenmelkstand, versäumt. Erschwerend kommen hinzu der hohe Einstreubedarf, das Enthornen der Rinder und die Probleme des Einfangens und Identifizierens der Tiere. Der aus diesen Gründen vielfach erfolgte Umbau der vorhandenen Offen- und Laufstallanlagen in geschlossene und offene Anbindeställe mit teilweiser Stillegung der Fischgrätenmelkstände ist unzweckmäßig und unvertretbar. Kaltställe sind als Laufställe zu nutzen. Um funktionsfähige Anlagen zu erhalten, wird auf bewährte Ausbauvarianten und Lösungsmöglichkeiten zur Komplettierung von Laufställen hingewiesen, bei denen das Kaltstallprinzip gewahrt bleibt. J.Strecke. 6110a.

Gerritsen, J.G.C.; Wageningen, Holland. Arbeitszeitaufwand und -bedarf im Anbindestall. - Bauen auf d. Lande 13 (1962) Nr.11. S.279-281. - 4 Tab.

Das Füttern, Ausmisten, Einstreuen, Melken und die Pflegearbeiten im Anbindestall betragen etwa 60 % des Gesamtarbeitsaufwandes. Zur Senkung des Arbeitsaufwandes werden am Typ eines holländischen Anbindestalles Rationalisierungsmaßnahmen aufgezeigt. Ein lohnender Einsatz der Melkmaschine wird bereits bei Kuhzahlen über 7 Kühen erreicht. Während je AK beim Handmelken nur 7 Kühe/Std. gemolken werden, kann beim Maschinenmelken die Zahl auf

36 Kühe/Akh gesteigert werden. Eine Rationalisierung der Entmistungsarbeiten ist mit Hilfe von Seilzuganlagen, der Schwemmentmistung, von Kettenförderern oder Schubstangenanlagen möglich. Für die beiden letzten Verfahren werden ein Arbeitsbedarf von 0,05 - 0,1 AKmin/GV/Tag, für die Schwemmentmistung von 0,3 AKmin/GV/Tag angegeben. Für die Fütterungsverfahren wird die Entwicklung arbeitssparender Fütterungsmethoden angeregt. Doch läßt sich die Fütterung bereits durch Einsatz geeigneter Transportmittel rationeller gestalten. Alle übrigen Stallarbeiten können durch zweckmäßige Wahl der Arbeitsgeräte und Transportmittel sowie durch entspr. Gebäudegestaltung rationalisiert werden. Letzlich übt die Bestandesgröße einen Einfluß auf den Arbeitsbedarf aus, wobei sich kleinere Bestände ungünstiger als größere erweisen. J.Strecke. 6110a.

L e l u c, Michel; Paris. Die Rationalisierung der Arbeit im Offenlaufstall bei kleineren und mittleren Beständen. - Bauen auf d. Lande 13 (1962) Nr. 11. S.286-290. - 3 Abb., 5 Tab.

In Frankreich werden in etwa 3000 - 5000 Offenlaufställen rund 60 000 bis 80 000 Kühe gehalten, die ca. 1 % des Gesamtbestandes ausmachen. Trotz zahlreicher guter Beispiele können vielfach bauliche Mängel und Fehler der Arbeitsorganisation bei diesen Anlagen festgestellt werden. Ausgehend von dem Aufbau und der Arbeitsorganisation der Offenlaufstallanlage eines Betriebes mit einem Gesamtbestand von 43 Rindern, davon 22 Kühen, werden nach eingehender Analyse der Rinderhaltung 3 detaillierte Verbesserungsvorschläge zur stufenweisen Rationalisierung der Gesamtorganisation dieses Betriebszweiges aufgezeigt. Gegenüber der ursprünglichen Betriebsweise ließ sich durch die Verbesserungsvorschläge der Arbeitszeitaufwand, bei gleichzeitiger Leistungssteigerung des Melkers auf das 2 - 3fache, von 146 Std./Kuh/Jahr um 91 Std./Kuh/Jahr auf 55 Std./Kuh/Jahr senken. Bei Färsen und Jungrindern sowie bei Kälbern sank der Arbeitsaufwand von jährlich 25 Std./Färsen auf 4 Std. bzw. von 27 Std./Kälbern auf 9 Std. Die Kosten für die erforderlichen Umbauten werden durch die Rationalisierung ausgeglichen und sind nach 2 - 5 Jahren amortisiert. Es wird betont, daß bei der Vorplanung landwirtsch. Betriebsgebäude die Zusammenarbeit entspr. Fachkräfte erforderlich ist, um zu optimalen Betriebsbedingungen zu kommen.

J.Strecke. 6110a.

K i r t o n, R.H.W. Aids to wintering of dairy cattle on heavy wet soils. (Hilfsmittel zur Winteraufstallung von Milchvieh auf schwerem, feuchtem Boden.) - New Zealand J. Agric. 105 (1962) Nr.5. S.441. 443. 445. 447. - 4 Abb.

Zur bestmöglichen Arbeitseinteilung und ökonomischen Haltung von Milchvieh in Gegenden mit schwerem, feuchtem Boden über die Wintermonate werden Fragen der Organisation der Fütterung, Futterbevorratung, Selbstfütterung, Anlage von bodenbefestigten und überdachten Futterständen, Gruppenhaltung unter Anwendung der in USA üblichen Offenstallanlagen besprochen. Die Arbei ist die Wiedergabe eines Vortrages auf einer Farmer-Tagung in Ruakura.

H.Senger. 6110a.

H a a s e, Hans. Der Spaltenboden im Jungviehstall. - Landmaschinen-Markt 41 (1962) Nr.22. S.1299-1300. - 4 Abb.
Es wird über die Einrichtung eines Spaltenbodens am Freßplatz eines Offenstalles für Jungvieh im Esso-Hof Dethlingen (in Zusammenarbeit mit dem Inst. für Landwirtsch. Bauforschung Braunschweig-Völkenrode) berichtet. Der Liegeplatz ist mit dem etwa 80 - 100 cm höherem Freßplatz durch einen 50 cm breiten schrägen Zugang verbunden. Die Spaltenbodentafeln sind 2,00 m breit und 2,50 m lang und zur Verminderung der Rutschgefahr mit 3 Querleisten versehen. Unter diesem wird das Kot-Harn-Gemisch in einer 2,00 m tiefen Grube gesammelt. Die Bohlenabstände betragen für Jungvieh bis 1 Jahr: 3,5 cm; für Jungvieh 1 - 2 Jahre: 4 cm und für Jungvieh über 2 Jahre: 4,5 cm; die Bohlen sind nach unten verjüngt. Stahlbetonroste sind zwar haltbarer, jedoch wird der Kot bei Holzrosten besser hindurchgetreten. Zum Entmisten wurden die Spaltenbodentafeln mit Hilfe einer Frontladerschwinge und Kette zur Krippe hin aufgeklappt. Das Entmisten mit der Frontladergabel (nach 6 Monaten Lagerzeit) bereitete keine Schwierigkeiten. Der Einstreubedarf wurde dadurch von 10 - 12 kg auf 2,2 - 3,8 kg je GV und Tag gesenkt. Dies zeigt, daß zum Entmisten bei Spaltenboden keinerlei Spezialgeräte erforderlich sind. E.Kulpe. 6110a.

G o m e r y, Donald. Milk and beef from dry silage and wet grain. (Milch und Mast mit Heusilage und feuchtem, siliertem Getreide.) - Dairy Farmer 10 (1963) Nr.2. S.24-27. - 5 Abb., 1 Schema.
Beschrieben wird der Aufbau einer Farm von 560 a mit 120 Milchkühen, die durch Einrichtung einer vollmechanisierten Fütterung mit Heusilage und feucht geerntetem, ebenfalls siliertem Getreide (Gerste) gefüttert werden. Als Silo dienen Turmsilos mit mech. Förderung des Futters auf Transportbänder. Gemolken wird im 3/3-Tandemmelkstand und Meßglas. Das Gras wird auf 60 % Feuchtigkeit vorgetrocknet, z.T. auf 40 %. Die Jungrindermast geschieht bis zum Alter von 14 - 15 Mon. bei einer Verfütterung von Heu-Gerstenkorn-Silage 1:1. Die Tiere werden in Offenlaufställen gehalten mit überdeckten und freien Futterplätzen. H.Senger. 6110a.

A n o n y m. Strohlose Aufstallung der Schweine. - Dtsch. landtechn. Z. 13 (1962) Nr.10. S.524. - 2 Abb. 6110a.

R i e b e, K.; Kiel. Rationalisierung der Arbeiten in der Schweinehaltung. - Landmaschinen-Markt 41 (1962) Nr.22. S.1296-1298. - 2 Diagr., 2 Tab.
Der Arbeitsbedarf für eine hochtragende Sau in Einzelbucht beträgt 7 - 8 AKmin/Sau und Tag und steigt nach dem Abferkeln auf 13 - 14 AKmin. Durch Gruppenhaltung der güsten und niedertragenden Sauen läßt sich dieser auf 4 AKmin verringern. Dies bedeutet einen durchschnittlichen Arbeitsbedarf von 6 - 6,5 AKmin bzw. 70 - 80 Tiere je Viehpfleger. Durch Übergang von der Einzel- zur Gruppenfütterung der säugenden Sauen und Wegfall der Stallwache läßt sich der durchschnittliche Arbeitsbedarf auf 4 AKmin/Sau und Tag verringern bzw. das Arbeitsmaß auf 120 Sauen je AK steigern. Der Übergang von der Grünfutter-(bzw. Rüben)-Kartoffel-Getreide-Stall-Haltung zur Grünfutter-(bzw. Rüben)-Getreide-Stall-Weide(bzw.Auslauf)-Haltung vermindert den Arbeitsbedarf von 44 auf 34 AKh je Sau und Jahr. Als optimale Bestandsgröße

werden 30 - 40 Sauen angesehen. In der Schweinemast sinkt der Arbeitsbedarf von 1,90 AKmin je Tier und Tag bei Hackfruchtmast auf 0,10 AKmin bei Getreidemast (Selbstfütterungsautomaten). Das Entmisten sinkt von 0,25 AKmin (Handkarre) auf 0,05 AKmin (Frontlader). Allg. wird der Tiefstall unterschützt. Der Gesamt-Arbeitsbedarf in der Schweinemast schwankt zwischen 2,78 AKmin (Hackfruchtmast und Handentmistung) und 0,73 AKmin (Getreidemast, Selbstfütterung, Tiefstall) bzw. 173 und 600 - 700 Tieren je AK. Als optimale Bestansgröße werden 60 - 100 Tiere angegeben; bei einstreuloser Haltung und besserer Ausnutzung der Selbstfütterung kann 1 AK bis 1000 Mastschweine betreuen.

E.Kulpe. 6110a.

A n o n y m. Mehr Arbeitsvereinfachung im Zucht- und Abferkelstall. - Techn. u. Landwirtsch. 14 (1962) Nr.19. S.443-445. - 6 Abb., 2 Skizzen.

Im Versuchsgut Friedland des Tierzuchtinstitutes der Universität Göttingen wurden die Ferkelverluste infolge Erdrückens von 8 % (bei Sauenbuchten mit Schutzstangen und Wachpersonal) auf 1 % (durch Einrichtung von Abferkelboxen, ohne Wachpersonal) gesenkt. Die Größe der Sauenbucht einer derartigen Boxe beträgt 230 x 58 bzw. 64 cm (verstellbar); die der dazugehörigen Ferkelbuchten 240 x 40 bzw. 240 x 60 cm. Ein verstellbares Querholz in der Sauenbucht zwingt die Sau, sich etwa 30 - 40 cm von der hinten angeordneten Tür entfernt hinzulegen. Der Abstand der unteren Latten zu den Ferkelbuchten hin beträgt 26 bzw. 32 cm (verstellbar). Die tragende Sau kommt 2 - 3 Tage vor dem Abferkeln in diese Boxe, wo sie 10 - 14 Tage verbleibt. Für die Ferkel selbst hat sich die "Ferkelkiste" (100 - 120 cm lang, 60 cm breit, 70 cm hoch) mit Infrarotlampe (250 Watt, 45 cm Bodenabstand) bewährt; bei isolierten Wänden läßt sich die Größe des Strahlers auf 125 Watt verringern. Eine andere Möglichkeit bietet die elektrische Bodenbeheizung ("Ferkel-Erzieher"; 170 cm lang, 60 cm breit, 350 Watt Anschlußwert, automat. Temperatursteuerung). Durch diese Einrichtungen werden die Verluste und der Arbeitsaufwand vermindert.

E.Kulpe. 6110a.

N i l s s o n, Nils Erik. Slaktsvinens utrymmesbehov. (Der Raumbedarf des Schlachtschweines.) - Svenska Svinavelsfören. Tidskr. 52 (1962) Nr.11. S. 202-205. - 1 Abb.

Es wird ein Betrieb beschrieben, in dem in einem 9,15 cm breiten Stall 3 Buchtenreihen untergebracht wurden. Die Buchten sind ohne Trog 140 cm lang und 380 cm breit; die Futtergänge sind 75 cm und die Mistgänge etwas mehr als 100 cm breit. Je Stall werden 13-14 Stck. 25 kg schwere Läufer oder 10 schlachtreife Schweine gehalten. Je Schwein stehen damit 0,5-0,6 m^2 Bodenfläche zur Verfügung. Für Sauen sind 3,5-4 m^2 ausreichend, wenn 1,5 m^2 für Ferkel zur Verfügung stehen. In sechskantigen Abferkelboxen reichen 2,5 m^2 aus.

J.K.Hinrichsen. 6110a.

K u ź m e n k o, V.P. und S k v o r c o v, S.I. (Kusmenko, W.P. und Skworzow, S.I.); Region Krasnodar, Sowjet. Regionskomitee der KPdSU. Avtomatizirovannyj svinarnik. (Ein automatisierter Schweinemaststall.) - Životnovodstvo, Moskva 24 (1962) Nr.2. S.76-78. - 1 Zeichn.

Der 80 m lange und 9 m breite Stall hat auf einer Längsseite einen 7 m breiten Auslauf, der in 3 Sektionen eingeteilt ist und an dessen Längsseite sich ein Futtertrog mit einem Schutzdach befindet. Er wird in 3 Min. mit einem

Futterverteiler, der auf einem Schmalspurgleis läuft, mit 1,5 t Futter beschickt. Der Verteiler wird automatisch aus einem Mischbunker gefüllt. Entmistet wird mit einer Schleppschaufel. In diesem Stall können nach Entfernen der Buchten 1200 Schweine statt 60 gehalten und von nur 1 AK betreut werden. F.Schenk. 6110a.

A n o n y m. Circle of convenience. (Ein praktischer Schweinepilz.) - Pig Farming 11 (1963) Nr.2. S.22-23. - 6 Abb., 1 Schema.

Vf. beschreibt die Anlage eines 8eckigen Schweinepilzes, auf Grund eigener Erfahrungen gestaltet von dem brit. Züchter Charles Mason, der heute von einer Firma industriell hergestellt wird. Die Achteckigkeit ergibt sich aus 8 konzentrisch angelegten Buchten mit einem zentralen Kotplatz in der Mitte, in den der Kot gespült und in Form der Schwemmentmistung außerhalb des Pilzes durch einen Kanal geführt wird in einen 1 300 gal. fassenden Behälter. Um die Buchten führt innerhalb des Pilzes ein Kontrollgang. Die Kapazität des Pilzes beträgt 100 Schweine, je nach Größe zu 8-10 Stck. je Bucht. Bei 2maliger Fütterung und Wiegen wird ein Arbeitsmaß von wöchentlich 8 Std. angegeben, welche Zeit sich bei Aufstellung von Selbstfutterautomaten noch entspr. verringert. Die Trennwände der Buchten sind aus starkem Drahtgitter gefertigt. H.Senger. 6110a.

S c o t t - W i i k - H a n s e n. Sinsuggorna kan bo enkelt. (Einzelunterbringung von güsten Sauen.) - Svenska Svinavelsfören. Tidskr. 52 (1962) Nr. 11. S.207-209. - 5 Abb.

Güste Sauen können am ehesten außerhalb des Schweinestalles untergebracht werden, da sie geringe Ansprüche hinsichtlich der Temp. und der Fütterung stellen. In einer Landwirtschaftsschule wurden Hütten verschiedener Typen mit je 4-6 Sauen errichtet. Die Wände bestanden aus Holz, die Dächer aus Stangen, auf denen Stroh aufgeschichtet wurde. Die Ventilation erfolgt durch eine Spalte auf einer Seite. Es wurden folgende 3 Typen gebaut: 1) große rechteckige Hütten mit Tür in der Mitte, 2) Hütten mit Vorraum, der vom Liegeraum abgegrenzt ist, 3) "Reihenhäuser" mit Raum für je 2 Gruppen von Sauen. Die Fütterung erfolgte außerhalb der Ställe. Im Sommer war keine Reinigung der Hütten nötig, im Winter genügt ein einmaliges Misten und Einstreuen je Woche. J.K.Hinrichsen. 6110a.

Ž d a n o v, V. und P e t r o v, V. (Shdanow, W. und Petrow, W.); Rjasan, Gebietsabt. für Kommunale Wirtsch. Sžižennyj gaz - na službu sel'skomu chozjajstvu. (Flüssiggas im Dienste der Landwirtschaft.) - Sel'skoe stroitel'stvo, Moskva 16 (1962) Nr.11. S.9-10. - 3 Abb., 3 Zeichn.

Im Gebiet Rjasan gewinnt die Verwendung von Infrarot-Gasbrennern zur Heizung von Schweinezuchtställen, Geflügelställen und Akklimatisatoren immer mehr an Bedeutung. Die nach dem Prinzip der Konvektionsheizung arbeitenden Anlagen werden mit Propan-Butangas betrieben. Ein Brenner vom Typ "GII-8" reicht zur Heizung von 20-25 m^2. Bei Anwendung dieser Heizung wird die Temp. ständig auf 12-16 °C gehalten, die Luftfeuchtigkeit sinkt, und die Tiere wachsen besser und fühlen sich wohler. F.Schenk. 6110a.

S l a v i n, R.M., V a s i l'e v, V.G. und G e r a š k o v, N.I. (Slawin,R. M., Wassiljew, W.G. und Geraskow, N.I.); Moskau, Unions-Forsch.-Inst. für Elektrifizier. der Landwirtsch. Novaja planirovka i technologičeskoe oborudovanie mechanizirovannych ptičnikov. (Die neue Grundrißgestaltung

und technologische Ausstattung mechanisierter Geflügelställe.) - Život-novodstvo, Moskva 24 (1962) Nr.2. S.69-76. - 1 Abb., 3 Zeichn., 7 Lit.
Vom Inst. für Elektrifizier der Landwirtsch. wurden folgende Grundprinzipien festgelegt: In den großen mechanisierten Geflügelställen werden die Tiere nur auf Tiefstreu und Drahtboden gehalten. Entmistung und Streuwechsel werden vollmechanisiert. Die gesamte Stallfläche wird nur für das Geflügel genutzt, Gänge fallen weg. Technol. Ausstattung und Maschinen werden durchgehend vereinheitlicht. Etwa 2/3 der Stallfläche nimmt die Tiefstreu ein, 1/3 der technol. Teil (Kotgrube mit Drahtboden, darüber Futterrinnen mit Futterverteiler, Sitzstangen, Selbsttränken, mechanisierte Nester, Bestrahlungsquellen). Der technol. Teil befindet sich je nach der Stallgröße an einer Längswand oder in der Mitte des Stalles.

F.Schenk. 6111a.

N o v i k ó v, Ju.N. (Nowikow, Ju. N.) Mechanizacija ptičnikov v Leningradskoj oblasti. (Die Mechanisierung von Geflügelställen im Leningrader Gebiet.) - Pticevodstvo, Moskva 1962 Nr.10. S.28-30. - 2 Abb., 3 Tab.
In letzter Zeit wurde mit dem Bau von Geflügelställen ohne Bedienungsgang begonnen, um die Stallfläche rationeller auszunutzen. Der Vergleich unterschiedlich mechanisierter Legehennenhaltungen ergab für die komplexe Mechanisierung der Bodenhaltung (mechanischer Futterverteiler, Schleppschaufelentmistung, Eiersammlung mit Transportband, Selbsttränke und Anwendung der Tiefstreu) und der Käfighaltung (Mechanisierung der Fütterung, Tränke und Eiersammlung nach dem Prinzip Jushni) neben der Steigerung der Arbeitsproduktivität auch eine bessere Ausnutzung des Gesamtaufwandes.

H.Pingel. 6111a.

Š a f f, N.M. (Schaff, N.M.) Mechaničeskij kormorazdatčik-smesitel'. (Ein mechanisierter Futtermischer und -verteiler.) - Svinovodstvo, Moskva 16 (1962) Nr.9. S.40-42. - 2 Abb., 1 Zeichn.
Der Futtermischer und -verteiler "KRS" ist 1200 mm breit, 1100 mm hoch und 2600 mm lang. In dem Ganzmetallwagenkasten von 1,3 m^3 Fassungsvermögen befinden sich 2 Wellen mit Rührflügeln und eine Druckschnecke von 180 mm Durchmesser. Das durch die Beschickungsluke eingefüllte Futter für 450 bis 500 Schweine wird in 12-15 Min. gemischt und durch die bewehrten Gummischläuche mit 100-120 mm Dmr., deren Neigungswinkel verstellt werden kann, verteilt. Der von einem Verbrennungsmotor angetriebene "KRS" läuft auf Schmalspurschienen oder auf Gummirädern. F.Schenk. 6115b.

A n o n y m. Doppelkamm-Futtermühle "Pionier". - Schlepper u. Landmaschine 14 (1963) Nr.1. S.21. - 1 Abb. Aus: Dok.-Dienst ILT 1963 Nr.2.
Die neue Futtermühle schrotet Klee und Körnerfrüchte, schnitzelt Rüben und vermust Kartoffeln, Silage, Gras und Mais. Infolge der getrennten Mahlkammern und Einfülltrichter ist keine Umstellung beim Arbeitsablauf erforderlich. Mahlaggregate werden von einem waagerecht gelagerten 5-PS-Motor angetrieben. Beide Mahlsysteme sind jederzeit betriebsfähig. 6115d.

A n o n y m. Slagkvarn Skjold SM 2. (Schlagmühle "Skjold SM 2" - Staatlicher Maschinenprüfbericht Ultuna.) - Statens Maskinprovningar, Medd. Nr.1590. (1962) S. 1-6. - 1 Abb., 5 Tab.
Hersteller: Cani Trading Co AB, Landskrona. - Beschreibung: Die für die Zer-

kleinerung von Getreide und anderen Körnerfrüchten vorgesehene Schlagmühle ist mit einem Zyklon ausgerüstet, der Antrieb erfolgt durch einen 20-30 PS Elektromotor. - Prüfungsergebnisse: Beim Schroten von Gerste mit einem Wassergehalt von ca. 17 % und kurzem Rohrtransport betrug der Leistungsbedarf bei 400 kg/h 14,4, bei 800 kg/h 23,2 PS, der Energieverbrauch entspr. 3,1 und 2,5 kWh/100 kg. Beim horizontalen Transport von relativ grobem Schrot in einer Rohrleitung mit 2 Halbbögen betrug die max. Leistung 1600 kg/h bei einer Rohrleitungslänge von 35 m. M.Lüpnitz. 6115d.

B y k o v, B.A. (Bykow, B.A.) Pastoizgotovitel' PZG.-2. (Futtermuser "PZG-2".) - Kukuruza, Moskva 7 (1962) Nr.2. S.60-61. - 1 Abb.
Der Muser ist ein Schneckenzerkleinerer und arbeitet nach dem Prinzip eines Fleischwolfes. Die Länge der Maschine beträgt 1400 mm, die Breite 960 mm und die Höhe 760 mm. Die Masse beträgt mit Elektromotor 470 kg. Das Messer besitzt einen selbständigen Antrieb. Die Schneckenwelle macht 125 U/min, die Messerwelle 430 U/min. Das Gehäuse ist zylindrisch, auf dessen Oberteil der Füllbunker von 4,5 m^3 Fassungsvermögen montiert ist. Im Inneren des Gebäudes befindet sich eine 540 mm lange Schnecke. Die innere Oberfläche des Gehäuses ist mit 6 Längsrippen zwecks besseren Zerreibens der Futtermasse versehen. Die Maschine kann auch vom Traktor angetrieben werden. In 1 Std. kann 1,5 t Futter aus Maissilos gemust werden. Die Maschine wird vom Werk für Bergbaumaschinen in Nowotscherkassk gebaut und hat sich in der Praxis bereits vielfältig bewährt. K.Neumann. 6115e.

A n o n y m. Bavaria-Rübenschneider Nr. 520 - DLG-Prüfbericht. - DLG-Maschinenprüfber. Nr. 811. Gr. 9 h/14. (1962) S.1-3.
Hersteller: Gebr. Hofmann, Maschinenfabrik und Eisengießerei, Würzburg-Eibelstadt. 6115e.

D e c k e r, Martin. Unloading silos mechanically. (Mechanische Siloentleerung.) - Agric. Engng. 41 (1960) Nr.6. S.378-380. - 3 Abb., 3 Tab., 12 Lit.
Nach Angabe der Werte über den Arbeitsaufwand bei der Handentleerung wird auf die Untersuchungsergebnisse bei der mech. Entleerung in 13 Betrieben eingegangen. Es gibt 2 Grundtypen, die Entleerung von oben und die vom Boden des Silos aus. Letztere Anlagen werden wenig gekauft. Die Ausnutzung der Aggregate war im Mittel 107 % (77-135 %). Die Entladekapazität beträgt 2,1-11,7 t/h, im Mittel für Maissilage 6,4 t/h und für Grassilage 3,7-4,03 t/h je nach der Häcksellänge, die von 1/2-3 in. (1,25-7,6 cm) schwankte. Die Antriebsmotore sind 3,5 und 7,5 PS stark. Für Silos mit 14 ft. Dmr. (4,3 m) reicht allg. ein Motor mit 3 PS. Die Kühlgebläse der großen Motore verstopften sich leicht durch Ansaugen von Futterteilchen, was zu Störungen beim Anlassen führte. Zum Absichern bewährten sich Thermoelemente sehr gut. Zur Weiterbeförderung des abgekratzten Futters werden Schaufelgebläse teils auch Schaufelräder mit schwingenden Teilen benutzt, die über ein gebogenes Abwurfrohr das Futter in ein Schneckengetriebe zum Hinausbefördern aus dem Silo werfen. Dies Getriebe wird durch einen 1/2-PS-Motor angetrieben. H.Senger. 6115h.

H a y n e s, Colin. Press button feeding. (Automatische Fütterung.) - Pig Farming 11 (1963) Nr.2. S.29. 31. - 7 Abb., 1 Schema.

Vf. beschreibt die organisatorische Gestaltung eines landwirtsch. Betriebes in Sussex, der in erster Linie auf einen jährlichen Ausstoß von 2 000 Mastschweinen und der Haltung von 130 Milchkühen eingestellt ist. Mit 5 anderen Betrieben sind Abmachungen getroffen zur Lieferung der benötigten Läufer. Alle Tiere sind gekennzeichnet, um auch von züchterischer Seite beste Sauen aufzustellen, da von jedem fertigen Mastschwein die Muttersau feststeht. Die Stallungen sind in einfachster Weise hergestellt. Kern der ganzen Anlage ist eine amer. Getreidemühle mit Mischapparatur, mit der 2 Standardmischungen, (a) für junge Schweine bis 140 lb. und (b) für die Endmast hergestellt werden. Über ein Fließband wird ein Futterbunker mit 14 dt Inhalt gefüllt, von dem seinerseits das Futter zu den Buchten weitergeleitet wird in Automaten einer für je 2 Buchten. Das ganze System wird zentral bedient, so daß keine bes. AK für den Futtertransport notwendig ist.

H.Senger. 6120a.

K u r k o v, S. (Kurkow, S.) Každomu chozjajstvu - mechanizirovannyj kormocech. (Für jeden landwirtschaftlichen Betrieb ein mechanisiertes Futterhaus.) - Technika v sel'skom chozjajstve, Moskva 23 (1963) Nr.1. S.26-29. - 6 Schemata. Aus: Dok.-Dienst ILT 1963 Nr.3.

Funktionsweise und Aufbau eines Futterhauses mit pneumatischer Futterförderung. Zur Ausrüstung gehört folg. Maschinensystem: Futterzerkleinerer "DKU-M" mit Elevator und Bunker; Universal-Futterzerkleinerer "UDK-T"; Hackfruchtwaschmaschine "MRK-5"; 2 Futtermuser; Futtermischer; 2 Druckluftkessel mit Rührwerk und Rohrleitungen für Futtertransport; Silageschneider "RSB-3,5". Kapazität: Futterherstellung für 5000-8000 Schweine; Bedienung 2 AK; Schematische Darstellung der wichtigsten Baugruppen. 6120a.

K o b y l j a n s k i j, A.D. (Kobyljanski, A.D.); Charkow, Zootechn. und Veterinärmed. Inst. Usoveršenstvovannye avtopoilki i ėlektroizgorod' pri besprivjaznom soderžanii molodnjaka. (Eine verbesserte Selbsttränke und ein Elektrozaun für die Laufstallhaltung von Jungrindern.) - Živorodstvo, Moskva 24 (1962) Nr.2. S.80-81. - 1 Zeichn.

Die nichteinfrierende Selbsttränke besteht aus einem in die Erde eingelassenen Stahlblechbecken, das von unten und an den Seiten in Pferdemist eingebettet ist. Sie hat einen Holzdeckel mit 4 Öffnungen (Ø 30-35 cm) zum Saufen, der auch ein niedriges Schutzgitter trägt. Der Wasserstand wird von einem Schwimmer gehalten, der mit der am Boden des Beckens liegenden Heizvorrichtung verbunden ist. Für den Elektrozaun dient eine Traktoren-Lichtmaschine, die von einem Elektromotor angetrieben wird, als Stromquelle. Der 3-mm-Stacheldraht wird 0,6-0,7 m und 1,3 cm von der Erde aus auf Holzpfähle aufgehängt; die beiden Leitungen werden getrennt an die Lichtmaschine angeschlossen.

F.Schenk. 6120b.

K e a n e, E. An efficient conservation and feeding system. (Ein leistungsfähiges Konservierungs- und Fütterungssystem.) - Milk Board J. 13 (1962) Nr. 8. S.34-35. - 2 Abb., 2 Schemata.

Von der Gesamtfläche der betreffenden Farm von 345 acres sind 200 acres Bewässerungsfläche und 140 acres Gebirgeländereien. Die 120 Milchkühe werden ausschließlich von der bewässerten Fläche, im Sommer bei Portionsweide, im

Winter von beträchtlichen Futterreserven ernährt. Die gesamte Futterwirtschaft spielt sich in einem großen Schuppen mit einer erhöhten Futterplattform und 2 gemauerten Tiefsilos ab. Der Heuschuppen ist an einen Berghang angelehnt, seine lichte Höhe bis zum Dach beträgt 20 ft. Da der Hang vom Stall abwärts verläuft, nehmen auch die Fäkalien diesen Weg und eine Futterverschmutzung unterbleibt. 2 Silos sind in einer Schuppenecke angelegt, 15 ft. Dmr., 15 ft. unter, 7 ft. über der Erde, Gesamtkapazität 160 t. Die Futterplattform bietet für 40-50 t Futter Lagerfläche. Das Futter wird mit Mähhäcksler geerntet und mit Gebläse in den Siloraum geschickt. Das Gebläserohr kann ausgeschwenkt werden, um Fahrzeuge und Kipploren mit Futter zu beschicken. Antrieb des Gebläses erfolgt durch einen 20-PS-Elektromotor. Auf der Futterplatte werden Silage und Spreu gemischt und durch eine Falltür nach unten befördert. Die Futterkarren haben einen schiefen, V-förmigen Querschnitt, sind im Winkel nach einer Seite stärker ausgezogen, um den Kippvorgang zu erleichtern, so daß das Futter aus der Kipplore in die Krippe rutschen kann. Die Karren müssen nur genügend hoch über den Krippen laufen, so daß ein ausreichend großer Kippwinkel frei ist, um die mechanische Entleerung zu ermöglichen. Sonst wäre Handarbeit erforderlich, um das Futter in die Krippen zu schieben. H.Busse. 6120c.

G o m e r y, Donald. Push-button-fed barley-beef. (Ein Versuch zur neuartigen Gerstenmast.) - Dairy Farmer 10 (1963) Nr.2. S.28-29. 31. - 7 Abb., 1 Schema.

In ein Turmsilo, Bauart Harvester, von 138 t Kapazität wurde Gerste, bei 16 bis 24 % Feuchtigkeit mit einem Mähdrescher geerntet, einsiliert. Das fertige Silagefutter hatte einen Feuchtigkeitsgehalt von 21 % und wurde von den Tieren gern gefressen, nachdem es vor der Verabreichung zerkleinert wurde. Mit diesem Futter werden Jungbullen und Schweine gemästet. Der größte Vorteil dieser Methode besteht darin, daß ein Trocknen und Reinigen des Getreides nicht mehr nötig ist. Die Tiere werden in Buchtenlaufställen gehalten, deren Anordnung wiedergegeben ist. Die Futterverteilung geschieht mit einem Futterwagen. Die Kälber werden im Alter von ca. 10 Tagen übernommen und zu zweit in einer Bucht gehalten. Anfangs 14tägig, dann monatlich werden Tiere gewogen. Tiere, die anfangs nicht 2 1/2 lb./tgl. zunehmen, werden mit 12 Wochen geschlachtet. H.Senger. 6120c.

H a r v e y, Nigel. Fitting-in self-feeding. (Die Anwendung der Selbstfütterung.) - Agriculture [London] 70 (1963) Nr.1. S.30-33. - 1 Abb.

In England stieg innerhalb von 3 Jahren die Anzahl der milcherzeugenden Betriebe mit Silage-Selbstfütterung von 2500 auf 7000. Vf. gibt daher auf der Grundlage von Untersuchungen und praktischen Erfahrungen zahlreiche Hinweise für die Einrichtung und den Betrieb der Silage-Selbstfütterung. Im einzelnen werden die Gestaltung der Ausläufe und des Silos, die Säuberung der Laufflächen sowie die Größe des Silageanschnittes und die Art des Freßgitters behandelt. Abschließend werden die Einsparungen an Arbeitszeit und die Erleichterung der körperlichen Arbeit diskutiert.

K.-H.Voigtländer. 6120c.

B u c k i n g h a m, Frank. A new concept in automatic feeding system controls. (Eine neue Konzeption für die automatische Steuerung von Fütterungssystemen.) - Implement & Tractor Farm Implement News 77 (1962) Nr.21. S.18-21. - 1 Abb., 2 Schemata. Aus: Dok.-Dienst ILT 1962 Nr.11.

Grundaufbau des zu steuernden Fütterungssystems: Silo mit Obenentnahme, eine zugehörige Hubwinde; Kraftfutterbehälter mit Dosiervorrichtung; Haupt-Verteilerschnecke; Futtertrogschnecke. Schemaskizze und kurze Beschreibung eines automat. Schwachstrom-Steuersystems, das an der staatl. Hochschule Süddakota für Vorführungszwecke entwickelt wurde. Ein praktisches Ausführungsbeispiel wird erläutert. Grundsatz für die Steuerreihenfolge: kein Arbeitselement wird unter Last gestartet und am Schluß des Arbeitszyklus erfolgt Abschaltung erst, nachdem sich die Elemente selbst gereinigt haben.

6120c.

D m i t r i e v, F. und K r a s n o š č e k o v, N. (Dmitrijew, F. und Krasnostschekow, N.) Universal'nyj kormorazdatčik. (Universaler Futterverteiler.) - Technika v sel'skom chozjajstve, Moskva 23 (1963) Nr.1. S.34-35. - 1 Abb., 2 Schemata. Aus: Dok.-Dienst ILT 1963 Nr.3.

Arbeitsprinzip dieser Vorrichtung: An der Stirnseite des Stalles wird von zapfwellengetriebenem Trommelsystem am Traktoranhänger (Futterverteiler) Förderband an den Futtertischen entlanggezogen und von Verteilertrommel mit Futter beschickt. Länge des Förderbandes entspricht Länge des Futtertisches. Funktionsweise und Konstruktion sowie folg. techn. Daten: Bandumlaufgeschwindigkeit 0,15 m/s, Aufrollgeschwindigkeit auf Trommel 0,3 m/s; Bedienung 2 AK. Leistung je Arbeitszyklus 2 t. Futterverteilung für 400-450 Kühe ausreichend.

6120c.

K a l a š n i k, V. (Kalaschnik, W.) Novye rabočie organy kormorazdatčika. (Neue Arbeitswerkzeuge für den Futterverteilungswagen.) - Technika v sel'skom chozjajstve, Moskva 22 (1962) Nr.12. S.21-23. - 2 Abb., 1 Diagr., 3 Schemata, 1 Tab. Aus: Dok.-Dienst ILT 1963 Nr.1.

Verabfolgung von ganzen und zerkleinerten Hackfrüchten und Melonen in Schweine- und Rinderzuchtbetrieben mit Futterverteilungswagen "RM-5". Konstruktionsmerkmal: Messertrommel mit Profilmessern anstelle von Zinkentrommeln. Besonderheit: Antriebsritzel mit 26 Zähnen für Ausgabe von Häckselfutter und ganzen Hackfrüchten, 12zähniges Ritzel an unterer Trommel für Zerkleinerung der ganzen Hackfrüchte. Leistungsmerkmale (bei Ausgabe von 1 t Futter): Arbeitsaufwand 0,24 AKh; Betriebskosten 0,33 Rubel; spez. Leistungsaufnahme 3,28 kWh/t; spez. Materialeinsatz 0,28 kg/t; Bedienungspersonal 1 AK; Leistung bei kontinuierlicher Futterverteilung bis zu 70 t/h, max. Leistungsbedarf 10 PS.

6120c.

A n o n y m. Bales become conveyor-fed hay. (Ballen werden zu losem Heu für den Futtertrogförderer.) - Farm Implement Machinery Rev. 89 (1963) Nr.1053. S.95. - 2 Abb. Aus: Dok.-Dienst ILT 1963 Nr.2.

Automatische Anlage der amer. Fa. New Holland Machine Co. mit Förderer zur Entnahme der Ballen vom Stapel, Ballenreißer (Reißtrommel mit zusätzlichen Federzinken) und Schüttelrutsche zum Transport des Heues in den Futtertrog. Techn. Daten: Kapazität des Ballenförderers jeweils 20 Ballen; Drehzahl der Reißtrommel 550 U/min; Leistungsaufnahme des Reißers 1 PS (Elektromotor); Frequenz der Schüttelrutsche 265 oder 240 Schwingungen je Min.; Fördergeschwindigkeit 19 m in 4-4,5 Min.

6120c.

A n o n y m. "Elektronisches Euter" für Fütterung von Kälbern. - Schlepper u. Landmaschine 14 (1963) Nr.1. S.13. - Aus: Dol.-Dienst ILT 1963 Nr.2.
An der Kansas State University of Agriculture wurde ein elektronisch arbeitendes Fütterungsgerät entwickelt, das Wasser mit trockenem Milchersatz-Nährstoff vermischt, die Nährlösung auf 38 °C hält und sie mittels Saugmechanismus an die Kälber abgibt. Ein Kontrollmechanismus sorgt dafür, daß nicht mehr Nahrung an die Tiere abgegeben wird, als sie normalerweise benötigen. Es können bis zu 12 Kälber gleichzeitig gefüttert werden, in der Regel nur während der ersten 6-8 Lebenswochen. 6120c.

S t r o p p e l, Alfred; Braunschweig. Mechanisierte Schweinefütterung. - Mitt. dtsch. Landwirtsch.-Ges. 77 (1962) Nr.50. S.1631-1633. - 2 Abb., 1 Skizze.
Die Grundfrage der Mechanisierung in der Schweinefütterung lautet: Selbstfütterung (nur Futterverteilungsanlage erforderlich) oder Rationsfütterung (zusätzlich Dosieranlage notwendig). Bei reiner Schrotmast ist im Interesse der Futterverwertung und eines günstigen Fett:Fleisch-Verhältnisses unbedingt Rationsfütterung zu fordern. Allg. wird die Schrotfütterung durch Förderschnecken bzw. -ketten mechanisiert, während man bei Kartoffeln zur Verflüssigung neigt. Während man in Schweden meist Schrot verflüssigt, wird dieses Verfahren in der UdSSR und der DDR überwiegend für Hackfrüchte und Küchenabfälle eingesetzt (Futter:Wasser-Verhältnis bei Hackfrucht 1:1, bei Schrot 1:2). Bei den Flüssigfütterungsanlagen sind Kompressoren (Misch- und Druckbehälter stehen unter 1-1,5 atü) oder Spezialpumpen mit Rohrleitungen (Schweden) bzw. "Vakuumfutterautomaten" (UdSSR, DDR) üblich. Für Trockenfutter werden "absätzig arbeitende Förderer" oder "Stetigförderer" in Form fahrbarer Schrotdosierer oder eingebauter Ketten- oder Schneckenförderer verwendet. Die Trogkettenförderer sind vielseitiger verwendbar. Abschließend wird die dänische Schrotdosieranlage "System Andersen" (Rundketten-Stetigförderer mit automat. Endausschalter) beschrieben.
E.Kulpe. 6120c.

Ž o g a, V.V. (Shoga, W.W.) Bunker-dozator dlja zagruzki kormorazdatčikov - Kormorazdatčiki dlja kletočnogo soderžanija cypljat i utjat. (Vorratsbunker für die Beschickung von Futterverteilern - Futterverteiler für die Käfighaltung von Hühner- und Entenküken.) - Pticevodstvo, Moskva 1962 Nr.10. S. 31-34. - 5 Zeichn.
Der Vorratsbunker besteht aus mehreren Behältern. Daher können die einzelnen Behälter des unter dem Vorratsbunker stehenden Futterverteilers mit verschiedenem Futter gefüllt werden. Für den Futterverteiler werden kreuzweis liegende Schnecken empfohlen, so daß von einem Punkt des Rührstocks 4 Schnecken angetrieben werden können. Bei einem anderen Prinzip wird das Futter mit einem Rührwerk durch schneckenförmige Öffnungen in die Tröge der Käfigbatterien befördert. H.Pingel. 6120c.

A n o n y m. Erfolgreiche Gemeinschaftsgülleanlage für 22 Höfe im Allgäu. - Wasser u. Nahr. 7 (1962) Nr.4. S.205-207. 6130a.

G ö t z, Willi. Der Rückenbügel im Kuhstall. - Techn. u. Landwirtsch. 14 (1962) Nr.5. S.112.
Der elektrische Rückenbügel ist ein in Kleiderbügelform gebogener, verstellbarer Draht, der in etwa 8 cm Höhe hinter den Schultern jeder Kuh entspr.

ihrer Körpergröße aufgehängt ist und wie ein Elektrozaun wirkt. Er veranlaßt die Kuh beim Koten und Harnen soweit nach rückwärts zu treten, daß der Kot direkt in die Kotrinne oder auf den Gitterrost fällt, da sie sonst einen leichten elektrischen Schlag bekommt. J.Güssefeldt. 6130a.

R e i n s c h, Hans H. Stallentmistungsanlagen und bauliche Folgerungen. - Techn. u. Landwirtsch. 14 (1962) Nr. 19. S.446-447.

Vf. weist auf die Nachteile hin, die die Anschaffung von Einzelmaschinen für die Entmistung ohne Berücksichtigung der baulichen Gegebenheiten mit sich bringt. Die Dungstätte soll zentral in unmittelbarer Nähe der Ställe liegen. Aufgabe einer sinnvollen Mechanisierung der Entmistung ist es, möglichst ohne Handarbeit auszukommen. Diese Forderung wird weder von der Hängebahn, dem Torkran, dem Dreiradkarren noch der Unterflur- oder Schwemmentmistung erfüllt. Weitgehende Handarbeitseinsparung bringen Mistbrett, Kratzerkette, Schubstange und Heck- bzw. Frontlader. Die billigsten Lösungen stellen Schleppschaufel, Mistbrett, Unterflurentmistung und Frontlader dar. Bei letzterem entstehen die geringsten baulichen Kosten; lediglich genügend breite Tore und Gänge sind erforderlich. Bei den übrigen Verfahren ist meist eine 60 cm breite und 20 cm tiefe Kotrinne notwendig. Der Transportweg soll nach Möglichkeit gerade, d.h. in Verlängerung der Stallachse liegen. Für das Laden vom Stapel eignen sich ortsfeste Einzweckanlagen nicht, da das Laden nur 0,8 % der jährl. Ges.-Arbeitszeit bzw. die Einsparungen bei 20 GV nur 50 AKh ausmachen. Das vorteilhafteste Gerät ist der Schlepper mit Frontlader. E.Kulpe. 6130b.

B r e i t m e i e r, Josef und M e i n c k e, Klaus; Weihenstephan. Stallentmistungsanlagen. - Landtechnik 17 (1962) Nr.24. S.826. 828-830.832-835. - 10 Abb. Aus: Dok.-Dienst ILT 1963 Nr.1.

Übersicht über halbmechanische und vollmechanische Anlagen in der Rinderhaltung. Dargestellt werden die Arbeitsvorgänge im Stall, der Transport außerhalb des Stalles, das Stapeln und die Ausrüstung zur vollständigen Stallmistkette. Arbeitswirtschaftliche Vor- und Nachteile der einzelnen Entmistungsverfahren in Verbindung mit der Ausbildung des Standplatzes der Tiere. 6130b.

M e i n c k e, K.; Weihenstephan. Zur Frage der wirtschaftlichen Stallentmistung. - Mitt. dtsch. Landwirtsch.-Ges. 77 (1962) Nr.48. S.1574-1578. - 2 Abb., 1 Skizze.

Auch bei den vollmechanischen (im Vergleich zu den halbmechanischen) Entmistungsverfahren muß das Trennen vom Stroh und das Zurückräumen des Kotes von Hand durchgeführt werden. Kotbrett-, Mistraupe- und Schubstangenanlagen stellen keine Bedingungen an Einstreumenge und Art. Diese Anlagen räumen jeweils eine Standreihe, während für den Ringkreisförderer zwei Standreihen notwendig sind. Im Hinblick auf eine Rationalisierung sollte die Dungstätte in Verlängerung der Kotrinne liegen und die Entfernung zu dieser kurz sein. Zusatzgeräte z.B. zum Stapeln sind für unsere Ställe zu nutzen. Es folgen Angaben über Kosten versch. Anlagen und Zusatzgeräte. Die Schwemmistverfahren (Umpumpverfahren nach Schmidt-Eggersglüß, Staurinne mit Gitterrost) haben bes. in unwegsamem Gelände und bei wenig Einstreu Bedeutung. Der Ar-

beitsaufwand liegt bei den halbmechanischen zwischen 1,0-1,3, bei den vollmechanischen zwischen 1,0-1,2 und bei den Flüssigmist-Verfahren zwischen 0,5-0,9 AKmin je Tier und Tag. Von den halbmechanischen Verfahren sind Frontlader- und Seilzugentmistung die betriebswirtschaftlich günstigsten.
E.Kulpe. 6130b.

B e d o r f. Stallentmistung mit Seilzug. - Dtsch. landtechn. Z. 13 (1962) Nr.10. S.518. 520. 522. - 9 Abb. 6130b.

K l o e p p e l, Rolf; Bredeneek. Einachsschlepper im Stall und in der Innenwirtschaft. - Landtechnik 18 (1963) Nr.3. S.66-68. - 7 Abb., 1 Tab. Aus: Dok.-Dienst ILT 1963 Nr.2.

Erfahrungen aus dem Einsatz von 2 Agria-Typen. Die Gegenüberstellung zeigt, daß der teure Diesel-Einachser sich in einigen Punkten von der leichten Benzin-Maschine unterscheidet. Durch seine größere Masse und größeren Räder hat er bessere Bodenhaftung mit größerer Schubkraft. Er schiebt den Mist von 13-14 Kühen auf einmal weg. Die kleine Maschine braucht Ausgleichs- und Zusatzgewichte und schiebt den Mist von 6-7 Kühen. Innerhalb des Stalles werden Steigungen von etwa 10 % auf glatter Bahn überwunden. 6130b.

O t t o, Friedrich-Karl; Frankfurt/M. Das Entmisten von Anbindeställen mit dem Frontlader. - Bauen auf d. Lande 13 (1962) Nr.11. S.281-286. - 7 Abb., 4 Tab.

In Anbindeställen von 16 Betrieben der Größenklassen zwischen 18-300 ha LN wurden Beobachtungen über die Funktion, den Arbeitszeitbedarf und den Kapitalaufwand von 2 verschiedenen Entmistungsverfahren mit dem Frontlader durchgeführt und in 4 Betrieben die baulichen Gegebenheiten untersucht. Es wird festgestellt, daß sich in der Regel die im Handel befindlichen Schlepper für den Frontladerbetrieb eignen. Jedoch sind für den Einsatz in Anbindeställen das Stallprofil und die Durchlässe den Schleppermaßen anzupassen. Die hierfür erforderlichen baulichen Besonderheiten werden erörtert. Die Arbeitszeitermittlungen ergaben, daß bei zweckmäßiger Organisation und entspr. baulichen Einrichtungen täglich 0,4 AKmin/GV zu erreichen sind. Gegenüber anderen Entmistungsverfahren ist der Kapitalbedarf für eine Frontlader-Entmistungseinrichtung gering, so daß diese Entmistungsart von Anbindeställen durchaus von Bedeutung ist. J.Strecke. 6130b.

L e p a s a l u, P. (Lepassalu, P.); Tartu, Estn. Forsch.-Inst. für Tierzucht und Veterinärmed. Primenenie kovšej-skreperov dlja uborki navoza. (Verwendung von Kübelschrappern für die Entmistung.) - Svinovodstvo, Moskva 16 (1962) Nr.5. S.38-42. - 6 Abb., 1 Schema, 1 Tab.

Die in Kotrinnen oder auf dem Betonfußboden laufenden Schleppschaufeln für breiigen Dung werden von Elektroseilwinden angetrieben und von Hand oder ebenfalls mit Hilfe des E-Motors zurückgeholt. Damit die Zugseile immer die richtige Spannung aufweisen, wird ein Leitrad mit einer langen, starken Spiralspannfeder versehen. Die Schleppschaufeln werden geleert, indem sie über eine schiefe Ebene laufen, in deren oberem horizontalen Teil sich eine Öffnung befindet, durch die der Dung auf einen Wagen fällt. Der Motor, der mit Magnetschaltern ein- und umgeschaltet wird, liegt unter der Decke im Windfang des Stalles. Konstruktion und Arbeitsprinzip der Schleppschaufeln werden detailliert beschrieben. F.Schenk. 6130b.

W a c k e r, Ekkehard. Mechanische Stallentmistungsanlage "Lesiak". - Prakt. Landtechn. /Wien/ 15 (1962) Nr.24. S.448-451. - 8 Abb. Aus: Dok.-Dienst ILT 1963 Nr.1.

Bericht über ESDA-Test über Schubstangen-Entmistungsanlage der Fa. Anton Lesiak, Neuhofen a.d.Ybbs, NÖ. Besonderheit bei der Bogenführung: Verwendung eines 33 mm starken Stahlseiles mit aufgeschraubten Klemmen, das auch Übergang von Waagerecht- auf Schräghochförderung ermöglicht. Breite des Kotkanals bei Mittellangstand 50 cm, bei Kurzstand 45 cm. 40 Anlagen wurden in der Zeit von 1958-62 beim Einsatz geprüft. Sie arbeiten zufriedenstellend. 6130b.

A l b u s, Kurt; Esslingen/Neckar. Abwasserbeseitigung über die landwirtschaftliche Nutzfläche, mit Hilfe des Schwemmistverfahrens, begünstigt zeitgerechte Hygiene im landwirtschaftlichen Betrieb. - Wasser u. Nahr. 7 (1962) Nr.3. S.148-149. 6130b.

A n o n y m. Jauche- und Wasserfaß aus Kunststoff. - Schlepper u. Landmaschine 14 (1963) Nr.1. S.22. - 1 Abb. Aus: Dok.-Dienst ILT 1963 Nr.2. 6130b.

A n o n y m. "Fahrbare Schlamm und Jauchepumpe Typ "P 67" - DLG-Prüfbericht. DLG-Maschinenprüfber. Nr.825.Gr.4 c/17. (1962) S.1-4. - Hersteller: Rietberg-Werke, Inh. Seppeler-Stiftung, Rietberg/Westf. 6130d.

C. GEWINNUNG UND AUFBEREITUNG TIERISCHER PRODUKTE

M c P e t r i d g e, M.J. Manure disposal from milking sheds. (Die Abwasserbeseitigung von Melkhäusern.) - New Zealand J. Agric. 105 (1962) Nr.5. S. 423. 425. 427. 429. - 2 Abb., 9 Schemata.

An Hand von Aufrissen und Querschnittzeichnungen wird die Anlage (Wandstärke und Dmr. entspr. verschieden starker Beanspruchung der Abwasserrinnen und Auffangbecken) erläutert. Die beschriebene Methode der Abwasserbeseitigung wird mit Erfolg in vielen Milchviehfarmen angewendet.

H.Senger. 6210a.

H e s s e l b a c h, J.; Bad Kreuznach. Melkmaschine oder Melkanlage? - Mitt. dtsch. Landwirtsch.-Ges. 78 (1963) Nr.2. S.38-39. - 3 Abb., 2 Tab.

Die einfache Melkmaschine ist von der Industrie zur Melkanlage weiterentwickelt worden. Außer der theoretischen Zeiteinsparung gegenüber dem Handmelken von 48 % ist die Melkmaschine vor allem auf Grund der großen Arbeitserleichterung und hygienischeren Milchgewinnung (die durch komplizierte Anlagen wieder erschwert wird) bereits in Herden ab 5-6 Kühen zu empfehlen. Dem Schnell- bzw. Kurzzeitmelken mißt Vf. keine praktische Bedeutung zu. Das Melken im Melkstand bringt erst ab 40 Kühen in Verbindung mit Laufstallhaltung und Verwendung von Milchtanks Vorteile gegenüber den Rohrmelkanlagen. Letztere sind den Eimermelkanlagen in Beständen ab etwa 20 Kühen vorzuziehen. Abschließend wird auf die Verbesserungen der Melkmaschinen (durchgehende Zitzengummis, Wasch- und Desinfektionsgeräte, Kannenkühlgeräte, doppelmantelige Milchtanks) sowie auf die Bedeutung der Euterpflege und sorgfältigen Reinigung der Melkmaschinen hingewiesen. E.Kulpe. 6210b.

Š a p o v a l o v, K.S. und V a z e n m i l l e r, N.K. (Schapowalow,K.S. und Wasenmiller, N.K.) Doil'nyj konvejer-karusel'. (Ein Melkkarussell.) - Životnovodstvo, Moskva 24 (1962) Nr.9. S.79-85. - 3 Abb., 1 Tab., 1 Zeichn.

Im Melkkarussell "KDU-16" (16 Plätze) stehen die Tiere wie im Tandemstand, im "KDUE-24" (24 Plätze) wie im Fischgrätenmelkstand. Eine Umdrehung des Melkkarussells dauert optimal 6-8 Min., und bei 3 AK ist eine Leistung von 160 bzw. 240 Kühen/h vorgesehen. Die mit der Melkmaschine "DA-3M" ermolkene Milch gelangt zur Erstbearbeitung in den vertieften Melkstand. Die Kraftfuttertröge an den Melkplätzen werden automatisch beschickt. Bei "KDU-16" ist das Transportband mit einem Außendurchmesser von 13,45 m 0,7 m breit, bei "KDUE-24" 1,4 m. Die Melkplätze werden durch automatisch gesteuerte zweiflügelige Türen getrennt. Das transportable Melkkarussell "KDUE-12" wird über die Zapfwelle oder von einem E-Motor angetrieben.

F. Schenk. 6210b.

S o n n t a g, S.; Oranienburg, Inst für Milchforsch. Wie wird der Fischgrätenmelkstand richtig genutzt? - Wiss.-techn. Fortschr. Landwirtsch. 3 (1962) Nr.10. S.451-452. - 4 Abb., 10 Lit. 6210b.

W h i t t l e s t o n e, W.G. und L a s c e l l e s, A.K. Hydrolytik rancidity in milk and agitation in the milking machine. (Der Säuerungsprozeß in der Milch und seine Förderung durch die Melkmaschine.) - Austral. J. Dairy Technol. 17 (1962) Nr.3. S.131-134. - 1 Abb., 2 Diagr., 2 Tab., 9 Lit.
Das Durchmischen der Milch mit Luft bei ihrem Fluß durch die Melkmaschine führt zur Zersetzung des Milchfettes. Um den Vakuumwechsel an der Zitze weicher zu gestalten, wurde eine feine Durchbohrung des Melkbechers an seinem Boden versucht. Der Einfluß dieser Luft auf eine evtl. Säuerung der Milch wurde untersucht und zwar nach dem Verfahren von Perrin & Perrin (1958). Der Anstieg des Gehalts freier Fettsäuren ergab sich am stärksten nach 5 bis 10 Min. langer Durchlüftung, dann langsamer ansteigend. Diese Steigung nahm mehr oder weniger stark zu, wenn diese Milch auch bei 4 °C 18 Std. später erneut untersucht wurde. Jede Vergrößerung der Durchlüftung der Milch beim Maschinenmelken ist also qualitätsmindernd. H. Senger. 6210b.

F r e i t a g, H.; Potsdam-Bornim, Inst. für Landtechn. der Dtsch. Akad. der Landwirtsch.-Wiss. zu Berlin. Untersuchungen an der Kältespeicheranlage "KSA 500 L" zur Milchkühlung. - Dtsch. Agrartechn. 12 (1962) Nr.8. S.380-382. - 3 Abb., 4 Tab., 3 Lit.
Die vom VEB Kühlanlagenbau Dresden hergestellte Anlage besteht aus Kältemaschine, Speicherbehälter und Wasserpumpe. Die erzeugte Kälte wird auf Wasser übertragen, das durch einen Wärmetauscher gepumpt wird. Der Speicherbehälter enthält einen Stahlplattenverdampfer, an dem sich zwischen den Kühlzeiten eine ca. 30 mm dicke Eisschicht bilden soll. Das Eis wird während des Kühlens abgeschmolzen. Im Prüfstand wurde eine Speicherkapazität von etwa 20000 kcal ermittelt, zu dieser Kühlleistung war eine Kompressorbetriebszeit von 2,47 Std. erforderlich, die Kompressorkälteleistung betrug 8970 kcal/h. Im praktischen Einsatz wurde die KSA 500 L" durch 2 bzw. 4 Blewa-Milchkühler komplettiert und im Weide-Fischgrätenmelkstand geprüft. Bei Verwendung von 4 Kühlern (Gegenstromprinzip) wurde die Milch bei einem Durchfluß von 288 kg/h auf 8,3 °C abgekühlt. Die Kompressoranlage wird nur zu 65 % ausgenutzt. Die Kälteleistung der Anlage reicht für einen Milchmengendurchfluß von 450 kg/h bei einer Melkdauer von 2 x 3,5 Std./Tag aus.

H.-H. Ostheeren. 6210c.

K u g e n e v, P.V. und Š č u k a, V.P. (Kugenew,P.W. und Stschuka,W.P.); Moskau, Landwirtsch. Timirjasew-Akad. Apparat dlja ochlaždenija moloka v processe doena korov. (Ein Apparat zur Milchkühlung während des Melkens.) - Živodnovodstvo, Moskva 24 (1962) Nr.7. S.82-84. - 1 Tab., 2 Zeichn.

Das mit Leitungswasser betriebene Kühlsystem besteht aus einem Milchsieb auf einem Milchbehälter, aus dem die gereinigte Milch durch Gummischläuche in die beiden gleichen Kühler und von da aus in die Milchkannen fließt; die letzte Kanne wird mit dem Vakuumsystem der Melkanlage verbunden. Der eigentliche Kühler ist ein doppelwandiger Hohlzylinder, in den ein Verdränger (Hohlzylinder) eingesetzt wird, mit dem er in einem Absetzbehälter befestigt wird. In den Kühler führen 4 Rohre (Wasserzu- und -ableitung, Milchzu- und -ableitung). Während der Arbeit fließt das Wasser durch die Kühlerwände, während die Milch in das Kühlerinnere tritt und durch den schmalen Zwischenraum zwischen Verdränger und Innenwand des Zylinders sowie zwischen Absetzbehälter und Außenwand des Zylinders läuft. F.Schenk. 6210c.

A n o n y m. Milchkühlgerät "Lister" Typ TK 4 für vier 20-l-Kannen - DLG-Prüfbericht. - DLG-Maschinenprüfber. Nr.807, Gr. 11 c/9. (1962) S.1-5. - Hersteller: Lister-Landgeräte GmbH, Lüdenscheid/Westfalen. 6210c.

H e s s e l b a c h, J.; Bad Kreuznach. Wir kaufen eine Milchkühlanlage. - Landarbeit 14 (1963) Nr.2. S.9-11. - 5 Abb. 6210c.

A n o n y m. "Farmer and Stockbreeder" beschreibt einen neuen Milchtanker. - Landmaschinen-Markt 41 (1962) Nr.22. S.1310.

Es wird ein auf einem 8 t Transportfahrzeug montierter Milchtanker von 7900 l Fassungsvermögen für das Milchsammeln von den einzelnen Farmen bzw. Sammelstellen beschrieben. Der Tanker ist mit einem Vakuumfüllsystem ausgerüstet. Mittels eines elektr. Exhaustors wird während der Fahrt zwischen den Sammelstellen Luft aus dem Tank gesaugt. Die Milch wird dann ohne mechanisches Pumpen, durch atmosphärischen Druck in den Tanker gedrückt. Die Entleerung des Tankers geschieht in umgekehrter Weise. Ein Überfüllen wird durch ein elektronisches Auge, das ein selengesteuertes Ventil betätigt, verhindert. Dieser Tanker sichert einen hohen Reinheitsgrad der Milch bei gleichzeitiger Senkung der Transportkosten. E.Kulpe. 6210f.

B o g n e r, Hermann. Qualitätsmilch, richtige Erzeugung und Behandlung. München: BLV Verlagsgesellschaft 1961. (112 S. m. 62 Abb.) DM 4,80.

Milchkontrolle in Holland. Hrsg. v. Minist. f. Landwirtschaft und Fischerei. Haag: 1962. (11 S.) 4°. = Veröffentlichung D 147. (SR 1213, 147)

C s i s z á r, Vilmos. Fejés, gépi fejés. (Melken und maschinelles Melken.) 2. erw. Aufl. Budapest: Mezögazdasági kiadó. 1962. (291 S.) 8°. (1962 A 1114)

VII. HAUSWIRTSCHAFT EINSCHLIESSLICH GEIMEINSCHAFTLICHE WIRTSCHAFTSEINRICHTUNGEN

A. ALLGEMEINES

J a n s s e n, W.D.M. Huishoudkundig onderzoek ten behoeve van het platteland, nu en straks. (Hauswirtschaftliche Untersuchungen auf dem Lande.) - Landbouwkund. Tijdschr. 74 (1962) Nr. 18. S. 763-768. 7005.

W a s n e r, Christel; Frankfurt/M. Küche mit Pfiff. - Mitt. dtsch. Landwirtsch.-Ges. 78 (1963) Nr. 13. Illustr.Beil. Nr. 3. 8 S. - 43 Abb. 7005.

K e l l i n g, Ingeborg; Frankfurt/M. Elektrogeräte befreien von lästiger Küchenarbeit. - Elektrizität 13 (1963) Nr. 2. S. 55-57. - 11 Abb. 7005.

B. VERSORGUNGSEINRICHTUNGEN

K u n e r t, Hubert. Heißes Wasser zur Arbeitserleichterung der Bäuerin. - Techn. u. Landwirtsch. 14 (1962) Nr. 21. S. 500-502. - 4 Abb., 3 Schemata. 7111.

A n o n y m. Het energieverbruik van elektrische huishoudelijke apparaten. I. (Energieverbrauch von elektrischen Haushaltsgeräten. 1. Mitt.) - Landbouwmechanisatie 14 (1963) Nr. 3. S. 237-240. - 6 Abb.
Untersuchungsergebnisse über den Energieverbrauch von elektrischen Haushaltsgeräten. 1) Küchenmaschine: Aufnahme 400 - 500 W, Verbrauch ca. 50 - 70 % davon, also 250 - 300 W/h. Bei einer Benutzungsdauer (BD) von 0,5 h/Tag beträgt der jährliche Verbrauch ca. 60 kWh. 2) Staubsauger: Aufnahme 200 - 500 W, Verbrauch ca. 150 - 400 W/h; jährlicher Verbrauch bei einer BD von 0,5 h/Tag 30 - 70 kWh. 3) Bohner: Aufnahme 200-- 500 W, mittlerer Verbrauch 150 - 350 w/h; jährlicher Verbrauch bei einer BD von 0,5 h/Tag 30 - 60 kWh. 4) Kühlschrank: Der Verbrauch an elektrischer Energie wird durch Kühlsystem, Umgebungstemp., Benutzungsintensität, Verpackung der Kühlgüter und Isolierung beeinflußt. Ein Absorptionskühlschrank bis 100 l Inhalt verbraucht in 24 Std. 1,4 - 1,97 kWh, ein Kompressionsschrank mit 240 l 0,52 - 0,78 kWh. Der Energieverbrauch eines Tiefkühlgerätes mit 140 - 800 l liegt zwischen 1,26 und 4,82 kWh in 24 Std. L.Machler. 7120.

B e c k e r, Huwald. Kochen und Heizen mit Gas. - Mitt. dtsch. Landwirtsch.-Ges. 77 (1962) Nr. 46. Reich der Landfrau S. 367-369. - 4 Abb., 1 Diagr.
Neben der traditionellen Verwendung von festen Brennstoffen für die Erzeugung von Heizenergie im ländlichen Wirtschaftsbetrieb kann auch die Verwendung von Fern- oder Flüssiggas zweckmäßig sein: in der Küche Gasherd, Warmwasserbereiter (Speicher, Boiler oder Durchlauferhitzer), Kühlschrank (als Absorber mit 60 - 240 l Inhalt); im Wirtschaftsraum Waschmaschine; in allen Wohnräumen Heizung (Einzelöfen oder Zentralanlage). - Neuzeitliche Gasgeräte sind im höchsten Maße betriebssicher, da aus keiner Brennstelle unverbranntes Gas ausströmen kann. Die Steuerung bzw. Schaltung ist über Thermostaten oder Schaltuhren möglich. Kleinere Geräte (Bockkocher, Tischgrill, Anzünder für feste Brennstoffe) können über Gassteckdose und Sicherheitsschlauch angeschlossen werden. - Die Wirkungsgrade von Fern- und Flüssiggas betragen

0,84, von elektrischem Strom 0,94, die Heizwerte entsprechend 3600 kcal/m³ bzw. 11000 kcal/kg bzw. 860 kcal/kWh. F.Lüpnitz. 7125.

A n o n y m. Gas heating. (Gas-Heizung.) - Engineering 194 (1962) Nr. 5037. S. 596. - 1 Abb.

Bei der Anwendung von Gas-Feuerung in der Küche und für die Wohnraumheizung werden keine Lagerräume für den Brennstoff-Vorrat (Kohle oder Öl) benötigt. Gegenüber der Anwendung von Elektrizität liegt der Vorteil darin, daß die Gasverwendung nicht durch Sondertarife während der Spitzenbelastungs-Zeiten beeinflußt wird. Für die Raumheizung haben sich kombinierte Strahl-Konvektor-Öfen bewährt, sie können automatisch gezündet werden und sind mit Thermostaten-Kontrolle ausgerüstet. Durch die Konvektion werden die Räume gleichmäßig und kurzfristig durchwärmt. - Gasbeheizte Warmwasserspeicher arbeiten ebenfalls vollautomatisch, das abgezapfte Wasser kann durch automatische Mischventile selbsttätig auf konstante Temp. eingestellt werden. Die Betriebsbereitschaft läßt sich durch Schaltuhren steuern. - Die Pflege von gas-beheizten Geräten beschränkt sich auf die jährliche Durchsicht und Reinigung der Brenner. F.Lüpnitz. 7130.

R a i s s, W.; Berlin-Charlottenburg, TU. Einfluß der Prüfanordnung auf die Wärmeleistung von Radiatoren. - Gesundheits-Ing. 83 (1962) Nr. 11. S. 318-325. 7130.

K r i s c h e r, O.; Darmstadt, TH. Zur Frage der Festlegung der Bedingungen für die Prüfung der Wärmeabgabe von Heizkörpern. - Gesundheits-Ing. 83 (1962) Nr. 11. S. 325-329. 7130.

K r i s c h e r, O. und R a i s s, W. Richtlinien für die Prüfung von Raumheizkörpern. - Gesundheits-Ing. 83 (1962) Nr. 11. S. 329-332. 7130.

K o h l m e y e r, Arno. Die elektrische Speicherheizung. - Elektro-Anz., Ausg. Handel Installationstechn. 16 (1963) Nr. 2. S. 20-25. - 4 Abb., 5 Diagr., 6 Schemata, 2 Lit.

Eine elektrische Speicherheizung kann als Einzelofen-, Fußboden- oder Warmluft- oder Warmwasserheizung verwendet werden. Bei den Einzelöfen werden je nach Art der Wärmeabgabe 3 Typen unterschieden. - Die Fußbodenheizung stellt infolge der Großoberflächenheizung mit milder Temp. eine ideale Form der Raumheizung dar. Entsprechend ihrer Wärmeträgheit unterscheidet man 3 Ausführungsformen: Heizungen mit geringer Trägheit, die auch tagsüber eingeschaltet bleiben müssen, Halbspeicherheizungen, die in den Spitzenzeiten abgeschaltet werden können und Vollspeicherheizungen, die den gesamten Wärmebedarf des Raumes nachts dem Netz entnehmen. - Warmluftheizungen, ausgeführt als Blockspeicherheizung, eignen sich für große Räume mit kurzer Benutzungsdauer wie Turnhallen und Kinos. Zentrale Warmwasserspeicherheizungen kommen vor allem dort in Betracht, wo eine vorhandene Warmwasser-Zentralheizung auf elektrischen Betrieb mit Nachtstrom umgestellt werden soll. Richtzahlen für benötigte Anschlußwerte: in günstigen Fällen 1 kW/15 m³, in ungünstigen Fällen 1 kW/10 m³ (starke Wärmeverluste des Raumes, Windeinfall usw.). L.Machler. 7130.

K o l l m a n n, Friedrich-Karl. Die elektrische Speicherraumheizung. - Elektrizität 13 (1963) Nr. 1. S. 31-35. - 3 Abb., 6 Diagr., 4 Schemata.

Die elektrische Speicherraumheizung entspricht den Anforderungen, die an die Bequemlichkeit und den Komfort einer Raumheizung gestellt werden und berücksichtigt auch die hygienischen Belange (Reinhaltung der Luft u.a.). Die Anschlußwerte für Nachtstrom-Speicherheizung sind in der BRD in den letzten 10 Jahren steil angestiegen; sie betrugen Ende 1962 nach privaten Schätzungen ca. 450000 kW. Es wird darauf hingewiesen, daß es unzulässig ist, die Verbrauchszahlen elektrischer Raumheizung in kWh/m^3 anzugeben, Diese Angabe vernachlässigt die Einbeziehung vieler, den Verbrauch entscheidend bestimmender Faktoren wie Wärmebedarf, Ortslage, Heiztage, Raumbenutzungsstd., verwendetes Heizsystem bzw. Bauart. Bei der Berechnung des Wärmebedarfes an Hand der DIN 4701 muß zusätzlich der Feuchtigkeitsaustausch zwischen Wand und Außenluft berücksichtigt werden. L.Machler. 7130.

B e r n a r d, J.I. Domestic "off-peak" heating. (Wohnungsheizung in der belastungsarmen Zeit.) - Electr. Rev. 172. (1963) Nr. 5. S. 169-172. - 4 Abb., 2 Diagr.

Die auch in Großbritannien verbreiteten Fußboden- und Speicherheizungen in Wohnräumen haben sich bewährt. Der bes. Vorteil, der auch von den Elektrizitätsversorgungsunternehmen gefördert wird, liegt in der Möglichkeit, die Aufheizperiode in die Zeit geringer Netzbelastung zu legen. - Die Schaltung bzw. Steuerung der Fußbodenheizung erfolgt durch ein dafür entwickeltes Aggregat, das aus Zeit-Schaltuhr und Thermostat besteht. Dabei braucht die Heizperiode nicht immer in den Nachtstunden zu liegen, es ist auch möglich, während der Nachmittagszeit nachzuheizen. - Zu beachten ist, daß die Oberflächen von Fußboden bzw. Heizblock nicht zu warm werden. Daher werden die Speicherheizkörper zumeist aus keramischen Werkstoffen gebaut.

F.Lüpnitz. 7130.

F i s c h e r, L.J.; London. Nat. Coll. for Heating, Ventilating, Refrigeration. Die Deckenleisten-Heizung. - Heizung-Lüftung-Haustechn. 14 (1963) Nr. 1. S. 4-6. - 3 Abb., 2 Schemata, 2 Lit.

Nur solche Heizsysteme, deren Heizflächen an der Decke des Raumes angeordnet sind, gewährleisten eine völlige Freizügigkeit bezüglich der Raummöblierung. Bei dem "Karniesenheizungs-System" werden Bauelemente, die denen der Sockelheizung ähneln, in dem Winkel von Wand und Decke eingehängt. Die Heizelemente, die aus dem Heizrohr und der Heizlamelle bestehen, sind 97 mm tief und 165 mm hoch. Unter Berücksichtigung eines gewissen Abstandes von der Decke ragt die Unterkante 192 mm in den Raum unterhalb der Decke hinein. Die Temperaturverteilung im Raum entspricht einer Sockelheizung. Die Verlegung des Systems ist leichter, da die Rohrleitungen nicht von Türen, elektrischen Leitungen oder dem Möbelstandort beeinflußt werden. - Im Sommer ist das System zur Raumkühlung geeignet, wobei Kaltwasser oder auch Kühlmittel angewendet werden können. Das niedergeschlagene Kondenswasser wird in einer bes. Rinne unterhalb der Leitungselemente aufgefangen. F.Lüpnitz. 7130.

A n o n y m. De badkamerkachel. (Wärmgeräte für das Badezimmer.) - Landbouwmechanisatie 14 (1963) Nr. 2. S. 147-149. - 2 Abb.

Da im Bad meistens eine kurzzeitige Erwärmung benötigt wird, bietet die elektrische Heizung mittels Strahlung viele Vorteile. Offene Strahlgeräte sind für das Bad wenig geeignet, da die Berührungsgefahr zu groß ist. Diese Geräte müssen in 2,5 m Höhe angebracht werden, eine Raumhöhe, die in Neubauten nicht immer vorhanden ist. Empfohlen wird ein geschlossener Wärmestrahler vom Backerbuis-Typ, dessen Strahlelement in einer isolierenden keramischen Masse eingebettet ist, die von einem Metallrohr umschlossen wird. Das Rohr wird rotglühend, ein hochglänzender Reflektor sorgt für intensive Strahlung. Die Aufnahme dieser Wärmestrahler beträgt 1000 oder 1500 W. Beim Einkauf ist auf den Prüfvermerk der N.V. KEMA, Arnhem, zu achten.

M.Lüpnitz. 7130.

A n o n y m. Consumers' control units. (Steuereinrichtung für elektrische Heizung.) - Electr. Rev. 172 (1963) Nr. 5. S. 210. - 1 Abb.

Die Steuereinrichtung für elektrische Fußboden- und Speicherheizung der Fa. Engel u. Gibbs Ltd., Borcham Wood, Herts., besteht aus einem versenkbaren Einbaukasten, dessen Frontplatte plombiert werden kann. Die Schaltuhr ist durch ein Fenster zu kontrollieren, ihre Zugangsöffnung kann bes. plombiert werden. Eine weitere, ebenfalls verschließbare Öffnung führt zu den Sicherungen. Die Schalteinrichtungen bestehen aus einem handbedienbaren Hauptschalter, 6 Sicherungen für Stromkreise sowie Quecksilber-Schaltröhren. Je nach Zusammenbau ist senkrechte oder waagerechte Montage der Steuereinrichtung möglich.

F.Lüpnitz. 7130.

H a u s, R.; Neuhoffnungshütte, Sinn/Dillkreis. Die technische Entwicklung des Ölofens im letzten Jahrzehnt. - Heizung-Lüftung-Haustechn. 14 (1963) Nr. 3. S. 75-78. - 2 Abb., 2 Schemata.

Zur Senkung des Arbeitsaufwandes bei der Bedienung des Ölofens erweist sich der Schwimmregler als Vorteil gegenüber dem Niveautank. Der Schwimmregler hat zunächst im Gehäuse eine gleichbleibende Niveau-Regulierung. Die Ölmengen werden durch Heben und Senken des Regulierventils dosiert. -Während sich die Ausbildung der Brennkammer - runde, zylindrische Form - im Verlaufe der Weiterentwicklung kaum verändert hat, wurde der Brenner laufend verbessert. Bereits 1956 sind Öfen mit Brennertypen ausgestattet worden, die fast über den ganzen Regelbereich mit entleuchteter (blauer) Flamme das Öl verbrennen lassen. Die Bau-, Güte- und Prüfbestimmungen sowie Sicherheitsforderungen für Ölöfen sind in den HKI-Richtlinien bzw. durch DIN 4730 fixiert. Die meisten Modelle werden jetzt mit eingebautem Tank und emaillierter Ummantelung gefertigt.

L.Machler. 7130.

A n o n y m. Ölheizungsautomat SH 022 220 - DLG-Prüfbericht. - DLG-Maschinenprüfbericht Nr.747. Gr. 13b/9. (1962) S. 1-5. - 1 Abb.

Hersteller: Adolf Ruckelshausen, Pfungstand-Darmstadt. - Beschreibung: Der kombinierte Herd ist zur Wärmeerzeugung für die Zentralheizung vorgesehen und kann gleichzeitig zum Kochen benutzt werden. Er besitzt einen Einsatzkessel, Sturz- und Steigezüge und einen Ölbrenner mit Regler und Gebläse. Die "An-Aus-Regelung" wird thermostatisch gesteuert. - Techn. Daten: Masse 180 kg; Breite 560, Höhe 885 und Tiefe 590 mm; Kochplatte 485 x 385 mm. - Prüfungsergebnisse: Die Nennleistung von 22000 kcal/h wurde bei 1,5 mm WS und einem Öldurchfluß am Regler von 2,66 kg/h erreicht (Heizöl EL 10200 kcal/kg). Der feuertechn. Wirkungsgrad beträgt bei Nennleistung 81 %. Der Kochwirkungsgrad bei 55 % Kochflächenbesetzung beträgt nur 8 %, kann aber, da der Herd in erster Linie Heizungsherd ist, als ausreichend angesehen werden. Die Heizleistung reicht aus, um 6 Räume mit 204 m^3 Rauminhalt zu beheizen. - Das Gerät ist für den Landhaushalt geeignet und wird "DLG-anerkannt". M.Lüpnitz. 7130.

R e i n s c h, Hans H. Was muß man bei der Einlagerung von Heizöl beachten? - Techn. u. Landwirtsch. 14 (1962) Nr. 22. S. 528. 7130.

R ü b, Friedmund; Wiesbaden. Klimageräte - ein zukünftiger Verkaufsschlager? - Elektro-Techn. 45 (1963) Nr. 4. S. 53-56. - 7 Abb., 1 Tab. 7135.

A n o n y m. Frisse lucht door goede ventilatie. (Frische Luft durch gute Lüftung.) - Landbouwmechanisatie 13 (1963) Nr.14. S. 61-65. - 5 Abb.
Es wird Konstruktion und Arbeitsweise folgender Lüftungsgeräte und -einrichtungen dargelegt: 1. Tisch-, Wand- und Deckenventilatoren; 2. Lüftungseinrichtungen ohne Elektromotor, die im Mauerwerk oder in Fenster angebracht werden können; 3. Ventilatoren mit Elektromotor (für Mauerwerk oder Fenster). Zu 3. Diese Ventilatoren bestehen aus Motor, den Flügeln und einer Vorrichtung, die den Abschluß nach außen ermöglicht (Deckel-, Jalousie- oder Irisverschluß). Man geht mehr und mehr dazu über, Ventilatoren in Fenster statt ins Mauerwerk einzubauen. Diese Ventilatoren bestehen meistens aus Kunststoff. Die benötigte Leistung des Ventilators in m^3 Luft je Std. richtet sich nach der Raumgröße bzw. nach der Zahl der im Raum anwesenden Personen: das 5-7fache des Rauminhalts je Std. bzw. 30-50 m^3 Luft/Person. Für die Lüftung von Haushaltsküchen muß die Ventilatorleistung 300 m^3 Luft/h betragen. Die Aufnahme der Geräte liegt zwischen 15 und 45 W. Es wird empfohlen, bei der Anschaffung auf den Prüfvermerk der N.V. KEMA zu achten. M.Lüpnitz. 7135.

C. VORBEREITUNG UND ZUBEREITUNG DER NAHRUNG EINSCHLIESSLICH REINIGUNG DER KÜCHENGERÄTE

A n o n y m. Electric can-opener. (Elektrischer Öffner für Konservendosen.) - Electr. Rev. 171 (1962) Nr. 20. S. 780. - 1 Abb.
Das von der Sunbeam Electric Ltd., East Kilbride, Scotland, entwickelte Gerät ist tisch- oder wandmontierbar, es ist 3 in. tief, 3 in. hoch und 6,5 in. breit (ca. 8 x 8 x 17 cm). Als Antrieb dient ein 115-W-Wechselstrommotor, die Kraftübertragung erfolgt durch ein Nylon-Getriebe. Mit dem Gerät können Blechdosen jeder Form geöffnet werden, Standard-Dosen innerhalb von 4-5 Sek. Die Schnittkante ist völlig glatt, so daß Verletzungen ausgeschlossen sind. Der abgeschnittene Deckel wird magnetisch festgehalten und fällt nicht in das Gut. Beim Aufschneiden entstehen weder Abrieb noch Späne. F.Lüpnitz. 7205.

A n o n y m. Electric cookers. (Elektroherde.)- Electr. Rev. 117 (1962) Nr. 19. S. 3-16. - 14 Abb., 8 Tab.
Zusammenstellung und Übersicht von ca. 80 Modellen, die von 15 Firmen auf den britischen Markt gebracht werden. Die Aufnahme der Vollherde liegt zwischen 5 und 12 kW, die der Kleinherde und Kochplatten unter 5 kW. Alle Herde sind mit Schnellkochplatten (Strahlplatten) ausgerüstet. Die größeren Herde haben Grilleinrichtungen - zumeist in Augenhöhe - sowie drehbare Bratspieße. Schaltuhren, Zeitschalter und thermostatische Kontrolle gehören

zur Grundausrüstung. - Bes. groß ist das Modell "Classic 70" der Belling u. Co. Ltd. Enfield, Middlesex, dessen Ausmaße 54 x 42 x 24 in. (ca. 137 x 107 x 61 cm) betragen. Die Bedienungsorgane befinden sich auf einem rückwärtigen Paneel, die beleuchtbare Bratröhre ist 16 x 15 x 15 in. (41 x 38 x 38 cm) groß, mit einer zusätzlichen Glasscheibe versehen und n e b e n dem geräumigen Wärmefach angeordnet. F.Lüpnitz. 7205.

L a m p e, Margarete. Automatik am Elektroherd. - Techn. u. Landwirtsch. 14 (1962) Nr. 21. S. 498-499. - 1 Abb., 2 Schemata.
Die Wirkungsweise einer automatischen Kochplatte wird an einer E.G.O.-Automatikplatte (mit 180 mm Dmr. und 2000 W Aufnahme) dargestellt. Diese Automatikplatte ist mit Thermoregler und Drehwinkelschalter ausgestattet. Der Schaltknebel ermöglicht eine zwölfstufige Feineinstellung. Ein Fühler in der Automatikplatte hält die gewünschte Temp. in gleichmäßiger Höhe, so daß bei richtiger Einstellung ein Überkochen, Anbrennen, Verkochen oder Verdampfen nicht zu befürchten ist. Da die Wärme genau dosiert werden kann, ist der Stromverbrauch bei Einsatz der Automatikplatte geringer. Die Platte kann zusätzlich mit einer Zeituhr kombiniert werden, so daß die Hausfrau nach der Einstellung einkaufen oder anderen Pflichten nachgehen kann.
L.Machler. 7205.

R o d e r i c h, Leo; Frankfurt/M. Geschirrspülmaschinen in der Diskussion. - Elektro-Techn. 45 (1963) Nr. 4. S. 51-52. 7205.

D. KONSERVIERUNG UND LAGERUNG DER NAHRUNGSMITTEL

S c h l e i t h o f f, Marie-Luise. Fleischkonservierung in neuzeitlicher Sicht. - Mitt.. dtsch. Landwirtsch.-Ges. 78 (1963) Nr. 3. Reich der Landfrau S. 19-20.
Auch unter Berücksichtigung der zusätzlichen Betriebskosten für Energie während der Konservierungsperiode läßt sich die Gefrierkonservierung wirtschaftlich vertreten. Auf jeden Fall werden die Kosten durch die erhöhte Qualität des Gutes (geringstmögliche Nährstoffverluste, keine Veränderungen von Geschmack und Aussehen) aufgewogen. - Der Zeitaufwand für das Einfrieren von 7 kg Schweinefleisch beträgt 43 Min. (beim Wärmesterilisieren werden 77 Min. benötigt). Als Auftauzeit werden 1 h/cm Fleischstärke angenommen. - Die Gefrierkonservierung erfordert neben dem selbstverständlich sauberen und hygienisch einwandfreien Vorbereiten: luftdichtes und feuchtigkeitsfestes Verpackungsmaterial (Folien, Pergabecher, Glas- oder Leichtmetalldosen), hohe Gefriergeschwindigkeit bei -25 °C, gleichbleibende Lagertemp. bei - 18 °C, keine Überschreitung der Lagerzeit, schneller Verbrauch des aufgetauten Gutes. - Möglich ist auch die Konservierung von Fertiggerichten.
F.Lüpnitz. 7305.

K u p r i a n o f f, Johann; Karlsruhe, VDI. Lebensmitteltechnik (Jahres-Literaturübersicht.).- VDI-Z. 105 (1963) Nr. 7. S. 316-322. - 2 Tab., 126 Lit. 7305.

R a n g, Wilhelm. Tiefgefrieren - Arbeitsentlastung.-Techn. u. Landwirtsch. 14 (1962) Nr. 21. S. 499-500. 7305.

International dictionary of refrigeration. Paris: Inst. international du froid 1961. (XXXIII, 278 S.) 4°. (1963 B 42)

E. WASCHEN UND KLEIDERPFLEGE

W u r s t e r, G.; Tübingen-West. Betrachtungen zum Entwicklungsgang der Waschmaschinen für den Haushalt. - Heizung-Lüftung-Haustechn. 14 (1963) Nr. 2. S. 37-44. - 2 Abb., 2 Diagr., 2 Schemata, 3 Tab.
In einer zusammenfassenden Darstellung werden Nomenklatur der Waschmaschinen, Waschgewohnheiten, Konstruktionseigenarten der verschiedenen Geräte sowie deren Anpassung an die Haushaltsverhältnisse bzw. an die Wäsche erörtert. - In dem Normblatt DIN 44981 werden die Waschmaschinen nach 6 Merkmalen charakterisiert: Arbeitsumfang, Wirkungsweise, Antriebsart, Art und Umfang der Beheizung, Steuerung, Art des Anschlusses und der Installation. - Die Anpassung an die Haushaltsverhältnisse bedingte eine wesentliche Reduzieruhg der Heizleistung der industriellen Geräte. Dadurch wurde jedoch der Arbeitsablauf, auch bei automatischer Steuerung, verlängert. - Im Interesse der Wäscheschonung wird vorgeschlagen, Textilien mit Symbolen zu versehen, aus denen die Behandlungsmöglichkeit in einer Waschmaschine zu entnehmen ist (Temp., Art der Wäschebewegung, Wassermenge, Schleudermöglichkeit).
F.Lüpnitz. 7405.

H a a s e, Hans. Lohnt sich eine Waschmaschine? - Techn. u. Landwirtsch. 14 (1962) Nr. 22. S. 516-518. 520-521.
Die Jahresbelastung bei Einsatz eines 5-kg-Vollautomaten mit einem Anschaffungspreis von 1750,00 DM beträgt in einem 6-Personenhaushalt bei 60 kg Wäsche/Monat für Abschreibung 210,00 DM, für 720 kWh 72,00 DM. Bei Kesselwäsche sind 65 AKh je Person/Haushalt und Jahr erforderlich. Durch Einsatz des Vollautomaten können davon 84 % (= 328 AKh x 1,5 DM = 492,00 DM) eingespart werden. - Als günstigster Maschinentyp wird die vollautomatische Trommelwaschmaschine angesehen. Es werden Konstruktion und Arbeitsweise (zum Teil DLG-geprüfter) Maschinen beschrieben: u.a. der Vollautomat "Lavamat de luxe" von der AEG für 5 kg Trockenwäsche mit Vorwärmbehälter, so daß die Wäsche heiß und warm gespült werden kann; Vollautomaten "WA 441-de Luxe" und "WA 451 be-frei" von Bauknecht für ca. 4,5 kg Trockenwäsche mit 4 automatisch ablaufenden Spezialwaschprogrammen; Waschautomaten von Bosch "WA5" (ohne Schleuder) und "WAS 5" (mit Schleuder) für 5 kg Trockenwäsche und Ein- oder Zweilaugenverfahren; "K6 de luxe chroma" von Constructa für 5 kg Trockenwäsche mit automatischem Laugenstandsregler.
L.Machler. 7405.

A n o n y m. Ratschläge für das Waschen in modernen Haushaltswaschmaschinen. - Elektro-Techn. 45 (1963) Nr. 4. S. 52.
Eine Waschmaschine darf nie mit Wäsche überladen sein. Bei Trommelwaschmaschinen soll die Trommel mit Trockenwäsche locker bis obenhin, mit Naßwäsche bis zur Hälfte gefüllt werden. Der vorgeschriebene Laugenstand ist unbedingt einzuhalten. Für 1 kg Trockenwäsche werden je nach Maschinentyp

bei Bottichwaschmaschinen 15-20 l, bei Trommelwaschmaschinen 4-6 l Lauge benötigt. Für das Waschen in Trommelwaschmaschinen sind folgende Waschtemp. einzuhalten: Kochwäsche: Vorwaschen bis 50 °C, Klarwaschen bis 90 °C; Heißwäsche: Vorwaschen bis 50 °C, Klarwaschen bis 60 °C. Bei Feinwäsche entfällt das Vorwaschen, Klarwaschen nicht über 30 °C. Der Waschvorgang soll bei Feinwäsche nicht länger als 8 Min. dauern. Stark schäumende Waschmittel können in Trommelwaschmaschinen nicht benutzt werden. L.Machler. 7405.

F. REINIGUNG UND PFLEGE DER RÄUME

H a n f f s t e n g e l, von. Elektrische Teppichklopfgeräte in der Praxis. - Mitt..dtsch. Landwirtsch.-Ges. 78 (1963) Nr. 4. Reich der Landfrau S. 29-30. - 1 Abb.

Die Teppichreinigung von Hand, insbesondere das Klopfen, erfordert einen unverhältnismäßig hohen Kraft- und Zeitaufwand. Es wurden daher Spezial-Teppichklopfgeräte entwickelt, die diese Reinigung ohne Staubbelästigung in der Wohnung durchführen lassen. - Neben der Erhöhung der Saugleistung sind diese Geräte mit Einrichtungen versehen, die den Teppich rütteln oder klopfen und damit den Schmutz lockern. Diese Einrichtungen bestehen aus sich drehenden Walzen mit Bürstenbesatz oder aus Gummibändern, die durch den Luftstrom in vibrierende Bewegung versetzt werden. - Brauchbarkeitsprüfungen ergaben, daß nur solche Geräte voll wirksam sind, die schon als Einheit konstruiert worden sind. Anbaugeräte zu (den meist zu kleinen) Handstaubsaugern bringen keinen spürbaren Nutzen bez. Reinigungswirkung oder Zeitersparnis. - Es wurde festgestellt, daß Teppichklopfgeräte die Teppichqualität nicht beeinflussen. F.Lüpnitz. 7505.

H. HAUSWIRTSCHAFT/AUSSTELLUNGEN, TAGUNGEN, VORFÜHRUNGEN, REISEN, ÜBERSICHTEN

R ü b, Friedmund. Kölner Frühjahrsmesse: Starker internationaler Wettbewerb. - Elektro-Techn. 45 (1963) Nr. 9. S. 145-154. 156. - 33 Abb.

In der Messeübersicht werden folgende Exponate berücksichtigt: Kühlschränke, Küchenmaschinen, Entsafter und Mixgeräte, Elektroherde, Toast-, Grill- und Kochgeräte, Waschmaschinen, Bügelgeräte, Heißwasserbereiter, Geschirrspülmaschinen, Geräte für die Raumpflege, Warmluft- und Klimageräte und Geschirr für die Kocharbeit. - Als Neuheiten werden u.a. herausgestellt: Gefrierkühlschrank (250 l) der Fa. Bauknecht mit 30-l-Tiefkühlfach, das Dreistufenkühlung mit Temp. zwischen -5 und -24 °C ermöglicht. - Entsafter der Fa. Phoenix, bei dem ausgepreßte Rückstände während des Arbeitsganges vollautomatisch durch die Führungsrille im Deckel in den nebenstehenden Plastikbehälter ausgestoßen werden. Zweiplatten-Einbaukochtisch der Fa. Eisenwerke Gaggenau mit einer Automatikplatte. - Toaster der Fa. Braun AG mit Bräunungsautomatik; ein Fühler mißt die Temp. in unmittelbarer Nähe der eingelegten Brotscheiben; ist die dem Bräunungsgrad entspr. Temp. erreicht, wird die Brotschnitte automatisch "ausgefahren". - Waschautomaten der Fa. Constructa mit "Kochautomatik", die es gestattet, Kochwäsche während der Hauptwäsche mit sprudelnder Lauge bei 100 °C etwa 10 Min. lang zu kochen. - Dreischeibenbohner von Hoover mit Möbelschutz aus Weichplastik und Frontbeleuchtung; das flache Gehäuse (Höhe 17 cm) gestattet auch das Arbeiten unter niedrigen Möbeln. - Heizlüfter der Fa. BBC mit Zeitautomatik.

L.Machler. 7705.

IX. G A R T E N B A U

E I N S C H L I E S S L I C H O B S T- U N D W E I N B A U

A. ALLGEMEINES

A n o n y m. Ninth annual report 1961-1962. (9. Jahresübersicht 1961/62.) - Scott. horticult. Res. Inst., annu. Rep. 1962 Nr.9. S.1-87. 9020.

K u m s t ʹy ř, Květoslav. Základy zahradnictví. Ucební text pro strední zemed. techn. školy oboru pestitelskochovatelského. (Grundlagen des Gartenbaus. Lehrbuch für mittlere landtechnische Schulen, Fachgebiet: Anbau und Züchtung.) Praha: Státní zemed. naklad. 1962. (112 S.) 8°. (1962 A 1514)

D. GARTENBAUTECHNISCHE BETRIEBSANGELEGENHEITEN

P r e u s c h e n, G.; Bad Kreuznach. Arbeitswirtschaft in intensiven Gartenbaubetrieben. - Gartenwelt 62 (1962) Nr.23. S.459-460. 9170.

H a l a n g, H.; Dresden-Pillnitz, Inst. für Obst- und Zierpflanzenbau der Dtsch.Akad. der Landwirtsch.-Wiss. zu Berlin. Arbeitswirtschaftliche Untersuchungen bei Cyclamen. I. - Dtsch. Gartenbau 10 (1963) Nr.3. S.78-80. 9170.

E. GARTENBAUTECHNIK/MESS- UND PRÜFWESEN

S v e n t i c k i j, I.I. (Swentizki, I.I.); Moskau, Unions-Forsch.-Inst. für Elektrizifier. der Landwirtsch.; Landwirtsch. Timirjasew-Akad. Pribor dlja izmerenija ėffektivnoj oblučennosti v rastenievodstve. (Gerät zum Messen der wirksamen Bestrahlung von Pflanzen.) - Sbornik naučno-techničeskoj informacii po ėlektrifikacii sel'skogo chozjajstva. Vsesojuznyj naučno-issledovatel'skij institut ėlektrifikacii sel'skogo chozjajstva (VIĖSCh), Moskva 1961 Nr.9. S.23-29. - 1 Abb., 3 Diagr., 1 Schema, 1 Tab.
Versuche mit Gurken und Tomaten haben ergeben, daß die genauesten Werte für die Mengen der je Einheit der Bestrahlung gebildeten Trockensubstanz erhalten werden, wenn zur Messung der Bestrahlung ein Gerät benutzt wird, dessen spektrale Empfindlichkeit der spektralen Empfindlichkeit des "mittleren Pflanzenblattes" entspricht. Zu diesem Zwecke wurde ein Gerät entwickelt, das mit einer kleinen Wismut-Silber-Cäsium-Vakuumphotozelle ausgerüstet ist, vor die ein Mosaikfilter geschaltet wird. Vf. beschreibt den Aufbau des Gerätes, bringt die Berechnung des Mosaikfilters, gibt das elektr. Schaltbild des Geräts und weist mit Spektraldiagr. die gute Übereinstimmung der theoretisch geforderten und praktisch erhaltenen spektralen Empfindlichkeit des Gerätes nach. W.Balkin. 9210.

T u k e y, Loren D., F l u c k, M.F. und M a r s h, C.R. An illumination totalizer for integrating light from either natural or artificial sources. (Ein Lichtsummenmesser für Licht von natürlichen oder künstlichen Quellen.) - Proc. Amer. Soc. horticult. Sci. 75 (1960) S.804-810. - 3 Abb., 1 Schemaskizze, 1 Tab., 6 Lit.
Der beschriebene Lichtsummenmesser ist für Messungen auf dem Feld sowie im

Labor geeignet. Er ist leicht zu handhaben und hat niedrige Baukosten. Die Konstruktion und Funktion des Gerätes werden beschrieben. Zwei Geräte wurden auf dem Feld geprüft und verglichen und es erwies sich, daß sie die Sonneneinstrahlung auch unter Feldbedingungen zuverlässig messen. Die gewonnenen Werte können in Gramm-Kalorien oder Lux pro Zeiteinheit umgerechnet werden. L.Kunath. 9210.

A n o n y m. Improvements to the maturometer. (Vervollkommnung des Reifemeßgerätes.) - Food Preservat. Quart. 22 (1962) Nr.1. S.18-19. - 1 Abb., 3 Lit.

Das Gerät baut auf einem australischen Patent auf, das 1950 veröffentlicht wurde. Es dient dazu, das Reifestadium von grünen Erbsen durch Festigkeitsmessungen zu erfassen. Das Prinzip hierbei ist die Messung des Druckes, der erforderlich ist, um Stahlstifte bestimmter Dimensionen in die Früchte einzudrücken. Die Weiterentwicklung derartiger Geräte führte zum Bau des Ringfederreifemessers. Bei diesem Gerät wird die Druckveränderung durch ein Zeigersystem angezeigt, so daß ein Zahlenwert für den Reifegrad bzw. die Festigkeit der Erbsen erhalten wird. Die Versuchsproben werden in profilierten Tafeln aufgenommen und in das Meßgerät eingeführt.

W.Blasse. 9210.

A n g, J.K., I s e n b e r g, F.M. und H a r t m a n, John D. Measurement of firmness of onion bulbs with a shear press and a potentiometric recorder. (Die Festigkeitsmessung von Zwiebeln mit einer Druck-Prüfmaschine mit Druckschreiber.) - Proc. Amer. Soc. horticult. Sci. 75 (1960) S.500-509. - 3 Abb., 5 Diagr., 5 Lit.

Es wird eine Methode zur Bestimmung der relativen Festigkeit von Zwiebelsorten beschrieben, zu der eine L.E.E.-Kramer-Presse verwendet wurde. Der F/D-Wert (das ist Kraft in kg geteilt durch die Kompression der Zwiebeln in cm) nimmt proportional mit dem Zwiebeldurchmesser zu. Sortenunterschiede wurden festgestellt. L.Kunath. 9210.

D e d o l p h, Richard R. A suggested method for handling data obtained with an exponential (variable dosage) sprayer. (Ein Vorschlag für eine Methode zur Verrechnung von Versuchswerten des Exponential-Sprühgerätes /variable Dosierung/.) - Proc. Amer. Soc. horticult. Sci. 75 (1960) S.789-798. - 4 Diagr., 5 Tab., 6 Lit.

Vf. behandelt die Versuchswerte des Exponential-Sprühers und ihre statistische Sicherung. Die Zuverlässigkeit der Analyse wird durch genügende Wiederholungszahl vergrößert. Die Betrachtung der Vertrauensgrenzen an Hand eines Diagr. zeigt, daß die Ausgangskonzentration so eingestellt werden soll, daß die gewünschte Konzentration etwa in der Mitte oder etwas darunter liegt. L.Kunath. 9215.

F. GARTENBAU/ENERGIE, KRAFTMASCHINEN UND SCHLEPPER

R e n a r d, W.; Hannover. Elektrizität als Produktionsfaktor im Gartenbau. - Elektrizität 12 (1962) Nr.6. S.136-139. - 4 Abb., 2 Lit.

Elektroenergie kann verwendet werden für den Antrieb von Arbeitsmaschinen, zur Bereitstellung von Wärme und Licht sowie zur Regelung und Steuerung. Als Richtwerte für den jährlichen Bedarf an elektrischer Energie im Gartenbau gelten: Versorgung von Ölbrennern 0,4-2 kWh/m^2, Schwerölaufwärmung

1,5 kWh/m², Heizungsumwälzpumpe 0,35-0,5 kWh/m², Decken-Lufterhitzer im Warmhaus 8-12 kWh/m², im Kalthaus 4-6 kWh/m², Luftumwälzung im Gewächshaus 1,8 kWh/m², Zwangslüftung und Gewächshauskühlung 10 kWh/m², Maschendrahtheizung 100-300 kWh/m², Elektroerddämpfer 70 kWh/m²Erde, Erdaufbereitung 0,1-0,2 kWh, Bewässerung Freiland 0,1 kWh/m², Gewächshaus 0,2-0,4 kWh/m², Kühlmöbel 250 kWh, Kühlräume 200-400 kWh/m³, Langtagsbelichtung 18 kWh/m², Mittelstarke Zusatz-Belichtung (8 Std./Tag) für Jungpflanzen 190 kWh/m², starke Zusatz-Belichtung für Tomaten und Gurken 200 kWh/m².

F.Lüpnitz. 9260.

V i c t o r; Wiesbaden. Erläuterungen zu den Typentafeln über Weinbergsseilwinden. - Dtsch. Weinbau 16 (1961) Nr.23. Techn. im Weinbau S.71-81. - 6 Tab.

Die Typentafel umfaßt Daten über 13 tragbare Motorseilwinden, 15 Anbauseilwinden, 3 Anhänge- und 6 Hangelwinden. Tragbare Winden sind dort verwendbar, wo Schlepper, Raupen oder Einachsschlepper nicht vorhanden sind. Anbauseilwinden bilden mit den Schleppern eine Einheit und werden durch die Zapfwelle angetrieben. Einachsschlepper benötigen besondere Abstützvorrichtungen. Anhängewinden sind Nachläufer und werden über die Zapfwelle angetrieben. Hangelwinden weisen den Vorteil der Ein-Mann-Bedienung auf; die Geräte ziehen sich selber durch Seilzug. Die Aufstellung umfaßt Hersteller, Typ, techn. Einzelheiten über die Trommel, Bremse, Motor sowie Abmessungen, Gewicht, Preis und einen Hinweis über die DLG-Prüfung. W.Blasse. 9275.

G. GARTENBAU/TRANSPORT UND FÖRDERUNG

T i t z e, W.; Kiel. Transportkosten beim Versandgemüse.-Rhein. Mschr. Gemüse-, Obst- u. Gartenbau 51 (1963) Nr.1. S.13-14. - 5 Abb., 2 Tab.

9305.

W i r t h, A.; Wädenswil, Eidg. Versuchsanst. Zur Verwendung des Tiefgangwagens. - Schweiz. Z. Obst- u. Weinbau 71 (1962) Nr.11. S.272-274. - 3 Abb.

In Betrieben, wo keine Schlepper mit hydraulischen Hebevorrichtungen vorhanden sind, können Tieflader bereits wesentliche Arbeitserleichterungen herbeiführen. Bei Schlepperzug soll ihre Tragfähigkeit 2,5 - 3 t betragen und eine Bodenfreiheit von 30 cm garantiert sein. Die Höhe der Ladefläche liegt dann bei 40 cm, wobei die Räder seitlich überstehend angeordnet sind. Neben Erleichterung bei Transportarbeiten von Erntegut eignen sich Tieflader für das Umsetzen von Maschinen und Geräten. Um die Vorteile des Tiefgangwagens voll auszunutzen, muß die Rampenhöhe diesen Transportfahrzeugen angepaßt sein. W.Blasse. 9310f.

H. GARTENARBEITEN - AUSSCHLIESSLICH ERNTE

T h i e l e, K.; Dresden-Pillnitz, Inst. für Gartenbau der Dtschen. Akad. der Landwirtsch.-Wiss. zu Berlin. Einsatz der modernen Technik. - Dtsch. Gärtnerpost 13 (1961) Nr.36. Neue dtsch. Obstbau 7 Nr.9. S.152-153.

Der großflächige Weinbau bildet die Voraussetzung für eine weitgehende Mechanisierung und Rationalisierung der Weinbergsarbeiten in der DDR. Die bereits vorhandenen Geräte gewährleisten bei erleichterten Arbeitsbedingungen eine wirtschaftliche Durchführung der notwendigen Anbau- und Pflegemaßnahmen. Eine Motorhacke steht in zufriedenstellender Ausführung noch nicht zur Verfügung. Im einzelnen wird über die Erfahrungen mit Seilwinden, Bodenbearbeitungsgeräten und Schädlingsbekämpfungseinrichtungen sowie über die Spätfrost- und Vogelabwehr und die Transportmechanisierung im Weinbau berichtet. W.Blasse. 9405e.

W i l l e t, J.R. Drainage in de fruitteelt. (Drainage im Obstbau.) - Fruitteelt 52 (1962) Nr.43. S.1234-1235.1237. - 9 Abb.
Die Schnelligkeit, mit der das Bodenwasser zu den Entwässerungsgräben fließt, hängt von der Höhe des Wasserstandes gegenüber dem Grabenniveau und der Bodendurchlässigkeit ab. Geringer Drainageabstand hat eine schwächere Wölbung des entwässerten Bereiches zur Folge. Daraus ergibt sich, daß bei weitem Abstand der Sauger die Drainstränge tiefer verlegt werden müssen. Hinzu kommt, daß der Boden den Abstand der Sauger mitbestimmt. Der Drainabstand liegt z.B. bei 7 m in schwerem Kleiboden, bei Sandböden ist ein Abstand von 17 m vertretbar. Die Auswirkungen verschieden tief und in unterschiedlichem Abstand angelegter Drainsysteme werden graphisch dargestellt. Besondere Hinweise werden auf die Bedeutung des Bodens unterhalb des Drainagesystems gegeben, da dieser Bereich ebenfalls den Wasserhaushalt der darüber befindlichen Bodenschichten beeinflußt. W.Blasse. 9410c.

D e l v e r, P.; Wilhelminadorp, Instituut voor Bodemvruchtbaarh. Plaatgronden. 2e deel: Verbeterung van plaatgronden. (Flachgründige Böden. 2. Mitt. Verbesserung flachgründiger Böden.) - Fruitteelt 51 (1961) Nr.40. S.1130 bis 1131. 2 Abb., 2 Tab.
Durch Vermengung der oberen Bodenschicht mit dem in 55 cm Tiefe anstehenden Sand vor der Pflanzung konnten die Erträge der Apfelsorte "Golden Delicious" auf "EM IX" um mehr als 50 % gesteigert werden. Geräte, die den Boden aufwühlen und dabei mischen, ergeben ein besseres Bodenprofil als Tiefpflüge (Arbeitstiefe 90 cm). G.Schuricht. 9410i.

W i e r s e m a, G.P.; Inst. voor Tuinbouwtechn. Wageningen; Vergelijking van de mengende werking van kopfrees en hakenfrees. (Vergleich des Mischungseffektes von Kopf- und Hakenfräse.) - Meded. Directeur Tuinbouw /'s-Gravenhage/ 24 (1961) Nr.11. S.646-649. - 1 Abb., 1 Diagr., 2 Tab., 2 Lit.
Bei Kopffräsen gibt es zwei Typen, die sich durch verschiedene Tiefenbearbeitungsmöglichkeiten (35 cm und 55 cm) unterscheiden. Je cm Tiefe rechnet man ein PS Motor-Leistung. Zur Prüfung der Arbeitsweise von Kopffräse (35 cm Tiefe) und Hakenfräse wurde aufgebrachtes organisches Material eingearbeitet. Es ergab sich, daß die Hakenfräse gleichmäßiger als die Kopffräse arbeitet. Das Material bleibt bei Einsatz der Hakenfräse vornehmlich in der obersten Bearbeitungsschicht, während es durch die Kopffräse tiefer eingebracht wird. Wiederholt Bearbeitung mit beiden Geräten änderte nichts an der Verteilung des eingharbeiteten Materials im Boden.
W.Blasse. 9415f.

Š a d r i n, A.P. (Schadrin, A.P.) Malogabaritnyj kul'tivator. (Kleinkultivator).- Sadovodstvo, Moskva 100 (1962) Nr.10. S.22-25. - 2 Abb., 1 Zeichn.
Die Neuentwicklung eines Kultivators für Baum- und Beerenobstanlagen wird beschrieben. Auf jeder Seite befindet sich neben den Kultivatorkörpern eine runde Scheibe die ein Heranfahren bis an die Stämme ermöglicht und den Kulti

tivator automatisch steuert. Die Arbeitsbreite beträgt 1,20 m.
O.Lekve. 9415g.

K n o b l o c h, G. Fragen der Müll- und Klärschlammverwertung unter Berücksichtigung der Kompostierung. - Wein-Wiss. 18 (1963) Nr.2. S.93-95. Beil. zu: Dtsch. Weinbau. 9425cd.

K a v e n, Ernst. Arbeitsrationalisierung im Gartenbau. I. Anzucht von Gemüsejungpflanzen für die Treiberei. - Dtsch. Gartenbauwirtsch. 9 (1961) Nr. 1. S.10-11. - 12 Abb.
Vf. beschreibt einige Verfahren der Anzucht von Gemüsejungpflanzen. Ausgehend von den althergebrachten Tätigkeiten (Kisten zum Pflanztisch bringen; Erde in Kisten mit Handsieb einsieben; Abstreifen der überschüssigen Erde; Glattdrücken der Erdoberfläche) wird auf ein norwegisches Verfahren nach Natvik hingewiesen. Hierbei werden die Saatkisten direkt im Erdlager gefüllt und zum Anbau vorbereitet. Dadurch werden Transportwege gespart und Arbeitsspitzen vermieden. Ein solcher kombinierter Erdlager-, Pflanz- und Anbauraum kann nur in Betrieben geschaffen werden, die über genügend Platz unter Hochglas oder in sonstigen Baulichkeiten verfügen. Für die Anzucht in Kisten wird eine Saatplatte empfohlen. Mit Hilfe dieser Saatplatte und Einstechvorrichtungen kann der Abstand in Kisten von 0,8 - 3,0 cm reguliert und die Samenkörner gleich auf Pikierabstand 3 x 3 cm ausgelegt werden, wodurch ein Pikieren überflüssig wird. Erforderlich machen sich: größerer Zeitaufwand und eine erhöhte Aufmerksamkeit. Das Saatgut muß sehr hohe Keimfähigkeit besitzen. E.Kirmse. 9430a.

E d e l'š t e j n, V. und M u r a t o v a, E. (Edelstein, W. und Muratowa, Je.); Moskau, Lenin-Akad. der Landwirtsch.-Wiss. Novoe v agrotechnike lukasevka. (Neues in der Agrotechnik von Saatzwiebeln.) - Kartofel' i ovošči, Moskva 7 (1962) Nr.2. S.36-38. - 2 Abb., 1 Tab.
Bei der Landwirtsch. Timirjasew-Akad. liegen die Ergebnisse langjähriger Anbauversuche von Saatzwiebeln unter Verwendung schützender Papierstreifen vor. Dies Verfahren besteht darin, daß das Saatbett mit gelochten Papierstreifen überdeckt wird. In die einzelnen Löcher (Ø 8 mm) werden jeweils 7 - 10 Samen ausgebracht, so daß sich je ha 16 - 18 Mill. Pflanzen ergeben. Ein Muster einer Drillmaschine wurde entwickelt, mit der man die Papierstreifen auslegen und gleichzeitig die Aussaat mit pilliertem oder nicht pilliertem Saatgut vornehmen kann. Durch das Papier werden die auflaufenden Pflanzen gleichmäßig in den Reihen verteilt, Jäten und Hacken erübrigen sich. Zugleich übt das Papier eine Mulchwirkung aus, schützt die Bodenaggregate vor dem Auswaschen, verhindert Krustenbildung und Verdunstung. Die Bodentemp. unter dem Papier ist um 1 - 1,5 °C höher als neben demselben und hält sich auch gleichmäßiger. Ergebnis: Die Pflanzen laufen 3-4 Tage früher auf, ihre Entwicklung verläuft intensiver und der Ertrag steigt um 20 - 25 %. Bei diesem Anbauverfahren beträgt der Arbeitsaufwand für die Pflegemaßnahmen 20 - 25 AK·Tage, ohne Papierstreifen 160 AK·Tage. E. Kahn. 9435c.

T r e b i n, B.; Pensa, RSFSR, Landwirtschaftl. Inst. Penzenskaja lukovaja sejalka. (Die Pensaer Steckzwiebelsämaschine „PLS".) - Kartofel' i ovošči, Moskva 7 (1962) Nr.3. S.17-18. - 2 Skizzen.
Vf. beschreibt eine im Gebiet Pensa entwickelte Maschine zum Säen von Steck-

zwiebeln, die aus der Maissämaschine "SKG-6" oder "SŠ-6" entwickelt wurde. Von diesen Maschinen werden die Sägeräte, der Knotenfänger, die Getriebe und die Säschare entfernt und durch einen prismatischen Holzkasten für die Zwiebeln, Austragbänder sowie Kufensäschare nebst Saatgutleitungen ersetzt. Die Austragbänder bestehen aus gummiertem Gewebe und sind mit kleinen Holzklötzchen versehen, die bündig aneinander liegen und kleine Vertiefungen für die auszutragenden Zwiebeln von 1 - 2,5 cm Dmr. besitzen. Die Bänder bewegen sich mit ihrem Oberturm auf dem schrägen Boden des Holzkastens aufwärts und werfen die Zwiebeln in die Saatgutleitungen. W.Balkin. 9435d.

N o ž k i n, M. (Noshkin, M.) Rassadoposadočnye mašiny i sošniki dlja ovoščnych sejalok. (Pflanzmaschinen und Gemüsesamen-Säschare.) - Technika v sel'skom chozjajstve, Moskva 22 (1962) Nr.1. S.45-46. - 3 Abb.

Vf. beschreibt kurz folgende Maschinen: Pflanzmaschine "SKNB-4" zum Schlepper "Belaruś" für das Reihen-, Quadrat- und Quadratnestsetzen von Gemüse- und Tabakpflanzen mit und ohne Erdballen, Leistung 0,91 - 3,1 ha/Schicht; Pflanzmaschine "SKN-6" zu den Schleppern "Belaruś" und "DT-54" und Pflanzmaschine "SRDN-2" zu den Schleppern "DT-14" und "DT-20" für das Reihen- und Quadratsetzen von Gemüse- und Tabakpflanzen, Leistung 1,92 - 3,2 bzw. 0,63 ha/Schicht; Hochleistungs-Universalpflanzmaschine "SU-4" zum Schlepper "Belaruś" für das Reihensetzen von Ablegern, Unterlagen, Obststräuchern, Erdbeerpflanzen sowie Gemüse- und Tabakpflanzen ohne Erdballen, Leistung 2,2 ha/Schicht; Pflanzmaschine "RPS-4" zum Anbau an den Geräteträger "DVSŠ-16" zum Setzen von Pflanzen mit und ohne Erdballen sowie Vermehrungsgemüsepflanzen und Legen von vorgekeimten Kartoffeln. - Ferner beschreibt Vf. Säschare für die Aussaat in 8 cm breiten Streifen. Die Schare sind unten gänsefußförmig ausgebildet und mit einer Sohle versehen, die den Boden der Breitfurche verdichtet. Im Säschar befinden sich Klappen, die die Dichte der Saatkörner auf dem Streifen regeln. Hinter den Säscharen befinden sich Andrückrollen. W.Balkin. 9435e.

S t e p a n e n k o, A.F. Unions-Forsch.Inst. für Mechanisier. und Elektrifizier. der Landwirtsch. Agregat navesnych gidroburov dlja posadki vinogradnikov. (Anbau-Wasserstrahl-Bohrer für das Pflanzen von Rebstöcken.) - Traktory i sel'chozmašiny, Moskva 31 (1961) Nr.2. S.35. - 1 Abb.

Das Gerät besteht aus einem, um den Schlepper "DT-54A" herumreichenden, vertikal beweglichen Rahmen. An diesem Rahmen sind an jeder Seite des Schleppers 4 Rohre angebracht, durch die von oben Wasser gepreßt wird, so daß sie, wenn man den Rahmen langsam senkt, Löcher in den Boden spülen. Das Wasser wird mit einer Fliehkraft-Pumpe bei 3 - 4 atü einem Zisternen-Anhänger entnommen. Die Bohrrohre sind so angeordnet, daß ein Reihenabstand von 2,5 m und in der Reihe ein Rebstockabstand von 1,5 m eingehalten werden. Das Bohren von 8 Löchern und das Weiterrücken um 6 m dauern 18,6 s.

W.Balkin. 9435e.

K u b y š t a, N.N. und A v a k i m j a n, P.M. (Kubyschta, N.N. und Awakimjan, P.M.) Gidrobur GVN-2. (Hydraulischer Pflanzlochbohrer "GVN-2".) - Vinodelie i vinogradarstvo SSSR, Moskva 22 (1962) Nr.2. S.53-54. - 1 Abb.

Der hydraulische Pflanzlochbohrer "GVN-2" wird an den Geräteträger "DVSŠ-16" angebaut und dient zum hydraulischen Bohren von Pflanzlöchern für Rebstöcke, die in Weingärten anstelle von abgestorbenen Stöcken gesetzt werden sollen. Er besteht aus 2 Rohren von 34 x 5 mm Dmr., die zu beiden Seiten des Geräteträgers an hydraulisch betätigten Gestängen so angebracht sind, daß sie senkrecht in die Ernde versenkt werden können, während aus einem Wasserbehälter über Druckschläuche Wasser unter einem Druck von 2 atü in sie hineingepreßt wird und die Pflanzlöcher ausspült. Das Spülen eines Loches dauert 5 Min. W.Balkin. 9435e.

A n o n y m. Sammenliknende prøver med 18 mindre plenklippere. (Vergleichsprüfung von 18 Rasenmähern - Prüfbericht Vollebekk.) - Landbrukstekn. Inst., Vollebekk, Meld. Nr.140. (1962) S. 1-8. 9440i.

B a n g m a, H.; Houten. De cirkelmaaier in de praktijk. (Der Propellermäher in der Praxis.) - Fruitteelt 52 (1962) Nr.36. S.1075. - 3 Abb.
Bei Mulchgeräten zum wiederholten Grasschnitt in Obstanlagen finden zwei Messertypen Verwendung. Die langen feststehenden Messer sind in der Anschaffung teuerer und werden im ganzem zum Schleifen abgenommen. Sie sind für die schwenkbaren Arme der Mulchgeräte besonders geeignet. Die kurzen Mulchmesser werden an einem Grundblatt befestigt und müssen zum Schleifen einzeln gelöst werden. Sie sind billiger als die feststehenden Großmessertypen, aber auch empfindlicher. Ihre Verwendung empfiehlt sich für den starren Mulchgeräteteil. Zum Schutze junger Bäume vor Stammbeschädigung sind kleine Pfähle an den Bäumen einzuschlagen, die den schwenkbaren Ausleger abfangen.
W.Blasse. 9440i.

L a m m e l, K. Neue Geräte für die Bodenbearbeitung in Obstanlagen. - Int. Z.Landwirtsch. /Sofia/Berlin/ 1962 Nr.1. S.77-82. - 5 Abb., 1 Diagr., 3 Schemata.
Mit dem Schlepper "UE-28" (30 PS, Allradantrieb), der mit einer Verkleidung ausgestattet wurde, können Sandböden bis 25 % Neigung in Obstanlagen erfolgreich bearbeitet werden. - Rotationseggen (selbstrotierend) wurden bei symmetrischer Anordnung geprüft. Die Eggen bestehen aus Winkelstahl mit Verstrebungen. Die Arbeitsvorrichtung wird hydraulisch über einen Taster gesteuert, so daß die Eggen die Bäume nicht beschädigen. Der Eggenarbeitsabstand beträgt 6 m. Die Arbeitsleistung war auf verschiedenen Böden sehr gut. - Zapfwellengetriebene Rotationshacken sind bei richtiger Berechnung der Umdrehungszahl und bei Verwendung geeigneter Arbeitswerkzeuge auf jedem beliebigen Boden einsetzbar. Das entwickelte seitlich versetzte Mustergerät wies eine Arbeitsbreite von 1.400 mm auf und war mit einer hydraulischen Ausweichvorrichtung versehen. Die bisher gewonnenen Erfahrungen bei der Anordnung der Geräte zum Ausgleich von Drehmomenten werden dargelegt.
W.Blasse. 9445d.

D a m m a n n. Der Pflückschlitten im Einsatz beim Schnittholzsammeln. - Mitt.Obstbauversuchsringes Alten Landes 17 (1962)Nr.5. S.177-179. - 4 Abb.
Es wird empfohlen, die Pflückschlitten auch beim Schnitt von Niederstämmen zu verwenden. Die abgeschnittenen Triebe werden auf dem Pflückschlitten abgelegt, so daß später das Aufsammeln entfällt.Jede AK muß einen Pflückschlitten zur Verfügung haben.Auch in der Baumschule kann man den Pflückschlitten als Sammelbehälter für kleine,abgeschnittene Triebteile verwenden, er wird dazu mit einer Plane ausgeschlagen. W.Blasse. 9445d.

H a r k e m a, D.J.; Utrecht, Arbeitsinspectie. Onwerkbaar weer en de fruitteelt. (Maßnahmen gegen Witterungsunbilden bei der Arbeit im Obstbau.) - Fruitteelt 52 (1962) Nr.2. S.46-47. - 5 Abb.

Um die AK bei der Arbeit vor ungünstigen Witterungseinflüssen zu schützen, wurden besondere Schutzbekleidungen, mit Folien bespannte Stellagen und eine tragbare Schutzvorrichtung entwickelt. Bei dieser Tragvorrichtung, auf die näher eingegangen wird, handelt es sich um einen mit durchsichtiger Folie bespannten Leichtmetallrahmen, der muldenförmig vom Kopf über den Rücken bis zu den Knien reicht. Die Arme sind frei beweglich. Das Schutzdach wird durch Schultertraggurte und einen Leibriemen gehalten. Bewährt hat sich diese Schutzvorrichtung bei Ernte- und Pflanzarbeiten von Erdbeeren, beim Ausdünnen der Früchte und der Obsternte von Spindelbäumen.

W.Blasse. 9445d.

E n g e l, R. Schwierigkeiten des Schlepper- und Geräteeinsatzes am Hang. - Dtsch. Weinbau 16 (1961) Nr.19. Techn. im Weinbau S.55-60. - 7 Abb., 2 Diagr., 3 Schemata, 1 Tab., 6 Lit.

Am Hang ist der Einsatz von Schleppern und Landmaschinen mit wesentlichen Schwierigkeiten verknüpft, da bei einer Hangneigung zwischen 5 und 10 % die Lenkgenauigkeit und die Zugfähigkeit des Schleppers sich zu verschlechtern beginnen. Besonders kritisch sind Hänge mit Steigungen zwischen 20 und 35 %, während oberhalb dieses Bereiches im Fallinienseilzug gearbeitet werden muß. Beim Einsatz des Vierradschleppers im geneigten Gelände ergeben sich einige Schwierigkeiten. Bei der Arbeit in Schichtlinie werden die Maschinen von ihrer Einsatzrichtung talwärts gezogen, d.h. sie unterliegen der Abtrift. Nachteile: Verstärkter Bodendruck; ungleichmäßige Bearbeitung des Bodens; Beschädigung der Pflanzen; verstärkter Schlupf der Räder; erhöhte Abnutzung von Lagern, Reifen, Bremsen; Verschlechterung der Arbeitsqualität; höhere Ansprüche an das technische Verständnis des Bedienungspersonals. Beim Fahren hangaufwärts in Fallinie haben die talwärtsgerichteten Kräfte folgende nachteilige Wirkungen: Erhöhte Zugkräfte; stärkere Beanspruchung der Bodenstruktur. E.Kirmse. 9445e.

S t ü r z i n g e r, Jak. Bodenbearbeitung im Drahtbau. - Schweiz. Z. Obst- u. Weinbau 71 (1962) Nr.22. S.548. - 5 Abb.

Die Bodenbearbeitung in Rebanlagen im Drahtbau bei 1,60 bis 1,80 m Reihenbreite ist noch nicht gelöst. Vf. baute den Rebpflug "Henriot" um, damit er den Anforderungen am Hang mit Seilzug gerecht wird. Mit den entsprechenden Zusatzgeräten kann in einem Arbeitsgang entweder auf- oder abgepflügt, mit 7 Scharen gehackt oder mit dem Scheibenpflug gearbeitet werden. Die Flächenleistungen werden angegeben. Erläutert wird außerdem ein Rebholzraffer.

R.Höhn. 9445e.

S k i b a, A.I.; Machatschkala, Dagestan. Forsch.-Inst. für Landwirtsch. Mechanizirovannaja otkryvka vinogradnikov vozdušnym potokom. (Mechanisiertes Freilegen der Weinstöcke mittels Luftstrom.) - Vinodelie i vinogradarstvo SSSR, Moskva 22 (1962) Nr.2. S.51-52. - 3 Abb.

Vf. beschreibt ein Gerät für das Freilegen der im Winter mit Erde bedeckt gewesenen Weinstöcke mittels eines Luftstromes, der durch 2 Gebläse der Spritzmaschine "OVP-15" erzeugt wird. Die Gebläse sind auf einem zweirädrigen Anhänger montiert und werden von der Schlepperzapfwelle angetrieben. Der Luftstrom wird mit biegsamen Rohren auf die Weinstockreihe gerichtet. Die die Weinstöcke bedeckende Erde wird vorher mit Rechen gelockert, die vor den Luftrohren am Anhänger angebracht sind. Während mit mechanischen Mitteln nur 30 - 40 % der Erde von den Weinstöcken entfernt werden kann, ist die Entfernung der Erde mit dem beschriebenen Gerät vollständig.

W.Balkin. 9445e.

H e f t, L. Eine neue Anzuchtmethode für Baumschulpflanzen. - Gartenwelt 62 (1962) Nr.18. S.374-375. - 1 Abb.

Kulturziele bei Baumschulgehölzen sind ausreichende Wurzelverzweigung und gute Ballenbildung. Ohne Töpfe zu verwenden, soll dies durch Einballieren der Pflanzen erreicht werden. Das empfohlene Balliergerät arbeitet nach dem Prinzip der Zigarettenhanddrehmaschine unter Verwendung von leicht korrodierendem Maschendraht und torfhaltigen Substraten. Drei Ballengrößen gestatten vielseitige Einsatzmöglichkeiten. H.Erfurth. 9445f.

T h o m a e, K.; Hannover. Solitärgehölze - vom Luxusobjekt zur Handelsware. Dtsch. Baumschule 14 (1962) Nr.11. S.293-301. - 9 Abb.

Für öffentliche Grünanlagen wurden in den letzten Jahren verstärkt große und ausgewachsene Gehölze benötigt. Bei der Anzucht ist auf lebensnotwendige aber nicht unnötig schwere und große Wurzelballen zu achten. Die Wurzelballen müssen auch einen längeren Transport gut überstehen. Für das Ausheben der Pflanzen, Eindrahten der Wurzelballen und den Transport sind verschiedene Rode- und Transportwagen notwendig. Zum Aufladen auf LKW oder Eisenbahnloren werden im Hofraum oder an der Verladerampe der Anzuchtbetriebe stationäre Kraneinrichtungen eingesetzt. R.Höhn. 9445f.

P e t r u s e v i č, P.S. (Petrussewitsch, P.S.) Prisposoblenija dlja vykopki sažencev i sejancev. (Vorrichtungen zum Roden von Pflanzmaterial und Sämlingen.) - Sadovodstvo, Moskva 99 (1961) Nr.10. S.33-34. - 3 Abb.

Es werden drei verschiedene Anhängevorrichtungen beschrieben, die an Pflugrahmen angebaut werden und zum Roden von Baumschulmaterial geeignet sind. Die Messer werden waagerecht unter den Stämmen durchgezogen und diese können dann aus dem aufgelockertem Boden herausgenommen werden. Nähere Angaben über Konstruktion und Anbringung werden gemacht. O.Lekve. 9445f.

A l b r e c h t, H.J.; Berlin, Volkseigene Baumschule. Stoffschneidemaschinen für Baumschulen. - Intensivobstbau 2 (1962) Nr.6. S.94-95. - 1 Abb.

Das Zuschneiden der Ballentücher zjm Einballieren von Gehölzen mit einer Schneiderschere oder einem Messer ist arbeitsaufwendig, anstrengend und ermüdend. Deshalb wurde mit Erfolg eine in der Textilindustrie elektrisch angetriebene Zuschneidemaschine eingesetzt. Die Zuschneidemaschine "Spa-We-Schnitt" Modell "RM 100 Sch" vom VEB (K) Spannwerkzeuge Gera besitzt einen 100-W-Elektromotor und ist mit auswechselbarem Scherenrundmesser von 100 mm Dmr. ausgestattet. Das Gegenmesser an der Grundplatte ist ebenfalls auswechselbar. Da die Grundplatte der Maschine auf eingebauten Rollen läuft, ist ein bequemes Arbeiten gewährleistet. Die maximale Schnitthöhe beträgt 30 mm. 5 - 6 Lagen übereinandergerolltes Grobgarngewebe werden zerschnitten. Die Messerschneide wird von allen Seiten geschützt. Das Gewicht der Maschine beträgt 4 kg. Eine Abwickelvorrichtung für mehrere Rollen ist notwendig. Die höchste Stundenleistung wurde mit 2 AK erreicht. R.Höhn. 9445f.

Durchführung von Beregnungsversuchen bei Kern- und Steinobst auf dem Versuchsgelände in Klein-Altendorf sowie Ermittlung des jahreszeitlichen und mengenmäßigen Wasserbedarfs bei Kernobst zur Feststellung der optimalen Beregnungszeitpunkte. Forsch.-Auftr. Ministerium für Ernähr., Landwirtsch. und Forsten des Landes Nordrhein-Westfalen; Bonn, Univ., Inst. für Obstbau. 1961. 9410db.

B a k o s, István. A gyümölcstermelés gepesitése. (Die Mechanisierung der Obstproduktion.) Budapest, 1962. (42 S.) 8°. (1962 A 1121) 9405d.

I. FRÜHBEETE UND GEWÄCHSHÄUSER

R e n a r d, W. und S i e b e r t. Wärmedurchgangszahlen für einfach und doppelt verglaste Gewächshäuser. - Techn. im Gartenbau 1961 Nr.12. S.1-2. - 2 Diagr., 1 Schema.

Zum Einbau von Heizungsanlagen bedient man sich der Regeln für die Berechnung des Wärmebedarfs von Gebäuden nach DIN 4701, worin die Wärmedurchgangszahl k als Funktion zweier Flächenverhältnisse angegeben wird. Da keine Aussagen darüber bestehen, ob diese Berechnungen für Einfach- oder Doppelverglasungen gelten, wurden diesbezügliche Versuche in gleich großen Häusern durchgeführt (Technische Daten der Häuser werden angegeben). Tab. weisen die errechneten Werte auf. Es ist ersichtlich, daß die genormte Rechenvorschrift nicht den gärtnerischen Ansprüchen genügt. Messungen für das einfach verglaste Haus ergaben einen mittleren k-Wert von 6,2 kcal/m^2 h grd. Es ist daher ratsam, bei der Auslegung der Heizungsanlage mit den sicheren Werten von k-6,0 - 6,5 kcal/m^2 h grd zu rechnen, während für das doppelt verglaste Haus der k-Wert von 3,5 kcal/m^2 h grd weiterhin als gesichert gelten kann.

E.Kirmse. 9505.

M i c h e l, K. Orientierung über Automation im Gewächshaus. - Gemüsebau /Zürich/ 25 (1962) Nr.18. S.191-194.

Der Kultivateur muß die Wachstumsbedingungen der Pflanzen so gestalten, daß bei kürzester Kulturzeit die höchste Qualität erreicht wird und eine Senkung der Selbstkosten erfolgt. In pflanzenbaulicher Hinsicht werden die Wachstumsfaktoren Temperatur, Luftfeuchtigkeit und Kohlensäuregehalt in Gewächshäusern erläutert. Die Temperaturregulierung im Gewächshaus soll die Wärmezufuhr in der Heizperiode und die Wärmeabfuhr im Sommer steuern. Heizung und Lüftung sollen vom gleichen Gerät gesteuert werden, damit eine wirksame Verriegelung gewährleistet ist. Die lichtabhängige Temperaturregulierung steuert auch den CO_2-Haushalt im Gewächshaus. Die Lüftung öffnet sich am Morgen erst nach einer gewissen Zeit, wenn die höhere CO_2-Konzentration im Gewächshaus durch die Pflanzen verwertet wurde. Unbefriedigend gelöst ist bis heute die Regulierung der Raumfeuchtigkeit. Der Hygrostat ist nicht in der Lage, die Turgeszenz der Pflanzen zu steuern. Diese Hauptaufgabe der

Feuchtigkeitsregulierung ist nicht nur von der rel. Luftfeuchtigkeit, sondern auch von der Einstrahlung und Luftbewegung abhängig. Da das Licht unmittelbar alle anderen Faktoren beeinflußt, ist es notwendig, den Lichtfaktor konsequent unter Kontrolle zu bringen. Alle z.Z. angewandten Methoden befriedigen noch nicht. R.Höhn. 9505.

M o r s e, R.N. und E v a n s, L.T.; Highett, Australia, C.S.I.R.O., Engng. Sect.; Canberra, C.S.I.R.O., Div. of Plant Ind. Design and development of CERES - an Australian phytotron. (Entwurf und Entwicklung von CERES - einem australischen Phytotron.) - J. agric. Engng. Res. 7 (1962) Nr.2. S.128-140. - 8 Abb., 1 Tab., 13 Lit.

Die australische Institution CERES (Controlled Environment Research Laboratory) legt ihre Grundkonzeption dar, die für das australische Phytotron in Canberra erarbeitet worden ist. Es wird darin sowohl auf die physiologischen als auch technischen Belange eingegangen. Auf Vorversuchen aufbauend, wurden Vegetationskabinen entwickelt, die besonders für fotoperiodische Versuche geeignet sind, desgleichen wird ein neuer Spezialgewächshaustyp vorgestellt, der einen Teil der Einrichtungen aufnimmt. Abmessungen und Ausstattungen der Versuchskabinen, besonders im Hinblick auf das Verfahren der Luftzirkulation einschließlich der Kühlung und der Kontrolle der CO_2-Konzentration, werden dargelegt. Die spektrale Zusammensetzung des Lichtes ist in besonderen Einrichtungen steuerbar. Die dabei maximal erzielbare Lichtintensität beträgt 1000 lm/ft^2. In den verschiedenen Spezialeinrichtungen sind die Temperaturverhältnisse im Boden wie im Luftraum sowie die Feuchtigkeitsverhältnisse mit ausreichender Genauigkeit steuerbar. Das gesamte Kühlungs- und Beheizungssystem des Phytotrons unterliegt einem elektronischen Kontrollsystem. W.Blasse. 9505.

H a n a n, Joe J. und H o l l e y, W.D. A temperature house for plant research. (Ein Warmhaus für Forschungszwecke.) - Proc. Amer. Soc. horticult. Sci. 75 (1960) S.799-803. - 2 Abb., 1 Diagr., 3 Schemata, 1 Tab., 5 Lit.

Die Baukosten eines Warmhauses, das von der Colorado-State Univ. errichtet wurde, werden angegeben. Das Haus enthält 4 getrennte Abteilungen. Das Heizungs- und Lüftungssystem und die Einrichtungen zur Regulierung und Kontrolle derselben werden beschrieben. L.Kunath. 9505.

Y a b u k i, K. und I m a z u, T. Studies on the temperature control of glasshouses. I. On the temperature and the heat balance in an empty unventilated glasshouse. (Untersuchungen über die Temperaturkontrolle im Gewächshaus. 1. Mitt. Über Temperatur- und Wärmebilanz eines leeren, ungelüfteten Gewächshauses.) - J. Jap. Soc. horticult. Sci. 30 (1961) Nr.2. S.171-177. - 4 Diagr., 1 Schema, 1 Tab., 9 Lit. Orig.: jap., Ausz.: engl.

Die Temperaturverteilung und Wärmebilanz eines leeren und ungelüfteten Gewächshauses wurde im Juli 1959 untersucht. Die Temperaturdifferenz zwischen innen und außen ist nachts sehr gering, während sie am Tage sehr groß ist. Die Differenzen in der Nacht können mit dem sog. Gewächshauseffekt allein nicht erklärt werden. Das Maximum der Innentemp. lag bei 60 °C und betrug 28 °C mehr als die Außentemperatur, während das Minimum bei 26,5 °C und damit 2,9 °C über der Außentemperatur lag. An Hand der Temperaturverteilung zeigte sich eine Aufwärtsbewegung der Luft in der Mitte des Hauses verbunden mit einer Abwärtsbewegung an den Wänden. Die Zirkulationsrichtung war nachts umgekehrt. - Der Gewächshauseffekt war unwichtig, weil der Verlust der Sonnenstrahlung durch Reflektion und Absorption den Gewinn an langwelliger Rückstrahlung vom Glas übertraf. Die Differenz in der Wärmemenge, die der inneren und äußeren Oberfläche des Glases zugeführt wird, scheint wichtiger zu sein, als man erwartete und hat einen großen Einfluß auf die Nettostrahlung der Bodenoberfläche. Eine übermäßige Erwärmung der Innenluft wird der Verminderung der turbulenten Übertragung der spürbaren und gespeicherten Wärme zugeschrieben. Nachts zeigten die Messungen der Nettostrahlung einen merklichen Gewächshauseffekt, aber die Wärme geht schnell verloren durch Konvektion auf die Wände, welche durch die Strahlung von der Außenseite abgekühlt werden, und durch Überführung in den Boden.

I.Förtsch. 9505.

V o g e l, G. und H e i s s n e r, A.; Großbeeren, Inst. für Gemüsebau der Dtsch. Akad. der Landwirtsch.-Wiss. zu Berlin. Zur Frage der Eignung unterschiedlich gealterter Polyäthylenfolie für den Anbau von Frühgemüse unter Folienzelten. - Arch. Gartenbau 11 (1963) Nr.1. S.47-54. - 3 Abb., 6 Tab.

9510bg.

A n o n y m. For the greenhouse. (Für das Gewächshaus.) - Engineering 193 (1962) Nr. 5019. S.864. - 1 Abb.

Ein kleines Gewächshaus 8 ft. x 8 ft., das nach dem Baukastenprinzip erweiterungsfähig ist, ist mit verschiedenen technischen Neuerungen ausstattbar. Das Standardmodell weist zwei Ventilatoren auf, die durch Thermostate bzw. Photothermostate geschaltet werden. Die Lüftungsklappen werden durch ein Spezialgerät "Thermophor" geöffnet und geschlossen. Dieses Gerät spricht auf Temperaturdifferenzen an und ermöglicht die selbsttätige separate Betätigung der Lüftungsklappen. Außerdem ist das Gewächshaus mit einer automatischen Beregnungsanlage und Bodenbeheizung ausgestattet.

W.Blasse. 9520.

L a u e n s t e i n, A.; Potsdam-Bornim, Inst. für Landtechn. der Dtsch. Akad. der Landwirtsch.-Wiss. zu Berlin. Automatisierte Lüftung. - Dtsch. Gärtnerpost 14 (1962) Nr.47. S.3. - 5 Abb., 2 Lit.

Die Lüftung spielt bei der Regulierung des Gewächshausklimas eine große Rolle. Damit der Zeitaufwand zur Bedienung verringert wird, wurden Versuche zur Automatisierung durchgeführt. Geeignet sind Axialventilatoren mit Sauglüftung. Bewährt haben sich in 40 x 6 m großen Gewächshäusern 2 im Südgiebel eingebaute Vierflügelräder mit 900 mm Dmr. vom VEB Turbowerk Meissen. Durch Keilriemenantrieb können die Drehzahlen verändert werden. Gesteuert wird die Anlage durch Kontaktthermometer. Am Nordende des Gewächshausdaches wurden Lufteinlaßschächte, überdacht mit verglasten Hauben, angebracht. Diese Hauben werden durch eine Klappe über einen Hebel verschlossen. Pflanzenschädigende Windgeschwindigkeiten und ein Temperaturgefälle konnten nicht festgestellt werden. - Zur Automatisierung der Klappenlüftung wurden in einem Haus die vorhandenen unterteilten Rohrwellen der handbetätigten Firstlüftung miteinander durch Muffen verbunden. Die Wellen werden durch einen Elektromotor über ein Untersetzungsgetriebe angetrieben. Der Motor wird durch Kontaktthermometer zum Öffnen und Schließen der Klappen eingeschaltet und durch Endschalter wieder ausgeschaltet. Der gesamte Antriebsmechanismus befindet sich unter dem First des Gewächshauses. Die Nachteile dieser Lüftung werden erläutert. Es folgt eine Gegenüberstellung der Ventilator- und der automatischen Klappenlüftung. R.Höhn. 9530.

H a n a n, Joe J. und L a n g h a n s, Robert W.; Ithaca, N.Y., Cornell Univ., Dep. of Floricult. Air circulation in greenhouses. (Luftzirkulation in Gewächshäusern.) - New York State Flower Growers, Bull. 1962 Nr.198. S.3-6. - 1 Abb., 4 Diagr., 4 Schemata, 2 Tab.
Versuche fanden in einem 36 x 75 ft. großen Gewächshaus statt, in dem zwei horizontal laufende Ventilatoren mit 36 in. (91,44cm) Dmr. installiert waren. Die beiden Ventilatoren verursachten 2 voneinander unabhängige Zirkulationssysteme. Die vertikalen Temperaturunterschiede werden durch diese Ventilatoren ausgeglichen. Die horizontalen Temperaturdifferenzen werden vergrößert. Die Temperaturen in Pflanzenhöhe varrierten bei eingeschalteten Ventilatoren von 4,4-5,7 °F und bei abgeschalteten Ventialtoren von 1,8 bis 2,4 °F. - Wurde das Haus durch in den Seitenwänden installierte Vertikalventilatoren entlüftet, so waren die Horizontalventilatoren nur dann in der Lage, beide Luftströme zu mischen, wenn die durch die Horizontalventilatoren erzeugte Geschwindigkeit größer als 640 ft./min. ist. Die Hauptwirkungen der Horizontalventialtoren sind: geringere Vertikaltemperaturunterschiede, größere Horizontaltemperaturunterschiede, größere Wirksamkeit der Heizrohrsysteme, größere Empfindlichkeit der Thermostaten bei automatischen Heizungen, Erhöhung des CO_2-Gehaltes im Blattbereich. W.Hiller. 9530.

S t r y d o m, J.C.; Pretoria, Horticult. Res. Stat. Cooling glass and plastic houses for commercial flower growing. (Gekühlte Glas- und Plastikhäuser für den Zierpflanzenbau.) - Farming South Africa 39 (1962) Nr.2. S. 43-49. - 4 Abb., 1 Tab.
In Südafrika liegen trotz Ventilation die Temperaturen im Sommer in Glas- und Plastikhäusern 10 bis 20 °F höher als im Freiland. Zur Temperaturregelung und -senkung wird vorgeschlagen, eine Verdunstungskühlung einzubauen. Hierbei wird an einer Firstseite eine lose geschichtete Holzwollwand von etwa 2 in. Stärke und 3 bis 7 ft. Höhe errichtet. Sie unterliegt dauernder Befeuchtung durch Sprühdüsen. Das überschüssige Wasser wird aufgefangen und abgeleitet. Die Ventilatoren sind auf der gegenüberliegenden Stirnseite installiert und saugen Frischluft durch die feuchte Holzwollwand in das Haus. Dadurch wird eine Luftfeuchtigkeitserhöhung und Temperatursenkung erzielt. Bei der Errichtung einer derartigen Verdunstungskühlung muß die Hauptwindrichtung berücksichtigt werden. Die Luftführung durch die Ventilatoren soll durch die Windbewegung unterstützt werden. W.Blasse. 9531.

B a c h i r e v, N.F. und S v e n t i c k i j, I.I. (Bachirew, N.F. und Swentizki, I.I.) Ustanovka dlja oblučenija rassady, vyraščivaemoj v teplicach. (Vorrichtung zur Belichtung von Pflanzen in Gewächshäusern.) - Sbornik naučno-techničeskoj informacii po ėlektrifikacii sel'skogo chozjajstva. Vsesojuznyj naučno-issledovatel'skij institut ėlektrifikacii sel'skogo chozjajstva (VIĖSCh), Moskva 1961 Nr.10. S.37-40. - 1 Abb., 2 Schemata.
Leuchtstofflampen haben zwar ein Spektrum, das der Kurve der Strahlungsabsorption durch das Blatt gut entspricht, ferner eine höhere Lichtausbeute und eine längere Lebensdauer als normale Glühlampen. Ihr Spektrum enthält jedoch wenig rote Strahlen, die bei der Photosynthese der Pflanzen eine

eine wichtige Rolle spielen. Vom Unions-Forschungsinst. für Elektrifizierung der Landwirtschaft ist daher eine Vorrichtung zum Belichten von Pflanzen entwickelt worden, die 7 bis 12 Leuchtstoffröhren "DS-40" und die gleiche Anzahl Glühlampen von 60 W und 127 V besitzt. Der Transformator für die Kathodenheizung gewährleistet ein einwandfreies Leuchten der Röhren bei Spannungsschwankungen zwischen 160 und 250 V. Zur Erhöhung der Zuverlässigkeit des Zündens der Röhren sind auf ihrer Außenseite geerdete Metallfolienstreifen aufgeklebt. Vf. bringt das Schaltbild der Vorrichtung, aus dem zu ersehen ist, daß die Glühlampen anstelle der sonst üblichen Drosseln als Vorschaltwiderstände dienen. Im Gewächshaus können die Belichtungsvorrichtungen in der Höhe verstellt und mittels eines elektromotorischen Antriebes über den Pflanzenbeständen verrollt werden. W.Balkin. 9535.

W e l e c z k a. Kunststoffrohre zur Warmwasserbeheizung des Bodens. - Techn. im Gartenbau 1961 Nr.2. S.3-4.; Nr.3. S.2-3. - 4 Abb., 1 Schemaskizze.

Für die Bodenbeheizung kommen harte PVC- oder Polyäthylen-Rohre in Betracht. In der Wärmeabgabe stehen die Kunststoffrohre dem Stahlrohr kaum nach. Die Rohre sollten nicht über 60 °C erwärmt werden, damit die Lebensdauer und Haltbarkeit nicht herabgemindert wird. Die Wärmedehnung ist 8- bis 15mal größer als beim Stahlrohr. Infolge der glatten Wandungen kann sich nichts in den Rohren festsetzen. Es werden Kunststoffrohre von 20 mm Außendmr. und 2 mm Wandstärke verlegt. Für Bodentemperaturen im Gewächshaus von 20 bis 30 °C ist ein spez. Wärmeaufwand von 40 bis 80 kcal/h und m^2 Beetfläche ausreichend. Vorteilhaft ist es, je Beet mindestens ein Absperrorgan einzubauen, um bei Leckstellen sofort abstellen zu können. In der Zuleitung ist ein Mischventil vorzusehen, das zu hohe Wassertemperaturen verhindert. Das Verlegen der Rohre im Beet geschieht im allgemeinen in Sand, evtl. auf Schlackengrund. Die Entfernung der Rohre untereinander soll 25 bis 30 cm betragen bei einer Tiefe von 30 cm bei Pflanzkultur. Bei Topfkultur genügen 10 cm Tiefe. Die Rohre werden an Verteilerstücken aus Stahl angeschraubt. Die Schraubstellen müssen zugänglich sein, um sie nachziehen zu können.

E.Krusekopf. 9545d.

A k o p j a n, R. Avtomatičeskoe regulirovanie temperatury i vlažnosti vozducha v teplicach. (Automatische Regelung der Lufttemperatur und Luftfeuchtigkeit in Gewächshäusern.) - Technika v sel'skom chozjajstve, Moskva 22 (1962) Nr.1. S.8-11. - 2 Abb., 6 Schemata.

Das Hauptkonstruktionsbüro für Mechanisierung des Gemüsebaus und das Leningrader Agrophysikalische Institut haben eine Anlage zur automatischen Regelung der Temperatur und der Feuchtigkeit in Gewächshäusern bis zu einer Grundfläche von 1000 m^2 entwickelt. Als Steuerglieder dienen Halbleiter-Meßgeber für die Temperatur- und Feuchtigkeitsmessung, ein Elektrokontakt-Anemometer für das Messen der Windstärke und Windrichtung und 2 umgebaute Mikroamperemeter zum Einstellen der erwünschten Temperatur und Feuchtigkeit. Die Lüftungsklappen werden hydraulisch über 2 Steuerventile mit elektromagnetischem Antrieb in Abhängigkeit von Windstärke und -richtung betätigt. Für die Luftanfeuchtung sind 32 Sprühdüsen auf 2 Rohrleitungen mit 1 elektromagnetischen Ventil vorhanden. Die Raumbeheizung wird von Hand und elektromagnetisch geregelt. Bei zu hoher Temperatur werden die Luftklappen geöffnet, und bei zu geringer Temperatur wird das elektromagnetische Ventil der Raumbeheizung geöffnet. Bei zu geringer Feuchtigkeit werden die Sprühdüsen in Tätigkeit gesetzt. Ein Programmgeber gibt jede Stunde Impulse zu ihrer Inbetriebsetzung. W.Balkin. 9545f.

S e i d e l, E. und O e r t e l, E.; Bernburg/S., Hochschule für Landwirtsch., Inst. für Gartenbau; VEB Sodawerk. Grundsätze für eine rationelle Ausnutzung der Industrieab- und Nutzwärme für die Beheizung von Glasflächen in der DDR. - Dtsch. Gärtnerpost 14 (1962) Nr.29. S.4. 6. - 4 Tab.

Bis 1965 ist vorgesehen, in der DDR die Gewächshausfläche um 182 ha zu erweitern. Gegenwärtig verursacht der Aufbau der Heizhäuser bis zu 15 % der Gesamtinvestitionen und 40 % der laufenden Kosten der Produktion. Zahlreiche Untersuchungen und praktische Erfahrungen zeigen, daß durch die Ausnutzung von Industrieab- und -nutzwärme die Investkosten um 10 % der Gesamtkosten und die laufenden Kosten für die Heizung um 25 bis 30 % vermindert werden können. Die Orte des Anfalls von Nutzwärme, Abwärme und freier Heizkapazität sind Kraftwerke und Heizkraftwerke, die metallurgische und chemische Industrie, der Maschinenbau, die Erdölverarbeitungsindustrie, Stahl- und Walzwerke, Erdgas-und Gaswerke, Bergbau und Textilindustrie. Die bisherigen Erfahrungen zeigen, daß die Nutzung der Abwärme für Industrie und Gartenbau ökonomisch vorteilhaft ist, da der Anteil der lebendigen Arbeit gesenkt und Material und Kosten eingespart werden. Die Kontrolle des Kondensats und der verlustfreien Wasserführung soll vom Kraftwerk erfolgen. Die Nutz- bzw. Abwärme in Form von Dampf-, Heiß- oder Warmwasser kann über Lufterhitzer in den Gewächshäusern verwendet werden. Die rationellste Form der Abwärmeausnutzung ist die Verwendung nach den verschiedenen Wärmetypen und die nacheinanderfolgende Verwertung über die Wärmestufen I (Gewächshaus), II (Frühbeet) und III (Freiland). Tab. erläutern die rationellste Verwendung. Vff.stellen mehrere Grundsätze für die Erfassung und Verwertung der Abwärme auf, die bei der Planung, Standortverteilung und Pflanzung zu beachten sind. R.Höhn. 9545g.

H a n a n, J.J., L a n g h a n s, Robert W. und M i l l e r, Robert D.; Ithaca, N.Y., Cornell Univ., Dep. of Floricult. and Agronomy. Control of soil moisture. (Kontrolle der Bodenfeuchtigkeit.) - New York State Flower Growers, Bull. 1962 Nr. 197. S.1-5. - 4 Diagr., 3 Schemata, 1 Tab.

In Versuchen wurde das Wasser nach 3 Methoden verabreicht. a) Konstanter Wasserspiegel: Die Böden zeigten bei einer Torf+Perlite+Erde-Mischung 1:1:1 einen konstanten Wassergehalt bei einem Abstand des Wasserspiegels von der Erdoberfläche von 7,5 cm, bei einer Torf+Perlite-Mischung 1:1 war die entsprechende Tiefe 17,5 cm. Bei größeren Tiefen des Wasserspiegels konnte die Oberfläche nicht mehr exakt feuchtgehalten werden. b) Dosierte Wassergaben auf die Oberfläche. Das Wasser wird verabreicht, wenn die in den Böden vorhandenen Tensiometer den Kontrollwert unterschreiten. Da der Wasserverbrauch infolge des unterschiedlichen Mikroklimas im Gewächshaus und durch das unterschiedliche Wachstum nicht gleichmäßig ist, die Wassergaben bei einer guten Beregnung jedoch überall dieselben sind, ist auch bei dieser Methode keine gleichmäßige Wasserversorgung gewährleistet. c) Das in der

Bodenoberfläche eingebaute Tensiometer wird täglich abgelesen und die tägliche Wassermenge danach bemessen. Um stärkere Schwankungen in den Feuchtigkeitsgehalten zu vermeiden, sind bei dieser Methode tiefere Bodenschichten erforderlich. Der Gang der Bodenfeuchtigkeit bei den 3 erwähnten Bewässerungsmethoden wird in grafischen Darstellungen wiedergegeben.

W.Hiller. 9550.

D o d i l l e t, H.-J., K i n d, W. und S o m m e r f e l d t, H. Versuche mit elektrischer Beleuchtung von Pflanzen mit Wanderlicht. Forsch.-Auftr. Ministerium für Ernähr., Landwirtsch. und Forsten des Landes Nordrhein-Westfalen; Berlin, TU, Lichttechn. Inst. 1961.

K. GARTENBAU/ERNTE

A n o n y m. Oogst en transport in de fruitteelt. (Ernte und Transport im Obstbau.) - Fruitteelt 52 (1962) Nr.34. S.1040-1042. - 3 Abb.

Voraussetzung für die Bewältigung der Erntearbeitsspitzen ist gute Arbeitsorganisation, die sich besonders auf die Bereitstellung von Leergut sowie auf sämtliche An- und Abtransportarbeit bezieht. Zur Kernobsternte kommen als technische Hilfsmittel Pflückschlitten und Pflückwagen in Betracht. Vorteilhaft sind Leichtmetall-Pflückkörbe, die sich durch die Bodenklappen entleeren lassen. Zum Abtransport des Obstes stehen heute hohe Wagen, niedrige und breite sowie niedrige und schmale Transportfahrzeuge zur Verfügung. Der Einsatz der verschiedenen Wagentypen ist vom Obstbaumbestand abhängig. Um die Transportarbeiten bei ungünstigen Witterungs- und Bodenverhältnissen zu erleichtern, sollen die Hauptwege in den Obstanlagen befestigt werden. Das ist durch Betonieren, Backsteinlagen, Zementtafeln, Asphaltdecken sowie durch Beton-Fertigplatten möglich. Die Befestigung der Fahrspur bringt bereits wesentliche Erleichterungen. Das Entladen der Fahrzeuge an der Aufbereitungsstation kann mit Klemmkarren, Hubwagen oder Hubstapelwagen rationell vor sich gehen.

W.Blasse. 9555d.

G r e e n, H.C. The resistance of apples to damage. (Die Widerstandsfähigkeit von Äpfeln gegenüber Beschädigung.) - J. agric. Engng. Res. 7 (1962) Nr.2. S.155-157. - 2 Diagr., 2 Tab.

Äpfel der Sorte 'Cox's Orange Pippin' wurden verschiedenen Tests unterzogen, um die Resistenz gegenüber mechanischen Schäden zu ermitteln. Mit Anwachsen der Fallhöhe (10, 20, 30 und 40 cm) nahm die Größe und Tiefe der Druckstellen erwartungsgemäß zu. Ab 2 in. (50,8 mm) Fallhöhe ist mit einer Schadwirkung bei frischen und aus dem Kühllager entnommenen Früchten zu rechnen. Bei einem Fall aus 200 cm Höhe waren 50 % der Früchte geplatzt. Gegenüber Druck erwiesen sich die Kühllagerfrüchte widerstandsfähiger als die normal gelagerten. Gegeneinander gedrückte Früchte hielten einen Druck von 5,5 lb. (2,5 kg) ohne Schadwirkung aus. Bei Druckanstieg zeigte gewöhnlich eine der beiden Früchte Druckfleckenbildung. Säulenartig übereinandergelagerte Früchte wurden ebenfalls auf Druckstellen untersucht. Ab 6 Früchtenwurde leichte Druckwirkung beobachtet. Schwere Druckschäden wurden ab 22 Früchtenermittelt. Da beim Abfüllen in Holzkisten Druckstellen nicht vermeidbar sind, wird das Auslegen der Kisten mit 1/2-in. (12,7 mm)-Lagen relativ harter Schaumplastfolie empfohlen. Großkisten sollen keine scharfen Kanten an den Lüftungsschlitzen oder Metallbeschlägen aufweisen. W.Blasse. 9555d.

R i e s, S.K. und S t o u t, B.A. A progress report on horticultural problems associated with a mechanical tomato harvester. (Ein vorläufiger Bericht über gartenbauliche Probleme im Zusammenhang mit einer Tomatenerntemaschine.) - Proc. Amer. Soc. horticult. Sci. 75 (1960) S.632-637. - 4 Abb., 2 Tab., 2 Lit.

Vff. besprechen dreijährige Versuche, die bei der maschinellen Tomatenernte mit einer an der Michigan State Univ. gebauten Maschine durchgeführt wurden. Einschließlich Schlepperfahrer sind 4 Personen zum Abernten von 1 acre mit einem Ertrag von 12 t oder mehr in 4 1/2 Std. nötig. Eine Kostenberechnung wird angestellt. Die notwendigen Voraussetzungen für eine maschinelle Ernte und noch zu untersuchende Probleme werden genannt. L.Kunath. 9560d.

O'D a n i e l, W. Eine Pflückhilfe für "Dichtanlagen". - Erwerbsobstbau 4 (1962) Nr.11. S.216. - 2 Abb.

Es wurde ein Pflückgerät entwickelt und erprobt, welches in Dichtpflanzungen und bei Rundkronen gut einsetzbar ist. Eine schmale Arbeitsbühne wurde an einem um 360 Grad drehbaren Mast angebracht. Dieser ist an der Dreipunkthydraulik des Schleppers befestigt und besitzt eine Kupplung für einen Anhänger. Die Arbeitsbühne ist sehr beweglich, preiswürdig und benötigt wenig Platz. In Transportstellung wird sie nach vorn gedreht und befestigt. Sie ist bei Erntearbeiten sowie beim Schnitt einsetzbar. R.Höhn. 9570d.

C o p p o c k, G.E. Lake Alfred, Florida Citrus Exp. Stat. Picking citrus fruit by mechanical means. (Citrusernte durch mechanische Verfahren.) - Proc. Florida State horticult. Soc. 74 (1961, hrsg. 1962) S.247-251. - 2 Abb., 4 Schemata, 7 Lit.

Die Vorgänge beim Lösen der Citrusfrüchte vom Fruchtholz bei manuellen und mechanischen Ernteverfahren werden dargelegt. In Erprobung befindet sich das sog. Spindelverfahren. Es handelt sich hierbei um blockweise neben- und übereinander angeordnete korkenzieherähnliche Segmente aus flexiblem Material. Diese ca. 1 m langen Spindeln drehen sich zueinander, lösen die gefaßte Frucht durch Drehen und fördern sie wie ein Schneckengetriebe in einen Sammelbehälter. 16 derartige Spindeln sind bei einem Versuchsmodell an einem hydraulisch gesteuerten Einmann-Heber angeordnet. Die Bedienungsperson befindet sich auf einem Sitz über dem Aggregat. Dieses Verfahren ist sehr baumschonend, befriedigte jedoch noch nicht, da eine kontinuierliche und rationelle Ernte wegen des ständigen Standortwechsels nicht möglich ist. Außerdem sind starke Äste hinderlich, und es ist eine besondere Kronenerziehung nötig. Vorschläge für ein Großaggregat, das nach diesem Prinzip kontinuierlich arbeitet, werden gemacht. - Mit einem Trägheitsschüttelgerät (hydraulischer Antriebsmechanismus), das mit einer Auffangvorrichtung kombiniert ist, waren die Ernteergebnisse bei frühen und mittelfrühen Orangen nicht befriedigend. In Vorerntespritzungen wird die Verbesserung des Ernteergebnisses gesucht. W.Blasse. 9570d.

K o b l e t, W.: Davis, Calif., Univ. Mechanische Traubenernte - Probleme und Fortschritte. - Schweiz. Z. Obst- u. Weinbau 71 (1962) Nr.1.S.10-13. - 4 Abb.

Voraussetzung für die Einführung maschineller Verfahren bei der Traubenernte ist die Rebenerziehung an einem speziellen Holzgerüst, an dessen horizontalem Arm die Reben an Drähten gezogen werden. Die heranwachsenden Trauben hängen durch ihr Gewicht unterhalb der Tragdrähte, wo sie dann von der Maschine erfaßt und abgeschnitten werden. Nur Sorten mit langem Stiel eignen sich für die maschinelle Ernte. Die Abschneidevorrichtung besteht aus einem Doppelmesserbalken, der dicht unterhalb der Drähte geführt wird und dabei die Trauben abschneidet. Bodenunebenheiten werden hydraulisch ausgeglichen. Die abgeschnittenen Trauben gelangen mittels eines Förderbandes entweder auf das sich gleichzeitig abrollende Papier, auf dem sie dann trocknen, oder auf einen Elevator, der seinerseits die Trauben auf einen parallel in der nächsten Reihe fahrenden Wagen ablegt. Das optimale Arbeitstempo beträgt zirka 0,75 km/h. Schnelleres Fahren wirkt sich in einem größeren Ernteverlust aus, weil der Bedienungsmann den Messerbalken nicht exakt genug regulieren kann. Bei richtiger Handhabung beträgt der Verlust nur etwa 7 - 10 %. W.Blasse. 9575.

L. GARTENBAU/ERNTE-AUFBEREITUNG UND -LAGERUNG

U p t m o o r, J.H.: Langförden, Oldenburg. Obstabsatz, Sortierung und Aufbereitung in Südtirol. - Mitt. Obstbauversuchsringes Alten Landes 17 (1962) Nr.5. S.168-172. - 9 Abb.

Zur Aufbereitung stehen in der Genossenschaft "Salgart" "Hermes"-Sortiermaschinen, Röllchenbahn und Transportbänder zur Verfügung. Die Leergutzuführung erfolgt mit Hängebahnen. Innerbetrieblich wird der Transport auf Paletten mit Hubstaplern vorgenommen. Pendeltüren werden pneumatisch geöffnet und geschlossen. In Auffanglagern wird das angelieferte Obst auf Paletten gestapelt und zu großen Blocks zusammengestellt. Unter dem Auffanglager befindet sich das Kühllager, so daß ein Vertikaltransport eingeschaltet werden muß. Zur Regulierung der Luftfeuchtigkeit werden Luftwaschtürme "System Thor" benutzt. Über die Organisation und bauliche Besonderheiten anderer Aufbereitungsstationen wird informierend berichtet.

W.Blasse. 9605.

A n o n y m. Eine neuartige Sortiermaschine aus Holland. - Schlepper u. Landmaschine 13 (1962) Nr.10. S.336-337. - 1 Abb. Aus: Dok.-Dienst ILT 1962 Nr.11.

Für das Sortieren von Obst und Tomaten ist in Holland die Spezialmaschine "Greefa Modell AT" entwickelt worden. Stoß-, Fall- und Druckbeschädigungen werden beim Sortieren vermieden. Die rollenden Früchte werden automatisch befördert, gemessen, sortiert und gelangen ohne Beschädigung - auch die Tomatenkrone bleibt unversehrt - in ihre Behälter. - Vorteile der Maschine sind: geringer Platzbedarf (3,50 x 2 m), Abbau in 3 Min. möglich, Kistenfüll- und Kistenentleerungs-Apparate sowie zusätzliche Rollensortierbänder finden als Zusatzeinrichtungen für höhere Leistungen Verwendung.

9610.

A n q u e z, Michel. Stations fruitières. Évolution récente, conceptions nouvelles. (Obstlager, derzeitige und zukünftige Entwicklung.) - Génie rural 55 (1962) Nr.4. S.206-208. - 4 Abb., 1 Schema.

An Beispielen älterer und jüngst errichteter Kühlhallen für die Obstlagerung werden Erfahrungen, Bauverfahren und Einrichtungen für die maschinelle Kühlung erörtert. - Zweckmäßig ist es, die gesamte Anlage im Niveau des umliegenden Terrains zu halten, um zusätzliche Arbeit zur Überwindung von Höhenunterschieden zu vermeiden. Als Isoliermaterial soll Glasfaserwatte oder geschäumtes Polystyren verwendet werden. Diese Stoffe setzen der Verformung nach dem Einbau und einer Verrottung durch eingedrungene Feuchtigkeit höchsten Widerstand entgegen. Neben der Isolierung der Wände soll auch der Fußbodenisolierung Beachtung geschenkt werden. Da der gewachsene Boden unter den Hallenbauten durch äußere Einflüsse seine Wärmeleitfähigkeit verändern kann, soll diese Verlustquelle ausgeschaltet werden. Die Kälteaggregate sind weitestgehend automatisch zu steuern. Es ist noch nicht geklärt, ob eine zentrale Kälteanlage oder die Kühlung der Zellen durch Einzelaggregate zweckmäßiger ist. Günstig ist die Begasung der Kühlräume mit einem schwachen Überschuß von CO_2. F.Lüpnitz. 9625c.

G r ö s c h n e r, P.; Magdeburg, Forsch.-Inst. für die Kühl- und Gefrierwirtsch. Hinweise für die Kühllagerung von Gemüse. - Dtsch. Gartenbau 9 (1962) Nr.8. S.208-211. - 3 Abb., 5 Lit.

Das z.Z. beste Verfahren zur Verlängerung der natürlichen Haltbarkeitsdauer pflanzlicher Produkte ist die Lagerung in maschinell temperierten Kühlräumen. Für längere Zeit sollte in den Kühlräumen nur standardgerechtes Gemüse der Güteklasse A in offenen Gemüsesteigen gelagert werden. Das einzulagernde Gemüse muß sofort nach der Ernte in die Lagerräume gebracht werden. Ungekühlt angeliefertes Gemüse mit hohen Temperaturen wird in bestimmten Räumen auf 3 °C über der Lagertemperatur abgekühlt. Die Einheitssteigen werden unter Beachtung der notwendigen Decken-, Wand- und Säulenabstände und Transportwege gestapelt. Dreimal in der Woche muß das Lagergut kontrolliert werden. Das Kühlklima beinhaltet Temperatur, relative Luftfeuchtigkeit, Luftzustand und Luftzusammensetzung. Die Temperaturreglung kann durch Wand- oder Deckenluftkühler oder durch außerhalb des Raumes stehende Kühlsysteme erfolgen. Die Vor- und Nachteile werden beschrieben. Der relative Luftfeuchtigkeitsgehalt soll 85 bis 90 % betragen, die durch eingebaute elektrische Dehydrierungsgeräte, Kühleroberflächen, Wasserversprühen, Anordnung von Umlaufkanälen und Isolation erreicht werden kann. Die Kontrolle erfolgt durch Hygrographen oder Thermohygrographen. Zur Reinigung der Raumluft können stationäre Ozonanlagen und Luftfilter verwendet werden. Der Luftzustand wird durch 10- bis 15-fachen Luftwechsel über Druck- und Saugkanäle sowie durch die Wand- und Deckenluftkühler erreicht. Bei der Auslagerung aus dem Kühlraum sollte das Gemüse langsam erwärmt werden. R.Höhn. 9625c.

G e l e y n s e, J.; Stellenbosch, W.P.F.R.I. Relative humidity - measurement and control in cold stores. (Relative Feuchtigkeit - Messung und Kontrolle im Kühllager.) - Deciduous Fruit Grower /Cape Town/ 12 (1962) Nr.5. S.108-114. - 6 Abb.

Die Einhaltung von 90 % relativer Luftfeuchtigkeit im Obstkühllager wird als am günstigsten angesehen. Die Messung der Luftfeuchte wird im Kühllager nicht immer mit der erforderlichen Exaktheit ausgeführt, da die Kaltluft nur geringe Feuchtigkeitsmengen aufnimmt. Meßgeräte, die eine Genauigkeitsgrenze von 2,5 % aufweisen, sind ausreichend. Die Brauchbarkeit des Aßmann-Psychrometers und des Haar-Hygrometers werden erörtert. Beide Geräte sind für die Verwendung im Obstkühllager geeignet. Die Erhöhung der Luftfeuchtigkeit ist durch das Sprühverfahren und durch das Luftwaschsystem möglich. Mit Sicherheit kann hierbei die Luftfeuchtigkeit auch unter 95 % gehalten werden. Durch Bewässerung des Kühlhausbodenbelages ist eine Veränderung der relativen Luftfeuchtigkeit in der Größenordnung um 5 % möglich. W.Blasse. 9625c.

H a n s e n, H. Versuche und Erfahrungen mit Luftwäschegeräten bei der Kühl- und Gaslagerung von Äpfeln. - Erwerbsobstbau 4 (1962) Nr.6. S.103-106. - 2 Abb., 1 Diagr., 2 Schemata, 16 Lit.

In zwei gleichgroßen Kühlräumen, von denen einer mit einem Luftwaschturm versehen war, wurden Lagerversuche mit Äpfeln durchgeführt. Die Zeiten der Luftwäsche wurden über eine Schaltuhr gesteuert, wodurch die rel. Luftfeuchte konstant auf 90 - 95 % gehalten wurde. Diese leichte Regelbarkeit der Raumfeuchtigkeit wird als größter Nutzeffekt gegenüber dem einfachen Kühllager angesehen. Das leichte Verstopfen der Sprühdüsen infolge der hohen Wasserhärte erforderte eine ständige Überwachung der Geräte. Während der Gesamtlagerzeit war eine Lufterneuerung nicht nötig (kein CO_2-Anstieg). Der Schwundanteil lag ca. 50 % unter, der Anteil an physiologischen und parasitären Schäden erheblich über dem der Vergleichslagerung. Im Gaslager bildeten Luftwaschgeräte einen vollwertigen Ersatz für kostspielige Absorptionsapparate. Durch Veränderung der Waschzeiten und entsprechendes Belüften konnte eine Atmosphäre von 2,5 % CO_2, 2,5 % O_2 und 95 % N erhalten werden, die das Arbeiten mit hoher Luftfeuchtigkeit ermöglichte, ohne physiologische Schäden zu verursachen. Deswegen wird dem Gaslager vor dem Kühllager der Vorzug gegeben. Es wird vorgeschlagen, die Luftwaschgeräte richtig er "ventilierende Luftbefeuchter" zu nennen. A.Mügge. 9625d.

S m o c k, R.M. und Y a t s u, L. Removal of carbon dioxide from controlled atmosphere storages with water. (Die Entfernung von Kohlendioxyd durch Wasser in Lagerhäusern mit kontrollierter Atmosphäre.) - Proc. Amer. Soc. horticult. Sci. 75 (1960) S.53-60. - 3 Diagr., 1 Schemaskizze, 2 Tab., 2 Lit.

Das Prinzip des "Auswaschens" von Kohlensäure beruht darauf, daß kaltes Wasser Kohlendioxyd direkt proportional dem Gasdruck in Lagerräumen zu binden vermag. Im Artikel werden die Wassertemperatur, verwendete Zusätze an Salzen zum Wasser, die Wirksamkeit des Absorptionssystems, der Wasserumlauf und Luftzirkulationssysteme besprochen. Das beste System hat einen Wirkungsgrad von 60 %. L.Kunath. 9625d.

S c h ö n b e c k, H. und H e n z e, J. Einfluß der Luftwäsche auf den Keimgehalt und die Zusammensetzung der Atmosphäre von Obstlägern. - Erwerbsobstbau 4 (1962) Nr.6. S.106-110. - 1 Diagr., 5 Tab., 7 Lit.

Von den Vff. durchgeführte Untersuchungen ergaben, daß der Pilzbewuchs der als Füllmaterial dienenden Tonraschigringe in Luftwaschgeräten einen erhöhten

Keimgehalt der Lagerluft bewirkt. Locker geschüttete Kupfer- oder Zinkspäne als Füllgut konnten die Keimbesiedlungsdichte wesentlich mindern. Als stark keimtötend erwies sich eine UV-Bestrahlung des Lagergutes. - Durch geeignete Wahl von Wassermenge und Waschdauer wurden Aromastoffe soweit ausgewaschen, daß sie geruchlich kaum wahrnehmbar waren und nicht mehr reifebeschleunigend wirkten. Das Auswaschen reiner Gase unter Berücksichtigung des Partialdruckes wurde untersucht, wobei auf die hohe Löslichkeit von CO_2 hingewiesen wird. Niedrige Wassertemperaturen und geringer Gehalt an Karbonaten sowie sehr feines Zersprühen und große Fallhöhe des Wassers erhöhen den Lösungseffekt für CO_2. Im frischluftgekühlten und im wenig gasdichten, maschinengekühlten Lager wird nicht sämtliches, durch Atmung entstandenes CO_2 ausgewaschen. Dies ist erst im Gaslager der Fall, wo ein konstanter CO_2-Spiegel erreicht wird. - Der Einfluß von als Kontaktschicht verwendeten Siebeinsätzen auf den Luftwiderstand im Luftwaschgerät wurde mit Hitzdrahtanemometern untersucht. A.Mügge. 9625d.

S c o t t, P. und M i n t o, S.D. Schumacher pyrethrum drier (small model). (Schumacher-Pyrethrum-Trockner /kleines Modell/ - N.I.A.E. - Test.) - Nat. Inst. agric. Engng., Rep. on Test Nr. 289/EA. (1961) S. 1-6. - 1 Abb., 4 Diagr., 6 Tab.

Das geprüfte Trocknungsgerät besteht aus einem Blechbehälter mit den Abmessungen 110 in. x 67 in. (2793,9 x 1701,8 mm). Der Trocknungsrahmen, in den die Pyrethrumblüten eingeschichtet werden, hat eine Tiefe von 12 in. (304,8 mm). Die Heißluft von 180 °F (82 °C) wird in einem angebauten Aggregat erzeugt und mit einem Ventilator eingeblasen. Das Gebläse wird von einem Benzinmotor über Keilriemen angetrieben. - Eine Reihe technischer Mängel wird dargelegt. Das Gerät wird nur mit Vorbehalt empfohlen.

W.Blasse. 9630d.

S c o t t, P. und M i n t o, S.D. Lindeteves 22 in. drycom pyrethrum drier. (Lindeteves 22 in. Drycom-Pyrethrum-Trockner. N.I.A.E. - Test.) - Nat. Inst. agric. Engng., Rep. on Test Nr. 290/EA. (1961) S. 1-8. - 1 Abb., 4 Diagr., 6 Tab.

Es wird über die Prüfungsergebnisse des "Lindeteves-Drycom-Pyrethrum-Trockners" berichtet. Das Gerät arbeitet mit einem Heißluftstrom von 180 °F (82 °C), der durch ein Gebläse in die Trocknungsbehälter eingeblasen wird. 12 Fächer, 3 Behälter jeweils übereinander, dienen der Materialaufnahme. Jedes Aufnahmefach hat eine Länge von 55 in. (1397 mm), Breite von 31 in. (787,4 mm), und Höhe von 48 in. (1219,2 mm). Die Heißlufterzeugung erfolgt in einem gesonderten Aggregat. - Die Konstruktion des Trockners und Heißlufterzeugers sind zufriedenstellend, die Genauigkeit der Temperaturregelung ausreichend. W.Blasse. 9630d.

Standardization of packaging for fresh fruits and vegetables. Wageningen: Inst. for research on storage and processing of horticultural produce. 1961. (224 S. m. Abb.) 8°. (1962 A 1316)

Fruchtkonservierungsversuche in Gas- und Dauerkühlräumen mit Kernobstdauersorten. Forsch.-Auftr. Ministerium für Ernähr., Landwirtsch. und Forsten des Landes Nordrhein-Westfalen; Bonn, Univ., Inst. für Obstbau. 1961
9625d.

M. GARTENBAU/PFLANZENSCHUTZ

S c h w o p e, D. Welchen Anteil und welche Bedeutung hat der Pflanzenschutz im zukünftigen Intensivobstbau? - Dtsch. Agrartechn. 12 (1962) Nr.3. S.135-136. - Aus: Dok-Dienst ILT 1962 Nr.4.

Von den 4 Applikationsmethoden Spritzen, Sprühen, Nebeln und Stäuben sind bes. die beiden ersten von Bedeutung. Vf. bringt eine Zusammenstellung von Problemen, die noch nicht gelöst sind: 1. Senkung der Wirkstoffkosten durch gezielte Bekämpfung. 2. Verkürzung der Behandlungszeit von 3 - 4 Tagen auf 24 h. 3. Herabsetzung der Windempfindlichkeit. 4. Heranziehung der Schädlingsbekämpfungsgeräte zu speziellen Aufgaben (chem. Unkrautbekämpfung, Wühl- und Feldmausbekämpfung). 5. Durchführung von Hormonspritzungen. Zum Schluß wird eine kritische Einschätzung der vorhandenen Schädlingsbekämpfungsgeräte vorgenommen. Gefordert werden größere Betriebssicherheit und mehr Verschleißfestigkeit.
9705a.

A n o n y m. Mechanisierung im Pflanzenschutz. - Dtsch. Gärtnerpost 13 (1961) Nr.32. Neue dtsch. Obstbau 7 Nr.8. S.132-133. - 8 Abb.

Im Vergleich zu der alten Sprüh- und Stäubemaschine "S 872" wurde bei der S 872/2" das Fassungsvermögen des Sprühbehälters von 200 auf 600 l vergrößert. Die Pumpenleistung beträgt nunmehr 100 l bei 3,6 atü. Das mechanische Rührwerk wurde durch ein hydraulisches ersetzt. Eine Zusatzeinrichtung zum Nebeln ist möglich. Beim Groß-Sprühgerät "S 050/3" sind zwei Schlauchtrommeln angebaut. Sie können je 80 m Schlauch aufnehmen, 2 Schlauchwagen mit je 2 Trommeln zu je 25 m dienen zur Schlauchverlängerung, besonders in Weinbergen. Bei einem Behälterinhalt von 900 l, 20 PS erforderlicher Traktorleistung, einem Betriebsdruck von 12 kp/cm^2 und 66 l/min Förderleistung beträgt die Arbeitsleistung dieses Geräts 1,5 - 2,0 ha/h.

W.Blasse. 9705b.

Š a m a e v, G.P. (Schamajew, G.P.) Novye mašiny. (Neue Pflanzenschutzgeräte.) - Zaščita rastenij ot vreditelej i boleznej, Moskva 7 (1962) Nr.2. S. 12-15. - 3 Abb.

Im Jahre 1961 wurden 3 neue Pflanzenschutzgeräte nach mehrjähriger erfolgreicher Prüfung in die Serienproduktion gegeben. Es handelt sich um 2 Spritzgeräte und 1 Stäubegerät. Das Spritzgerät "OVT-1" ist ein Ventilatorspritzgerät mit einer Stundenleistung von 3 ha im Obstbau und 6 ha in der Feldwirtschaft. Das Ventilator-Spritzgerät "OV-3" ist speziell für Weingärten entwickelt worden und besitzt eine Stundenleistung von 0,8 ha. Das Stäubegerät "ONU" ist für Obstbau und Feldwirtschaft geeignet und weist eine Stundenleistung von 1,8 - 3,3 ha auf. Eine Reihe weiterer Geräte soll noch geprüft werden.
H.Decker. 9705b.

D e d o l p h, R.R., B a s h a m, C.W. und S t a r k, F.C. An exponential sprayer for experimental work. (Ein Exponential-Sprüher für Forschungsarbeit.) - Proc. Amer. Soc. horticult. Sci. 75 (1960) S. 785-788. - 1 Abb., 1 Diagr. 1 Schemaskizze, 1 Zeichn., 2 Lit.

Es wird ein Sprühgerät beschrieben, welches zur Bestimmung der optimalen Konzentration, der Sprühmenge von Wachstumsregulatoren, Fungiziden, Herbiziden und a. m. dienen kann. Die Größe des Konzentrationstankes ist veränderlich. Es wird eine Formel zur Berechnung der Tankgröße, sowie die Eichung des gesamten Gerätes besprochen. L.Kunath. 9705b.

K u b y š t a, N.N. (Kubyschta, N.N.) Opryskivatel' vinogradnikovyj gazovyj OVG-1. (Abgas-Sprühgerät "OVG-1" für Weinpflanzungen.) - Vinodelie i vinogradarstvo SSSR, Moskva 21 (1961) Nr.4. S.40-41. - 2 Abb.

Für die Pflegetraktoren "KDP-35" und "T-38" wurde vom Staatl. Konstrukt.-Büro des "Krasny Aksai-Werkes" und der Verwalt. für Weinind. des Rostower Volkswirtschaftsrates ein Pflanzenschutzgerät "OVG-1" entwickelt, das sich von ähnlichen Konstruktionen dadurch unterscheidet, daß an Stelle von Pumpen und Ventilatoren hier die Abgase vom Traktormotor als Chemikalienträger bzw. Zerstäuber genutzt werden. Aus einem über der Fahrerkabine angeordneten Behälter gelangt die mit Wirkstoffen durchsetzte Flüssigkeit im Fallstrom zu seitlich angeordneten Zerstäubern, von wo sie durch die vorbeistreichenden Gase zu den Weinstöcken getragen wird. Die Traktoren werden gleichzeitig mit einem Anbaukultivator eingesetzt. H.Ahlgrimm. 9705b.

T e e k, John A.D. Spring frost evasion. (Spätfrostverhütung.) - Deciduous Fruit Grower /Cape Town/ 12 (1962) Nr.8. S.208-212. - 1 Abb., 1 Diagr. 3 Schemata.

In einer Birnenanlage an einem Hang wurde quer zur abfließenden Kaltluft Frostschutzberegnung vorgenommen. Drei Streifen, etwa ein Sechstel der Gesamtanlage, wurden durch die Beregnung erfaßt. Die Druckleitung führte in Anlagenmitte den Hang aufwärts, von ihr gingen die Flügelleitungen beiderseitig am Hangfuß, in Hangmitte und am Oberhang ab. Die Regner waren auf den Flügelleitungen installiert, darüber hinaus waren noch 3/4"-Plastikleitungen angeschlossen, die ebenfalls mit 3/32"(2,4 mm)-Düsen bestückt waren. Es wurde bei geringer Frosteinwirkung eine Erwärmung der Kaltluft um 2 °F (1,11 °C) erzielt, die ausreichte, um Frostschäden bei "Bon Chretin" und "Packham's Triumph" (in Vollblüte) auch bei den unberegneten Zwischenstreifen zu verhüten. Die Niederschlagshöhe der Beregnungsanlage betrug 0,086"/h (2,2 mm/h), die Anlage arbeitete von 9.⁰⁰ Uhr abends bis in die Morgenstunden. Die Gesamtanlage ist gleichzeitig zur Sommerzusatzbewässerung verwendbar, wobei sich aber die Verwendung von 3/16"(4,8 mm)-Düsen empfiehlt.

W.Blasse. 9710b.

V o g e l, G.; Großbeeren, Inst. für Gemüsebau der Dtsch. Akad. der Landwirtsch.-Wiss. zu Berlin. Der Einfluß kurzzeitiger Überdeckung mit Folienzelten auf die Ertragsleistung einiger Gemüsearten im Frühjahrs- und Sommeranbau. - Arch. Gartenbau 11 (1963) Nr.1. S.27-46. - 11 Abb., 15 Tab.

9710c.

W o h l m u t h, Norbert; Wien-Schönbrunn, Höhere Bundeslehr- und Versuchsanst. für Gartenbau. Schach der Bodenverseuchung. - Gartenbauwirtschaft /Wien/ 1961 Nr.11. S.238-241. - 4 Abb.

Es wird über die technischen Möglichkeiten der Bodenentseuchung durch Dämpfen und der dafür heute in Betracht kommenden Verfahren berichtet (Dämpfegge, Dämpfpflug, Haubendämpfung, Beetdämpfung, elektrische Bodenerhitzung, Terra-Force-Dämpfmaschine.) W.Blasse. 9715b.

O. GARTENBAU/AUSSTELLUNGEN, TAGUNGEN, VORFÜHRUNGEN,

REISEN, ÜBERSICHTEN

A n o n y m. Geslaagde werktuigendemonstratie fruitteelt te Bunnik. (Vorführung von Maschinen für den Obstbau in Bunnik.) - Loonbedrijf Land- en Tuinbouw 15 (1962) Nr.6. S.351. 353. 355. 357.

Von den im Juni 1962 in Bunnik vorgeführten Maschinen und Geräten werden als beachtungswert herausgestellt: 1. Bodenbearbeitungsgerät von der Fa. De Lignie, Herkingen, für Anbau an die Dreipunktaufhängung für die Arbeit zwischen den Baumreihen. 2. Nebel- und Schnellspritzgerät "Jumbo", mit 2 Gebläsen, die quer zur Fahrtrichtung montiert sind, so daß nach beiden Seiten gespritzt werden kann. Das Gerät kann wahlweise mit Spritz- oder Nebeldüsen arbeiten. 3. Ladebühne der Fa. Transporta, Jutphaas, für die Beladung von LKW mit einem Hubvermögen von 350 kg und einer max. Höhe von 1,4 m. Die Bedienung erfolgt durch Fußschalter. 4. Holzzerkleinerungsmaschinen der Fa. Beva, Amsterdam, mit Eigenantrieb und Transportband sowie "Broecop" für Schlepperanbau und Zapfwellenantrieb. M.Lüpnitz. 9805.

X. F O R S T W I R T S C H A F T

A. ALLGEMEINES

J a c o b, W.; Eberswalde. Standardisierung von Technologien in der Forstwirtschaft als Mittel zur Steigerung der Arbeitsproduktivität und als Grundlage für die technische Arbeitsnormung. -.Sozialist. Forstwirtsch. 12 (1962) Nr.4. S.108-110.

In der Forstwirtschaft wird durch die Standardisierung von Verfahren oder Arbeitsgängen der wissenschaftlich-technische Fortschritt schneller verwirklicht. Derartige Standards bilden als Bestverfahren die Grundlage für die Erarbeitung von Zeitnormativen nach der analytisch-experimentellen Methode. Der wirtschaftliche Vorteil der Erarbeitung von Verfahrensstandards wird am Beispiel der TGL 80-232:01/02 demonstriert. Durch die Anwendung des Standards "Fällen und Einschneiden mit der Einmannmotorkettensäge" konnten für den Buchenhauungsbetrieb eine Steigerung der Arbeitsproduktivität beim Fällen von ca. 30 % und beim Einschneiden von ca. 60 % nachgewiesen werden.

W.Jacob. 10005.

W e g e l i u s, Th. Rationalisierung der Holznutzung und -bringung insbesondere in Finnland. - Forst- u. Holzwirt 17 (1962) Nr.9. S.168-171.

Ausgehend von der besonderen forstlichen Situation in Finnland - zersplitterter Waldbesitz mit relativ kleinen Flächen - stehen einer umfassenden Mechanisierung große Schwierigkeiten im Wege. Der geringe Mechanisierungsgrad zeigt sich im Aufwand, den 1 m^3 Holz franko Fabrik im großen Durchschnitt in Tagewerken ausmacht. So beträgt z.B. in USA 1 m^3 Holz franco Werk 0,2 Tagewerke, beim Faserholz soll durch Einsatz von Fällrückekombinen der Nennwert auf 0,1 Tagewerke gesenkt werden. In Finnland dagegen rechnete man noch vor einiger Zeit mit einem Tagewerk je m^3 Holz. Man bemüht sich besonders durch Rationalisierung des Transports und Mechanisierung der Entrindung 0,5 - 0,7 Tagewerke zu erreichen. Eine weitere Verbesserung der Bilanz verspricht man sich durch eine umfassende Standardisierung der Sortimente.

W.Jacob. 10005.

G l ä s e r, H. Der Anteil der Technik an der Forstwirtschaft und ihre Bedeutung für die Ausbildung.- Forst- u. Holzwirt 17 (1962) Nr.9. S.165-167.

Vf. gibt in seinem Festvortrag zum 25-jährigen Bestehen der Lehrwerkstätte für Waldarbeit Rhoden (Waldeck) einen geschichtlichen Überblick über die Entwicklung der Technik in der Forstwirtschaft. Während die erste Epoche der planmäßigen Entwicklung der Forstwirtschaft und -wissenschaft von der Reinertragslehre bestimmt war, setzte sich danach eine extreme biologische Orientierung durch. Seit etwa 50 Jahren begann durch Arbeitskräfteverknappung steigende Löhne, sowie der allgemeinen Entwicklung der Industrie- und Wirtschaftszweige zur höheren Produktivität folgend, sich die Technik in der Forstwirtschaft in immer stärkerem Maße durchzusetzen. Die planmäßige Schulung der Angestellten und Arbeiter ging von den Waldarbeitsschulen aus. Die Leistungssteigerung, die in den letzten Jahren durch die Mechanisierung im Durchschnitt aller Produktionsabläufe 49 % betrug, konnte nur erreicht werden, weil die vorhandenen Maschinen in rationellen Verfahren unter Beachtung der Bestarbeitstechniken eingesetzt wurden.

W.Jacob. 10015.

G o l'd m a n, E.I. (Goldman, E.I.); Zentr. Forsch.-Inst. für Mechanisier. und Elektrifizier. der Forst-Ind. Pribor dlja izučenija uslovij truda. (Gerät zur Prüfung körperlicher Anstrengung.) - Lesnaja promyšlennost', Moskva 40 (1962) Nr.5. S.20. - 1 Abb.

Der von A.N. Pruzki konstruierte Apparat mißt und registriert die Herztätigkeit, Atmung, Haut- und Körpertemperatur sowie den Blutkreislauf des Waldarbeiters während der Arbeit. Er besteht aus den unmittelbar am Körper angebrachten Gebern, der tragbaren Verstärkeranlage, dem Beobachtungs- und Schaltstand nebst Akkumulator (24 V) sowie dem Schleifen-Oszillograph Modell "N-700". Das Gerät wurde zur Prüfung physiologischer Veränderungen, die während der Holzrückung im Körper der Traktoristen auftreten, mit Erfolg verwendet. A.Mueller. 10020.

K n o p, Jan und V i t ě z l a v, Zasmeta. Ekonomika a organizace lesního hospodářství. (Ökonomik und Organisation der Forstwirtschaft.) 2. Aufl. Praha: Státní zemědělské naklad. 1962. (SR 2993, 2) 10005.

A directory of organizations concer ned with forest workers safety. Geneva: ECE. 1960. (getr. Pag.) 4°. (1962 B 314) 10005

D. FORSTTECHNISCHE BETRIEBSANGELEGENHEITEN

H o r n i g, W. Schutzkappen für den Holzeinschlag. - Sozialist. Forstwirtsch. 12 (1962) Nr.4. S.123-124. - 3 Abb., 1 Lit.

Das Tragen von Schutzhelmen ist in der Forstwirtschaft der DDR gesetzlich geregelt. Die Anordnung bezieht sich nur auf die Fällarbeiten, sollte aber auf den gesamten Holzeinschlag ausgedehnt werden. In der forstlichen Praxis wird diese gesetzliche Vorschrift häufig übergangen. Einesteils bestimmen überwindbare Vorurteile die bestehende Abneigung, aber andererseits sind die der Forstwirtschaft zugewiesenen Schutzkappen aus anderen Industriezweigen übernommen und entsprechen daher nicht den Bedürfnissen der Forstwirtschaft. Aus diesem Grunde wurden ein Mehrzweckhelm und zwei Schutzkappentypen praktisch erprobt. Im Ergebnis der Untersuchung wurde der Mehrzweckhelm abgelehnt, da er zu schwer ist. Ebenfalls ungeeignet ist unter den forstlichen Verhältnissen die Schutzkappe aus Polyester. Die Schutzkappe aus Vulkanfiber eignet sich bedingt; für den Einsatz in der Forstwirtschaft müssen einige Voraussetzungen erfüllt werden: Anbringen einer Regenrinne um den Helm, Verbesserung der Belüftung durch genügend große, verschließbare Luftlöcher, grelle Farbgebung in gelb. Eine nicht in die Prüfung mit einbezogene neuartige Schutzkappe wird abschließend besprochen.

M.-O.Barucha. 10160.

S t e i n l i n, H. Arbeitsorganisation im Forstbetrieb. - Zbl. Arbeitswiss. Fachber. soz. Betriebsprax. 16 (1962) Nr.7. S.97-100.

Vf. vertritt die Auffassung, daß sich die forstwirtsch. Produktion von der gewerblichen und industriellen Erzeugung in vielfacher Weise unterscheidet.

Als Begründung werden im wesentlichen biologische und standörtliche Besonderheiten der Forstwirtschaft gesehen, die sich in Boden, Klima, Holzzuwachs, Bestand, Bestandesaufbau und ähnlichen Faktoren äußern. Weiterhin sind die Unterschiede in der geringen räumlichen Dichte des Arbeitsbereiches, in den inhomogenen Betriebsflächen, in den individuell stark unterschiedlichen Arbeitsobjekten, in der Abhängigkeit von Jahreszeit und Witterung gegeben. Wesentlich für den Einsatz der techn. Hilfsmittel ist die Betriebsgröße und die ständige Arbeitskräftezahl. Für einen Forstbetrieb von 2500 ha Fläche ist eine Belegschaftsstärke von 30 - 50 hauptberuflichen Arbeitskräften erforderlich. Eine weitgehende Spezialisierung wird im allgemeinen abgelehnt. Wesentlich ist eine besonders gute Arbeitsplanung. Hinsichtlich der anzuwendenden Arbeitsverfahren bei der Waldarbeit sollte zweckmäßigerweise auf kleine Arbeitsgruppen von 2-4 Mann aufgebaut werden. Die Anwendung höher entwikkelter Arbeitsverfahren ergibt sich insbesondere auf dem Gebiet der Holzernte durch die Anlage spezieller Arbeitsplätze, auf denen fabrikähnliche Bedingungen zum Maschineneinsatz geschaffen werden können. Abschließend äußert Vff. Gedanken zu Problemen der Verlohnung der Waldarbeiter auf Stücklohnbasis und dem Maschineneinsatz durch Fremdunternehmer im Forstbetrieb.

M.-O.Barucha. 10170.

A n o n y m. Planung der Arbeit. Arbeitssitzung der Fachgruppe "Arbeitswirtschaft" der GEFFA. - Allg. Forst-Z. 17 (1962) Nr.24. S.368.

Bisher wurde bei der Planung in der Westdeutschen Forstwirtschaft der Produktionsfaktor Arbeit nicht entsprechend berücksichtigt. Die Fachgruppe "Arbeitswissenschaft" der GEFFA will bis 1963 Vorschläge zu Gestaltung der Arbeitsplanung vorlegen. Erstrebenswert für Betriebsvergleiche sind Kennziffern zur Charakterisierung des Betriebes, z.B. Koeffizienten für die Arbeitsproduktivität, Holzartenzusammensetzung des Hiebssatzes usw. Diese Koeffizienten stellen keine absoluten Werte dar, sie sind nur Beurteilungsmaßstäbe für Betriebsvergleiche. W.Jacob. 10175.

H a b l ü t z e l, H. Gedanken über die forstliche Arbeitsplanung, dargestellt am Staatswaldrevier Griesbach, Schaffhausen. - Schweiz. Z. Forstwes. 113 (1962) Nr.7. S.385-398.

Die Notwendigkeit einer Arbeitsplanung ergibt sich aus der laufend schwieriger werdenden Arbeitskräftelage. Die Arbeitsplanung muß sowohl als mittelfristige (über eine Wirtschaftsperiode) oder kurzfristige (einjährige) Planung vom Betriebsleiter durchgeführt werden. Die Aufgaben der Planung sind: 1) Berechnung des Arbeitsumfanges oder des Arbeitsvolumens auf Grund der waldbaulichen und betrieblichen Zielsetzung. 2) Erfassen der vorhandenen Arbeitsmittel oder Arbeitskapazität. 3) Vergleich des berechneten Arbeitsumfanges mit den vorhandenen Arbeitsmitteln. 4) Rationellster und zeitlich günstigster Einsatz der Arbeitsmittel. 5) Erarbeitung von Unterlagen für die Betriebs- und Finanzplanung. Die genannten Hinweise wurden im Staatswaldrevier Griesbach praktisch erprobt und die Ergebnisse dargelegt.

W.Jacob. 10175.

R e h s c h u h, D. Die Durchführung einer Arbeitsplanung im Forstbetrieb. - Forsttechn. Inform. 1962 Nr.6. S.47-56.

Die Notwendigkeit einer Arbeitsplanung wird durch die Verschlechterung

Produktionslage, des einsetzenden Arbeitskräftemangels (bedingt durch die Wirtschaftskonjunktur), der ständig steigenden Löhne und der sich laufend erweiternden Mechanisierung begründet. Der Vf. fordert hinsichtlich der Planzeiträume eine lang-, mittel- und kurzfristige Planung. Die langfristige Planung soll sich über den Produktionszeitraum erstrecken und die Betriebsform, Zieldrm. u.a. festlegen. Die mittelfristige Planung basiert auf dem Betriebswerk, welches das Kernstück der ökonomischen, räumlichen und zeitlichen Ordnung des Betriebes darstellt. Die kurzfristige Planung gilt für 1 Jahr, sie findet ihren Niederschlag im Jahresplan des Betriebes. Die Hauptaufgabe der Arbeitsplanung ist die Optimalgestaltung des Produktionsfaktors Arbeit im Hinblick auf dessen Abstimmung und Kombination mit den anderen Produktionsfaktoren. Für die Arbeitsplanung sind die Ermittlung des Arbeitsvolumens, sowie der Arbeitskapazität und der Struktur der Waldarbeiterschaft und schließlich die jahreszeitliche Verteilung der Arbeitsvorhaben von Bedeutung. Die Arbeitsplanung ist an einem Beispiel dargestellt. W.Jacob. 10175.

F. FORSTWIRTSCHAFT/ENERGIE, KRAFTMASCHINEN, UND SCHLEPPER

A n o n y m. Citernes souples en caoutchouc. (Biegsame Behälter aus Gummi.) Bois Forêts Trop. 1962 Nr. 83. S.79-80. - 1 Abb.

Die Behälter werden in der Größenordnung von 100 - 100 000 Liter hergestellt. Sie bestehen aus einer Nylonhülle, die beiderseitig vulkanisiert ist. Die Dicke der Hülle beträgt etwa 2,5 mm. Die Außenseite ist so beschaffen, daß sie mechanischer Beanspruchung, Temperatureinflüssen, Alterungserscheinung, Meerwasser und dem Lichteinfluß widersteht. Die Innenseite ist einmal eingerichtet für flüssige Nahrungsmittel, zum anderen für organische Verbindungen. Die Behälter sind mit genormten Leichtmetallverschlüssen versehen. Das Füllen kann mit Pumpe oder durch Schwerkraft erfolgen. Sie sind leicht zu reinigen und erfordern keine Unterhaltungskosten. Für Transport oder Lagerung werden verschiedene Typen hergestellt. Die Leermassen betragen auszugsweise für 1000 l etwa 25 kg, 5000 l etwa 65 kg, 2000 l etwa 178 kg, 10000 l etwa 680 kg. Hergestellt werden die Behälter bei Superflexit, 45, rue des Minimes, Courbevoie (Seine). G.Kräuter. 10225.

A n o n y m. Tracteurs "légers" à pneus de fabrication Américaine. ("Leichte" Radtraktoren amerikanischer Herkunft.) - Bois Forêts Trop. 1962 Nr.83. S. 74-76. - 4 Abb., 1 Tab.

Beschrieben werden Fahrzeuge mit einer Nutzlast von 4 - 6 t, die in Nordamerika eingesetzt sind. Es werden die Schlepper "Master 12" und "18" mit Benzin- und Dieselmotor ("GM" oder "Cummins"), der "Blue Ox" als "Super C" und der "Timberskidder 300" beschrieben. Die Schlepper besitzen eine Masse von 5 - 8 t und leisten von 90 - 110 PS. Bei einigen Modellen ist Vierrad-Lenkung vorhanden, Allradantrieb ist bei allen vorgesehen. Die Geschwindigkeiten liegen im Maximum bei: "Master" 30 km/h, "Blue Ox" 45 km/h, "Timberskidder" 60 km/h. Arbeitsgetriebe und automatische Differentialsperren sind vorhanden. Die Bremsen sind im allgemeinen hydraulisch, bis auf "Master 18", der Luftdruckbremsen hat. Die Fahrzeuge sind mit Winden ausgerüstet, die durch die Zapfwelle des Traktors getrieben werden (bei "Master 18" durch Hydraulik). Hersteller: Pettibone Mulliken Corporation, 4700 W Division Street, Chicago 51, Illinois U.S.A. Four Wheel Drive Corporation, Clintonville, Wisconsin U.S.A. Timerland Ellicott Limited, Woodstock, Ontario, Canada.

G.Kräuter. 10225.

P a c i o r a, P.P. (Paziora, P.P.); Moskau, Forsttechn. Inst. Ėlektričestvo na lesozagotovkach. (Elektroenergie für die Holzaufbereitung.) - Lesnaja promyšlennost', Moskva 40 (1962) Nr.4. S.2-4. - 2 Tab.

Die Elektrifizierung der holzaufbereitenden Industrie ist in der SU seit dem Jahre 1950 von 29,4 % auf 15 % zurückgegangen, weil die vorhandenen kleinen E-Stationen mit Lokomotivantrieb unwirtschaftlich arbeiten. Werden diese durch Dampfturbinen vom Muster "AP-0,75" (750 kW) mit luftgekühlten Kondensatoren oder Dieselmotoren "6C-33/45" (600 PS) ersetzt, können die Waldbahnen, Sägen und Winden elektrifiziert werden. Auch ist die Holzabfuhr mit Automobilen "ZIS-5" möglich, die mit Gleichstrommotoren (60 kW) ausgerüstet sind und aus einer Oberleitung mit Strom gespeist werden.

A.Mueller. 10230.

A n o n y m. Camion grumier Willème. (Langholz-Lastkraftwagen Willème.) - Bois Forêts Trop. 1962 Nr.83. S.78-79. - 3 Abb.

Es handelt sich um das Fahrzeug "W 6 DT Forestier Tropical", das im Mittel 30 t transportieren kann. Die Zugmaschine ist dreiachsig, wovon die beiden hinteren angetrieben werden. Der 4-Takt-Motor ist ein Willème "518 T 6" mit 6 Zylindern und 13540 cm^3 Hubraum. Es wird eine Leistung von 185/190 PS bei 1800 U/min erreicht. Durch Einspritzpumpe kann die Motorleistung auf 255 PS gesteigert werden. Die Zugmaschine ist mit 2-Scheibenkupplung, 6-Ganggetriebe und mit 2 Arbeitsgängen versehen. Ein automatisches Differential ist zwischen beiden Achsen angebracht. Servo-Lenkung ist vorhanden. Die Kabine ist vom Typ "Carriere". G.Kräuter. 10235c.

H. FORSTWIRTSCHAFT/BESTANDESBEGRÜNDUNG UND -PFLEGE EINSCHLIESSLICH KAMPBETRIEB

J o h a n s s o n, Bengt. Metoder att nedbringa arbetskraftsåtgången vid skogsvårdsarbeten. (Methoden zur Verringerung des Arbeitsaufwandes bei Waldbauarbeiten.) - Skogen 49 (1962) Nr.8. S.172-174. 184. - 4 Abb., 2 Tab.

In der schwedischen Forstwirtschaft ist das Abbrennen von Hiebsflächen zwecks Anlage von Kulturen sehr verbreitet, obgleich es neben großen Vorzügen u.a. den Nachteil aufweist, die Entwicklung von Insekten und Pilzschädlingen zu begünstigen; infolgedessen ist man oft gezwungen, das Auspflanzen erst 3-4 Jahre nach dem Abbrennen durchzuführen. Man ist daher bestrebt, das Abbrennen durch eine andere Art der Bodenbearbeitung zu ersetzen. Vf. bringt Angaben über Arbeitsaufwand und Kosten der bisher üblichen Methoden: I. Schlagreinigung mittels Motorsäge, Abbrennen, manuelles Herstellen von Pflanzplätzen und Aussetzen der Pflänzlinge, - Arbeitsaufwand 5,0 Tgwk./ha, Kosten 240 schwed. Kronen/ha; II. Schlagreinigung, Abbrennen, maschinelle Herstellung von Pflanzplätzen, - Arbeitsaufwand 3,0 Tgwk./ha, Kosten 240 Kr./ha.

Vorgeschlagen wird Methode III: als Ersatz für das Abbrennen starke mech. Bodenverwundung mittels 10 - 15 t-Raupenschlepper, ausgerüstet mit einer frontal anmontierten Rodevorrichtung, und geringfügige ergänzende manuelle Pflanzplatzbereitung. Der Arbeitsaufwand ist sehr stark verringert und beträgt nur 1,0 Tgwk./ha, die Kosten ca. 150 Kr./ha. Vf. berichtet ausführlich über durchgeführte Versuche und Zeitstudien betr. der neuen Methode, die 2000 bis 3000 Pflanzstellen je ha ergab, und bringt abschließend eine Aufstellung über Vor- und Nachteile der neuen Methode im Vergleich zum Abbrennen der Schlagfläche. A.Grönholm. 10255.

M i r o n o v, I.A. und P o n o m a r e v a, A.A. (Mironow, I.A. und Ponomarjowa, A.A.); Puschkino, Gebiet Moskau, Unions-Forsch.-Inst. für Forstkult. und Mechanisier. der Forstwirtsch. Kompleksnaja mechanizacija lesokul'turnych rabot na gornych sklonach. (Die komplexe Mechanisierung der Aufforstungsarbeiten auf Berghängen.) - Lesnoe chozjajstvo, Moskva 15 (1962) Nr.7. S.55-56. - 1 Tab.

Beschreibung von drei Geräten zur Aufforstung von Berghängen, die folgenden Anforderungen gerecht werden: Verhütung jeglicher Erosion, maximale Ausnutzung der Fläche, Schaffung eines günstigen Wasserhaushalts für die Holzpflanzen, Verbilligung der Kosten für die Herstellung von Terrassen, Schaffung von Voraussetzungen für die mechanisierte Durchführung der Pflanzung, Saat und Pflege. Das Gerät "T-4" zur Herstellung von Terrassen hat eine Arbeitsbreite von 246 cm, eine Masse von 1100 kg und eine Stundenleistung von 200 lfd.m. Der Bodenlockerer "RT-2" hat eine Arbeitsbreite von 210 cm und eine Stundenleistung von 1.600 lfd.m. Für diese Geräte sind Schlepper vom Typ "S-80" oder "S-100" erforderlich. Ein neukonstruierter Kultivator dient zur Pflege der auf den Terrassen begründeten Kulturen.

S.Frei. 10255.

B o č a r o v, V.S. (Botscharow, W.S.); Puschkino, Gebiet Moskau, Unions-Forsch.-Inst. für Forstkult. und Mechanisier. der Forstwirtsch., Versuchszuchtbaumschule. Opyt vnedrenija kompleksnoj mechanizacii v Ivanteevskom lesopitomnike. (Erfahrungen bei der komplexen Mechanisierung der Forstbaumschule Iwantejewka.) - Lesnoe chozjajstvo, Moskva 15 (1962) Nr.5. S.64-69. - 3 Abb.

Die komplexe Mechanisierung aller arbeitsintensiven Tätigkeiten ermöglicht der Forstbaumschule sowohl die Steigerung der Arbeitsproduktivität als auch die Senkung der Selbstkosten. Voraussetzung zur komplexen Mechanisierung sind Schlepper mit angebauter Hydraulik. Die in der Forstbaumschule verwendeten Maschinen und Geräte werden beschrieben; und zwar getrennt nach den Arbeitsgängen Beladen und Transport von Dünger und Pflanzgut, Kompostherstellung, Düngung, Bodenbearbeitung, Saat, Pflege, Verschulen und Pflanzenausheben. S.Frei. 10260a.

S t a c h e j k o, F.G. (Stacheiko, F.G.) Osobennosti konstruirovanija mašin i orudij dlja oblesenija vyrubok. (Besonderheiten der Konstruktion von Maschinen und Geräten zur Aufforstung von Kahlschlägen.) - Lesnoe chozjajstvo, Moskva 15 (1962) Nr.9. S.71-73. - 5 Abb., 1 Zeichn.

Beschreibung der im Belorussischen Forschungsinst. für Forstwiss. entwickelten Geräte zur Aufforstung ungerodeter Kahlflächen. Mit Hilfe des Bodenlockerers "RLN-50" können Kahlschläge 50 - 60 cm tief bearbeitet werden. Schichtleistung: 4 - 5 ha. Bei dieser Art der Bodenvorbereitung gedeihen die Kiefern besser als auf Pflugstreifen oder Plätzen. Der modernisierte Pflug "PKB-56" eignet sich für Bodenvorarbeiten auf Kahlschlägen mit 500 bis 600 Stöcken pro Hektar. Die 550 kg schwere Pflanzmaschine "LMD-1" und der mit stumpfwinkligen Arbeitsorganen versehene Kultivator "KLT-4,5" haben sich ebenfalls auf ungerodeten Kahlschlägen bewährt.

S.Frei. 10265a.

W i m b u s h, S.H.; Jos, Northern Nigeria. A note on the Bukuru Central Forest Nursery, Northern Nigeria. (Bericht über die zentrale Forstbaumschule Bukuru in Nord-Nigeria.) - Empire Forestry Rev. 41 (1962) Nr.108. S. 153-158. - 4 Abb.

Die zentrale Baumschule, 1959 angelegt, produziert jährlich 600 000 Pflanzen in Polythene-Töpfen. Sie hat eine Fläche von 4 acres, davon entfallen auf ständige Wege 1,36 acres. Zur Bewässerung (jährlicher Niederschlag 56 in.) wird das Wasser durch eine Wright "Rain E15/Le3" Pumpe über eine Entfernung von 230 ft., bei 10 ft. Höhendifferenz, zur Baumschule gepumpt (200 gall./min). Die Töpfe zur Pflanzenanzucht, bestehend aus schwarzer Polythene-Folie (Hersteller: Nigerian Plastics Company, Ibadan, Western Nigeria), besitzen gefüllt eine Höhe von 8 in. und einen Dmr. von 3 in. Die Topferdeherstellung (4 Teile Flußsand, 3 Teile Kompost und Düngergabe) erfolgt in einer "5THL" Rapier Mischmaschine. Der Beitrag enthält eine Beschreibung der einzelnen Arbeitsgänge sowie Kostenangaben über den Bau und die Ausrüstung der Forstbaumschule.

L.Jülich. 10265c.

P o p o v, O.S. (Popow, O.S.); Inst. für Forst- und Holz-Ind. der Sibir. Abt. der Akad. der Wiss. der UdSSR. Ėkonomičeskaja ėffektivnost' vzryvnogo sposoba osušenija lesov v uslovijach Sibiri. (Die Wirtschaftlichkeit der Sprengung bei der Trockenlegung von Wäldern in Sibirien.) - Lesnoe chozjajstvo, Moskva 15 (1962) Nr.5. S.61-63. - 2 Abb.

In Westsibirien sind ca. 100 Mill. ha Sumpfwälder trockenzulegen. Der Grabenräumer "LKA" kann nur in begrenztem Umfange verwendet werden, da er lediglich Torfschichten von 30 cm Dicke bewältigt. Oft ist es nicht möglich, Schlepper einzusetzen. Es wurde deshalb eine besondere Sprengmethode entwickelt, durch die 1 m tiefe und 3 m breite Entwässerungsgräben hergestellt werden können. Bei der Sprengung werden 0,8 kg Sprengstoff pro lfd.m benötigt. Sie kostet nur 50 % der Grabenherstellung mit dem Grabenpflug.

S.Frei. 10265e.

P o l t i e r, G. Theoretische Untersuchungen zum Problem der Baumrodung. - Sozialist. Forstwirtsch. 12 (1962) Nr.4. S.113-116. - 7 Abb., 1 Tab.

Die Baumrodung weist gegenüber der Stockrodung technol. Vorteile auf. Theoretische Erörterungen werden angestellt, um die bei der Baumrodung zusammenspielenden Faktoren zu analysieren. Als Grundlage dienen Betrachtungen über den Spannungs- und Biegemomentenverlauf im Stamm. Bei Nichtbeachtung dieser Kräfte können Stammbrüche und -risse auftreten, die zu einer Qualitätsminderung des auszuformenden Holzes führen können. Der Angriffspunkt der Zugkraft soll möglichst so gewählt werden, daß die maximale Spannung am Stammfuß auftritt. Nach theoretischen Berechnungen liegt der Angriffspunkt der Zugkraft bei 2/3 des Stammfußdmr. In einer Tab. werden einige Werte der Befestigungshöhen unter Berücksichtigung der Stammverjüngung (Abholzigkeit) angegeben. Ferner werden math. Ableitungen von den erreichbaren Kräften und Momenten unter Berücksichtigung des Zugmittels vorgenommen, wobei Schlepper im Direktzug, Schlepper mit Seilwinde und Allradschlepper einer näheren Betrachtung unterzogen werden. M.-O.Barucha. 10265e.

R o b e l, H. Rationelle Mechanisierung der Holznutzung durch Baumrodung und baumweises Rücken. - Sozialist. Forstwirtsch. 12 (1962) Nr.4. S.116 bis 118. 122-123. - 4 Abb., 9 Lit.
Die jährliche Planauflage der Forstwirtschaft an Stockholz, verbunden mit der waldbaulichen Forderung nach Vollumbruchflächen, läßt neue Holzwerbungsmethoden in den Vordergrund treten, da die gegenwärtigen technischen Möglichkeiten der Stockrodung zum Teil unvollkommen und zum Teil material- und kostenaufwendig sind. Die bisher geübte Praxis der Holzrodung widerspricht einer produktiven Fließarbeit. Aus Erfahrungen, die in der Volksrepublik Polen gesammelt wurden, stellt Vf. das Baumrodeverfahren vor. Hierbei bestehen vier Varianten, wobei in jedem Falle der gesamte Baum mit dem Stock gerodet wird. Es unterscheiden sich nur die Methoden der Aufarbeitung, die sowohl sofort im Bestand als auch später auf Aufarbeitungsplätzen erfolgen kann. Letzteres Verfahren wurde für die Verhältnisse in der DDR weiterentwickelt und wird eingehend beschrieben. Dabei hat sich die Verwendung eines 40 PS Radschleppers in den Mittelbaumstufen 3 und 4, und für die Mittelbaumstufe 5 ein 60 PS Kettenschlepper gut bewährt. Die Zugmittel sind mit je einer Anbauseilwinde ausgerüstet. Der Arbeitskräftebedarf einer Holznutzungsbrigade mit einem Schlepper beträgt 5 - 6 AK. Im Vergleich der Leistungen und Kosten der Baumrodung zur Stockrodung konnte ein finanzieller Vorteil der Baumrodung nachgewiesen werden. Es wird abschließend empfohlen, die Baumrodung dort durchzuführen, wo die standörtlichen Gegebenheiten und wirtschaftlichen Erwägungen dieses Verfahren zulassen.
M.- O.Barucha. 10265e.

L o y c k e, H.J. Wirtschaftliche Stockrodung. - Allg. Forst-Z. 17 (1962) Nr.9/10. S.145-146. - 3 Abb., 1 Tab.
Die Handrodung von Wurzelstöcken wird infolge des hohen Zeitaufwandes nicht mehr durchgeführt, Man unterscheidet beim Maschineneinsatz die Stehendrodung und Wurzelstockrodung. Die Stehendrodung kann mit Radschleppern durch die Forstseilwinde (Umziehen) oder mit Kettenschleppern durch Umdrücken (Treedozer) erfolgen. Zur vorwiegend angewendeten Form der Rodung, der Wurzelstockrodung, werden starke Kettenschlepper (90 - 100 PS) eingesetzt. Die Wurzelstücke werden mit Roderechen oder mit Stumper aus dem Boden entfernt. Eine Tab. über Zeitaufwand und Kosten gibt einen Hinweis über Wirtschaftlichkeit der Baumrodung mit Ketten- oder Radschlepper, der Stockrodung mit Planierschild, Stumper oder Wurzelrechen sowie der Arbeiten für Zusammenschieben der Stöcke und Planieren der Löcher. W.Jacob. 10265e.

P e r v u c h i n, V.D. (Perwuchin, W.D.) Mechanizacija očistki vyrubok v Kakmožskom lespromchoze. (Die Mechanisierung der Schlagräumung im Forstwirtschaftsbetrieb Kakmosh.) - Lesnoe chozjajstvo, Moskva 15 (1962) Nr.8. S.62-63. - 1 Abb.
Beschreibung eines auf der Grundlage des Traktors "TDT-40" konstruierten

Schlagräumers. Das mit 7 Zähnen ausgerüstete Gerät kann in 30 - 40 Min. an den Traktor montiert werden. Es wird vom Führersitz aus bedient. Der Schlagräumer sammelt alle Hiebsrückstände und lockert gleichzeitig den Boden. Gegenwärtig sind 32 dieser Geräte im Einsatz. Durch sie wurde eine Einsparung von 6,6 TRbl. im Jahre 1961 erzielt. S.Frei. 10265f.

S o l o v e v, B.P. (Solowjow, B.P.) Techniko-ėkonomičeskaja ocenka počvoobrabatyvajuščich orudij v uslovijach lesnogo Zavolž'ja. (Eine technisch-ökonomische Bewertung der Bodenbearbeitungsgeräte im bewaldeten Teil des Wolgagebietes.) - Lesnoe chozjajstvo, Moskva 15 (1962) Nr.11. S.56-59.

Die Prüfung der vorhandenen Bodenbearbeitungsgeräte hat gezeigt, daß sie in ihrer Mehrzahl für die Arbeit auf gut drainierten Böden geeignet sind, daß sie aber unter den schwierigen Verhältnissen des Forstexploitationsbetriebes nur bedingt eingesetzt werden können. Für die Beurteilung des Schwierigkeitsgrades beim Pflügen ist außer der Stockzahl unbedingt das Relief zu berücksichtigen. Die Reparaturzeit des Gerätes pro lfd.km Pflugfurche ist eine wichtige Kennziffer. Charakterisiert werden die Pflüge "PLP-135", "PKL-70", "PBN-75" und "PBN-2-54", das Rodegerät "D-210B", der Bulldozer "D-259", der Bodenlockerer "PLD-2" sowie die Traktoren "S-80" und "TDT-40".

S.Frei. 10270a.

N e d a š k o v s k i j, A.N. und I v a n i c k i j, V.E.(Nedaschkowski,A.N. und Iwanizki, W.Je.) Novye orudija dlja lesokul'turnych rabot na peskach. (Neue Geräte zur Aufforstung von Dünen.) - Lesnoe chozjajstvo, Moskva 15 (1962) Nr.9. S.74-75. - 2 Abb.

Zur Vorbereitung der mechanisierten Aufforstung werden in der Ukraine die leichten Sandböden 60 - 80 cm tief gepflügt. Als Ersatz für den bisher im Aggregat mit dem Traktor "S-100" arbeitenden Bodenlockerer "R-1 M" wurde der Bodenlockerer "RN-60" konstruiert. Er arbeitet am Traktor "DT-54" und zeichnet sich durch wesentlich höhere Manövrierfähigkeit aus. Für die Kulturpflege ist der Kultivator "KPN-1,9" entwickelt worden. Durch Vereinigung der Elemente einer Scheibenegge mit denen der bisher üblichen Kultivatoren wurde eine bedeutende Steigerung der Qualität der Pflegearbeiten erreicht.

S.Frei. 10270a.

K a l i n i č e n k o, N.P., S t e p o č k i n, P.M. und M a r k i n, S.A. (Kalinitschenko,N.P., Stepotschkin,P.M. und Markin,S.A.); Puschkino, Gebiet Moskau, Unions-Forsch.-Inst. für Forstkult. und Mechanisier. der Forstwirtsch. Opyt kompleksnoj mechanizacii rabot po lesovosstanovleniju na neraskorčevannych vyrubkach v dubravach lesostepi. (Erfahrungen einer komplexen Mechanisierung von Arbeiten der Walderneuerung auf ungerodeten Schlägen in Eichenwäldern der Waldsteppe.) - Lesnoe chozjajstvo, Moskva 15 (1962) Nr.4. S.67-70. - 1 Abb.

Die Abt. Waldanzucht des VNIILM hat in Zusammenarbeit mit dem Tulaer mech. Forstwirtschaftbetrieb eine neue Arbeitstechnologie der Walderneuerung unter Anwendung komplexer Mechanisierung ausgearbeitet. Es wurden für den Einsatz des Pfluges "PKL-70" und der forstl. Fräse "FLN-0,8"für Arbeiten in einem Eichenbestand (Reihenabstand 3 - 4 m) ein technol. Schema für die Anlage der Kulturen einschl. ihrer mech. Pflege entwickelt: Mit dem Pflug "PKL-70", als Aggregat mit dem Traktor "DT-54A" unter Verwendung einer Zusatzausrüstung, werden Pflugstreifen von 8 - 12 cm Tiefe angelegt. Zur Pflanzung wird die 1961 vom VNIILM gebaute Pflanzmaschine eingesetzt, Zugmaschine: "DT-54A" (durchschn. Anwuchsprozent = 95). Die Pflanzmaschine eignet sich auch zum Legen von Eicheln in eine Tiefe von 5 - 6 cm und einem Abstand von 10 - 15 cm. Die Eicheln werden in einem Behälter mit 300 l Fassungsvermögen transportiert. Die Leistung beträgt in 7 Std. 4 - 5 ha bei 100 kg/ha Saatmenge. Die mech. Pflege erfolgt im ersten Jahr 2 - 3mal, im 3. Jahr 3mal mit dem vom VNIILM entwickelten Scheibenkultivator, der die Arbeit in 2 Einstellungen durchführt. Techn. Beschreibungen werden gegeben.

R.Grönholm. 10270a.

Š e v e l e v, E.I. und P a c h o m o v, A.I. (Scheweljow, Je.I. und Pachomow, A.I.) Konstrukcija podreznych nožej k lesnym plugam. (Die Konstruktion der Koltermesser an Waldpflügen.) - Lesnoe chozjajstvo, Moskva 15 (1962) Nr. 9. S.76. - 1 Tab., 2 Zeichn.

An den Waldpflügen tritt häufig eine Verstopfung des Raumes zwischen der Pflugschar und dem Vorschneider ein, wodurch die Leistung des Pfluges sinkt und die Qualität der Pflugstreifen erheblich gemindert wird. Durch Verbesserung der Konstruktion des Vorschneiders und durch Veränderung seiner Lage zur Pflugschar sind diese Mängel behoben worden. Der neue Vorschneider hat sich in der Praxis bewährt. Durch seinen Einsatz konnte die Gesamtlänge der in die Pflugfurche zurückfallenden Schollen auf ein Drittel der bisher üblichen gesenkt werden.

S.Frei. 10270c.

A n o n y m. Racionalizatorskie predloženija po usoveršenstvovaniju plugov dlja podgotovki počvy na neraskorčevannych vyrubkach. (Rationalisatorenvorschläge zur Vervollkommnung der Pflüge für die Bodenvorarbeiten auf ungerodeten Kahlschlägen.) - Lesnoe chozjajstvo, Moskva 15 (1962) Nr.9. S.77-79. - 3 Abb., 1 Zeichn.

In der UdSSR wird ein großer Teil der umfangreichen Aufforstungsarbeiten künftig auf ungerodeten Kahlflächen durchgeführt werden. Durch den Umbau vorhandener Geräte tragen die Werktätigen dazu bei, dies Problem der Mechanisierung dieser Arbeiten schnell zu lösen. Es werden eine Reihe von Verbesserungsvorschlägen beschrieben, u.a. der Umbau der in der Forstwirtschaft verwendeten Pflüge "PL-70", "PRL-70", "PBN-2-54" und "PN-3-30R", außerdem die Neukonstruktion eines Zweischaren-Pferdepflugs, der im Aggregat mit den Traktoren "DT-20", "DT-24" und "Belaruß " eine erhebliche Steigerung der Arbeitsproduktivität ermöglicht.

S.Frei. 10270cb.

K a n e v, N.F. (Kanew, N.F.); Puschkino, Gebiet Moskau, Unions-Forsch.-Inst. für Forstkult. und Mechanisier. der Forstwirtsch. Lesnaja navesnaja freza FLN-0,8. (Die forstliche Fräse "FLN-0,8".) - Lesnoe chozjajstvo, Moskva 15 (1962) Nr.6. S.82-84. - 4 Abb.

Die in allen Einzelheiten beschriebene Fräse dient zur streifenweisen Bodenbearbeitung auf ungerodeten Kahlschlägen mit 700 Stöcken je ha. Die besondere Konstruktion der Fräsentrommel ermöglicht das Arbeiten bei einer Vielzahl auftretender Hindernisse. Der Antrieb erfolgt über die Kardanwelle des Schleppers. Arbeitsbreite: 80 cm, Bearbeitungstiefe: 12 - 15 cm, Arbeitsgeschwindigkeit: 3,4 - 4,0 km/h, Stundenleistung 0,75 ha.

S.Frei. 10270f.

A n o n y m. Predloženija po ulučšeniju konstrukcii lesnych sejalok. (Vorschläge zur Verbesserung der Konstruktion forstlicher Sämaschinen.) - Lesnoe chozjajstvo, Moskva 15 (1962) Nr.11. S.62-64. - 4 Abb., 2 Schemata, 1 Lit.

Zusatzvorrichtungen zu der Sämaschine von Okulow gestatten das Ausbringen von Dünger während des Säens und eine bessere Differenzierung zwischen dem Ausbringen von großen und kleinen Samen. Durch Veränderungen an der Sämaschine "SL-4" ist es möglich, die Breitrillensaat einwandfrei durchzuführen. Für die Saat auf ungerodeten Kahlfächen eignet sich eine auf der Grundlage der Benzinmotorsäge "Drushba" entwickelte Sämaschine. Eine Handsämaschine mit einer Schichtleistung von 0,5-0,6 ha wurde neu konstruiert.

S.Frei. 10280.

A n o n y m. La semeuse H.C. (Die Sämaschine "H.C.".) - Bois Forêts Trop. 1962 Nr.83. S.77-78. - 1 Abb.

Die Maschine kann von einer AK bedient werden und verrichtet in einem Arbeitsgang die Vorbereitung des Bodens, das Säen und das Anwalzen. Die Sämaschine kann auf einen üblichen Pflug montiert werden. Nach der Entfernung der Bodendecke formen zwei Pflugschare das Samenbett, das durch eine Walze angedrückt und mit flachen Rillen für den Samen versehen wird. Die Samen werden von einem Behälter in regulierbarem Abstand in das Samenbett gebracht und durch ein mit geringem Druck versehenes gummibereiftes Rad in die Erde gedrückt.

G.Kräuter. 10280.

K r j u k o v, N.A. (Krjukow, N.A.); Bokowskaja, Gebiet Kamensk, RSFSR, Forstwirtsch.-Betr. Prjamougol'no-lunočnye kul'tury duba. (Eichenkulturen mit rechteckigen Pflanzlöchern.) - Lesnoe chozjajstvo, Moskva 15 (1962) Nr. 4. S.75-77. - 1 Abb.

Bei der Anlage von Eichen-Reinkulturen im Bokowsker mechanisierten Forstwirtschaftsbetrieb im Gebiet Rostow erfolgte die Saat in rechteckige Pflanzlöcher von 2,5 x 1,5 m (2670 Plätze/ha) mit 94 kg Saatgut je ha. Die Aussaat wurde mit dem Gerät "3 SLC-1" als Anbaugerät zum Traktor "KD-35" und 5 AK durchgeführt. Die Pflege in den 3 ersten Jahren erfolgte mech. mit Ausnahme eines einmaligen Handjätens im ersten Jahr (Anwuchsprozent = 95). Vom Verfasser werden Angaben über Boden- und Klimaverhältnisse und eine Beschreibung des Sägerätes, des Arbeitsvorganges und des erzielten Nutzeffektes gegeben.

R.Grönholm. 10285a.

A n o n y m. Ny plantväska ger bra skydd mot uttorkning. (Neue Pflanztasche.) Skogen 49 (1962) Nr.6. S.137.

Die von der Abteilung Arbeitslehre des Staatlichen Forstforschungsinstituts Schwedens geprüfte und empfohlene "SFI"-Pflanztasche dient zum Transport und zur Aufbewahrung von Pflänzlingen. Sie wird in 2 Größen hergestellt: die aus doppeltem Jutestoff gefertigte 40 x 50 cm große Tasche dient zur Aufnahme großer Pflanzen, die 25 x 30 cm große aus Wettexgewebe ist für mittlere und kleine Pflanzen bestimmt. Vor dem Gebrauch werden die Pflanztaschen gut eingeweicht; hierbei saugt der Jutestoff eine Wassermenge ein, die seinem doppelten Eigengewicht entspricht; die Tasche aus Wettexgewebe wiegt in nassem Zustand etwa sechsmal soviel wie in trocknem. Durch das Verdunsten des Wassers bildet sich im Innern der Tasche ein kühles und feuchtes Klima, das die Pflänzlinge vor dem Austrocknen schützt. Versuche haben ergeben, daß, nachdem sie 6 Stunden der Frühlingssonne ausgesetzt waren, bei der Jutetasche ca. 50 % des Wassers verdunstet war, bei der Wettextasche ca. 60 %. Gut bewährt hat sich in der Praxis auch die kombinierte

Anwendung von großen und kleinen Pflanztaschen, wobei in einer zur Aufbewahrung dienenden großen Tasche, die oben zugeschnürt werden kann, 2-3 kleine Taschen mit Pflänzlingen untergebracht werden. A.Grönholm. 10285a.

H i l f, H.H. Ganzjährige Pflanzzeit für Douglasien-Topfballenpflanzen. - Forstarchiv 33 (1962) Nr.5. S.93-97.

Die Pflanzzeit der Dougl. beträgt bei der bisher üblichen ballenlosen Pflanzung ca. 14 Tage. Es ist mit 15 - 30 % Ausfall zu rechnen. Nach der vorgeschlagenen Pflanzmethode werden die Sämlinge zur Verschulung in Kunststoffbeutel gepflanzt. Die verwendete Pflanzerde ist mit Dünger versetzt (die Mengen sind angegeben). Mit Tragevorrichtungen werden die Ballen zur Pflanzstelle transportiert. Zum Herstellen der Löcher verwendete man die Hohlspatenhacke "Iffa" nach Bauer, welche bei lockerem Boden als Hacke und bei festem Boden als Spaten verwendet werden kann. Vor der Pflanzung wird die Kunststoffhülle entfernt. Trotz höherer Pflanzkosten im Vergleich zur ballenlosen Pflanzung sollte man der Ballenpflanzung mehr Beachtung schenken, weil der Ausfall nur ca. 7 % beträgt und die Pflanzung fast das ganze Jahr über möglich ist. W.Jacob. 10285e.

G r u t, M.; Stellenbosch, Inst. for Forestry and Wood Technol. Deep-planting of poplars. (Pappel-Tiefpflanzung.) - J. South African Forestry Assoc. 1962 Nr.40. S.19-22. - 5 Abb.

Das Verfahren, von A. Morelli, Italien, entwickelt und in Südafrika erprobt, besteht darin, junge Pappeln (2 Jahre) von ihrem Wurzelsystem (3-jährig) zu trennen und in eine solche Tiefe zu pflanzen, daß die Stecklinge sofort Verbindung mit dem Grundwasser haben. Dies ermöglicht die Kultur von Pappeln auf armen sandigen Böden mit geringen Niederschlägen. Die Pflanzlöcher werden mit einem Spezialbohrer von 4 in. Dmr. bis zu einer Tiefe von 20 ft., allgemein 9 - 10 ft., durch 2 AK gebohrt. Leistung 10 Löcher/h, Verband 16 x 20 ft. Nach der Einebnung des Bodens wird er bis zu einer Tiefe von 2 ft. umgearbeitet. Jede Pflanze erhält 0,4 lb. Superphosphat in das Pflanzloch und 1,6 lb. um das Pflanzloch herum. Eine Bearbeitung der Bodenoberfläche mit Scheibeneggen erfolgt 2 mal im Jahr. L.Jülich. 10285e.

Š a d r i n, A.P. (Schadrin, A.P.); Unions-Forsch.-Inst. für Forst- und Bodenmeliorat. Mechanizacija uchoda za počvoj v rjadach molodych nasaždenij. (Die Mechanisierung der Pflege innerhalb der Reihen von Forstkulturen.) - Lesnoe chozjajstvo, Moskva 15 (1962) Nr.6. S.77-79. - 3 Abb.

Beschreibung des Gerätes "MGKŠ-5", das im Aggregat mit einem der herkömmlichen Kultivatoren zur Bodenpflege innerhalb der Reihen eingesetzt werden kann. Je ein Teil wird rechts und links an den Kultivator angehängt und gewährleistet eine 6 - 7 cm tiefe Lockerung des Bodens rings um die Pflanze. Länge: 1665 mm, Breite: 700 mm, Masse: 50 kg, Schichtleistung: 3,7 - 5,7 ha. Das Gerät kann in allen Kulturen eingesetzt werden, deren Pflanzen einen Wurzelhalsdmr. von 18 mm erreicht haben. S.Frei. 10290a.

M a g i n i, E.; Florence, Italy, Ist. di Selvicolt. Forest seed handling, equipment and procedures. II. Seed treatments, storage, testing and transport. (Forstsaatgutbehandlung, Geräte und Verfahren. 2. Mitt. Samenbehandlung, Lagerung, Prüfung und Transport.) - Unasylva /Rom/ 16 (1962) Nr.64. S.20-35. - 12 Abb. 1. Mitt. vgl. LZ. Abt. I 9 (1963) Nr.2. S.222.

Nach der Behandlung des Samens mit Nebelblasern (Kapazität ca. 2 l) gegen Insekten und Pilze geht Vf. auf die verschiedenen Möglichkeiten der Lagerung ein. Dabei werden eine Trocknungsanlage beschrieben (6,4 x 2,3 m, 2,75 m hoch, Luftbewegung durch Ventilator, 38 cm Dmr., Lufterwärmung durch 1 kW Erhitzer, Luftfeuchteregulierung durch eine Wasserwanne 21 x 46 cm und 1 kW Erhitzer zum Verdunsten des Wassers) und Samenbehälter empfohlen (elektrolytisch verzinktes Stahlblech, mit luftdichtem Schraubverschluß). Einrichtungen zum mech. Verletzen der Samenoberflächen, zur Auswahl einer Samenprobe, Labor-Hilfsmittel für Reinheits- und Keimtests, zum Zählen der Samen (Zählbretter und Vakuum-Zähler), zur Bestimmung des Verunreinigungsgrades, der Masse und der Volumen-Masse des Samens finden Erwähnung.

L. Jülich. 10295a.

H e i d e, O. v. der. Kulturpflege mit der Bodenfräse. - Forst- u. Holzwirt 17 (1962) Nr.5. S.91-93. - 2 Abb.

Die zeit- und kostenaufwendige Kulturpflege kann nur durch Maschineneinsatz wirtsch. gestaltet werden. Auf ebenen Standorten ohne wesentliche Bodenhindernisse wie Stöcke und Steine und bei Einhaltung gerader Pflanzreihen hat sich die Bodenfräse zur Kulturpflege bestens bewährt. Die Versuche wurden mit der Krone-Super-Anbaufräse "REV" - Anbaugerät zum Unimog- durchgeführt. Technische Daten: Arbeitsbreite 1000 mm, Arbeitstiefe 200 mm (variabel), Messerzahl 24, 120 - 170 U/min, Masse 340 kg, Kraftbedarf 25 - 30 kp. Die Hauenmesser sind ohne Sicherungselemente angebaut, ein Kupplungsautomat befindet sich in der Antriebsgelenkwelle. Die Arbeitsleistung ist beim Einsatz 1 AK (Schlepperfahrer) ca. 6 mal höher als bei der Freistellung mit Handgeräten. Das Verfahren wird für alle Ackeraufforstungen und Vollumbruchkulturen empfohlen. W. Jacob. 10290a.

W e i s s, H. Die Verwendung von Tretschuhen zur Kulturpflege. - Forstarchiv 33 (1962) Nr.5. S.111-112.

Die Unkrautbekämpfung mit Sichel hat den Nachteil hoher physiologischer Belastung des Arbeiters durch die Bückearbeit, außerdem ist die Leistung sehr gering. Der Einsatz von Heidesensen führt zu hohem Pflanzenausfall. Kulturreinigungsgeräte (Wiesel) können nur von Männern bedient werden. Vf. berichtet über den Versuchseinsatz von "Hierners Tretschuhe". Es handelt sich um Stahlreifen, deren untere Seite angeschliffen ist. Zur Befestigung am Schuh dient eine dem Schuh angepaßte Tretplatte mit Riemenbindung. Die mit diesen Tretschuhen ausgerüstete AK erhält zum Abstützen oder Vernichten von Beerkraut bzw. Naturverjüngung eine Heppe mit 1,3 m langem Stiel. Untersuchungen auf Standorten mit hüfthohen Süßgräsern, schulterhohen Brennesseln oder Disteln, Seegras, Calamagrostis oder Adlerfarn ergaben eine um ca. 30 % höhere Produktivität als beim Einsatz der Sichel. Am erfolgreichsten war der Einsatz bei jungem, weichem Unkraut. W. Jacob. 10290f.

K r á l, Viktor. Dezinfekcia lesných semien morením. (Desinfektion des forstlichen Saatgutes durch Beizen.) Bratislava: Vyd. Slov. akad. vied. 1962. (181 S.) 8°. (1962 A 1530)

I. HOLZ, RINDE, HARZ - GEWINNUNG UND TRANSPORT

S a v č e n k o, A.M. (Sawtschenko, A.M.) Taežnym rajonam - novuju technologiju. (Ein neues Holzeinschlagverfahren für den Nadelwald.) - Lesnaja promyšlennost', Moskva 40 (1962) Nr.4. S.18-20. - 2 Schemata, 2 Tab.

In Nadelholzbeständen mit reicher ungleichaltriger Naturverjüngung wird auf feuchten Standorten mit Erfolg ein Schmalschlagverfahren angewendet, bei dem die Räumung auf 50 m breiten Streifen in Etappen (von vorn nach hinten) erfolgt. Die in der Mitte der Streifen verlaufenden Rückewege führen zu dem an der Stirnseite abseits gelegenen Verladeplatz. Nachdem die Trasse des 5 m breiten Rückeweges und die 4 m breiten Randzonen zu beiden Seiten von Holz geräumt sind, werden die Stämme fächerförmig in Partien (= 1 Traktorladung) im Winkel von 40 ° zu dem Rückeweg geworfen, so daß ihre Kronen in der Randzone bzw. auf dem Wege liegen. Die Stämme werden nicht auf Unterlagen geworfen, weil sie sogleich entastet und gerückt werden. Die Äste werden teils zur Befestigung des Rückeweges benutzt, teils auf der Randzone in Haufen gesetzt und verbrannt. Auf der Schlagfläche bleiben im Durchschitt 50 - 70 % des Jungwuchses erhalten.

A.Mueller. 10305a.

D e r j a b i n, D.I.; Abt. für Forstwirtsch. des Unions-Forsch.-Inst. für Forstkult. und Mechanisier. der Forstwirtsch. in Puschkino. Postepennye rubki - v praktiku lesnogo chozjajstva. (Einzelstammweise Nutzung in der Praxis der Forstwirtschaft.) - Lesnoe chozjajstvo, Moskva 15 (1962) Nr.7. S.23-28. - 3 Abb., 1 Tab.

Am Material von zwei Fichtenversuchsflächen wird nachgewiesen, daß die einzelstammweise Nutzung der Bestände wirtschaftlicher ist als die Führung von Kahlschlägen. Diese Nutzungsform ist in den wüchsigsten Beständen der intensiv bewirtschafteten Waldgebiete anzuwenden. In Abhängigkeit von der Holzartenzusammensetzung, vom Bestandesaufbau und vom Produktionsziel soll entweder gefemelt oder geplentert werden. Durch die Konzentration auf Verjüngungsschwerpunkte ist die Mechanisierung aller anfallenden Arbeiten möglich.

S.Frei. 10305a.

J i n d r a, Jan; Zbraslav-Strnady, VULHM. Současná problematika rozvoje techniky těžby dřeva.(Gegenwärtige Problematik der Entwicklung der Technik in der Holznutzung.) - Lesnická Práce 41 (1962) Nr.6. S.251-256. - 7 Abb.

Auf dem Abschnitt der Holznutzungstechnologie kann man hinsichtlich der forstl. techn. Entwicklung die Übertragung des max. Arbeitsanteils aus dem Bestand an die Hauptlager als die Haupttendenz bezeichnen. Auf diese Weise lassen sich sowohl ein höherer ökonomischer Nutzeffekt als auch bessere Arbeitsbedingungen und eine vorteilhaftere Ausnützung der Holzmenge erzielen. Grundsätzlich weist die Forsttechnik zwei Entwicklungslinien auf: Die erste strebt eine Vervollkommnung der bisherigen Mechanismen (meisters Einzweckmaschinen) an, die zweite befaßt sich mit der Konstruktion von Mehrzweckmaschinen. Die letztere kommt vor allem in extensiv wirtschaftenden Staaten zur Geltung, wo der Kahlschlagbetrieb vorherrscht. Einzelne Nutzungsoperationen weisen folgende Mechanisierungstendenzen auf: Auf dem Gebiete des Holzfällens wird eine Verringerung der Geräusche und Erschütterungen bei den Motorsägen angestrebt. Auf dem Gebiet der Aufastung und Entrindung scheint die Entwicklung der Mechanismen erfolglos zu sein. Besonders beim Entrinden ist es klar, daß diese Operation an die Hauptholzlager übertragen werden muß, die über ortsfeste Entrindungsmaschinen verfügen. Die komplexe Ausführung der Nutzungsarbeiten im Bestande mit Hilfe von Schleppern zeigt gleichfalls zweierlei Tendenz: Die erste geht von der Sortenverarbeitung im Bestande aus (USA), die zweite verwendet Aggregate, die mehrere Operationen wie das Holzfällen, Holzrücken und evt. das Rücken nichtentasteter Bäume (UdSSR) besorgen. F.Kopřiva. 10305a.

P l a t z e r, H.B. Windwurfaufarbeitung - eine Organisationsfrage. - Forst- u. Holzwirt 17 (1962) Nr.11. S.205-210.
Die Voraussetzung einer erfolgreichen Aufarbeitung des Windwurfes ist eine exakte örtliche Planung. Neben der Erfassung der Schadfaktoren sind Kenntnisse über Sortenanfall, Aufarbeitungs- und Verladeplätze sowie die Sicherung des Holzverkaufs von großem Interesse. Erst aus dieser Kenntnis kann das optimalste Arbeitsverfahren entwickelt werden, wobei nur im Zusammenspiel zwischen Aufarbeitung und Abfuhr (Rücken) hohe Leistungen erzielt werden können. Maschinenausrüstung und AK müssen aufeinander abgestimmt sein. Dabei ist das Hauptprinzip, soviel Arbeitsgänge wie möglich außerhalb des Windwurfs auf Aufarbeitungsplätzen durchzuführen. Die Zuschlagsfrage ist für die Leistung von Bedeutung. Die Zuschläge sind durch Anschätzen der Min., die für eine Erschwernis je Einheit zugegeben werden müssen, zu ermitteln. Dabei sind auch die normal auf den Bestand zugebilligten Erschwerniszuschläge mit zu überprüfen, weil im Einzelfall die bewerteten Faktoren beim Windbruch nicht mehr arbeitshemmend wirken.
W.Jacob. 10305a.

E c k e r t, Ernst. Zur Aufarbeitung des Windwurfholzes in den niedersächsischen Forstämtern. - Forst- u. Holzwirt 17 (1962) Nr.8. S.151-156.
Die Aufarbeitung von Windwurfschadflächen setzt hohes organisatorisches Können des Leiters und der eingesetzten AK voraus. Die Arbeitsverfahren richten sich nach den Holzarten und der Dicke der geworfenen Bäume, ferner nach der Art des Schadens (Einzel-, Nester- oder Flächenwurf), der Disposition des Geländes, der Größe der Schadfläche, den umgebenden Geländebedingungen sowie dem Zustand der Abfuhrwege. Der Schadbestand wird zuerst von der Sturmseite her bearbeitet, dabei ist die Wirtschaftlichkeit im besonderen Maße vom Einsatz der geeigneten Rückefahrzeuge abhängig. Vf. empfiehlt ein arithmetisches Verfahren zwischen den Aufbereitungs- und Rückearbeitsgängen. Das Gesamtverfahren wird am rationellsten, wenn die Rückemittel die vom Stock getrennten Bäume unentastet herausziehen und die Arbeitsverrichtungen Entasten und Entrinden außerhalb des Windwurfes erfolgen. Über Arbeitserschwernisse und deren Bewertung macht der Vf. Vorschläge, die aber infolge zahlreicher Schätzungen sehr subjektiv sind.
W.Jacob. 10305a.

S c h n e i d e r, Karl. Aufarbeitung von Fichtenwindfällen in Oberhessen. Allg. Forst-Z. 17 (1962) Nr.8. S.124-125. - 7 Abb.
Das Aufarbeiten von Windwurf macht den Einsatz von Einmannmotorkettensägen,

des Zuggerätes "Greifzug" und der Stammpresse "Anker" erforderlich. Mit der Motorkettensäge wird hauptsächlich bei Nadelholz die neutrale Zone unter Belassung eines oberen und unteren Haltebandes durchtrennt. Das obere Halteband wird anschließend mit der Axt durchtrennt, die untere Stütze reißt mit dem Stock aus. Bei Flächen- und Nesterwurf werden alle Stämme in einer Richtung aufgearbeitet und mit der Seilwinde herausgezogen. W.Jacob. 10305a.

S t e i n l i n, H. Rationalisierung der Aufarbeitung und des Transportes von Laubholzkronen- und Durchforstungsmaterial. - Allg. Forst-Z. 17 (1962) Nr.35/36. S.536-541.

Durch die Möglichkeit der industriellen Verwertung des dünnsten in der Forstwirtschaft anfallenden Holzes als Rohstoff für Span- und Faserplatten sowie zur Zellulose- oder Halbzelluloseherstellung mußten Verfahren zur rationellen Gewinnung und sortengerechten Aufarbeitung gefunden werden. Schwierigkeiten zeigten sich durch die erhöhten Erzeugungskosten auf Grund des Stück-Mengen-Gesetzes. Bei dem ungleichförmigen Material aus Laubholzkronen sind zur rationellen Aufarbeitung zwei Wege möglich. 1) Bündelung der entasteten und zu Standardlängen eingeschnittenen Stangen und 2) Zerhacken der Stangen. Die Bündelung wird wirtschaftlich, wenn sie in der Gesamtbearbeitungskette so früh wie möglich durchgeführt werden kann und ganze Bündel im Zerhacker verarbeitet werden können. Für das Schüttgut hat man in den USA Entrindungsaggregate geschaffen. Sehr umstritten ist die Frage nach Dauer sowie Art und Weise der Lagerung des Schüttgutes. Der Massenmessung wird vom Vf. der Vorzug vor der Raummessung des genannten Rohstoffes gegeben. Trotz unterschiedlicher Holzfeuchte sind die Streuungsfehler geringer als bei der Raummessung. Es werden auch Hinweise über Wassergehaltsbestimmungen gegeben.
W.Jacob. 10305a.

D e m l e i t n e r, J. Aufarbeitung von Windbrüchen. - Forstarchiv 33 (1962) Nr.5. S.97-101.

Der Vf. beschreibt die organisatorischen, techn. und technol. Maßnahmen, die zur Aufarbeitung des Windwurfs und -bruches von ca. 100 000 fm Fi und 10 000 fm Bu und Ei getroffen wurden. Die Aufarbeitungsgruppen hatten Stärken von 2,4 oder 8 AK. Sie arbeiteten mit Einmannmotorkettensägen oder Handgeräten die Wurf- oder Bruchflächen vom Außenrand schichtweise auf. Dabei war die Wirtschaftlichkeit der Aufarbeitung in erster Linie von der Stärke und Anzahl der Rückefahrzeuge abhängig. Die rationellste Methode bestand in der Aufarbeitung (nach dem Rücken des Baumes mit Krone) auf einem Bearbeitungsplatz außerhalb des Windwurfs. Bei Entastung im Windwurf machte sich das Brennreisig sowohl beim Aufarbeiten als auch beim Rücken störend bemerkbar und vergrößerte die Unfallgefahr. W.Jacob. 10305a.

S a m s e t, Ivar. Amerikansk helträdslunning. (Amerikanische Stammrückemethoden.) - Traktor J. [Stockholm] 17 Nr.5. S.298-306.

Vf. beschreibt einige in den USA angewandte Methoden des Rückens von ganzen Stämmen oder Bäumen mit Kronen. In den Wäldern der Marathon Paper Corporation in Ontario werden die Bäume manuell gefällt und entastet und die ganzen Stämme mittels schwerer Zweitrommel-Winden mit 140 PS-Motoren auf eine Entfernung bis zu 350 m zu Ausformungsplätzen gerückt, die an einem dichten

Netz von Autowegen angelegt sind. Zum Einschneiden dient ein 16 t schweres Ausformungsaggregat auf Rädern, das einen Benzinmotor von 140 PS besitzt und sich mit einer Geschwindigkeit von 10 - 12 km/h fortbewegen kann. Ein Greifer hebt den Stamm vom Stapel auf ein Förderband, das ihn an eine Kreissäge heranführt; diese schneidet ihn in 2,4 m lange Blöcke, die durch einen Querföderer direkt auf den LKW geladen werden. Bedient wird das Aggregat von 3 AK und 1 LKW-Fahrer; die Arbeitsleistung beträgt ca. 360 m^3/Tag. Gemessen wird das Holz durch Wiegen auf einer automatischen LKW-Waage an der Hauptautostraße. - Eine andere Methode wendet St. Regis Paper Company in Georgia/USA an. Die gefällten und entasteten Stämme werden direkt auf im Walde bereitgestellte LKW-Anhänger geladen, die von einem Spezialtraktor zur Autostraße geschleppt werden, von wo ein schwerer LKW sie zum zentralen Ausformungsplatz transportiert. Die Arbeit wird von einer Komplexbrigade von 10 KA ausgeführt (3 Fäller, 2 Traktoristen, 2 Verladearbeiter, 3 LKW-Fahrer); die Tagesleistung beträgt ca. 130 m^3. Auf dem Hauptausformungsplatz passieren die Stämme zuerst eine Entrindungsmaschine, die Stämme bis zu 75 cm Dmr. mit einer Geschwindigkeit von 35 m/min verarbeitet und werden darauf in einer durch einen 900 PS-Elektromotor angetriebenen Hackmaschine zu Hackspänen verarbeitet und durch eine Rohrleitung für den Ferntransport in Eisenbahnwagen befördert. - Eine noch stärkere Mechanisierung der Arbeit erzielt die Quebec North Shore Paper Co. in Ostkanada durch Verwendung einer Fäll- und Rückemaschine "Vit", die auf einem "Bombardier HDW Muskeg"-Traktor mit einem "Chrysler"-Benzinmotor von 115 PS aufmontiert ist. Die Maschine fährt an einen Baum heran, umfaßt den Stamm mit einem hydraulischen Greifarm, fällt ihn mittels 2 Sägeketten und kippt ihn nach hinten auf einen über dem Traktor befindlichen Rahmen; nach Fällung mehrerer Bäume wird die Ladung zum Ausformungsplatz gefahren, wo die Bäume maschinell entastet und eingeschnitten werden. A.Grönholm. 10305a.

S t a a f, Anders. Trädet som betalningsenhet vid huggning. (Der Baum als Zahlungseinheit bei Fällungen.) - Skogen 49 (1962) Nr.5. S.114-115.
Die techn. Konstruktion des Fällungsvertrages ist gegenwärtig in der schwedischen Forstwirtschaft ein aktuelles Problem. In den verschiedenen Teilen des Landes haben sich unterschiedliche Vertragssysteme entwickelt, bedingt durch örtliche Gegebenheiten hinsichtlich Ausformung und Aufmessung, Transportarten usw.; infolge der Veränderung der Arbeitsmethodik (Einführung der Motorsäge, Verringerung der manuellen Entrindung und infolgedessen größerer relativer Zeitaufwand für die Entastung) ist die Einführung eines neuen Systems zur Lohnermittlung erforderlich geworden. Vf. erläutert das vom Inst. für forstliche Arbeitsstudien in Värmland (VSA) vorgeschlagene System, das auf dem Baum als Zahlungseinheit basiert. Eingehende Zeitstudien und Vergleiche mit anderen Systemen haben die Vorzüge dieses Preissystems erwiesen. Es sieht eine Klasseneinteilung nach Brusthöhendmr. vor; für jede Dmr.-Klasse erhält man einen Grundpreis je Baum, der alle Arbeitsvorgänge beim Fällen außer manueller Entrindung umfaßt. Als Ergänzung hierzu dient der aus einer entsprechenden Tab. zu entnehmende Erschwerniszuschlag, der im Be-

darfsfalle durch Aufbereitung einer Anzahl repräsentativer Probebäume überprüft werden kann. A.Grönholm. 10305a.

T a i l f e r, Y. Techniques d'abattage à la hache en forêt équatoriale africaine. (Die Technik der Fällung mit der Axt im äquatorial-afrikanischen Wald.) - Bois Forêts Trop. 1962 Nr. 83. S.49-53. - 10 Abb. Zus. in Engl., Span.

Folg. forstliche Schwierigkeiten bestehen bei der Fällung von Urwaldbäumen: sehr große Dmr., Harthölzer, Luft- oder Brettwurzeln, die zum Fällen Gerüste erfordern, sie erschweren den Einsatz von Motorkettensägen. Vf. sieht in der augenblicklichen Lage die Fällung mit der Axt als die wirtsch. Art an. Als Fällaxt wird die Kanad. Axt mit 1800 bis 2300 g Masse verwendet. Man unterscheidet 2 Methoden, die vom Dmr. in der Höhe des Abhiebes bestimmt werden. Das Fällen von Stämmen mit weniger als 5 m Dmr. erfolgt durch 2 Kerben, wovon der Richtungskerb bes. wichtig ist, damit Splittern und Reißen der Stämme verhindert werden. Er soll einen Öffnungswinkel von 30 - 50 ° besitzen. G.Kräuter. 10305ba.

J a c o b, W. Die Arbeitstechnik beim Fällen von Stangen mit der Einmann-Motorkettensäge. - Sozialist. Forstwirtsch. 12 (1962) Nr.6. S. 185-186. - 2 Abb.

Bei der Durchsetzung der wirtschaftlichsten Arbeitstechnik mit Einmannmotorkettensägen ergeben sich in der Praxis laufend Schwierigkeiten beim Fällen von Stangen. Nach der ASAO braucht bei Derbstangen z.B. zur Bestimmung der Fällrichtung kein Fallkerb angelegt zu werden. Bei einfacher Führung des Fächerschnitts ergibt sich aber eine Schwierigkeit. Der Baum senkt sich nach ca. 2/3 Schnittführung zur bereits durchtrennten Schnittseite und verklemmt die Schiene. Das Herüberdrücken des Baumes in die gewünschte Fallrichtung ist mit hohem Kraftaufwand verbunden. Günstiger ist es, auf der zur Fällrichtung des Baumes liegenden Seite von dem Standort des Arbeiters, von dem der Fällschnitt ausgeführt wird, dicht am Boden mit rücklaufender Kette einen kurzen Einschnitt zu führen. Der direkte Fällschnitt, als Fächerschnitt ausgeführt, wird um Schienenbreite höher angelegt. Der Baum fällt dann ohne zusätzliche Arbeit in die gewünschte Richtung.

W.Jacob. 10305bc.

P e r š i n, V.G. und B e l o v z o r o v, L.N. (Perschin, W.G. und Belowsorow, L.N.); Zentr. Forsch.-Inst. für Mechanisier. und Energetik der Forst-Ind. Oborudovanie dlja remonta sistemy zažiganija pily "Družba". (Die Reparatur der Zündung der Motorsäge "Družba".) - Lesnaja promyšlennost', Moskva 40 (1962) Nr.6. S.19-22. - 2 Abb., 2 Schemata, 1 Skizze.

Die Reparaturanlage "CNIIMĖ" besteht aus dem Prüfstand für die Magnetzündung und dem Magnetometer zur Feststellung des Grades der Magnetisierung des Schwungrades. Ferner sind Geräte vorhanden, mit denen die Pole des Schwungrades magnetisiert und die Einstellung der Zündung geprüft wird (Avometer, Innentaster usw.). Die Reparaturanlage hat sich in der Praxis bewährt. A.Mueller. 10305bc.

P l a t z e r, H.B. Nietarbeit an Motorkettensägen. - Forst- u. Holzwirt 17 (1962) Nr.10. S.185-189. - 10 Abb.

Die Leistung der Einmannmotorkettensägen ist unter anderem vom Zustand der Schneideketten abhängig. Neben Pflege und Instandhaltung von Ketten ist die fachgerechte Nietung von Bedeutung. Der Vf. beschreibt am Beispiel der Dreilaschenkette die Arbeitsverrichtungen der Hnadent- und Vernierung. Dabei muß beachtet werden, daß Nieten und Laschen materialmäßig zusammenpassen. Für Nietarbeiten in zentralen Werkstätten werden Entnietungsgeräte der Firmen Dominicus, Mc. Culloch, Oregon und Stihl empfohlen. Es handelt sich entweder um Hebel-, Schlag- oder Spindelgeräte. Ein kombiniertes Gerät für Ent- und Vernietung ist das Stihl-Rollnietgerät. An einem Gestell ist ein mit Gewinde versehener Andrückhebel und entgegengesetzt davon eine Kurbel mit Rolleneinsatz zur Formung des Nietkopfes angebracht.

W.Jacob. 10305bc.

R e n n t u n, Hans G. Motorkedjesågarna bullrar för mycket. (Die Motorkettensägen verursachen zu viel Lärm.) - Skogen 49 (1962) Nr.8. S.179. - 1 graph. Darst.

Bei der Konstruktion von Motorkettensägen werden immer größere Geschwindigkeiten und Leistungen angestrebt, hauptsächlich um damit dem Käufer zu imponieren; dabei werden aber die Forderungen des Arbeitsschutzes außer acht gelassen. - Übertriebene Geschwindigkeiten sind der Grund vieler Arbeitsunfälle, und zudem verursachen sie einen unzulässig starken Lärm. Bei Überprüfungen der im Handel befindlichen Motorkettensägen durch die Staatliche Maschinenprüfanstalt in Röbäcksdalen/Schweden erwies sich, daß bei fast allen Modellen das Lärmniveau zwischen 110 und 118 dB lag; ein derart hohes Lärmniveau kann akute Gehörschäden hervorrufen und erfordert speziellen Ohrenschutz, den man aber einem Waldarbeiter kaum zumuten kann, da er bei der Arbeit sehr störend empfunden wird. Daher dürfte das Lärmniveau einer Säge 100 dB nicht überschreiten. Das für die skandinavischen Länder gemeinsame Nordische Maschinenkomitee hat diese Frage behandelt, hat aber von der Festlegung eines höchsten zulässigen Lärmniveaus Abstand genommen und sich darauf beschränkt, ein maximales Lärmniveau von 90 dB zu empfehlen. - In einem Diagramm zeigt Vf. das Lärmniveau einiger Motorkettensägen im Vergleich zum lt. Verordnung Nr. 45:2 des Schwedischen Arbeitsschutzamtes ohne Ohrenschutz zulässigen max. Lärmniveau. A.Grönholm. 10305bc.

G o r o c h o v s k i j, K.F. und L i v š i c, N.V. (Gorochowski, K.F. und Liwschiz, N.W.); Ural. Forsttechn. Inst. Poluavtomatičeskaja linija po razdelke chlystov. (Halbautomatische Ausformstrecke für Langholz.) - Lesnaja promyšlennost', Moskva 40 (1962) Nr.4. S.7-9. - 3 Schemata.

Die Anlage Modell "ULTI" besteht aus der Rampe mit 2 parallelen Transportbändern, auf denen die Stämme über einen Verteiler zu den Kettentransporteuren der Kappsäge gelangen, dem von einer Winde angetriebenen Seilkran zum Entladen und Wenden der eintreffenden Stämme und den 2 elektrisch angetriebenen Kappsägen, die auf beiden Seiten der Rampe aufgestellt sind. Die Stämme werden mit einer neuartigen Markiervorrichtung markiert und nach Programm ausgeformt, die Abschnitte - von elektromechanischen Abwerfhebeln, die von Exzenterscheiben bewegt werden, abgeworfen. Die Anlage formt 200 bis 220 m^3 in 1 Schicht aus und wird von 5 - 8 AK bedient.

A.Mueller. 10305ca.

K i l j a k o v, A.M. (Kiljakow, A.M.); Archangelsk, Forsch.-Inst. der Ind. der Nordgebiete. Avtomatizirovannoe sortirovočnoe ustrojstvo s relejnym kanalom. (Automatische Sortiervorrichtung mit Relaiskanal.) - Lesnaja promyšlennost', Moskva 40 (1962) Nr.5. S.3-5. - 5 Schemaskizzen, 1 Tab., 2 Lit.

Die vom Vf. konstruierte Vorrichtung beruht auf dem Prinzip der unmittelbaren Kontrolle der sich auf dem Transporteur fortbewegenden Rundholzabschnitte. Die Befehlsübermittlung auf Grund der Signale; der Geber ist mit der Bewegung der Abschnitte synchronisiert. Die Fernübermittlung der Befehle zum Abwerfen der Abschnitte in die entsprechenden Speicher erfolgt über einen Relaiskanal, der sich aus Relais vom Muster "RKN" und Hilfsrelais "MKU-48" zusammensetzt. Für einen Kanal mit Empfängerelement, das nach dem Schaltschema des Vf. angeschlossen ist, werden 190 Relais für 30 Zellen benötigt. A.Mueller, 10305ca.

S i r o t i n, K.S.; Karel. Forsch.-Inst.für Forst-Ind. Bufernyj zapas derevev u razdeločnoj ploščadki. (Holzbevorratung für den Ausformplatz.) - Lesnaja promyšlennost', Moskva 40 (1962) Nr.5. S.6-7. - 1 Schema.

Auf jedem Ausformplatz sollte ein Holzvorrat angelegt werden, der mindestens dem Bedarf einer Arbeitsschicht entspricht. Man legt dazu eine besondere Rampe zwischen Anfuhrstraße und Sortiertransporteur an, auf welche die eintreffenden Rundholzladungen abgerollt werden. Ein von Winden angetriebenes Mitnehmerpaar erfaßt die Ladung und befördert sie zu einem kürzeren, schwächeren Mitnehmerpaar, das die Ladung auflöst und die Stämme einzeln auf den Sortiertransporteur legt. Die Mitnehmer sind in Gleitschuhen versenkbar untergebracht und werden von den elektrisch angetriebenen, ferngesteuerten 1-Trommel-Winden bewegt. A.Mueller. 10305ca.

A r t a m o n y č e v, A.N. und V a c h i t o v, N.S. (Artamonytschew, A.N. und Wachitow,N.S.); Tjumen, Holzkombinat. Strop_kontejnery dlja kruglogo lesa. (Spezialschloß für Rundholzbunde.) - Lesnaja promyšlennost', Moskva 40 (1962) Nr.5. S.18. - 1 Abb.

Zum Verladen großer Rundholzpakete von 10 - 12 m^3 Inhalt benutzt man zwei 7,5 m lange, 15,5 mm dicke Bindeseile, die mit einem Friktionsschloß verbunden werden. An dem einen Ende des Seiles ist eine Kausche, am anderen - eine Öse angebracht. In dem Moment, in welchem das Bund niedergelegt wird, schließt sich der Keilverschluß selbsttätig. Die Pakete behalten daher ihre ursprüngliche Form. Zum Stapeln der Pakete oder zum Beladen der Frachtschiffe werden Schwimmkräne mit dieselelektrischem Antrieb verwendet.

A.Mueller. 10305ca.

Š a l a v i n, V.F. (Schalawin, W.F.); Swerdlowsk, Forsch.-Inst. für Forst-Ind., Lab. für Automaten. Avtokubaturnik dlja kruglogo lesa. (Automatischer Kubizierapparat für Rundholz.) - Lesnaja promyšlennost', Moskva 40 (1962) Nr.5. S.7-8. - 1 Schema, 3 Skizzen.

Der Apparat mißt und kubiziert automatisch die sich auf dem Sortiertransporteur fortbewegenden Rundhölzer. Er besteht aus der Meßvorrichtung und dem Zählblock. Erstere mißt und meldet die Oberstärke und Länge der Abschnitte dem Zählblock, der die Kubizierung und Registrierung vornimmt. Einem Impuls bzw. einer Teilung des Impulszählers entspricht 1/100 m^3. Der Meßfehler beträgt im Durchschnitt 0,7 %. Das Holz wird von dem Sortiertransporteur in 8 Sorten geteilt und in die entsprechenden Speicher abgeworfen.

A.Mueller. 10305ca.

T e n d l e r, M.M; Leningrad, Ochtenski-Holzverarbeitungskombinat. Ustrojstvo dlja avtomatičeskoj ostanovki transportera. (Vorrichtung zum selbsttätigen Anhalten des Transporteurs.) - Lesnaja promyšlennost', Moskva 40 (1962) Nr.5. S.19. - 1 Schema.

Die von Vf. entwickelte Schaltvorrichtung beruht auf dem Prinzip der entsprechenden Änderung der Stromstärke und Belastung des Antriebsmotors. Sinkt die Belastung des Elektromotors durch Reißen oder Herabfallen der Kette des Transporteurs unter 30 - 40 % der normalen, öffnen sich die Kontakte eines Relais Modell "ET-520", das auf diesen Wert abgestimmt und in den Kreis des Elektromotors geschlossen ist. Die Spule des Anlassers schaltet, da sie nicht mehr gespeist wird, den Antriebsmotor aus. Die Schaltvorrichtung wird mit Erfolg für Sortiertransporteure verwendet.

A.Mueller. 10305ca.

J a n s e n, H. Fichten-Schwachholzverwertung im Harz durch einen forsteigenen Holzsortierplatz. - Allg. Forst-Z. 17 (1962) Nr.35/36. S.560-563.

Die großen Pflegerückstände in den Fichtenbeständen der Harzer Forstämter und die niedrigen Verkaufspreise des anfallenden Holzes machten den Aufbau eines zentralen Bearbeitungsplatzes erforderlich. Aus 10 - 12 Forstämtern wurden die Knüppel zu einem zentr. Bearbeitungsplatz transportiert. Jahresumschlag 8000 - 10000 fm. Die zentrale Ausformung erbrachte zahlreiche Vorteile. Die Holzausnutzung war durch Ausformung von besonderen Sortimenten günstiger. Dadurch sank der Brennholzanteil auf 5 %. Die Bearbeitung erfolgte mit Maschinen: Kreis- und Bandsäge sowie 3 Lochrotorentrindungsmaschinen. Trotz des Defizits von 15000 DM kann man bei der Bearbeitung des Holzes auf einem zentr. Platz von einem Erfolg reden, weil der Minusbetrag als Läuterungszuschuß (5,0 DM/ha) angesehen werden kann.

W.Jacob. 10305ca.

V i e b i g, J. Die Aufarbeitung und Verwertung von schwachem Laubholz. - Allg. Forst-Z. 17 (1962) Nr.23. S.350.

Vom Inst. für Forstbenutzung der Univ. Freiburg ist ein Großversuch zur Aufarbeitung von Laubdünnholz durchgeführt worden. Die bisher schwer absetzbaren Sorten werden nach der Fällung, Entastung und dem Rücken mit der Pallmann-Holzhackmaschine zerkleinert. Das Hackmaterial gelangt mit Spezialanhängern in das Spanplattenwerk zur Weiterverarbeitung. Der Verkauf des Hackmaterials erfolgt nach Masse unter Beachtung des Trockenheitsgrades. Vorversuche zeigten eine Leistung der von der Zapfwelle des "Unimog" getriebenen Hackmaschine von 7 - 8 rm je Std. Das Hackmaterial hatte einen Dmr. von 5 - 16 cm.

W.Jacob. 10305ca.

J a c o b, W. Transport und Aufbereitung von Dünnholz zu wirtschaftlichen Sortimenten. - Sozialist. Forstwirtsch. 12 (1962) Nr.8. S.246-248. - 2 Abb.

Vf. unterbreitet einen Vorschlag zur maschinellen Bearbeitung des Dünnholzes auf einem zentr. Holzausformungsplatz. Der Transport der Stangen erfolgt unsortiert auf LKW. Die Ladung wird in einem Arbeitsgang mit Hilfe einer Doppeltrommelseilwinde auf ein Langrohholzpolter gezogen. Nach dem Sortimentseinschnitt mit Hilfe einer Kreissäge erfolgt die Entrindung automatisch. Die Bündelung erfolgt in Aggregaten und der weitere Transport mit Hilfe einer an Hochschienen befestigten elektr. Laufkatze. Das Maschinensystem ist beim Einsatz von 2 AK für eine Tagesleistung von 30 sfm Faserholz E berechnet.

W.Jacob. 10305ca.

A n o n y m. Barkningskryssare provas av Fiskeby. (Erprobung eines neuen Entrindungsaggregates.) - Skogen 49 (1962) Nr.8. S.178-179. - 1 Abb.

Das Entrindungsaggregat "Cambiokryssaren", konstruiert und hergestellt von der AG Valleverken in Jämjöslätt/Schweden, wird z.Z. in den Wäldern des Forstbetriebes Fiskeby AG praktisch erprobt. Es besteht aus 3 Hauptteilen: einem Autochassis "Volvo Viking" Modell 1956, einem Hebekran "HIAB-Skogselefant" und einer Entrindungsmaschine "Cambio 35", die beide über dem Drehgestell des Chassis aufmontiert sind. Gleich hinter der Fahrerkabine befinden sich Vorgabeplattform und Förderband der Entrindungsvorrichtung, auf welche der Kran das Faserholz aus dem Stapel hebt, das nach der Entrindung in einen am Ende des Chassis angebrachten Behälter hinabrollt, von wo es mittels des Kranes herausgehoben und in Stapel gelegt wird. Der Kran ist so schwenkbar, daß das Holz nach Belieben zu beiden Seiten des Fahrweges abgelegt werden kann; ein weiterer Vorteil ist, daß die Entrindungsmaschine ohne wesentliche Vorbereitungen sofort arbeitsbereit ist, sobald der Wagen am Arbeitsort angelangt ist. Das von 2 AK bediente Aggregat ist zur Entrindung von 3 m langem Faserholz vorgesehen, kann aber sehr leicht für 2 m-Faserholz abgeändert werden. Die Rinde wird in einer speziellen Vorrichtung mit einem Druck von 8 t zusammengepreßt und verläßt dieselbe in Form eines langen rechteckigen Bandes. - Die Arbeitsleistung des Aggregats beträgt nach Angaben des Herstellers ca. 150 m^3 in einer 8 Std.-Arbeitsschicht.

A.Grönholm. 10305cc.

W o o d. Kemisk barkning av virke i skogen. (Chemische Entrindung im Walde.) Skogen 49 (1962) Nr.8. S.180.

Die chem. Entrindung ist nur eine Vorstufe der eigentlichen Entrindung und besteht darin, daß am stehenden Baum ein von der Rinde befreiter Streifen rings um den Stamm mit einem chemischen Präparat bestrichen wird, wodurch sich die Rinde nach einiger Zeit löst und leicht zu entfernen ist. In Norwegen sind im Laufe einiger Jahre praktische Versuche mit der chem. Entrindung durchgeführt worden, über deren Ergebnisse Vf. berichtet. Als Giftmittel wurde eine 40 %-ige Lösung von Natriumarsenik verwendet; die Breite des bestrichenen rindenfreien Gürtels betrug 20 - 40 cm je nach dem Dmr. des Stammes, und zwar bei Nadelbäumen 1/2 Dmr., bei Laubbäumen 3/4 Dmr. Am besten ist es, die Behandlung zur Zeit des Saftflusses durchzuführen; nach ca. 3 Monaten beginnt die Rinde sich zu lösen, jedoch ist es ratsam, die behandelten Bäume über den Winter stehen zu lassen; Laubbäume sollten immer erst im darauffolgenden Jahr gefällt und entrindet werden. Es empfiehlt sich, Fichten erst gegen Ende des Saftflusses zu behandeln und im Laufe des Winters zu fällen und einzuschneiden, um ein Blauwerden des Holzes zu verhüten. Kiefern eignen sich nicht für die chemische Entrindung, da in jedem Falle eine Verblauung des Holzes die Folge ist. Nadelholz verliert durch die chemische Behandlung 10 - 12 % an Masse; bei Laubbäumen Massenverlust geringer. Wo Vieh im Walde weidet, darf diese Methode wegen der starken

Giftigkeit des Natriumarseniks nicht angewandt werden.

A.Grönholm. 10305cc.

R u š n o v, N.P. und P l o t n i k o v, Ju. V. (Ruschnow, N.P. und Plotnikow, Ju.W.); Zentr. Forsch.-Inst. für Mechanisier. und Energetik der Forst-Ind. Rubitel'naja mašina "Karchula". (Hackmaschine "Karchula".) - Lesnaja promyšlennost', Moskva 40 (1962) Nr.4. S.31. - 1 Abb.

Arbeitsversuche ergaben, daß man mit der finnischen Hackmaschine "Karchula 1200/2" auf dem Schlage industriell verwertbare Schnitzel aus Holzabfällen - Ästen, Wipfeln usw. - herstellen kann. Das von den Dornen der Eingabewalzen erfaßte Rohmaterial (bis 15 cm Dmr.) wird von 1 Messerscheibe (1200 mm Dmr., 600 - 700 U/min) zerkleinert. Die Schnitzel werden von dem an der Messerscheibe angebrachten Flügelrad durch ein Rohr nach dem Bunkerwagen geblasen. Die Leistung der Maschine beträgt 4 - 11 m^3/h, der Anfall der konditionsmäßigen Späne 88 - 90 %. Beim Transport wird die auf Zwillingsrädern ruhende Grundplatte der Maschine an einen Traktor gekoppelt.

A.Mueller. 10305cd.

O t l e v, I.A. (Otlew, I.A.); Zentr. Forsch.-Inst. für Mechan. Holzbearb. Voprosy izgotovlenija technologičeskoj ščepy. (Fragen bei der Herstellung von technologischem Span.) - Lesnaja promyšlennost', Moskva 40 (1962) Nr.6. S.5-7.

Es empfiehlt sich, den techn. Span nach 3 Güte- und 4 Größenklassen zu sortieren, die den Anforderungen der Industrie entsprechen. Zum Entrinden des Rundholzes können die sowjetischen Maschinen "OK-35" und "OK-66", gegebenenfalls das schwere Modell "OK-100" verwendet werden, das Stämme bis 100 cm Dmr. bearbeitet. Während die Rinde in einer Trockenanlage "CNIIMOD" getrocknet wird, gelangt das Holz in die 5-Messer-Hackmaschine "RMO-2500", die 90 - 120 m^3 in 1 Schicht zerkleinert. Zum Sortieren der Schnitzel benutzt man eine Anlage "CNIIMOD" mit waagerecht schwingenden, nicht vibrierenden Sieben im Format 3,5 x 2,0 m. Die Anlage leistet 100 m^3h, d.s. 50 % bzw. 20 % mehr als die Muster "SŠČ-1" und "SŠČ-2". A.Mueller. 10305cd.

K a n t o l a, Mikko. Hackschnitzelherstellung für Heizzwecke. - Forstarchiv 33 (1962) Nr.4. S.86-88. - 6 Abb., 1 Tab.

Der hohe Anfall industriell nicht verwertbaren Dünnholzes in Finnland mit einem Dmr. unter 6 cm (27-28 Mill. fm jährlich) führte zum verstärkten Einsatz für Heizzwecke. Die mit Handgeräten geworbenen Stangen werden entastet und zur besseren Austrocknung auf Unterlagen gepoltert. Zur Rationalisierung des Transportes und des weiteren Einsatzes werden die Stangen in Feld-Hackmaschinen zerkleinert (sämtliche in Finnland produzierten Typen sind in einer Tabelle dargestellt). Die zur Hackschnitzelfeuerung verwendeten Öfen müssen umgebaut werden. Die Hackschnitzelvorratsbehälter sind so anzubringen, daß eine Stetigförderung in das Gebläse oder den Verbrennungsraum durch die Schwerkraft erfolgen kann. Die Wirtschaftlichkeit ist im hohen Maße von dem Trockenheitsgrad der Späne abhängig. W.Jacob. 10305cd.

A b r a r o v, I.Š. (Abrarow, I.Sch.); Kasan, Wolga-Kama-Zweigstelle des Leningrader Zentr. Forsch.-Inst. für Flößereiwes. Mechanizacija formirovanija paček lesa. (Mechanisches Formen der Holzbunde.) - Lesnaja promyšlennost', Moskva 40 (1962) Nr.6. S.7-9. - 1 Abb., 1 Skizze.

Zum Umformen der großen Floßbunde von 25 - 40 m^3 Inhalt in kleine, ladefähige von 6 - 13 m^3 Festgehalt dient die Paketiermaschine "RM-VKF". Sie besteht aus der von 2 Pontons getragenen Kammer, in der die großen Bunde aufgelöst und von einem aufwärts gewegten Rost mit dachförmigen Scheidewänden in einzelne Partien geteilt werden, die mech. ausgerichtet und mit Draht umwunden werden. Durch Vermindern oder Vermehren der Zahl der Scheidewände kann der Festgehalt der Partien nach Bedarf geändert werden. Die beim Auflösen der Bunde sinkenden Hölzer werden von dem Rost aufgefangen. Die Maschine wird von 5 AK bedient und leistet 200 - 400 m^3/Schicht.

A.Mueller. 10305od.

A n o n y m. Racionalizatorskie predloženija po mechanizacii trelevočnych i pogruzočnych rabot na rubkach uchoda. (Verbesserungsvorschläge zur Mechanisierung des Rückens und Beladens bei Pflegehieben.) - Lesnoe chozjajstvo, Moskva 15 (1962) Nr.7. S.60-63. - 4 Abb.

Bei der Durchführung von Pflegehieben wird das Rücken und Beladen noch sehr oft manuell vorgenommen. Es werden mehrere Vorschläge zur Mechanisierung dieser Arbeiten unterbreitet, die eine wesentliche Steigerung der Arbeitsproduktivität ermöglichen. Beschrieben wird die Konstruktion und der Einsatz von Rückewagen, das Rücken des Dünnholzes mit einer Seilwinde sowie das Beladen mit Hilfe des Schleppers "DT-54A", des Schleppers "TDT-40" und des Langholzfahrzeugs "SIS-150". S.Frei. 10305da.

A n o n y m. Hästarna räcker - inte körarna. (Pferde gibt es genügend, - Holzfuhrleute nicht.) - Skogen 49 (1962) Nr.4. S.90-91.

In Schweden gibt es gegenwärtig 170 000 Pferde, von denen in der Hochsaison etwa 50 000 bei Waldarbeiten eingesetzt sind; es besteht aber ein fühlbarer Mangel an Fuhrleuten, von denen jährlich mindestens 500 infolge Alters ausscheiden und durch junge Kräfte ersetzt werden müssen. In der schwedischen Forstwirtschaft ist das Pferd für kurze Holztransporte in schwierigem Gelände unentbehrlich; es werden ca. 85 % des gefällten Holzes durch Pferdezug bewegt. Seit 5 Jahren besteht in Strömsholm eine Schule für Fahrer, wo sie von qualifizierten Fachkräften theoretisch und praktisch in der Wartung des Pferdes und der Anwendung moderner Fahrgeräte für den Holztransport unterwiesen werden. Leider ist im allgemeinen bei der Jugend eine größere Neigung zu Motoren als zum Pferde zu vermerken, dessen Wartung die Freizeit beschränkt. - Der Forstbetrieb "Korsnäs" hat in seinen Wäldern 135 Traktoren und 750 Pferde im Einsatz; zur Ergänzung des Pferdebestandes besitzt er in Gimo eine Pferdezuchtanstalt, die jährlich 20 Fohlen der nordschwedischen Arbeitsrasse im Alter von 5 - 6 Monaten aufkauft und großzieht; bis zu 3 1/2 Jahren werden sie im Laufstall gehalten. Jeden Winter werden ca. 20 Pferde eingefahren und, wenn sie 4 Jahre alt sind, dem Betrieb zum Arbeitseinsatz übergeben, der einen Teil von ihnen seinen ständigen Fuhrleuten auf Abzahlung verkauft. Der Preis eines eingefahrenen Waldarbeitspferdes beträgt 4000,- schw. Kronen und darüber. A.Grönholm. 10305da.

F o r s b e r g, Gunnar. Tekniskt nytt i skogen. (Technische Neuheiten im Forst.) - Skogen 49 (1962) Nr.6. S.134-136. - 5 Abb.

In Anbetracht der Tatsache, daß im größten Teil Schwedens das Holzrücken mit Pferdezug eine sehr wichtige Rolle im Holztransport spielt, kann als eines der wichtigsten Exponate auf der techn. Ausstellung der schwedischen Forstwoche der "MSA"-Rückekarren genannt werden. Er besitzt ein luftbereiftes Vierraddrehgestell mit zusätzlichen Raupenbändern, die sich in unebenem Gelände und auf Böden mit geringer Tragfähigkeit gut bewährt haben. Die Breite beträgt 1,15 m, die Länge 3,6 m und die Ladekapazität 2 m^3. - Auch der Rückekarren "KÅGE" mit Drehgestell und doppelten Rädern wäre zu erwähnen. - Eine neuartige Rückemaschine mit Einmannbedienung ist der mit Raupenbändern, hydraulischer Rahmensteuerung, 13 PS-Motor, Kran und Winde mit automatischer Bremse und Fernsteuerung ausgerüstete Rücketraktor "Stålhästen". - Da der Verkehr von Fahrzeugen mit Stahlraupen auf öffentlichen Landstraßen in Schweden verboten ist, ist man bestrebt, die Raupen durch breite Luftreifen zu ersetzen, die auch in unebenem Gelände einen ruhigen Gang des Transportfahrzeuges gewährleisten; hier haben die Flachprofilreifen gute Zukunftsaussichten. - Von großen Rückemaschinen erwähnt Vf. den amerikanischen Traktor "Michigan PL 75" mit Rahmensteuerung, Vierradantrieb, Radreifen 15 x 34 und hydraulischem Gabelgreifer, der ca. 100 ft^3 faßt. Der Fahrersitz ist drehbar und die Steuerungsorgane sind doppelt vorhanden, so daß die Maschine rückwärts und vorwärts fahren kann. A.Grönholm. 10305da.

K e r n, Jozef und R o š k o, Pavol; Banská Štiavnica, Výskumný Ústav Lesného Hospodárstva; Oravský Podzámok, Výskumná Stanica. Rozbor činitel'ov pôsobiacich na hospodárnu použitel'nosť dvojvozíkovej približovacij lanovky universálnej DPLU 2-2000, hlavne jej modifikácii. (Der wirtschaftliche Einsatz der universalen Holzbringungsseilbahn "DPLU 2-2000", mit zwei Gehängen unter Berücksichtigung ihrer Modifikationen.) - Lesnictví 8(35) (1962) Nr. 5. S.351-360. - 2 Tab., 6 Lit. Zus. in Russ., Engl., Franz., Span.
Bei der verstärkten Mechanisierung der Holzbringung spielen in- und ausländische Forstseilbahnen verschiedener Typen eine bedeutende Rolle. In der Slowakei kamen schwerere Seilbahntypen zur Geltung, darunter vor allem die "DPLU 2-2000" Universalseilbahn, die in zwei Modifikationen zur Verfügung steht, und zwar als "JPL 2-600" für Transporte und als "DPLU 2-2000" (Vollgehänge). Die Tragfähigkeit von "DPLU" ist 2 t bei einer Maximalseillänge von 2000 m. Bei der Talbeförderung muß die Minimalneigung 20 % betragen. Durch Vollgehänge werden Bestandesschäden vermieden. Von den Hauptfaktoren, die über die rationelle Ausnützung dieser Seilbahnen entscheiden, sind untersucht worden: Bau, Arbeitsleistung und Bemannung. Für beide Konstruktionen sind übersichtliche Leistungstab. ausgearbeiet worden, und zwar unter Berücksichtigung der beförderten Holzmenge, Entfernung, Ausnützung der Tragfähigkeit und der Rückemöglichkeiten. Am vorteilhaftesten ist vierköpfige Bemannung. Eine größere Bemannung senkt die Arbeitsproduktivität je AK, eine kleinere steigert zwar die Produktivität, doch wird gleichzeitig auch der Energieaufwand der Arbeiter höher, und die Arbeitssicherheit verringert sich. F.Kopřiva. 10305dg.

A n o n y m. Seilkran "J 2", System Janeschitz, mit automatischer Tragseilklemme. - Allg. Forstztg. /Wien/ 73 (1962) Nr. 13/14. S.172-173. - 3 Abb.
Der Seilkran "I 2", System Janeschitz, hat sich dank seiner einfachen und robusten Konstruktion gut bewährt. Um eine sichere Fixierung des Stellwa-

gens zu erreichen, wurde von dem Seilbahnreferenten der Landw.-Kammer Kärnten, Ing. Janeschitz, eine Tragseilklemme konstruiert. Zwischen den Laufwerken des Stellwagens ist um die Längsachse des Stellwagens drehbar eine Parallelklemme angebracht, die sich auf Schub am Tragseil festklemmt. Mit dem an einem verlängerten Hebel der Parallelklemme befestigten Verankerungsseil kann die Klemme vom Boden aus geöffnet, aus- und am neuen Heheort wieder eingeschwenkt werden. Der Stellwagen stellt sich so auf Schub selbst fest. Dies konnte vorher nur durch Verankerung mit Hilfsseilen in aufwendiger Arbeit erreicht werden. H.-J.Mette. 10305dg.

Š o š i n, N. und E m e l'j a n o v, B. (Schoschin, N. und Jemeljanow, B.); Zentr.Forsch.-Inst. für Mechanisier. und Energetik der Forst-Ind. Čoker s universal'nym zamkom. (Schleppstrang mit Universalschloß.) - Lesnaja promyšlennost', Moskva 40 (1962) Nr.5. S.18. - 1 Skizze.

Der flache, breite Haken des Schleppstranges hat einen hohlen, konischen Fuß, in dem die Öse des Stranges Platz findet. An dem anderen Ende des Strangs ist auf gleiche Weise ein ringförmiger Block angebracht, über dessen Rolle der Strang läuft. Der Haken kann sich während des Holzrückens nicht selbsttätig lösen. Der Schleppstrang läßt sich bequem anbringen und kann, falls er schadhaft geworden ist, am Arbeitsplatz in wenigen Min. gegen einen neuen ausgetauscht werden. A.Mueller. 10305dh.

B a r i n o v, A.I. (Barinow, A.I.); Karel. Forsch.-Inst. für Forst-Ind. Pogruzka pučkov v suda kranami. (Verladen der Holzbunde auf Schiffe mittels Kran.) - Lesnaja promyšlennost', Moskva 40 (1962) Nr.6. S.11-12. - 2 Abb.

Entspricht die Masse der Holzbunde stets der vollen Tragfähigkeit des Kranes, erhöht sich die Gesamtleistung erheblich. Arbeitsversuche mit einem Kran vom Typ "Ganc" (5 t Tragfähigkeit), der gleichgroße Bunde mit einem Festgehalt von 6,4 m^3 verlud, ergaben Schichtleistungen von 755 m^3. Die Bunde wurden maschinell gebunden, der Draht mit einem Spannhebel gespannt und erst am Bestimmungsort nach dem Löschen der Ladung entfernt. Zum Beladen wurden 5, zum Entladen 4 AK gebraucht. Die Leistung betrug 107 bzw. 185 m^3/AK/Tag. A.Mueller. 10310ea.

V a r a k s a, N. (Waraxa, N.); Wiss.-Techn.Ges. für Forst-Ind. und -Wirtsch. der Karel. ASSR. Kontejnernaja pogruzka korot'ja na nižnem sklade. (Schichtholzverladen in Behältern auf dem Hauptlagerplatz.) - Lesnaja promyšlennost', Moskva 40 (1962) Nr.6. S.9-11. - 3 Abb.

Um beim Verladen des Schichtholzes den Bockkran "KKU-7,5" voll auszunutzen, werden zu beiden Seiten des Sortiertransporteurs Verschläge angebracht, in welchen je 2 Behälter (Container) Platz finden. Das Schichtholz wird von dem Transporteur unmittelbar in die Behälter geworfen, die - nachdem sie gefüllt sind - an den Tragbalken des Kranes gehängt und in Güterwagen verladen werden. Ein Behälter faßt 9 - 13 m^3 Schichtholz, 1 Waggon = 5 Behälter. Eine Brigade von 5 AK belädt einen Waggon in 45 Min. (gegenüber 90 - 110 Min. Normalleistung). A.Mueller. 10310ea.

K a v e c k i j, E. und P a r f e n c e v, D. (Kawezki, Je. und Parfenzew, D.); Verwalt. für Forstwirtsch. und Forstschutz des Altai-Gebietes. Samopogruzka avtomobilej. (Selbstladeautos.) - Lesnaja promyšlennost', Moskva 40 (1962) Nr.4. S.30. - 1 Abb.

Montiert man die Selbstladevorrichtungen Modell "LM-7" oder "LM-9" an Holztransportautos vom Typ "ZIL-151", "ZIL-157", "MAZ-200" oder "MAZ-501", kann die Ladezeit um 30 %, die Rückentfernung auf ein Minimum verkürzt werden. Da das Langholz unmittelbar am Ort der Fällung verladen wird, kann man auf eine Laderampe oder Unterlage für das Langholz verzichten.

A.Mueller. 10310ea.

H a s c h k e, P. Die Bedeutung der Einsatzzeit und einige allgemeine Grundsätze im Holztransport. - Sozialist. Forstwirtsch. 12 (1962) Nr.6. S.186-189. - 2 Abb.

Zur Kontrolle der Einsatzzeit von forstl. Nutzfahrzeugen hat man im Inst. für forstl. Ingenieurwesen Tharandt verschiedene Fahrzeugtypen für die Holzabfuhr mit elektrodynamischem Betriebsstundenzähler ausgerüstet. Die Erschütterungen des Fahrzeuges (durch das Laufen des Motors bedingt) werden in eine Wachsscheibe eingezeichnet, die von einem Uhrwerk angetrieben wird. Bei der Auswertung ist man in der Lage, die Dauer der Last- und Leerfahrt sowie Be- und Entladung und Stillstandzeiten zu ersehen. Aus diesen Werten läßt sich in einer Einsatzzeitanalyse der produktivste Einsatz der verschiedenen Fahrzeugtypen berechnen. W.Jacob. 10310fa.

A n o n y m. Skogen löser lantbrukets vagnproblem? (Löst die Forstwirtschaft das Wagenproblem der Landwirtschaft?) - Traktor J. /Stockholm/ 7 (1962) Nr. 4. S.208-213. 218. - 7 Abb.

Mit dem gesteigerten Einsatz landwirtschaftl. Erntemaschinen und vor allem der Verwendung des Radschleppers statt Pferdezug ist in der schwedischen Landwirtschaft ein neues Problem entstanden, da die geringe Ladekapazität der bisher gebräuchlichen Lastwagen die volle Ausnutzung der Zugkraft des Traktors nicht gestattet. Dasselbe Problem entstand vor ca. 10 Jahren auch in der Forstwirtschaft durch die Einführung des Traktors im Holztransport. Nach Ansicht des Leiters eines schwedischen forstl. Forschungsinstituts sind die im Laufe der letzten Jahre für die Forstwirtschaft entwickelten LKW nach geringfügigen Änderungen auch in der Landwirtschaft gut verwendbar. Am meisten zu empfehlen ist ein Einachs-Anhänger mit einem Vierraddrehgestell, der es gestattet, einen Teil des Lastdruckes auf die Hinterräder des Traktors zu übertragen; nach einer empirischen Regel kann auf die Triebräder eines Schleppers unter 35 PS bis 1000 kg übertragen werden, bei einem Schlepper von 35 - 50 PS bis 1500 kg und bei einem Schlepper von mehr als 50 PS ca. 2000 kg. Um einen zu großen Bodendruck der Räder zu vermeiden, sind breite Flachprofilreifen 400 - 15,5 in. zu empfehlen, bei gewöhnlicher Bereifung sind zusätzliche Raupenbänder erwünscht. Zwecks leichter Überwindung von Bodenhindernissen sollen die Pendelbewegungen des Drehgestells möglichst groß sein und die Vorderräder etwas weniger belastet werden als die Hinterräder. Der Wagen soll eine große Bodenfreiheit aufweisen und eine Tragkraft von ca. 10 t besitzen. Die relativ hohen Anschaffungskosten (ca. 5000 schw. Kr.) machen sich durch die erzielte Rationalisierung des Transports bald bezahlt. A.Grönholm. 10310fa.

B u r é n i u s, Åke. Virkets lastning vid lastbilstransport. (Verladen von Holz bei LKW-Transport.) - Skogen 49 (1962) Nr.10. S.217-218. - 5 Graphiken.

Die Wirtschaftlichkeit des Holztransportes mit LKW wird durch drei Faktoren bedingt: vergrößerte Ladekapazität, vergrößerte Fahrgeschwindigkeit und verkürzte Ladezeiten; letztere können durch techn. Beladevorrichtungen und entsprechende Arbeitsorganisation beeinflußt werden. Dieses wird auf zwei Arten erreicht: mittels auf dem Transportfahrzeug montierten hydraulischen Kran mit Greifer oder spezieller Belademaschine in Form eines Traktors mit Gabelgreifer. Gestützt auf die vom schwedischen Forschungsinstitut "SDA" durchgeführten Zeitstudien bringt Vf. in graphischen Darstellungen einen Vergleich des Zeitaufwandes beim Verladen einer Raumeinheit mittels Seilkran, auf dem Fahrzeug montiertem Kran mit Greifer und Spezialmaschine mit Gabelgreifer, den Einfluß verkürzter Ladezeiten auf das Transportvolumen bei Fahrstrecken verschiedener Länge, einen Vergleich und Aufgliederung des Zeitaufwandes der Bedienung des LKW durch 1 oder 2 AK sowie Einwirkung vergrößerter Fuhren auf das gesamte Transportvolumen bei verschiedenen Beladezeiten und verschiedenen Fahrstrecken. Der Greiferkran auf dem LKW verringert die Beladezeiten um ca. 50 %, der Gabelgreifer bis um 70 % im Vergleich zum Seilkran. Die Spezialmaschine mit Gabelgreifer eignet sich besonders für größere Ausformungsplätze, während zum Verladen von einzelnen Holzstapeln an den Wegen der Lastwagen mit Kran vorteilhafter ist.

A.Grönholm. 10310fa.

H a g s t e d t, Bengt. Avlastning av massaved i standardlängder vid transport med traktor. (Das Abladen von Faserholz in Standardlängen beim Transport mittels Traktor.) - Skogen 49 (1962) Nr.10. S.219-220. 226. - 2 Abb., 2 Graphiken, 1 Tab.

Ein mit hydraulisch drehbarem Kran und Raupen-Anhänger versehener Rad- oder Raupenschlepper ist bei richtiger Anwendung ein rationelles Transportmittel, der erforderliche Zeitaufwand wird vorwiegend durch die Art des Abladens beeinflußt. Zum Abladen von Faserholz in Standardlängen sind mehrere Methoden möglich. Vf. beschreibt stückweises manuelles Abladen, bündelweises Abladen mittels mech. Vorrichtungen, selbsttätiges Entladen der Fuhre durch Entfernung der Seitenstützen sowie Abladen durch Kippen der Fuhre mittels spezieller Vorrichtungen. Die Wahl der Methode hängt u.a. von der weiteren Behandlung des angefahrenen Holzes ab, z.B. Einmessen, maschinelle Entrindung ohne vorheriges Einmessen, oder Umladen für den Ferntransport, mit dementsprechend erforderlichem Stapeln. Der Faktor, der den Zeitaufwand und hiermit die Wirtschaftlichkeit einer Methode am stärksten beeinflußt, ist die Größe der Ladeeinheit. In Diagraumen und Tab. zeigt Vf. den Zusammenhang zwischen Zeitaufwand und Größe der abgeladenen Stücke oder Bündel bei verschiedenen Entlademethoden, sowie die relativen Kosten des Abladens von 2 m und 3 m langem Faserholz durch 1 oder 2 AK nach verschiedenen Methoden, einschl. Stapeln zu verschiedenen Zwecken.

A.Grönholm. 10310fa.

S k o b e j, V.V. und M i c h j l o v, A.A. (Skobei, W.W. und Michailow, A. A.); Irkutsk, Zweigstelle des Zentr. Forsch.-Inst. für Mechanisier. und Energetik der Forst-Ind. Karetka dlja poluvozdušnoj i vozdušnoj trelevki. (Laufwagen für halbschwebenden und schwebenden Holztransport.) - Lesnaja promyšlennost', Moskva 40 (1962) Nr.4. S.11-12. - 1 Abb., 1 Schema.

Der Laufwagen Modell "PK-2" ist für eine Seilriese bestimmt, deren Tragseil nach Bedarf gespannt und entspannt werden kann. Er besteht aus den 2 Laufrollen; 2 Sperrkegeln, die das Lastseil beim Heranrücken und Anhängen der Last halten; dem Block, über den das Lastseil läuft; dem Hebelsystem zum Lösen des Lastseils auf der Talstation. Die Last (6 m^3 Rundholz) wird bei entspanntem Seil an den Laufwagen gehängt, durch Seilzug - am gespannten Seil - zu Tal befördert und automatisch abgeworfen, nachdem der auf der Talstation angebrachte Anschlag die Sperrhebel bewegt und den Sperrkegel gelöst hat. Die Durchschnittsleistung der Seilriese beträgt 47 m^3, doch wurden Spitzenleistungen von 64 m^3 unter günstigen Arbeitsbedingungen erreicht.

A.Mueller. 10310fe.

P e s t a l, Ernst. Verhütung von Unfällen im forstlichen Seiltransport. - Allg. Forstztg. /Wien/ 73 (1962) Nr.9/10. S.105-109.

Durch ungünstige Altersstruktur (hohe Anteile an alten und jugendlichen AK) der in der Forstwirtschaft Beschäftigten und steigende Mechanisierung vergrößert sich die Unfallgefahr. Auch beim forstl. Seiltransport ist gründliche Ausbildung der Bedienungsmannschaft Voraussetzung, dafür halten in Österreich verschiedene Institutionen laufend Schulungskurse ab. Vf. schildert die häufigsten Unfallquellen bei den Seiltransportverfahren. Für den Bodenzug mit Winden, für Kurz-, Mittel- und Langstreckenseilkran und für Seilbahnen werden eine Vielzahl von Hinweisen gegeben, insbesondere über Ursachen und Verhinderung von Seilrissen, zu Anhängevorrichtungen und Verankerungen und zu Montage und Abbau von Seilkranen. Mangelhafte Nachrichtenverbindung ist ebenfalls häufige Unfallursache. Die elektrische Signalübermittlung mit Hörsignalen ist die sicherste Nachrichtenverbindung, bei Entfernungen über 300 m sollte auch Sprechmöglichkeit bestehen. Weiterhin wird über das Verbot der Personenbeförderung, seine Ausnahmen und die erste Hilfe bei Unglücken berichtet .

H.-J.Mette. 10310fe.

A n o n y m. Skogen storkund hos 100-åriga finska SJ. (Die finnischen Staatsbahnen und die Forstwirtschaft.) - Skogen 49 (1962) Nr.9. S.194-195. - 2 Abb.

Dank dem Umstande, daß infolge des unzureichenden Landstraßennetzes der Autotransport den Eisenbahnen noch keine sehr scharfe Konkurrenz machen kann, werden die Finnischen Staatsbahnen in starkem Maße für den Gütertransport in Anspruch genommen. Es wurden im Jahre 1960 bei einer Gesamtlänge des Bahnnetzes von 5284 km 4865 Mill. t km Waren befördert, wovon etwa 30 % auf den Holztransport entfielen. Die starke Beanspruchung der Eisenbahn seitens der Forstwirtschaft wird begünstigt durch den vorbildlichen Kundendienst der Staatsbahnen, der durch techn. Verladevorrichtungen und einen detailliert ausgearbeiteten billigen Tarif für deren Benutzung Ausdruck findet. Auf 7 Bahnstationen im mittleren Teil des Landes befinden sich stationäre Kräne mit einer Hubkraft von 7,5 bis 15 t und 5 Stationen sind mit beweglichen Hebekränen von ca. 9 t ausgerüstet; außerdem stehen zum Verladen von schwachen Holzsorten einfache, aber leistungsfähige Bandförderer zur Verfügung. Vf. bringt einen Auszug aus der Preisliste für die Benutzung der Beladevorrichtungen, eine detaillierte Aufstellung über die von den Betrieben des Zentralverbandes der Holzveredlungsindustrien im Jahre 1959 mittels Pferd, Traktor, LKW, Eisenbahn und Flößung transportierten Holzmengen in fm und die entsprechende Transportarbeit in m^3 km, sowie eine vergleichende Aufstellung für das Jahr 1952.

A.Grönholm. 10310ff.

N i k o l a j u k, V. (Nikolajuk, W.); Brjansk, Verwalt. für Forstwirtsch. und Waldschutz. Polučenie vitaminnoj muki na peredvižnoj ustanovke. (Eine fahrbare Anlage zur Gewinnung von Vitamin-Nadelmehl.) - Lesnoe chozjajstvo, Moskva 15 (1962) Nr.7. S.73-75. - 2 Abb.

Beschreibung einer auf der Grundlage der Getreidetrocknungsanlage "SZPB-2,0" gebauten Einrichtung zur Gewinnung von Nadelmehl. Mit Hilfe des Schleppers "Belaruß" wird sie unmittelbar an den Holzeinschlagsort gebracht, so daß die bei der bisherigen stationären Anlage notwendigen hohen Kosten für den Transport der Zweige und Äste wegfallen. Seit Inbetriebnahme der Anlage wurden 9000 t Nadelmehl produziert. Schichtleistung: 500 kg. Der Selbstkostenpreis von 14 Kop. je kg Nadelmehl kann auf 7 Kop. gesenkt werden.

S.Frei. 10325a.

Literatur über die Transportmechanisierung auf Holzlagerplätzen. Hrsg. Instn.: Bergakademie Freiberg. Inst. für Bergbaukunde. Tiefbau. Dok.-Abt., Freiberg. (Lit.-Nr. 141. Titelanzahl: 26. Ber. - Zeit: 1957-62.)

K. FORSTWIRTSCHAFT/SCHÄDLINGSBEKÄMPFUNG

R i c h t e r, G. und R u g e, E.; Kleinmachnow, Biol. Zentralanst. der Dtsch. Akad. der Landwirtsch.-Wiss. zu Berlin. Flugzeugeinsatz gegen Maikäfer im Staatlichen Forstwirtschaftsbetrieb Colbitz. - Sozialist. Forstwirtsch. 13 (1963) Nr.3. S.88-90. - 1 Abb., 5 Lit. 10350a.

B e h r n d t, Wolf. Der Einsatz von Hubschraubern bei der Forstschädlingsbekämpfung. - Allg. Forst-Z. 18 (1963) Nr.3. S.46-49. - 6 Abb.

Zur Kiefernschüttebekämpfung in NW-Deutschland wurden 1962 Hubschrauber eingesetzt, nachdem Erfahrungen gezeigt hatten, daß diese für die Schüttebekämpfung besser geeignet sind als Starrflügler. Zum Einsatz kam Alean (Zineb) mit 3 kg in 70 l Wasser/ha. Die Hubschrauber waren vom Typ "Bell 47G" (max. Nutzlast 210 l). Die Fluggeschwindigkeit betrug 65 km/h, die Flughöhe 1 m über den Kronen, die Arbeitsbreite 15 m. Je Flug wurden 3 ha behandelt, die Flugzeit je Flug betrug durchschn. 5 Min., die Füllzeit 2 Min. Die Leistung je Flugstunde lag zwischen 20 und 25 ha. In der Zeit vom 31.7. - 20.8. wurden von jedem Hubschrauber durchschn. 61,5 ha/Tag beflogen. Die Flugrichtungsanzeige erfolgte durch Flaggenmänner. Für hohe Leistungen ist eine gute Bodenorganisation notwendig. Die biol. Daten zur Festlegung des Bekämpfungstermins sind angegeben. R.Angermann. 10350a.

Z a g o r s k i j, I.M. und K u č i n, S.P. (Sagorski, I.M. und Kutschin, S. P.); Leningrad, Forsch.-Inst. für Forstwirtsch. Aerozol'nyj generator APG-1. (Der Aerosol-Generator "APG-1".) - Lesnoe chozjajstvo, Moskva 15 (1962) Nr. 7. S.59-60. - 2 Abb.

Der speziell für die Forstwirtschaft konstruierte Aerosol-Generator "APG-1" hat eine wesentlich höhere Produktivität als der bisher verwendete, aus der Landwirtschaft übernommene Aerosol-Generator "AG-UD2". Der neue Generator hat eine Masse von 75 kg, einen Benzintank für 18 l und einen Lösungsmittelbehälter für 235 l. Seine Arbeitsbreite beträgt 50 - 100 m, seine Schichtleistung 30 bis 40 ha. Er kann auf Pferdewagen, LKW oder Schlepperanhänger montiert werden. Der Aerosol-Generator "APG-1" hat sich bei der Bekämpfung von Kiefernblattwespe und Kiefernspanner gut bewährt. S.Frei. 10350a.

W o d a r z, S. Zum Thema: Einband als Schälschutz. - Forst- u. Holzwirt 17 (1962) Nr.7. S.129-134. - 18 Abb., 4 Lit.
Im Staatlichen Forstamt Segeberg, Schleswig-Holstein, wurden versuchsweise Einbindearbeiten an Fichte gegen das Schälen des Rotwildes durchgeführt. Vom Alter der beginnenden Schälgefährdung an wird neben dem Gattern der Flächen als sicherster Schutz der Grün- und Trockeneinband an Einzelstämmen angesehen. Diese Maßnahme ist dann erforderlich, wenn der Wildbestand nicht auf eine wirtschaftl. tragbare Wilddichte reduziert ist. Die Kosten des Einbandes sind abhängig von der Zahl der je ha. einzubindenden Bäume und deren Begrünung. Die Gatterkosten werden dagegen stark von der Flächengröße bestimmt. Der Grüneinband sollte erst durchgeführt werden, wenn eine genügend große Zahl der Bäume um oder höher als 2 Meter beträgt. Negative Wachstumseinflüsse wurden bisher nicht festgestellt. Es ist zweckmäßig, nicht alle Bäume einer Fläche einzubinden, sondern nur solche, die auf Grund ihres Wachstums einbindewürdig erscheinen. In jüngeren Beständen wird die Zahl jedoch 800 - 1000 Stück/ha betragen. Die Grünbandarbeiten sind stark von der Witterung abhängig und sollten möglichst für trockene Jahreszeiten vorgesehen werden. Für den Trockeneinband werden die Bäume vor dem Einbinden geästet und mit trockenem Astmaterial eingebunden. Im Einzelnen geht Vf. auf das "Segeberger Verfahren" ein und erläutert die notwendigen Ausrüstungen und stellt einen Kostenvergleich verschiedener für die Einbindung benötigter Drahtstärken an. M.-O.Barucha. 10350c.

L. WALDBRANDBEKÄMPFUNG

L e n z, H. Der Einsatz der Sprengtechnik sowie der Technologie bei der Waldbrandbekämpfung. - Sozialist.Forstwirtsch. 12 (1962) Nr.4. Beil. Techn. u. Technol. Forstwirtsch. Nr.2. S.5-7.
Der Einsatz gewerblicher Sprengmittel hat in den letzten Jahren in der Forstwirtschaft an Bedeutung gewonnen, wobei sich im wesentlichen die sozialistischen Staaten um eine wirksame Bekämpfungsmethode bemühen. Die herkömmliche Waldbrandbekämpfungsweise reicht in sehr gefährdeten Gebieten nicht mehr aus, wie z.B. in Kiefernmonokulturen mit einem leicht brennbaren Bodenüberzug, in Wasserentzugsgebieten der Tagebauaufschlüsse, bei ungünstigen Löschwasserverhältnissen. Zusätzlich erschweren schlechte Wegeverhältnisse eine wirksame Bekämpfung. Daher wurde die Anwendung von Sprengstoffen zur Waldbrandbekämpfung in der DDR geprüft. Die Anwendungsmöglichkeiten der Sprengtechnik erstrecken sich auf die Sprengung von Wundstreifen, auf das Werfen geballter Wurfladungen zur Bodenfeuerbekämpfung, auf die Bekämpfung von Totalbränden mit in Bohrlöchern eingebrachten Ladungen, auf die Sprengung von Schneisen zur Bekämpfung von Wipfelfeuern, auf die Bekämpfung von Moorbränden durch Bohrlochladungen oder Wurfladungen. Für diese aufgeführten Verwendungsarten wird der technol. Ablauf beschrieben. Ferner werden Erfahrungen genannt, die als Voraussetzungen der Bekämpfungsmaßnahmen erfüllt sein müssen. M.-O.Barucha. 10405a.

D e i c h m a n n, von. Einiges über amerikanische Waldbrand-Löschmittel.- Forst- u. Holzwirt 17 (1962) Nr.7. S.135-137. - 6 Abb., 6 Lit.

Die Waldbrandbekämpfung orientiert sich im klassischen Sinne auf den Einsatz von Wasser, die Errichtung von Isolierstreifen, Feuerriegeln und Brandsperren. Dabei ist es notwendig, daß die Löschmannschaften nahe an das Feuer herangehen müssen bzw. ein Teil des Bestandes dem Feuer geopfert werden muß. In den USA werden größere Waldbrände vom Flugzeug aus bekämpft. Die bisherigen Mittel, wie Wasserbomben, chem. Lösungen, Wasser, brachten nicht den gewünschten Erfolg. Neuartige Löschpulver zeitigten befriedigende Ergebnisse, jedoch ist die Treffsicherheit vom Flugzeug aus nicht immer gewährleistet. Durch die Kelco Company, Kalifornien, wurde ein neuartiges Löschmittel hergestellt. Es basiert auf dem gummiähnlichen Extrakt der Meeresalge Macrocystis pyrifera, die an der Küste Kaliforniens wächst. Als Firmenname erscheint diese wasserlösliche Säure in Pulverform unter der Bezeichnung "Keltex FF". Vier bis sechs Pfund dieses Pulvers mit 400 Liter Wasser gemischt, ergeben eine dünnflüssige, sirupartige Lösung - sogenanntes "schweres Wasser" - mit großem Haftvermögen, die sich wie ein Schutzmantel um Äste und Zweige legt. Kleinere Feuer werden direkt mit dieser Lösung bekämpft. Bei größeren Waldbränden wird ein Zusatz von Calcium chlorid beigegeben und kann mit großer Treffsicherheit über dem Waldbrand abgeworfen werden. Die Lösung ist gegen Tier und Pflanze unschädlich. Einige Geräte zum Aussprühen dieses Gels werden beschrieben. M.-O.Barucha. 10405a.

Literatur über Waldbrände und Sturmschäden. Hrsg. Instn.: Bibliothek der Fakultät für Forstwirtschaft der Technischen Hochschule, Dresden in Tharandt. (Titelanzahl: 66. Ber.-Zeit: 1955-1960.)

M. FORSTLICHES BAUWESEN

V a r a k s a, N.E. (Waraxa, N.Je.); Pai, Karel. ASSR, Forstwirtsch.-Betr. Mechanizirovannaja razgruzka ballasta. (Mechanisches Schotterentladen.) - Lesnaja promyšlennost', Moskva 40 (1962) Nr.4. S.23-24. - 3 Abb.

Auf dem letzten Plattformwagen des Schotterzuges wird ein Traktor vom Typ "DT-54" aufgestellt, vor dessen Kühler ein zweiseitiges Räumschar montiert ist. Der freie Raum zwischen den einzelnen Wagen wird mit Platten überdeckt, die aus einem Rahmen aus Winkeleisen mit Bohlenbelag bestehen und durch Scharniere mit dem Wagen verbunden sind. Das Mittelfeld des Rahmens, das die Puffer bedeckt, besteht aus gewölbtem Stahlblech. An der Baustelle angelangt, werden die Seitenwände des Plattformwagens heruntergeklappt, worauf sich der Traktor auf dem Wagen fortbewegt und den Schotter abwirft. - Zum Entladen der mit Schotter oder anderem Schüttgut beladenen Lastkraftwagen wird ein Traktor "TDT-40" verwendet, der mit einem Ausleger ausgerüstet ist, an dessen Ende ein Schrapper beweglich angebracht ist. Der Traktor nähert sich dem Laster, senkt den Schrapper mit Hilfe der Seilwinde und zieht im Rückwärtsgang die ganze Ladung ab. A.Mueller. 10460m.

Šatov, B. I. (Schatow, B.I.); Zentr. Forsch.-Inst. für Mechanisier. und Energetik der Forst-Ind. Remont dorožnych železobetonnych plit. (Reparatur der schadhaften Eisenbeton-Straßenplatten.) - Lesnaja promyšlennost', Moskva 40 (1962) Nr.4. S.21-23. - 2 Abb., 1 Schema.

Untersuchungen bestätigen, daß der in der Bundesrepublik Deutschland und in den Niederlanden zur Instandsetzung beschädigter Eisenbetonplatten verwendete Brei aus plastifiziertem Portlandzement "500" eine hohe Bindekraft hat. Der Brei besteht aus 2 Gew. Teilen Zement und 1 Gew. Teil Wasser; ihm wird Kies und Schotter bis zu einer Korngröße von 1,5 - 2,5 cm zugesetzt. Nachdem die Armierung an den Schadstellen neu geschweißt und die Bruchränder der Platte begradigt, gesäubert und mit Wasser benetzt sind, wird die Masse aufgetragen und mit einem Vibrator Modell "S-406" (der auch als Betonbohrer verwendet werden kann) verdichtet. Wird die Platte 10 - 15 Tage lang, mit einer 20 cm dicken, feuchten Sägespäneschicht bedeckt, aufbewahrt, erlangt sie ihre ursprüngliche Festigkeit wieder. Die Reparaturkosten betragen die Hälfte der Neuanfertigungskosten. A.Mueller. 10465.

Jurík, L'ubomir; Zvolen, Vysoká Škola Lesnicka a Drevárska. Ekonomické možnosti uplatnenia stavebných strojov na zemnych prácach pri stavbe lesných siest. (Ökonomische Möglichkeiten für die Verwendung von Baumaschinen bei Erdarbeiten im Forstwegebau.) - Lesnicky Časopis 8 (1962) Nr.4. S.253 bis 265. - 8 Abb., 10 Tab., 12 Lit. Zus. in Dtsch.

Um den Investitionsaufbau der Forstwege zu beschleunigen und zu rationalisieren, muß man die Arbeitsproduktivität durch Mechanisierung erhöhen. Die Erdarbeiten stellen einen wesentlichen Teil der mit dem Wegebau verbundenen Arbeiten dar. Die Untersuchung von 20 Projekten ergab, daß der durchschnittliche Erdaushub 1,9 bsi 3,5 m^3/ 1 m beträgt. Laut Angaben einiger Forschungsanstalten, die den Baumaschineneinsatz vom ökonomischen Gesichtspunkt beim Bau von Waldwegen untersucht haben, würden die Einsatzmöglichkeiten solcher Maschinen in diesem Falle stark beschränkt sein, da die Erdmassenbewegung nicht so hoch ist. Praktische Ergebnisse haben jedoch gezeigt, daß die Baumaschinen auch bei kleineren Kubaturen anwendbar sind, und dieser Umstand ist durch Errechnung der geplanten Selbstkosten der in Verwendung stehenden Baumaschinen pro 1 m^3 Erdmenge bei verschiedenem Umfang der Erdarbeiten bestätigt worden. Man hat Tab. ausgearbeitet, die für den Einsatz der Fronträumer "D 159b", Schlepper "DT 54", "D 157", Schlepper "S 80", des Autobaggers "D 030" und des Löffelbaggers "D 500" den ökonomisch geeigneten Minimalumfang der Erdarbeiten in m^3 angeben. F.Kopřiva. 10465a.

Putnik, O. Pjatiletnij opyt stroitel'stva dorog v lesu. (Fünfjährige Erfahrungen im Waldwegebau.) - Lesnoe chozjajstvo, Moskva 15 (1962) Nr.9. S.58-59. - 2 Abb.

Im Forstwirtschaftbetrieb Kilingi-Nymmes wurden in den vergangenen fünf Jahren 112 km Wege gebaut. Die Stockrodung erfolgt mit den Rodegeräten "K-1-A" und "D-210B", der Transport der Stöcke mit dem Bulldozer oder dem Traktor "S-80". Die Erdarbeiten werden mit dem Bagger "E-754", die Planierarbeiten mit einem Bulldozer ausgeführt. Das aufgeschüttete Erdreich verbleibt 6 - 12 Monate im Ruhezustand. Anschließend wird der Autograder "B-10" eingesetzt. Die Gräben werden mit dem Pflug "LKA-2" ausgehoben. Der Schotterverbrauch beträgt 0,8 - 1,5 m^3 pro lfd. m Weg. Die Kosten belaufen sich auf 2230 Rbl. pro km. S.Frei. 10465a.

A n o n y m. Gradall-Teleskopbagger. - Allg. Forstztg. [Wien] 73 (1962) Nr.11/12. S.149. - 1 Abb.

Der Bagger ist mit einem Kettenfahrwerk versehen. Oberbau mit Auslegerarm und Baggerschaufel sind auf einem Drehkranz angebracht (horizontaler Arbeitsbereich 360 °). Das Gesamtfahrzeug ist außerordentlich geländefähig (Steigefähigkeit bis 30 %). Der Ausleger läßt sich teleskopartig in seiner Längsachse bewegen (Länge des Auslegers eingezogen 3,65 m, ausgestoßen 7,30 m). Der in seiner Längsachse verdrehbare Ausleger kann sein Arbeitswerkzeug dem Gelände anpassen. Weiterhin kann der Auslegerarm um 22 ° gehoben und um 24 ° gesenkt werden. Der Bagger ist besonders für Planierarbeiten auf schmalen Waldstraßen geeignet. W.Jacob. 10465h.

W e b e r, A.; Wien. Das forstliche System der Wildbach- und Lawinenverbauung in Österreich. - Wasser u. Boden 15 (1963) Nr.1. S.14-17. - 5 Abb. 10475a.

K ö r t g e, W. Ein neuer Wild- und Kulturschutzzaun. - Forst- u. Holzwirt 17 (1962) Nr.5. S.101-103.

Zur Verhinderung größerer Wildschäden dient trotz aller chem. und mech. Mittel der moderne und rationelle Flächenschutz. In Österreich wurde seit längerem ein neuartiger Wild- und Kulturschutzzaun eingesetzt, der probeweise auch in anderen Ländern aufgebaut werden soll. Dabei handelt es sich um den als "Chrom-Ewag" bezeichneten Zauntyp, der sich von anderen bisher bekannten Zaunformen vom Material und von der Verarbeitung unterscheidet. Der "Chrom-Ewag"-Zaun besteht aus verschieden starken "weichen" Drähten - im Gegensatz zu den üblichen Stahldrähten. Die Kreuzungsstellen zwischen Längs- und Querdrähten sind elektrisch geschweißt, wodurch ein geringer Materialaufwand erforderlich wird. Nach dem Verschweißen wird der Draht in einer Durchzugsanlage galvanisch verzinkt. Durch diese Verzinkung ist ein optimaler Rostschutz gewährleistet. Nachfolgend wird die Zinkoberfläche chromatisiert, um die Bildung von weißen Korrosionsprodukten auszuschalten. Dieser Zaun zeichnet sich durch eine hohe Haltbarkeit aus. - Vf. beschreibt die Montage des Zaunes und erläutert einzelne Typen des "Chrom-Ewag"-Zaunes, die eine wesentliche Bereicherung für die Waldschadensverhütung darstellen.

M.-O.Barucha. 10480.

K l i m e k, Henryk. Miernictwo dla techników leśnych. (Vermessungswesen für Forsttechniker.) 2., erg. Aufl. Warszawa: Panstw. wyd. roln. i leśne. 1962. (361 S.) 8°. (1962 A 1347).

O. FORSTWIRTSCHAFT/AUSSTELLUNGEN, TAGUNGEN, VORFÜHRUNGEN, REISEN, ÜBERSICHTEN

F r o e h l k e, Alfons. Sprzet leśny na XXIX MTP. (Geräte für die Forstwirtschaft auf der 29. Posener Messe.) - Las Polski 34 (1960) Nr.19. S.15 bis 17.

Aussteller auf der 29. Posener Messe waren die Firmen Dolmar, Hamburg-Wandsbek, Sandvikens Jernverks Aktiebolag, Schweden, Lipowski, Wien, die Forstmaschinen-Werke Gorzów, Polen,und die Fa. Chodan, Genf, die den amer. Konzern McCulloch vertrat. Verbunden mit der Ausstellung war eine Vorführung verschiedener Geräte in 120jähr. Ki-Altholz und 20 - 30jähr. Stangenhölzern. Die Fa. Sandvikens demonstrierte die Bügelsäge "Sandvik 21". Die Fa. Dolmar führte die Sägen "Taifun" und "CF" vor. Als Vorzug für beide Sägen wird die Unkompliziertheit im Aufbau hervorgehoben. Die Führungsschienen der McCulloch "1-70" und "1-50" besitzen keine Umlenkrollen. Besondere Erwähnung finden die Anbaugeräte der Dolmar-Motorkettensäge, nach Abbau des Schwertes können ein rotierendes Messer zur Kulturpflege, ein Pflanzlochbohrer sowie der Bohrer zum Bohren von Löchern für Masten angebaut werden. Eingehend erläutert werden der Werkstattwagen der Fa. Domar und die Arbeitsweise der Sägen McCulloch. E.Bunk. 10605a.

XI. SCHÄDLINGSBEKÄMPFUNG

A. ALLGEMEINES

J o n e s, E.L. Control of mice and rats on the farm. (Bekämpfung von Mäusen und Ratten in der Landwirtschaft.) - Agric. Gaz. New South Wales 70 (1959) Nr. 3. S. 117-123. - 1 Abb., 9 Skizzen. 11005.

B. CHEMISCHE SCHÄDLINGSBEKÄMPFUNG

P r a t i, M. und Z o n i, A.; Parma; Piacenza. L'attività dei consorzi fitosanitari di piacenza e Parma. (Die Tätigkeit der Schädlingsbekämpfungsgesellschaft von Piacenza und Parma.) - Inform. fitopatol. /Bologna/ 11 (1961) Nr. 15-16. S. 340-343. - 1 Abb.

Auf genossenschaftlicher Basis arbeitet diese Vereinigung auf dem Gebiet der Schädlingsbekämpfung. Durch ein im Jahre 1931 gegründetes Zentralinstitut wird die gesamte Tätigkeit organisiert und geleitet. Neben der Anlage und Durchführung von Versuchen nimmt diese Gesellschaft durch Abhaltung von Kursen und Einführung neuer Maschinen planmäßig auf die Bekämpfung von Schädlingen Einfluß. Bes. Interesse galt den Spezialkulturen (Wein, Obst, Tomaten etc.), die auf größeren Flächen zum Anbau gelangten und meistens für den Export bestimmt waren. Die Bekämpfung der am häufigsten aufgetretenen Schädlinge (Phytophthora infestans, Alternaria solani, Cladosporium fulvum, Xanthomonas vesicatoria, Corynebacterium michiganense) erfolgte meist mit Zineb. Die Sprüheinrichtungen zur Verwendung in Tomaten- und Weinkulturen waren auf Spezialschlepper montiert, da sie einen Reihendurchgang von nahezu 1,50 m gewährleisteten. G.Müller/Leipzig. 11105.

K o c h, Hans; Braunschweig, Biol. Bundesanst., Inst. für Geräteprüf. Anerkannte Pflanzenschutzgeräte und -geräteteile (Auszüge aus den Prüfungsberichten 1960.) -Nachrichtenbl. dtsch. Pflanzenschutzdienstes /Braunschweig/ 13 (1961) Nr. 11. S. 161-170. - 16 Abb.

I. Beizgerät: Trockenbeizmaschine "Wiersum", für hohe Leistungen (bis 4,2 t/h), staubfreie Arbeitsweise durch starkes Gebläse (5880 m^3/h). - II. Sprühgeräte: Selbstfahrendes Sprühgerät "Solo-Minor": Einzylinder-Zweitakt-Ottomotor, 98 cm^3, 4 PS; Radialgebläse mit wirksamer Luftfördermenge von ca. 540 m^3/h, mittlere Luftgeschwindigkeit 80 m/s; Flüssigkeitsförderung durch Überdruck vom Gebläse; 6 drehbare Plastik-Sprühdüsen an waagerechter Halterung, 4 auswechselbare Kalibrierdüsensätze, Austrittsmenge (6 Düsen) 2,75 - 7 l/min; 2 Plastikbehälter mit insges. 33 l Inhalt; wirksame Reichweite ca. 3,5 m. - Rückentragbares Motorsprühgerät "Metro": Einzyl.-Zweitakt-Ottomotor, 75 cm^3, 2,3 PS; Radialgebläse mit wirksamer Luftfördermenge von ca. 380 m^3/h, mittlere Luftgeschwindigkeit 105 m/s; Flüssigkeitsförderung durch Fallstrom und Überdruck vom Gebläse; vorderes Ende des Sprührohrs als Düse ausgebildet, mit 2 auswechselbaren Vorsätzen, Austrittsmenge 1,05 - 2,2 l/min; Plastikbehälter mit 12 l Inhalt, pneumatisches Rührwerk; wirksame Reichweite 3,5 - 4,5 m. - Rückentragbares Motor-Sprühgerät "Gnom": Einzylinder-Zweitakt-Ottomotor, 26 cm^3, 0,85 PS; Radialgebläse mit wirksamer Luftfördermenge von ca. 260 m^3/h, mittlere Luftgeschwindigkeit 80 m/s; Eintritt der Flüssigkeit über zentrisch im Gebläserohr angeordnetes Flüssigkeitsrohr, 2 auswechselbare Aufsätze (Lavall-Düse oder feststehende Flügelscheibe), Austrittsmenge 1,1 - 1,3 l/min; Flüssigkeitsförderung durch Fallstrom und Überdruck vom Gebläse; Plastikbehälter mit 10 l Inhalt; wirksame Reichweite ca. 4 m. - III. Stäubegeräte: Anbau-Stäubegerät "Dustmaster": Zapfwellenantrieb; Radialgebläse mit wirksamer Fördermenge von ca. 1825 cm^3/h; mittlere Luftgeschwindigkeit 18,3 m/s; 2 Auslegerrohre mit 35 Verteilern im Abstand von 31,5 cm, Austrittsmenge 0,65 - 2,0 kg/min; verzinkter Stahlblechbehälter von 160 l Inhalt; wirksame Arbeitsbreite 10,5 m. - IV. Geräteteile: Hardi-Membran-Anbaupumpen, Modelle "1100", "1200", "1300" (techn. Angaben in dieser Reihenfolge) - Zapfwellenantrieb; Membrananzahl 1, 2, 3; Hubvolumen ca. 60 cm^3, ca. 100 cm^3, ca. 150 cm^3; Windkesselvolumen ca. 1700 cm^3; Betriebsdruck max. 15 atü; Fördermenge bei 540 U/min der Zapfwelle 26,4 l/min, 43,9 l/min, 74,5 l/min. - V. Frostschutzgeräte: Ölheizofen "Calor 15-6" - Stahlblech, Kamin und Behälterdecker verzinkt; Ölfüllvolumen 15 l; mittlerer Brennstoffverbrauch 1,4 l/h; gegen mäßige Fröste erforderliche Anzahl 250-300 Stck./ha. R.Angermann. 11105.

S n j e g o w s k i, I.F.; Moskau. Neue Spritz- und Stäubemaschinen in der UdSSR. - Dtsch. Agrartechn. 12 (1962) Nr. 10. S. 455-457. - 6 Abb. 11115.

A n o n y m. New spraying equipment for Bell helicopters. (Neue Spritzausrüstung für Bell-Hubschrauber.) - Agric. Aviation 4 (1962) Nr. 2. S. 57-bis 58. - 1 Abb.

Die Anlage wurde von der Stull Chemical Co. (USA) entwickelt. Die beiden geschweißten Al-Behälter haben ein Gesamtfassungsvermögen von 300-450 l. Sie zeichnen sich durch eine günstige Fülleinrichtung und leicht auswechselbare Stahlgazefilter am Auslaß aus. Die Behälter sind über ein 2 1/2"-Rohr miteinander verbunden und besitzen je ein Abstellventil. Die Behälter sowie alle paarig vorhandenen Teile der Anlage passen für beide Seiten des Hubschraubers. Das aus mehreren Sektionen bestehende, max. 7,3 m lange Spritzrohr wird in Al- oder Stahlausführung geliefert. Das Rohr ist am vorderen Ende der Landekuf en angebracht, so daß der Pilot die Arbeit der 46 Düsen ständig beobachten kann. Die Düsen sind aus Plasten, Stahl, Aluminium oder Messing. Die Arbeitsbreite beträgt max. 18,5 m. Zu jeder Behältereinheit gehört eine elektrisch (24 V) angetriebene Zentrifugalpumpe mit einer Förderleistung von 4 - 45 l/min. Die Kontroll- und Bedienungselemente befinden sich in der Kanzel. Die Masse der ges. Anlage beträgt ca. 45 kg. R. Angermann. 11115.

A n o n y m. Russian spraying gear. (Sowjetische Spritzanlage.) - Agric. Aviation 4 (1962) Nr. 2. S. 58-59.

Der in der sowj. Landwirtschaft am meisten eingesetzte Flugzeugtyp ist die "AN-2S", ein Doppeldecker mit einer Nutzlast von 1200 kp. Zum Spritzen ist das Flugzeug mit einer Spritzrohranlage mit 2 Behältern ausgerüstet. Der Hauptbehälter wird nur mit Wasser gefüllt, der zweite, kleinere Behälter befindet sich außen an der Zelle und enthält das konzentrierte Mittel. Wasser und Konzentrat werden getrennt in die Pumpe geleitet und dort gemischt. Der Hauptzweck dieser Anordnung ist der Schutz der Besatzung vor toxischen Chemikalien. Ein weiterer Vorteil liegt darin, daß im Notfall nur das Wasser abgeworfen zu werden braucht. R.Angermann. 11115.

E n g e l, Herbert; Freiburg/Br., Pflanzenschutzamt. Versuche zur Austriebspritzung vom Hubschrauber aus. - Nachrichtenbl. dtsch. Pflanzenschutzdienstes /Braunschweig/ 14 (1962) Nr. 6. S. 88-94. - 1 Abb., 4 Tab., 5 Lit.

Bei Versuchen zur Austriebspritzung wurden in 3 Gemeinden des Kaiserstuhls Hubschrauber eingesetzt. Je Baum wurden durchschn. 0,96 l ausgebracht. Der Hubschrauber war mit 30 Teejet-Düsen (Öffnungen 0,8 mm) ausgerüstet, die am Sprühgestänge so angeordnet waren, daß die Abstände zwischen den Düsen von der Mitte nach außen abnahm. Die Arbeitsbreite betrug 10 m, was für große und mittlere Bäume ausreichend, für Jungbäume und Beerensträucher zu groß war. Die Verteilung der Flüssigkeit war über alle Teile der Bäume ausreichend gleichmäßig. Die Behandlungszeit je Baum betrug durchschn. 2,3 Sek. Die Behandlungskosten lagen um 18,3 % unter den entspr. Kosten bei Bodengeräten. Die biol. Ergebnisse sind angegeben. Der größeren praktischen Anwendung des Verfahrens stehen einige Widerstände entgegen: Die Bauern besitzen eigene Bodengeräte, die sie wegen der später noch notwendigen Behandlungen nicht abschaffen können; die Behandlung aus der Luft erfaßt auch solche Obstbäume, die man mit Bodengeräten aus verschiedenen Gründen nicht behandeln würde, die also dabei auch keine Kosten verursachen; die Winterstadien der Spinnmilben werden nicht erfaßt. Die Versuche sollen fortgesetzt werden. R.Angermann. 11115.

L e e f e, J.S. A variable dosage sprayer for treating small plots. (Ein logarithmisch arbeitendes Dosiergerät für Kleinparzellen-Behandlung.) - Weeds 9 (1961) Nr. 2. S. 325-328. - 2 Abb., 3 Lit.

Das Gerät wurde nach dem Prinzip des "Leasure sprayer" gebaut. Ein Einachsschlepper und ein aufgebauter Benzinmotor dienen als Fortbewegungs- und Antriebsaggregat. Die wichtigsten Aufbauteile sind: je 1 Konzentrat- und Verdünnungsbehälter, eine Zentrifugalpumpe (34 l/min); Kompressor mit Vorratsbehälter, eine elektrische Anlage mit 6-V-Batterie, Druckregelventile und Manometer und ein Spritzbalken mit 4 Düsen. Die Düsen sind mit einem Kugelventil ausgestattet, welches den Durchfluß erst bei 0,35 kp/cm^2 Druck freigibt. Am Traktor befindet sich ein Tachometer. Vf. gibt eine genaue Beschreibung des Bedienungsvorganges. Mit der Zentrifugalpumpe wird der Verdünnungsprozeß in Gang gesetzt, für die Brühe-Ausbringung und Aufwandmengenregulierung wird die Druckluft benutzt. Neben der mathematischen Vorausberechnung der Beziehungen Konzentration : Zeit bzw. Konzentration : Fahrstrecke erfolgte eine praktische Erprobung mit $CaCl_2$-Lösung, wobei in Abständen von 3 m Proben entnommen wurden, deren Konzentration mittels Refraktometer bestimmt wurden. Im praktischen Einsatz wurde die Maschine 2 Jahre mit Herbiziden (2,4 D; MCP; MCPB; DNBP; Simazin) für Zwecke der Mittelprüfung eingesetzt. Dabei hat sie sich als brauchbar erwiesen. A.Jeske. 11115.

A n o n y m. Spridare för lantbrukssprutor, Hardi. (Sprühdüsen für das Spritzgerät "Hardi".) - Statens Maskinprovningar, Medd. Nr. 1622. (1962) S. 1-4.

Hersteller: Hartvig Jensen & Co., Glostrup, Danmark.

H a t a i, Naoki; Tokio. Agricultural aviation in Japan. (Landwirtschaftliches Flugwesen in Japan.) - Agric. Aviation 4 (1962) Nr. 2. S. 45-50. - 3 Abb., 1 Tab.

Die ersten Versuche mit Pflanzenschutzflugzeugen in Japan wurden 1953 mit einer "Cessna 170" und Hubschraubern ("Hiller UX-12B", "Bell 47D-1") auf Reisfeldern durchgeführt. Der Starrflügler erwies sich wegen der vielen Hindernisse in den sumpfigen Feldern, der Schwierigkeiten bei der Beschaffung der Landefläche sowie wegen der erforderlichen geringen Flughöhe von ca. 1 m als wenig geeignet. Gegen die verschiedenen Krankheiten und Schädlinge im Reis wird ausschließlich gestäubt, die Aufwandmengen betragen 20-30 kg/ha. Die jährlich bearbeitete Fläche stieg von 1000 ha im Jahr 1958 auf 300000 ha (10 % der Anbaufläche) 1962, die Zahl der Hubschrauber im gleichen Zeitraum von 2 auf 45 ("Bell 47D-1", "47G-2", "47G-2A"). Die Hubschrauber und ihre Spezialausrüstungen sind fast ausschließlich japanische Fabrikate. Leistungen: 34,9 ha/h bei 30 kg/ha, 39,9 ha/h bei 20 kg/ha, durchschn. Flugzeit/Tag 3,6 Std., Leistung/Tag 78-258 ha. Die Fluggeschwindigkeiten liegen je nach Typ und Arbeitsart zwischen 50 und 65 km/h, die Flughöhen zwischen 3 und 10 m. Die Arbeitsbreite beträgt 18-20 m. Neben Stäubegeräten werden Verteiler für Granulate (Herbizide) und für Giftbrocken (gegen Nagetiere) gebaut. R.Angermann. 11130.

Č u c h o v s k i, J. (Tschuchowski, J.) Mašina za obezzarazjavane na semena. (Saatgutbeizmaschine.) - Kooperativno zemedelie, Sofija 1962 Nr. 8. S. 25-26. - 1 Abb.

Es wird die von der LPG im Dorf Gostiliza, Kreis Gabrowo, gebaute Maschine beschrieben. Sie dient zur Kurznaßbeize des Saatgutes. Die Saatkörner werden in einen 185 kg fassenden Kasten eingeschüttet, der auf dem Boden einen Regelschieber zur Regelung der Saatgutmenge hat. Die aus dem Kasten austretenden Saatkörner gelangen in einen viereckigen Trog mit einer Länge von 2,5 m. In diesem Trog ist eine Schneckenwelle mit Holzschaufeln angebracht. Die Holzschaufeln verschieben die Saatkörner zum anderen Trogende. Auf dem Maschinenrahmen ist ein Holzfaß für die Lösung aufgestellt. Die Lösung strömt durch ein enges Rohr mit Dosierungseinrichtung in den Saatguttrog aus. Die Schneckenschaufeln mischen die Saatkörner mit der Lösung gut durch und führen die Beize durch. Das Vermengen der Körner wird durch die gerippte Oberfläche des Trogbodens erleichert, die durch Einlegen dreieckförmiger Längsleisten an den Trogecken erreicht wird. Der Trog wird durch Deckel geschlossen. Die Leistung der Maschine beträgt 5 t/h. Die Maschine wird von 3 AK bedient. A.Kalojanow. 11140.

P a g, Hansgeorg. Großflächige Bodendesinfektion zur Bekämpfung der Verticillium-Welke an Erdbeeren in Kalifornien. - Nachrichtenbl.dtsch.Pflanzenschutzdienstes /Braunschweig/ 14 (1962) Nr. 11. S. 161-162. - 5 Abb., 4 Lit.

Große Erdbeerflächen Kaliforniens sind durch mangelnden Fruchtwechsel stark von Verticillium albo-atrum gefährdet. Zur Bekämpfung wird der Boden mit Chlorpikrin komb. mit Methylbromid entseucht (Aufwandmenge rd. 360-550 kg/ha, Mischungsverhältnis 2:1). Zur Injektion dient ein traktorgezogenes Gerät, welches das Mittel über 2,5 m Arbeitsbreite 25 cm tief in den Boden einbringt und anschließend die Fläche mit einer Folie abdeckt. Die Mittel sind in Stahlflaschen abgefüllt und so auf dem Gerät befestigt. Nach 24 Std. wird die Folie wieder abgenommen. Es laufen Versuche, sie durch spritzbare Plastik-Siegel zu ersetzen. Die Erfolge dieser Maßnahme sind überzeugend (bis 4fach höhere Erträge). A.Jeske. 11155.

R u b e š, Ladislav und Maleček, Jaroslav. Ochrana rostlin. (Pflanzenschutz.) Praha: Státní zeměd. naklad. 1962. (187 S.) 8 °. (1962 A 1526)

B a l i n t, Nagy und B a k o s, Istvan. A mezögazdasagi magyüzem korszerü növenynedelmi gépesitése. Temadokumentacio. (Die Mechanisierung des modernen Pflanzenschutzes in modernen Großbetrieben. Themendokumentation.) Budapest. 1962. (65 S.) 8°. (1962 A 1122)

XII. A U S S T E L L U N G E N , T A G U N G E N , V O R F Ü H - R U N G E N , R E I S E N , Ü B E R S I C H T E N

A. AUSSTELLUNGEN

A n o n y m. Großer DLG-Bericht. - Landmaschinen-Markt 41 (1962) Nr. 14. S. 801-916.
Das Heft vermittelt einen Überblick über die DLG-Ausstellung 1962 in München und enthält folgende Arbeiten: Heinrich: "Schlepper in München 1962"; Joachim Ziche: "Getreide- und Maiserntemaschinen"; Hans Haase: "Maschinen und Geräte für den Futterbau"; Hans Haase: "Bodenbearbeitungsgeräte"; Heinrich: "Einachsschlepper und ähnliche Motorgeräte"; Hesselbach: "Milchgeräte und Melkanlagen"; Jolan Sohn/Elisabeth Helmrich: "DLG-Neuheiten für die Landfrau"; Paul Herrmann: "Maschinen und Geräte für die Hofwirtschaft"; Hans Haase: "Stallmiststreuer und Düngerstreuer"; Wilhelm Müller: "Sä- und Pflanzgeräte auf der DLG-Ausstellung"; Hans Dietrich Woeste: "Das DLG-Angebot für Stallentmistung und Güllewirtschaft"; Wolfgang Schiffer: "Was brachte die DLG für die Hackfruchtwirtschaft"; Heinrich: "Pflanzenschutzgeräte auf der DLG-Ausstellung"; Joseph Rabitsch: "Arbeitssparende Verfahren in der Strohbergung". J.Güssefeldt. 12005.

W a c k e r, E. Rückschau auf die Herbstmessen in Wels und Wien. - Prakt. Landtechn. /Wien/ 15 (1962) Nr. 20. S. 368-371. 12005.

L a m p e, Klaus. Die Royal-Smithfield-Show 1962 gibt zu denken. - Dtsch. landwirtsch. Presse 86 (1963) Nr. 3. S. 24-25.
Neuigkeiten, vergleichbar mit Sensationen gab es nicht, wohl aber beachtenswerte Detail-Lösungen. Die bislang ausschließliche Vormachtsstellung des Beetpfluges ist gebrochen worden durch zunehmende Verwendung des Drehpfluges. Ähnlich verhält es sich mit dem Zwischenachsanbau von Hackgeräten, obwohl durch mangelnde Bodenfreiheiten die Lösungen noch nicht befriedigen können. Weniger sichtbar ist das Vordringen des Vielzweckwagens, der noch stark gegen die amer. Stalldungstreuer-Bauart anzukämpfen hat. Einschränkende Zulassungsvorschriften für landwirtsch. Fahrzeuge gibt es in England

nicht, so daß der Teileigenbau eine weitverbreitete Tätigkeit ist. Noch ist der Schleuderdungstreuer stark verbreitet, aber ein hydraul. betriebener Kreiselstreuer hat allg. Zustimmung auf dieser Ausstellung gefunden. Obwohl eine Flüssigkeitsdüngung aus wirtschaftlichen Gründen noch in den Anfängen steckt, verdient sie Beachtung, da die für den Transport verwendeten Kunststoffbehälter auch als Pflanzenschutz- und Unkrautspritze dienen können. Abschließend wird auf einige Geräte der Heu- und Stroherrnte hingewiesen.

K.-J.Zurawski. 12005.

A n o n y m. Your guide to the 1962 Royal Smithfield Show. (Führer durch die Smithfield-Ausstellung 1962. Ausstellungsverzeichnis.) - Agric. Machinery J. 16 (1962) Nr. 11. S. 35-44. 47. - 17 Abb. 12005.

Z i c h e, Joachim. Die Royal Show - ein britisches Schaufenster für Landmaschinen. - Landmaschinen-Markt 41 (1962) Nr. 20. S. 1196-1199. 12005.

I s s e l s t e i n, Rudolf und S c h w a r z, Helmuth; Düsseldorf; Hannover. Royal Show 1962 unter wirtschaftlich günstigen Aspekten. - Landtechnik 17 (1962) Nr. 19. S. 683-687. 12005.

A n o n y m. New machinery seen at the Royal Show. (Neue Maschinen auf der Royal Show 1962.) - Farm Mechanizat. 14 (1962) Nr. 156. S. 283-297. - 65 Abb. 12005.

D o u d a, M. Landmaschinen auf der 3. Internationalen Messe in Brno. - Dtsch. Agrartechn. 12 (1962) Nr. 3. S. 144-146. - 8 Abb.

Die Landmaschinen nehmen auf der Maschinenbaumesse in Brno stets einen großen Raum ein, die Freifläche betrug z.B. 1961/62 ca. 10000 m^2. Naturgemäß überwiegen Maschinen aus den Volksdemokratien, doch stellen auch westl. Länder aus. Die Maschinen sind vor allem für große Anbauflächen und Großbetriebe bestimmt. Von der Konstruktion her wurde das Bemühen um Zuverlässigkeit im Betrieb und hohe Leistung deutlich. Die Tendenz ging wiederum dahin, bes. die Arbeiten mit dem größten Aufwand an menschlicher Arbeitskraft zu mechanisieren, ferner auch Maschinen für Sonderkulturen und bes. Klimaverhältnisse zu produzieren. Die ersten nutzbringenden Auswirkungen der Zusammenarbeit und Arbeitsteilung im Rahmen des RGW wurden erkennbar.

W.Fleischmann. 12005.

A n o n y m. Internationale week van de landbouw te Brussel. (Internationale Landbauwoche in Brüssel.) - Loonbedrijf Land- en Tuinbouw 15 (1962) Nr. 11. S. 638-639. - 8 Abb. 12005.

A n o n y m. Neue Landmaschinen auf der Leipziger Frühjahrsmesse 1963. - Technik 18 (1963) Nr. 3. S. 173-176. - 12 Abb.

Folg. Maschinen und Geräte werden mit ihren techn. Daten kurz beschrieben: Lader "T 172", Kartoffelvollerntemaschine "E 675/1", Siebkettenvorratsroder "E 649", Maulwurfdränmaschine "B 750", Motorisiertes Erdsieb "B 904", Anhänge-Vollumbruchpflug "B 175", Schleuderdüngerstreuer "D 025", Anbaunebelmaschine "SO 14/1", Tiefladeanhänger "T 015" für Obstbau, Wurfgebläsehäcksler "E 066", Grassamenreinigungsmaschine Selektra "K 218/1", Euterviertelmelkmaschine "M 901".

J.Güssefeldt. 12005.

O r e c h o v, A.D., M u s i n o v, L.N. und K a u f m a n, V.A. Novye sel'skochozjajstvennye mašiny. Kratkij spravočnik. (Neue Landmaschinen. Kurzes Nachschlagewerk.) 2., überarb. Aufl. Moskva: Mašgiz. 1962. (279 S.) 8°. (1963 A 293)

XIII. LÄNDLICHES BAUWESEN

A. ALLGEMEINES

F ö r s t e r, A.E.; Bonn. Wirtschaftsgebäude heute und morgen. - Dtsch. landwirtsch.Presse 85 (1962) Nr.48. S.493-495.
Bei neuzeitlichen Planungen wird das Wohnhaus getrennt vom Wirtschaftsgebäude errichtet. Die Zukunft haben nicht ein universelles Wirtschaftsgebäude, sondern Spezialställe, die man aus vorgefertigten Konstruktionen errichtet. Moderne Planungen sehen erdlastige Lagerung ohne tragende Decken vor. Zu den finanziellen Vorteilen kommt dabei die Möglichkeit, für Stall- und Bergeräume freigespannte Räume zu schaffen, die später leicht einen Umbau oder eine andere Nutzung ermöglichen. An landwirtsch. Wirtschaftsgebäude wird die Forderung der Wandelbarkeit (vielseitige Verwendbarkeit) und der Erweiterungsmöglichkeit gestellt. Als Vorteile des Laufstalles für Rindvieh nennt Vf. die Benutzung des Melkstandes (Milchqualität, Euterhygiene, Arbeitszeit) und die Möglichkeit, den Fütterungsvorgang zu automatisieren. Im Interesse der Stroherspamis führen sich Boxenstall und Spaltenboden ein. Für alle Betriebe werden in Zukunft die Räume zur Unterstellung von Maschinen an Bedeutung gewinnen. Dabei wird man vom einseitig offenen Schuppen abkommen und zur allseitig geschlossenen Halle übergehen, die von Giebel zu Giebel durchfahrbar ist (besserer Wetterschutz, größere Höhe, damit auch für hohe Maschinen gut geeignet). Alte Scheunen können oftmals Einrichtungen für die Getreidelagerung und -trocknung aufnehmen oder zu Rinderlauf- oder Hühnerställen umgebaut werden. Neue Gebäude wird man leichter und billiger bauen, damit sie unseren Kindern nicht wieder im Wege stehen. Die Entwicklung der Hoftechnik ist noch nicht abgeschlossen.
R.Mothes. 13005.

K r ö l l, Josef. Einführung in das landwirtschaftliche Bauwesen. - Förderungsdienst /Wien/ 10 (1962) Sonder-Nr. S.4-8.
Der Umfang der österreichischen Landwirtschaft wird nach der Anzahl der landwirtsch. Betriebe, des Gebäudewertes, des landwirtsch. Teiles der Bevölkerung und der Höhe des Viehbestandes eingeschätzt. Der Gebäudebedarf richtet sich nicht nur nach der Betriebsgröße, sondern bes. auch nach dem Betriebstyp und der vorhandenen Technik. Die Bauten müssen vor allem den funktionellen Forderungen des Betriebes entsprechen. Es kommt darauf an, Althergebrachtes sinnvoll dem Heutigen anzupassen und auf dieser Grundlage in Zusammenarbeit zwischen Landwirt, Fachberater und Landbaumeister den umfassenden Plan für das gesamte Gehöft aufzustellen. Während des Baues sollten keine Änderungen vorgenommen werden. Beim Stallbau sind die bauhygienischen Belange primär zu berücksichtigen, erst danach rangieren Arbeitsökonomik und anderes. Schwemmentmistung und Mehrzweckbauten werden kritisch eingeschätzt.
H.Wanka. 13005.

D o b e r t; Kiel. Baudenkmal oder Werkstatt? - Dtsch. landwirtsch. Presse 85 (1962) Nr.48. S.491-492.
In der modernen Landwirtschaft gibt es kein Bauernhaus mehr. Als Werkstatt

bezeichnet Vf. auch den Stall ("Werkstatt für Milch"). Sie ist nur eine Haut für einen rationellen Produktionsprozeß und kein Monumentalbau, nach dem sich der Arbeitsprozeß zu richten hat. Im einzelnen erläutert Vf. an Beispielen, daß der landwirtsch. Bauherr angeben muss, was und mit welchen Arbeits- und Produktionsverfahren er produzieren will, ehe der Architekt mit seinen Berechnungen und Zeichnungen überhaupt anfangen kann. Es wird angedeutet, wieviel Einzelangaben darüberhinaus noch notwendig sind.

E.Mothes. 13005.

B a l t z e r, Klaus. Bauen - künftiges landwirtschaftliches Hauptthema. - Landmaschinen-Markt 41 (1962) Nr.19. S.1118-1120. 13005.

P ü t z, Heinz. Strukturelle Veränderungen in der Landwirtschaft und deren Einfluß auf die Gebäude. - Baumeister 1962 Nr.10. S.1030-1034. - 5 Tab. 13005.

B a y e r, Johanna. Praktische Erfahrungen bei Bauberatungen mit Bauern, Handwerkern und Baumeistern. I. - Förderungsdienst /Wien/ 10 (1962) Sonder-Nr. S.46-49.

50 % der österreichischen ländlichen Wohnhäuser sind älter als 80 Jahre; 30 % sind abbruchreif. Es macht sich deshalb nötig, bei den Neuplanungen eine intensive Beratung der Bauern und Bäuerinnen vorzunehmen. Bes. im Hinblick auf sanitäre Installationen, arbeitsökonomisch und hygienisch richtige Lage der einzelnen Räume zu einander, neue Bauweisen und neue Ausrüstungen kann sich der Beratungsdienst Verdienste erwerben. Erfahrungen mit Handwerkern zeigen, daß neue Techniken nicht oder auch falsch angewendet werden. Durch die große Zahl von Aufträgen entstehen Unpünktlichkeiten und Mängel bei der Zusammenarbeit der einzelnen Gewerke. Die Erfahrungen mit den Baumeistern zeigen, daß auch beim Entwurf noch manche traditionelle Ansicht korrigiert werden muß. Vor allem den Details der Installation muß mehr Aufmerksamkeit gewidmet werden. Es ist besser, wenn schon bei der Projektierung Installationen berücksichtigt werden, die erst Jahre später gekauft werden können, da ein Wohnhaus drei Generationen dienen muß.

H.Wanka. 13025.

P e t z o l d, Ruth. Praktische Erfahrungen bei Bauberatungen mit Bauern, Handwerkern und Baumeistern. II. - Förderungsdienst /Wien/ 10 (1962) Sonder-Nr. S.50-53. - 1. Mitt. vgl. vorst. Ref.

Nachdem sich Bauer und Bäuerin klar über ihre Bauabsichten geworden sind, sollte der Bauberatungsdienst zugezogen werden, damit dem Baumeister für seinen Entwurf ein ausgereiftes Bauprogramm übergeben werden kann. Bei dem Studium des Projektes sollte vor allem der Arbeitsbereich der Bäuerin aufs sorgfältigste geprüft und mit dem Berater durchdacht werden. Baumeister und Bauhandwerker benötigen bes. bei der arbeitsökonomisch richtigen Anordnung der Installationen, dem techn. richtigen Aufbau der Fußböden und der Trokkenlegung alter Gebäude Beratungshilfe. H.Wanka. 13025.

C h r a m o s t a, Miroslav. Zemědělské stavby v tabulkách a číslech. (Landwirtschaftliche Bauten in Tabellen und Ziffern.) Praha: Státní zeměd.naklad.

1962. (211 S.) 8°. (1962 A 1527).

B. BAUTECHNISCHE GRUNDLAGEN

M a r q u i s s, R.F. Farmers' needs dictate design. (Das Bauen mit Fertigteilen.) - Farm Mechanizat. 14 (1962) Nr. 156. S.277-278. - 1 Zeichn.
Es werden Ratschläge über die Vorbereitung des Montierens von Gebäuden mit Hilfe industriell gefertigter Bauelemente gegeben. Bauplatzwahl und sorgfältige Fundamentierung, entsprechend den auftretenden Lasten und der Tragfähigkeit des Baugrundes sind Gesichtspunkte, die vor Beginn der Montage geklärt sein müssen. Den Farmern sind detaillierte Baupläne mit Kostenanschlägen, arbeitsökonomischen Zahlenwerten sowie Nutzungsvarianten von den Fabriken in die Hand zu geben. H.Wanka. 13105.

L i e b e, H.P.; Düsseldorf, Aluminium-Zentrale e.V. Aluminium in der Landwirtschaft. - Dtsch. landwirtsch. Presse 85 (1962) Nr.48. S.497-498.
Seit etwa 1959 begann die Einführung des Aluminiums als Baustoff in der Landwirtschaft der Bundesrepublik Deutschl. Von den bisher gemachten Erfahrungen der Bauherren werden bes. die hohe Beständigkeit gegenüber Witterungseinflüssen und den chem. Einwirkungen der Stallatmosphäre angeführt. Das Aluminium überzieht sich an der Luft mit einer schützenden Oxydhaut und bedarf keinerlei Anstriche. Innenräume müssen ausreichend isoliert und belüftet sein. Sonneneinstrahlung wird reflektiert, so daß der Raum unter diesem Dach kühl bleibt. Bei sachgemäßer Erdung ist das Dach ein idealer Blitzschutz. Aluminium ist nicht brennbar. Es wird u.a. für einschalige Dächer, für Außenwandverkleidungen, Deckenauskleidungen, Stallfenster und für Lüftungseinrichtungen verwendet. Die Ausbildung tragender Konstruktionselemente mit Aluminium ist nur dann gerechtfertigt, wenn Einsparungen für Anfuhr, Unterkonstruktion, Reparaturen sowie eine Erhöhung der Tierleistungen usw. gegeben sind. W.Gratz. 13110b.

H e r r m a n n, Paul; Essen-Bredeny, Beratungsstelle für Stahlverwend. Stahlhallen - auch für die Landwirtschaft. - Dtsch. landwirtsch. Presse 86 (1963) Nr.2. S.14.
Bei der Planung neuer Höfe sollten betriebs- und arbeitswirtsch. Belange im Vordergrund stehen. Freigespannte Eindach-Betriebsgebäude, die losgelöst vom Wohngebäude stehen, erfüllen diese Forderungen am besten. Bei neugebauten Höfen bevorzugt man eingeschossige Betriebsgebäude mit überwiegend erdlastiger Lagerung, weil dadurch der AK-Bedarf und der Fördermittelbedarf niedrig gehalten werden können. Typisierte eingeschossige Betriebsgebäude aus Stahl mit Einheitsraster lassen sich jederzeit erweitern. Eine Forderung an die Höfe der Zukunft ist die Wandelbarkeit der Betriebsgebäude, die sich durch freitragende Hallen erfüllen läßt. Vorgefertigte Stahlbinder mit Dreigelenkbogen können mit einfachen Hebezeugen unmittelbar vom Transportfahrzeug aufgestellt werden. Die Stützen der freigespannten Hallen benötigen nur leichte Gründungen. Sie können für Bergeräume mit Stahl-, Blech- oder Wellasbestplatten und für Ställe mit wärmegedämmten Außenwandplatten verkleidet

werden. Der Rostschutz ist durch Verzinkung, Farbanstrich oder Kunststoffbeschichtung gelöst. Stahlhallen lassen Variationen in Länge, Breite und Höhe zu. W.Gratz. 13110d.

B i t t k a u, Horst; Hamburg. Lehren aus Sturmnächten. - Bauen auf d. Lande 13 (1962) Nr.10. S.252-253. - 5 Zeichn.

Bei den im Februar 1962 über Norddeutschland aufgetretenen Orkanen haben sich zahlreiche Gebäudeschäden, bes. bei Dacheindeckungen aus Wellasbestzementplatten ergeben. Bei der zusammenfassenden Betrachtung aller an Wellasbestzement-Dächern aufgetretenen Schäden fällt auf, daß die Vielzahl der Beschädigungen bei solchen Dächern zu finden ist, deren tragende Konstruktion aus Holz besteht. Während alle Einzelteile der Dachkonstruktion statisch exakt nachgewiesen werden, fehlt es in der Regel an eindeutigen Hinweisen über die Befestigung der Latten an den Sparren, obwohl die DIN 1052 genaue Angaben über Nagelbefestigungen enthält. In den meisten Fällen werden die Latten oder Pfetten nur mit einem Haftnagel befestigt oder sind unzureichend im Mauerwerk verankert. Bei Windgeschwindigkeiten von 40 bis 50 m/s werden die Konstruktionshölzer an den Dachkanten aus ihren Befestigungen gerissen und zusammen mit den noch fest auf ihnen angeschraubten Wellasbestzementplatten auf die bis dahin einwandfreie Dachfläche geschleudert. Hierin liegt die Hauptursache der Schäden bei Wellasbestzement-Dächern. G.Klink. 13110d.

E i c h l e r, F.; Berlin, VEB Typenprojektierung. Bauphysikalische Entwurfsregeln. - Bauzeitung 16 (1962) Nr. 10. S.259-260.; Nr.11. S.287.; Nr. 12. S.330-331. - 37 Zeichn.

Besprochen wird das Flachdach, das von allen Bauteilen die größte Beanspruchung erleidet. Bauphysik. unterscheidet man das einschalige Warmdach und das zweischalige Kaltdach. Das Warmdach ist eine mehrschichtige Konstruktion, wobei Schichten verschiedenen Charakters miteinander gekoppelt werden. Problematisch bei diesen Dächern ist, daß die Wärmedämmschicht ihre Feuchtigkeit nicht verdunsten (verstmen) kann, weil die Dachhaut aus Stoffen mit erheblichen Dampfdurchlaßwiderstand hergestellt ist. Günstiger ist das Kaltdach. Es besteht aus einer Oberschale als Regen- und Sonnenschutz und einer Unterschale mit Dämmschicht und Dampfbremse. Der Abstand zwischen beiden Schichten dient zur ständigen Entlüftung. Es müssen Zu- und Abluftöffnungen vorgesehen werden. Der Querschnitt der Zuluftöffnungen beträgt je nach Art und Feuchtigkeit des Raumes 8 bis 20 cm^2/m^2 waagerechter Dachdecke. Z.Z. gibt es 4 Dachtypen: 1. Luftdichtes Warmdach mit atmungsbehinderter Dämmschicht und beschränkter Leistungsfähigkeit; 2. entspanntes Warmdach mit atmender Dämmschicht, verbesserter Leistungsfähigkeit und Lebensdauer; 3. Kaltdach mit Luftschicht, dessen Trocknungseffekt durch einen Luftstrom zustande kommt und 4. Kaltdach mit Luftraum, das bei richtiger Ausbildung jeder wärme- und dampftechn. Beanspruchung gewachsen ist. Die Entwässerung der Dächer nach außen ist in mildem Klimagebiet unbedenklich. Eine Entwässerung nach innen ist bei Flachdächern in jedem Klima vorzuziehen. W.Gratz. 13210a.

P č e l k i n, Ju. N. (Ptscholkin, Ju.N.) Avtomatičeskoe regulirovanie temperaturno-vlažnostnogo režima životnovodčeskich pomeščenij. (Automatische Regelung der Temperatur und Feuchtigkeit in Viehställen.) - Naučnye trudy. Elektrifikacija sel'skogo chozjajstva. Vsesojusnyj naučno-issledovatel'skij institut ėlektrifikacii sel'skogo chozjajstva (VIĖSCh), Moskva 8 (1961) S.36-52. - 8 Diagr., 1 Tab., 7 Lit.

Vf. untersucht den Temp.- und Feuchtigkeitsausgleich in Viehställen nach dem neuesten Stand der Forsch. und bestimmt die Möglichkeiten und Grundsätze der Automatisierung der Stallüftung. Er bringt Daten über die zulässige rel. Feuchte, die Stalltemp. im Winter, die Wärmeverluste der Tiere durch Feuchtigkeitsabsonderung in Abhängigkeit von der Lufttemp. und die für die Verdampfung der Bodennässe erforderl. Wärme. Am zweckmäßigsten läßt sich die Verminderung der Luftfeuchte in Kuhställen durch stärkere Belegung und Verwendung zuverlässiger Lüftungsanlagen und in Abferkel- und Geflügelställen außerdem durch Heizung erreichen. Anschließend behandelt Vf. die automatische Temp.- und Feuchtigkeitsregelung in unbeheizten und beheizten Räumen. Er geht auf die Änderung der rel. Luftfeuchtigkeit bei plötzlicher Verstärkung oder Verringerung des Luftwechsels ein. In einem Geflügelstall für 1500 Hühner wurden Versuche zur Verbesserung der Luftfeuchte durchgeführt. Der Stall war mit einer regelbaren Lüftungsanlage ausgerüstet. Durch die automatische Regelung der Belüftung verringerte sich die Wandfeuchte bedeutend. W.Balkin. 13120a.

B a l y b e r d i n, N. und B e k e t o v, M. (Balyberdin, N. und Beketow, M.); West-Sibir. Zweigstelle der Akad. für Bauwes. und Architektur der UdSSR, Lab. für Mikroklima Landwirtsch. Gebäude. Vytjažnoj deflektor turbinnogo tipa. (Ein Turbinen-Abzugsdeflektor.) - Sel'skoe stroitel'stvo, Moskva 16 (1962) Nr.9. S.12. - 1 Zeichn.

Durch das Aufsetzen des Turbinendeflektors auf den Kopf eines Lüftungsschachtes wird das Absaugen der Luft verstärkt und das Einblasen des Windes sowie das Eindringen von atmosphärischen Niederschlägen verhindert. Die gebogene, leichte zweiflügelige Turbine besteht aus 0,5 mm dickem Aluminiumblech; sie besitzt Versteifungsrippen aus Flachstahl und Querriegel aus 2-mm-Draht. Die Flügel sind 40-60 cm hoch und ragen 3-5 cm über die Schachtränder hinaus. Die aus einem Gasrohr angefertigte Welle wird mit den Lagern in einem Rahmen aus Winkeleisen befestigt. Bei Anwendung des Deflektors wird der Luftaustausch in den Ställen bei kleinerem Querschnitt oder geringerer Höhe der Entlüftungsschächte um 100 % verstärkt. F.Schenk. 13120b.

K r ä g e l o h, Heinz und J o r d a n, Dietrich; Erlangen. Belüftung von Stallräumen. - Bauen auf d. Lande 1962 Sonderh. Nr.4. S.20-21. - 2 Abb. 2 Zeichn. 13120b.

H e n r i k s s o n, Rolf; Lund, Schweden, Staatl. Anst. für Landwirtsch. Bauforsch. Praktische Untersuchungen der Wärmeverluste durch Wände. - Agricultura /Lund/ 1960 Nr.1. 8 S. - 2 Abb., 3 Diagr., 1 Tab.

Seit 1954 führt das Staatl. Forschungsinst. für landwirtsch. Bauten in Lund (Schweden) Untersuchungen verschiedener Wandkonstruktionen auf ihre wärmetechn. Eigenschaften durch. Dabei bemühte man sich, die klimatischen Bedingungen eines Kuhstalles (+15 °C, rel. Luftfeuchtigkeitsgehalt von 70 %) konstant einzuhalten. Die Versuche werden im einzelnen beschrieben. Sie geben Aufschluß über die unterschiedlichen k-Werte und über Eigenschaften organischer und anorganischer Baustoffe. Bei unzureichend windgeschützten Isoliermaterialien trat eine erhebliche k-Wertverschlechterung ein. Die Forschungsanstalt wird auch weiterhin Wände prüfen (jeweils 5 Jahre lang), um den Landwirten passende Wände für die versch. klimatischen Bedingungen anbieten zu können. E.Mothes. 13120c.

H e n r i k s s o n, Rolf; Lund, Schweden, Staatl. Anst. für Landwirtsch. Bauforsch. Wärmeisolierung von direkt auf den Erdboden verlegten Stallböden. - Agricultura /Lund/ 1960 Nr.1. 10 S. - 4 Abb.

Sieht man von den Wärmeverlusten durch Lüftung ab, so entstehen 40 % des gesamten Wärmeverlustes durch den Fußboden. Für die Dämmung von Böden kennt man die Dämmung der Fundamente und die Dämmung direkt unter der Betonplatte des Fußbodens. Die Wärmeverluste sind an der Außenwand am größten und nehmen in Richtung Stallmitte rasch ab. Etwa 75 cm von der Außenwand entfernt gehen die Wärmeverluste, die durch Außentemperaturen hervorgerufen werden, auf fast 0 zurück. Die Größe der Wärmeverluste im Erdboden beruht auf der Temp. oberhalb des Fußbodens und auf der Jahresdurchschnittstemp. Vf. führt mit versch. Versuchsfußböden näher beschriebene Versuche durch. Es ist rel. einfach, einen Stallfußboden zu konstruieren, denn k-Wert unter 0,3 kcal/m^2h^oC liegt. In Ställen, in denen während der kalten Jahreszeit keine ausreichend hohe Temp. gehalten werden kann, läßt sich die Wärmebilanz durch Fußbodendämmung verbessern. E.Mothes. 13120c.

P a s f i e l d, D.H. The age of the umbrella. (Mehrzweckbauten nach dem "Regenschirm"-Typ.) - Farm Mechanizat. 14 (1962) Nr.156. S.272-273. - 1 Abb., 2 Tab., 3 Zeichn.

Es werden zwei Konstruktionsprinzipien beschrieben. Einmal ein stützenfreies Mehrzweckgebäude, dessen Dach von Rahmen- oder auch Bodenkonstruktionen getragen wird, und eine Halle, die von Trägern mit Kragarmen auf Stützen überspannt wird. Der stützenfreie Gebäudetyp wird dabei mit "Regenschirmbau" und die Halle mit innenliegenden Stützen als "Schmetterlingstyp" bezeichnet. Die Auswirkung der verschiedenen Holz-, Stahlbeton- und Stahlkonstruktionen auf die Baupreise je Quadratfuß überbauter Fläche wird tabellarisch angegeben. H.Wanka. 13150.

M o r t i m e r, R.G. Convert that dutch barn! (Verwendungsmöglichkeiten stützenfreier Mehrzweckhallen.) - Farm Mechanizat. 14 (1962) Nr.156. S. 278-279. - 1 Abb., 1 Zeichn.

Eines der häufigsten landwirtsch. Betriebsgebäude in Großbritannien ist ein stützenfreier Bau, der sowohl als offene wie auch teilweise oder auch völlig geschlossene Halle gebaut wird. Auf Grund seiner niedrigen Baukosten und seiner universellen Verwendbarkeit (Rauhfutterbergeraum, Schweine-, Rinder- und Geflügelstall, Getreidespeicher oder Kartoffellager) wird das "Dutch barn" auch in den nächsten Jahren unter den Betriebsgebäuden einen wichtigen Platz einnehmen. Ein Vergleich zwischen in "Dutch barns" untergebrachten Selbstfütterungssilos bei Offenstallbetrieb und dem Einsatz von vollmechanisierten Hochsilos wird durchgeführt. H.Wanka. 13150.

Literatur über Baustoffe für wabenartige Zwischenlagen von Mehrschichtenplatten. Hrsg.-Instn.: Deutsche Bauinformation b.d.Deutschen Bauakademie, Weimar. (Lit.-Nr.7/10/63. Titelanzahl: 16 m. Annotationen. Ber.-Zeit: 1960-1962).

G o t t s c h, H. und H a s e n j ä g e r, S. Technische Baubestimmungen. Hochbau - Tiefbau - Baulenkung - Wiederaufbau. 5. Aufl. 1. Lfg. vereinigt m. 4. Aufl. 28. Lfg.: Bindemittel, Beton- und Stahlbetonbau, Brückenbau, Allgemeiner Hochbau. 2. Lfg. vereinigt m. 4. Aufl. 29. Lfg.: Grundbau, Stahlbetonbau, Wasserbauten. Köln-Braunsfeld: Rudolf Müller. 1961. 1. Lfg. (106 Bl.) DM 15,80.; 2. Lfg. (133 Bl.) DM 19,80.

C. DORF- UND GRÜNPLANUNG

T o r o s j a n, P.N. Obezzaraživanie vody v sisteme sel'skochozjajstvennogo vodosnabženija ul'trafioletovymi lučami. (Wasserentkeimung in der landwirtschaftlichen Wasserversorgung mittels ultravioletter Strahlen.) - Naučnye trudy. Ėlektrifikacija sel'skogo chozjajstva. Vsesojuznyj naučno-issledovatel'skij institut ėlektrifikacii sel'skogo chozjajstva (VIĖSCh), Moskva 10 (1961) S.168-181. - 1 Diagr., 3 Schemata,2 Tab., 24 Lit.

Die Wasserentkeimung durch Beigabe von Chlor, die Behandlung mit Ozon und die Keimabtötung durch Silberionen hat gewisse Mängel. Von den physik. Verfahren hat die Anwendung von Ultraschall und die Bestrahlung mit UV-Licht die größte Bedeutung. Die stärkste bakterizide Wirkung haben Wellen mit der Länge von 254 mμ. Vf. beschreibt sowjetische UV-Bestrahlungsanlagen im Pjatigorsker Milchsowchos Nr. 25. Die Wasserquelle des Sowchos liefert 8-10 m^3/h, das Wasser der Quelle ist zwar klar und geschmacklos, besitzt aber einen Koli-Index von 1000-4000. Vf. bringt in Tabellen die Ergebnisse bakteriologischer Untersuchungen an versch. Stellen des Wasserversorgungsnetzes vor und nach der Aufstellung der Bestrahlungsanlage und beschreibt die Anlage und das Durchführen der Versuche. Der Betrieb der Anlage ist einfacher und gefahrloser als die Chlorbeigabe und verlangt fast keinen Arbeitsaufwand, jedoch ist der elektrische Teil der Anlage groß und kompliziert und die bakterizide Leistung für den Sowchos zu gering. Aus diesem Grunde ist vom Unionsinst. für Mech. und Elektrifizier. der Landwirtsch. eine leistungsstärkere Anlage entwickelt worden, die vom Vf. beschrieben wird. W.Balkin. 13220b.

F r i e d l, Franz. Die Planung der sanitären Anlagen im bäuerlichen Wohnhaus. - Förderungsdienst /Wien/ 10 (1962) Sonder-Nr. S.59-63. - 1 Zeichn.

Es werden Richtwerte für die Wassergewinnung und Normen für den Wasserverbrauch gegeben. Die Wärmeversorgung der Gebäude wird im Zusammenhang mit Warmwasserbereitung und Schornsteinbau erläutert. Es wird gefordert, schon bei der Projektierung das Rohrleitungsnetz großzügig auszubauen, damit die zu erwartenden Erweiterungen ohne Aufwand nachträglich angeschlossen werden können. H.Wanka. 13220b.

Literatur über Bodenverfestigung mit chemischen Mitteln. (Nachtrag 1) Hrsg.Instn.: Dok.-Stelle d. Techn. Universität Dresden. Fak. f. Bauwesen (Lit.Nr. 96. Titelanzahl: 24. Ber.-Zeit: 1960-62.)

D. WOHN-, KULTUR-, GEMEINSCHAFTS- UND VERWALTUNGSBAUTEN

M u s e h o l d, Hans; Stuttgart. Die Lüftung im Wohnhaus. - Bauen auf d. Lande 13 (1962) Nr.10. S.254-257. - 1 Abb., 1 Diagr., 5 Zeichn.
Bei den Lüftungsarten unterscheidet man die Fugenlüftung, Fensterlüftung, Schachtlüftung und die Kraftlüftung. Die physik. Grundsätze dieser Lüftungsformen werden beschrieben. Für Wohnräume mit einer Durchschnittstemp. von etwa 20 °C und einer rel. Luftfeuchte von 40 bis 60 % ist ein zwei- bis dreifacher Luftwechsel je Std. erforderlich. Dieser Luftwechsel ist bereits durch die Fugenlüftung nahezu vorhanden und kann mit Hilfe der Fensterlüftung nach Bedarf gesteigert werden. Der in Küchen erforderliche sechs- bis achtfache stündliche Luftwechsel kann u.U. mit der Fensterlüftung erreicht werden. Wenn man die Nachteile der natürlichen Lüftung vermeiden will, muß eine Kraftlüftung mit Hilfe eines Ventilators die vorgesehene Luftströmung erzeugen. Der dadurch entstehende Unterdruck ist bes. in Küchen erwünscht, um ein Abströmen der Dünste in angrenzende Wohnräume zu verhindern. Für das Bad reicht die Fensterlüftung aus, weil zwischen den Benutzungszeiten allgemein größere Abstände liegen. Bei Aborten ist eine Schachtlüftung wirkungsvoller als die Fensterlüftung. Innenliegende, fensterlose Sanitär-Räume lassen sich nur durch Schächte entlüften. G.Klink. 13310a.

A n o n y m. Eingebaute Schränke, Schrankwände und Wandschränke. - Bauen auf d. Lande 1962 Sonderh. Nr.6. S.10-23. - 7 Abb., 35 Zeichn. 13310a.

A n o n y m. Arbeitsplätze und Sitzgruppen in Wohn- und Schlafräumen. - Bauen auf d. Lande 1962 Sonderh. Nr.6. S.24-37. - 13 Abb., 24 Zeichn. 13310a.

M a t z i n g e r, Nora. Teilergebnisse der Erhebung "Wohnverhältnisse in bäuerlichen Betrieben". - Förderungsdienst /Wien/ 10 (1962) Sonder-Nr. S. 40-45. - 8 Tab.
1961/62 wurden über die bäuerlichen Haushalte der österreichischen Bundesländer von Landwirtschaftslehrern und -schülern Erhebungen durchgeführt. Dabei bildeten Alter, Bauzustand, Geschoßzahl, Bauart und der Feuchtigkeitsschutz einen Hauptabschnitt der Untersuchungen. Im zweiten Hauptabschnitt wurden Zahlenwerte über Küchengrößen, Küchenausrüstung, Küchenbenutzung sowie über Nebenräume und sanitäre Anlagen zusammengetragen.
H.Wanka. 13310c.

A n o n y m. Bäuerliche Wohnhäuser. - Bauen auf d. Lande 1962 Sonderh. Nr. 3. Beil. S.1-12. - 29 Zeichn. 13310c.

L a n d z e t t e l, Wilhelm; Hannover. Vom Wohnen im Bauernhaus. - Baumeister 1962 Nr. 10. S.979-983. - 11 Zeichn. 13310c.

L u c a s, Marlene. Beratung bei der Kücheneinrichtung im Alt- und Neubau. - Förderungsdienst /Wien/ 10 (1962) Sonder-Nr. S.21-23.
Die Ergebnisse der Küchenforschung sind in der Praxis vielfach noch nicht bekannt. Von wissenschaftl. Seite her sind 3 Entwicklungsphasen feststellbar: 1. die nicht technisierte, weiträumige Altküche mit hohem Verbrauch an menschlicher Arbeitskraft; 2. die wiss. aufgebaute Küche, die aber aus der Raumgruppe des Wohnens herausgenommen wurde (reiner Funktionsraum) und 3. eine Zurückversetzung des Funktionsraumes "Küche" als Teil der Wohnung. Weiterhin werden arbeitsökonomisch günstige Möbilierungs- und Gestaltungsschemata für Küchen in Neu- und Altbauten erläutert. H.Wanka. 13310d.

R o c h u s, Ottilie. Die Bedeutung eines zweckmäßig eingerichteten Wirtschaftsraumes im Arbeitsablauf des ländlichen Haushaltes. - Förderungsdienst /Wien/ 10 (1962) Sonder-Nr. S.24-27. - 1 Schema, 2 Zeichn.
Der Wirtschaftsraum stellt ein Bindeglied zwischen dem Wohnbereich der Familie und dem Hof dar. Er ist gleichzeitig Arbeitsraum, Durchgang und Schmutzschleuse. Arbeitsplätze für große und kleine Wäsche, für das Aufbereiten von Vorräten sowie Abstellmöglichkeiten müssen vorhanden sein. Im Raum selbst ist für Elt- und Wasserinstallation und guten Wasserabfluß zu sorgen. Der Einbau einer Duschkabine wird empfohlen. H.Wanka. 13310d.

D a n n e m a n n, Heinz und F i s c h e r, Herbert; Halberstadt. Über den Bau von Tierkliniken. - Bauzeitung 16 (1962) Nr. 18. S.498-500.
Tierkliniken sollen einen Arbeitsradius von etwa 60 km haben. Zur Klinik gehören: Großtierstation, Kleintierstation, Wirtschaftsgebäude, Isolierstation und Wohnhäuser für die Tierärzte. Die bauliche Trennung der versch. Stationen hat sich als zweckmäßig erwiesen. Die näher beschriebene Großtierstation hat OP-Raum, Apothekenraum, Instrumentenraum, Büroraum (Sprechzimmer), Kuhstall, Pferdestall (beides Anbindeställe) ferner einige Laufboxen für Pferde und Nebenräume. Im Obergeschoß befinden sich eine Wohnung für einen Tierpfleger und Bergeraum. Im Erdgeschoß der Kleintierstation sind OP-Raum für stationäre und ambulante Behandlung, Röntgenraum für Klein- und Großtiere mit den notwendigen Nebenräumen, Stallteil für Kleintiere und Sanitärteil für die gesamte Anlage. Im Obergeschoß sind ein Schulungsraum und ein bakteriologischer Untersuchungsraum vorgesehen. Das Wirtschaftsgebäude nimmt Garagen für LKW und PKW, eine Werkstatt und eine Kleinwäscherei auf. Ferner sind hier die zentrale Heizanlage, der Milchaufbewahrungs- und Kühlraum und das Grünfutterlager untergebracht. Zur Klinik gehören ferner Dungstätte, Jauchegrube, Gärfutterbehälter und Verladerampe.
E.Mothes. 13330c.

F. GEHÖFTPLANUNG

E n s t i p p, Hans-Joachim; Bonn. Aussiedlungshöfe, Nebenerwerbsstellen und ihre Baugestaltung. - Baumeister 1962 Nr. 10. S.987-991. - 11 Abb. 13510.

B a a s e n, Enno. Die Aussiedlungen in Trendelburg (Nordhessen) als Beispiel für die Entwicklung der Bauernhofgestaltung seit 1950. - Baumeister 1962 Nr. 10. S.995-997. - 6 Abb., 7 Zeichn. 13510.

R a č k o v, N. und Š p r e n g e l', A. (Ratschkow,N. und Schprengel,A.) Ékonomičnaja éksperimental'naja ferma sovchoza "Golovkovo". (Wirtschaftliche Versuchsfarm der Sowchose "Golowkowo".) - Sel'skoe stroitel'stvo, Moskva 16 (1962) Nr.10. S.3-5. - 2 Tab., 7 Zeichn.

Wiss. Forschungen ergaben, daß die Leistungen der Kühe bei Haltung in geschlossenen Räumen mit niedriger Temp. und hoher rel. Luftfeuchtigkeit sinken. Als optimal werden +15 °C und höchstens 75 % rel. Luftfeuchtigkeit angesehen. Diese Werte wurden der Planung der Milchviehfarm im Sowchos "Golowkowo" im Gebiet Moskau zugrunde gelegt. Der Bau sollte billiger als die vorhandenen Typenprojekte sein, industriell und unter Verwendung örtlicher Materialien gefertigt werden. Das Laufstallprojekt enthält 4 Liegeställe für je 150 Kühe. Zwei Liegeställe sind jeweils durch einen Freßstall verbunden. Das Melkhaus enthält 3 Fischgrätenmelkstände. Die Gebäude bilden Windschutz für die Ausläufe. Sie werden mit Stahlbetonfertigteilen gebaut. Die Binderspannweite beträgt 12 m. G.Hutschenreuther. 13520.

G. BAUTEN FÜR DIE TIERHALTUNG

G u s t a f s s o n, Bengt; Lund, Schweden, Staatl. Anst. für Landwirtsch. Bauforsch. Die Arbeitsuntersuchungen in den Ställen. - Agricultura /Lund/ 1960 Nr.1. 2 S.

Um Richtlinien für arbeitssparende bauliche Lösungen und wirtsch. Mechanisierungsmaßnahmen bei den verschiedenen Typen der Wirtschaftsgebäude zu finden, wurden in Ställen Arbeits- und Methodenstudien durchgeführt. Dabei zeigte sich, daß entsprechend der Größe der Herde, der Leistung des Tierhalters, der Arbeitsordnung und der Planung der Wirtschaftsgebäude größere Unterschiede im Arbeitsaufwand auf den verschiedenen Höfen bestehen. Die Untersuchungen, die Vf. näher beschreibt, werden fortgeführt. Sie erstrecken sich nicht nur auf Rinder-, sondern auch auf Schweineställe.

E.Mothes. 13605.

H u i s m a n, L.H.; Wageningen, Inst. Landbouwbedrijfsgebouwen. Beschouwingen betreffende boerderijbouw in de V.S.A. I. (Betrachtung von Betriebsgebäuden in den USA. 1. Mitt.) - Landbouwmechanisatie 13 (1962) Nr.12. S. 1061-1067. - 7 Abb., 2 Schemata.

Reisebericht: Der jährl. Arbeitsaufwand in der Milchviehhaltung betrug 1955-1959 im Mittel 116 AKh/Kuh. Während in den nördlichen Staaten die Anbindestallhaltung überwiegt (in Wisconsin ca. 90 %), werden die Milchkühe in den Südstaaten vorwiegend in Laufställen gehalten. Die Anbindeställe sind als 2reihige Ställe mit zentralem Futter- oder Mistgang gebaut. Es wird fast nur maschinell gemolken, die Milch wird 1-2 Tage in Kühltanks im Betrieb gelagert. Das Entmisten geschieht meistens automatisch mit Schubstangen- oder umlaufenden Kratzerkettenanlagen. In den Maisanbaugebieten wird Grünmais vorwiegend in Hochsilos siliert. Die Silos (Dmr. 9 m, Höhe 18 m) bestehen aus Betonelementen und sind mit automatischen Entnahme- und Fütterungsvorrichtungen versehen. Die Fütterungsanlage ist überdacht und befindet sich im Auslauf. Harvestore-Silos sind erst vereinzelt anzutreffen. Das Mahlen von Körnermais und das Kraftfuttermischen wird in vielen Fällen mit automatischen Anlagen im Betrieb durchgeführt.

M.Lüpnitz. 13615a.

G u s t a f s s o n, Bengt; Lund, Schweden, Staatl. Anst. für Landwirtsch. Bauforsch. Ein wissenschaftlicher Vergleich zwischen dem Freilauf und der angebundenen Stallhaltung von Tieren. - Agricultura /Lund/ 1960 Nr.1. 2 S.

Die Forschungsanstalt führte in Süd- und Nordschweden Versuche mit der Offenstallhaltung durch und wertete die Erfahrungen von etwa 100 schwedischen Landwirten aus, die seit einigen Jahren ihre Milchkühe in Offenställen halten. Bei seiner Kalkulation nimmt Vf. gleichen Erzeugerpreis für Milch und Fleisch, aber höhere Misterzeugung im Freilaufstall an. Der Futterverbrauch wird als gleich hoch vorausgesetzt. Die Arbeitszeit wird beim Freilaufstall auf 25 Std. verkürzt. Die Anlagekosten sind beim Freilaufstall um 20 % niedriger. Vf. kommt zu dem Schluß, daß die Mehrkosten für den höheren Strohverbrauch und die vermehrte Arbeit mit dem Dünger im Freilaufstall geringer sind als die Ersparnisse durch verminderte Arbeit und geringere Gebäudekosten, so daß der Freilaufstall vorteilhafter ist. Das gestattet eine Erzeugungsminderung von 180 kg Milch bei einer Jahresleistung von 4500 kg, also 4 %, im Offenstall. E.Mothes. 13615a.

C a i v a s, Karel. Studie využiti nékterých stávajících staveb pro účely velkovýrobní technologie. (Studie über die Auslastung einiger bestehender Bauten für Zwecke der großbetrieblichen Technologie in der Rinderhaltung.) - Sborník českoslov. Akad. zemědělských Věd, zemědělská Techn. 7(34) (1961) Nr.4. S.345-350.

Vorhandene Altbauten sind beim Zusammenschluß zu LPG der neuen großbetrieblichen Technologie anzupassen. Die Arbeitsproduktivität läßt sich durch den Anbau einer Melkstandanlage erhöhen. Für das Betreuen und Melken von 100 Milchkühen sind dann nicht mehr 7, sondern nur noch 4 AK notwendig. Günstig lassen sich vorhandene Altbauten auch für trockenstehende Kühe und als Abkalbestall nutzen. Die übrige Herde, zwei Drittel aller Tiere, wird in neu zu errichtenden Laufställen mit Melkstand untergebracht. Bei einem Besatz von 160 Milchkühen sind im traditionellen Stall 11 AK, bei der hier geschilderten kombinierten Aufstallung nur 6 erforderlich. Ähnlich ist das bei 320 Kühen. Die bestehenden Bauten bilden für die Anwendung der großbetrieblichen Technologie in den neu entstehenden Produktionsstützpunkten kein Hindernis. Sie können vorteilhaft als Bestandteil des kombinierten Stalles dienen und so zur Erhöhung des Nutzeffektes der aufgewendeten Investitionen beitragen. E.Mothes. 13615a.

A n e m a, P. Vooruitzichten met de grupstal. (Aussichten des Anbindestalles.) - Landbouwmechanisatie 13 (1962) Nr.12. S.1029-1036. - 8 Abb. Zus. in Engl.

Anbinde- und Laufstallhaltung werden verglichen. Für Jung- und Mastvieh wird der Laufstallhaltung der Vorzug gegeben, für die Milchviehhaltung wird die Schlußfolgerung gezogen, daß noch nicht alle Möglichkeiten der Arbeitsrationalisierung im Anbindestall ausgeschöpft sind. Es werden 4 Typen von zweireihigen Anbindeställen als Untersuchungsobjekte vorgeschlagen: 1. Stall mit zentralem Futtergang; Futtertransport mit Futterwagen; Rohrmelkanlage; mech. Entmistung oder Schwemmentmistung. 2. Stall mit zentralem Mistgang; Futtertransport mit Förderschnecken, umlaufenden Ketten, Förderbändern oder Schubstangen; Rohrmelkanlage oder Milchkannen bzw. Tanks auf Fahrgestell; Entmistungsanlage je nach Einstreu. 3. Stall mit breitem zentralen Gang und

Melkstand. 4. Stall mit breitem zentralen Gang, Melkstand und Auslauf. Abschließend werden Hinweise für die Bauweise gegeben. M.Lüpnitz. 13615b.

H e i n i g, Werner, M e h l e r, Albert und B u r g e r, Helmut; Berlin, Dtsch. Bauakad. Ausbauvorschläge zum geschlossenen Anbindestall für Kühe. - Bauzeitung 16 (1962) Nr.23/24. S.659-662. - 10 Zeichn.

Am Beispiel des Typenprojektes in Mastenbauweise "Anbindestall für 90 Kühe" mit 12 m Gebäudesystembreite sind verschiedene Ausbauvarianten dargestellt, die sich aus funktionell bedingten Ausbauelementen zusammensetzen. Sinngemäß sind diese Lösungen auch bei Umbauten anzuwenden. Raumsparend ist bei der zweireihigen Aufstallung der mittlere Futtergang mit Zwangsspuren, die dem Fahrzeug angepaßt sind. Die gebräuchlichen Standformen, der Mittellangstand und der Kurzstand, erhalten bei den bei uns vorherrschenden Rinderrassen Standlängen von 2,10 m bzw. 1,70 m und Standbreiten von 1,10 m bis 1,20 m. Das Gefälle zur Kotstufe beträgt 1,5 bis 2 %. Die Kotstufe ist 15 cm hoch. Die Abmessungen der Dunggänge bzw. Kotplatten hängen von den Entmistungssystemen ab. Beim Einsatz des Stalltraktors mit Schiebeschild ist eine Zwangsspur von mind. 1,70 m, bei der Schleppschaufel von 0,85 m und bei der Kratzerkette von 0,52 m erforderlich. W.Gratz. 13615b.

K o l l, Franz. Das Rind auf dem Mittellangstand. - Prakt. Landtechn. /Wien/ 15 (1962) Nr.17. S.303-306.

Beim Mittellangstand ist zwischen Krippe und Stand ein Freßgitter angeordnet. Nach der Mahlzeit wird das Freßgitter geschlossen, so daß die Tiere gezwungen werden, an die hintere Standstufe zurückzutreten. Die Standlänge beträgt für Stiere 2,1-2,2 m, für Kühe 2,0-2,15 m und für Jungrinder 1,7-2,0 m. Der Stand soll für Stiere 1,25-1,3 m, für Kühe 1,05-1,2 m und für Jungrinder 0,8-1,0 m breit sein. Die Krippensohle soll 15-25 cm und der obere Rand des Krippensockels 35-40 cm über der Standfläche liegen. Das Absperren der Freßöffnung kann mit Scherengitter, Drehgitter, Schwenkbalken, Schwenkbügel und dgl. erfolgen. Auch können verstellbare Nackenriegel vorgesehen werden. Zum Anhängen sind Doppelketten am zweckmäßigsten. Arbeitswirtschaftlich ist der Mittellangstand dem Kurzstand unterlegen.

W.Heinig. 13615b.

V e n k r b e c, Leopold. K otázkám úsporného podestýlání ve volných stájích pro skot. (Zu den Problemen der Streueinsparung in Rinderlaufställen.) - Sborník Českoslov. Akad. zemědělských Věd, zemědělská Techn. 7(34) (1961) Nr.4. S.321-332.

Im Laufstall läßt sich der Streuverbrauch durch Lattenrostliegeflächen auf ein Minimum herabsetzen. Eine Verminderung des Streuverbrauches auf ein tragbares Maß läßt sich durch organisatorische Maßnahmen, Tiefstreupflege, die Streustoffart und durch die laufende Regelung der Liegefläche entspr. der Anzahl der aufgestallten Tiere erreichen. In Rinderlaufställen fällt viel Dünger an, dessen Nährstoffgehalt um 1/3 höher ist als der Dung der traditionellen Aufstallung. Setzt man den Arbeitszeitaufwand für die Stroh-Stalldung-Kette im Anbindestall gleich 100, beläuft er sich im Laufstall dafür auf 53. Lattenroställe sind für Betriebe mit geringem Strohanfall geeignet, die die Möglichkeit haben, Harn und Kot aus dem Lattenrostraum durch Gülleverregnung zu verwerten. Der in Tieflaufställen gewonnene hochwertige Dung trägt zur Verbesserung des Humusgehaltes des Bodens bei.

E.Mothes. 13615c.

S c h m o c k, Friedrich. Ein Zweiraum-Laufstall mit Spaltenboden. - Dtsch. landwirtsch. Presse 85 (1962) Nr.41. S.419-420.

Um Arbeitszeit und Stroh einzusparen, wurde auf dem Esso-Hof Dethlingen ein vorhandener Laufstall für Jungvieh durch Umbau in einen offenen Zweiraum-Laufstall mit Spaltenboden umgewandelt. Die Verbindung zwischen Liegeplatz mit Tiefstreuverfahren und dem 1 m höher liegenden Freßplatz mit Spaltenboden bildet eine 50 cm breite und hohe Trittstufe. Gegenüber befindet sich die durchgehende Krippe, die eine Tagesration aufnehmen kann, sowie in jedem Abteil ein beheizbares Selbsttränkebecken. Der Spaltenboden besteht aus Eichenbohlen, die nach unten etwas konisch zulaufen. Die obere Bohlenbreite beläuft sich auf 10 bis 12 cm. Die Spaltenbreite beträgt für Tiere bis zu einem Jahr 3,5 cm, bis zu zwei Jahren 4 cm und über zwei Jahre 4,5 cm. Zum Ausmisten werden die mit Querhölzern zu 2 m breiten Tafeln zusammengefaßten Bohlen mit dem Frontlader angehoben, so daß der gesamte Spaltenboden, der mit Scharnieren an der Krippenseite verankert ist, aufgeklappt wird. Das Entmisten erfolgt mit dem Frontlader. Bei Fütterung mit angewelkter Wiesengrassilage wurde etwa die Hälfte des Kotes und Harns auf dem Spaltenboden abgesetzt. Bei einer Liegefläche von 5,5 bis 6,25 m^2 je GV wurden nur 2,16 bis 3,96 kg Stroh/GV Tag benötigt. Bei Rübenblattsilage ist der Bedarf an Streustroh höher.

W.Gratz. 13615c.

R e i s c h, E. und B i s c h o f f, T.; Stuttgart-Hohenheim. Eine neue Stallform: Laufstall mit Einzelliegeplätzen. - Mitt. dtsch. Landwirtsch.-Ges. 77 (1962) Nr.48. S.1563-1566. - 3 Abb., 2 Zeichn.

Auf Grund seines hohen Einstreubedarfs hat der offene Laufstall in Deutschland bisher nicht die Verbreitung wie in anderen Ländern gefunden. Daher ist der in den USA als "free-stall-hausing" bekannte Laufstall mit Einzelliegeplätzen von Interesse. In diesem können sich die Tiere frei bewegen, während zum Liegen eine Art in Einzelliegeplätze unterteilter Mittellangstand zur Verfügung steht. Futterkrippe und Tränken befinden sich in gesonderten Freßplätzen oder -ställen. Liegestall, Melkstandanlage und Freßstall sind zweckmäßig in U-Form zueinanderzuordnen. Die Maße für die Liegeboxen betragen 2,10-2,30 x 1,10-1,20 m (in den USA 2,40 m x 1,10 m); Höhe der Trennwände 1,40 m. Es wird über die bisherigen Erfahrungen im Versuchsbetrieb Karlshof berichtet. Als Einstreu sind Kurzhäcksel, Sägemehl oder Torfmull (nicht Langstroh) geeignet. Die Liegematratze wird ein- bis zweimal wöchentlich ergänzt (Strohbedarf 1 kg/Kuh.Tag; in den USA erneuerte man die Einstreu etwa aller 6 Wochen).Vff. schlagen für je 8-10 Kühe einen zusätzlichen Liegeplatz vor, damit beim Aufsuchen der Liegeplätze bereits ruhende Tiere nicht belästigt werden; Enthornung ist auch hier vorteilhaft. Durch diese Einzelliegeplätze verringert sich der Liegeflächenbedarf von 6-8 m^2 auf knapp 5 m^2 (einschließlich Kotganganteil). Bes. sensiblen Kühen mit hoher Milchleistung gibt diese Form des Laufstalles die "Ruhe des Anbindestalles". Hinsichtlich einer besseren Umstellung wird empfohlen, bereits die Jungtiere an derartige Einzelliegeplätze zu gewöhnen.

E.Kulpe. 13615c.

F r e y, J. und K r u p p, G.; Hecklingen; Berlin. Ein neuer Laufstall zur Milchviehhaltung (Hecklinger Boxenstall). - Wiss.-techn. Fortschr. Landwirtsch. 3 (1962) Nr.10. S.465-467. - 2 Abb., 1 Zeichn.
Der Versuch, beim Offenstallbau mit primitivsten Mitteln und geringsten Kostenaufwand auszukommen, schuf für Tiere und Viehpfleger völlig unzureichende und unzumutbare Bedingungen. Gegenwärtig muß ein Kompromiß zwischen den tierzüchterischen und ökonomisch-technol. Forderungen gesucht werden. Unter diesem Gesichtspunkt haben Vff. auf der Grundlage des Laufstalles den "Hecklinger Boxenstall" entwickelt. Es handelt sich hierbei um den Umbau eines 10 m breiten Flachlaufstalles (Typ La - 21). Der Querschnitt wurde wie folgt verändert: Kotgang (1,65 m), Boxen bzw. Standfläche (1,70 m), Futtertisch, rechts und links in Halbfuttertische auslaufend (etwa 3 m), Boxen bzw. Standfläche und Kotgang. Eine spezielle Freßgitterkonstruktion gestattet der Kuh mit dem Kopf über der Krippe zu liegen, ohne auf den Futtertisch treten zu können. Die Boxen sind 1,00 m breit und 1,70 m lang; vorn durch das Freßgitter mit einem Querrohr (65 cm hoch) und einer bogenförmigen Aussparung (130 cm hoch, 20 cm breit) begrenzt. Der Stall wurde geschlossen, für die Lüftung eine Dachhälfte um 50 cm gehoben und schrägstehende Jalousieleisten angebracht. Gefüttert und entmistet wird mit dem RS 09, gemolken weiter im Fischgrätenmelkstand. Durch diesen Umbau wurde die Stallkapazität von 60 auf 80 (88 Boxen) Tiere erhöht. Die Vorteile des Stalles liegen in geringeren Baukosten, der Verminderung des Streustrohbedarfes von 5 kg auf weniger als 1 kg und der Erhöhung der Arbeitsproduktivität (früher 25 Kühe/AK, jetzt 36). E.Kulpe. 13615c.

G o m e r y, Donald. New-look yard-and-parlour.(Preß-Liegeboxenstall mit Tandemmelkstand.) - Dairy Farmer 9 (1962) Nr.1. S.36-37.43. - 8 Abb., 1 Zeichn.
Die für 30 Kühe geplante Anlage ist in 2 Gebäuden untergebracht. Das Melkstandgebäude enthält dabei 4 Tandemstände, die halbkreisförmig am Melkflur angeordnet sind. Der Vorwartehof ist eine Treppenanlage, die laufend durch Wasserspülung saubergehalten wird. Vom Melkflur zum Kühlraum führt eine im gegenläufigen Halbkreis angelegte Milchkannentransportbahn. Das zweite Gebäude enthält 30 Freß-Liegeboxen, die untereinander durch Betonwände getrennt sind. Jede Boxe besitzt Futtermuschel, Heuraufe und Selbsttränke. Der Mistgang verläuft in Gebäudemitte. Vor den Boxen liegen Futtergänge, an die sich Rauhfutterbergeräume anschließen. An der dem Melkstand zugekehrten Außenseite des Stallgebäudes ist eine zusätzliche Selbstfütterungskrippe angebracht. H.Wanka. 13615c.

M i t t a g, Ulrich; Dresden, TU, Inst. für Ländl. Bauwes. Der Bau von Abkalbeställen - ein ungelöstes Problem? - Bauzeitung 16 (1962) Nr.3. S.78-81. - 3 Zeichn.
Vf. stellt einen Abkalbestall zur Diskussion, der von der Bezirksinspektion für die Bekämpfung der Rindertuberkulose und Brucellose Leipzig in einer Broschüre veröffentlicht wurde. Der Abkalbestall enthält folgende Räume: Wochenstall (für 8 % des Kuhbestandes), Kreißstall (für 2,5 %), Tränkkälberstall (für 3 %), Aufenthaltsraum, Reinigungsraum, Waschraum und WC, Heizraum, Maschinenraum, Kraftfutterlager und Futtertenne. Vf. erörtert einige

Unklarheiten des gezeigten Abkalbestalles und schlägt Verbesserungen vor. Diese beziehen sich auf den Wochenstall, Kälberstall, die Futtertenne und das Kraftfutterlager, das Stallklima, die Seuchenhygiene, Arbeitswirtschaft und Kapazität des Abkalbestalles. G.Klink. 13615d.

P e n n e r, E. und K i e s e w a l t e r, Ch., Karl-Marx-Stadt, Rat des Bezirkes, Inst. für Landwirtsch. Kälberaufzucht im Laufstall. - Dtsch. Landwirtsch. 13 (1962) Nr.12. S.608-612. - 5 Abb., 4 Zeichn.

In der LPG "7.Oktober" in Burkersdorf Kreis Brand-Erbisdorf werden die Tränkkälber im Laufstall gemeinsam gehalten. Anstelle der üblichen Einzelboxen sind lediglich Freß- und Tränkabteile mit klappbarem Aftergitter für die Kälber vorgesehen. Dadurch ist trotz Laufstallhaltung eine individuelle Betreuung der Jungtiere möglich. Die Kälber gewöhnen sich recht schnell an die Fütterung, so daß ein größerer Arbeitsaufwand durch das Eintreiben der Tiere nicht anfällt. Bis zum Alter von 6 Monaten stehen je Kalb 2,2 bis 2,3 m^2 Fläche zur Verfügung. Mit dieser neuen Aufstallung der Kälber soll eine Steigerung der Arbeitsproduktivität und eine Raumersparnis erzielt werden. W.Heinig. 13615e.

P o e l m a, H.R. Selbst-Fütterung und Speicher-Fütterung von Jungvieh und Schlachtvieh. I.L.B. 1959. Publikation 3. - Agricultura /Lund/ 1960 Nr.1. 4 S.

Die 1957 bis 1959 durchgeführten Versuche brachten folgende Ergebnisse: Jungvieh und Schlachtvieh läßt sich sowohl mittels Selbstfütterung wie mittels Vorratsfütterung mästen. Grassilage sollte vorwiegend für die Vorratsfütterung verwendet werden. Für junge Kühe und Jährlinge sind 5 und 3 m^3 Siloraum nötig, wenn außer Grasmischung auch Heu in Vorratsfütterung gegeben wird. Ohne weiteres kann eine Mischung von Runkelrüben und Rübenblättern bei Selbstfütterung verabreicht werden. Ein Elektrozaun bewährt sich bei der Selbstfütterung am Silo. Man benötigt, wenn auch noch Heu gefüttert wird, 5,5 m^3 Siloraum/Tier. Schlachtvieh kann mit Vorteil in Offenställen gehalten werden. Mit Milchvieh müssen noch Versuche mit Selbst- und Vorratsfütterung durchgeführt werden. E.Mothes. 13615f.

H e w i t t, A.C.T. Cattle yards and crushes. (Einrichtung einer Weidezentrale für das Jungvieh.) - J. Agric. /Melbourne/ 59 (1961) Nr.11. S.535 bis 539. - 2 Abb., 6 Skizzen.

Vf. berichtet über die Planung und Einrichtung einer Weidezentrale, in der gleichzeitig 200 bis 250 Stck. Jungvieh markiert werden können. Die Anlage ist in mehrere Koppeln aufgeteilt, die durch Tore miteinander verbunden sind. Größe und Konstruktion der Tore und Einzäunungen werden beschrieben. In der Mitte der Anlage befindet sich ein Ring, in dem die Tiere auch gefüttert werden. Von diesem Ring aus führt der Weg zu einer Rampe.
W.Heinig. 13615f.

K ř i v a n, Josef, K ř í ž, Josef und R e i c h l, Jaroslav. Odchovna mladého skotu pro 200 až 300 kusů. (Rinderaufzuchtstall für 200-300 Stück Jungvieh.) - Zemědělské Stavby zemědělské Meliorace 1961 Nr.9. S.308-310. - 5 Abb.

Der Aufzuchtstall ist für Färsen im Alter von 6 bis 24 Monaten bestimmt. Die Kapazität kann durch die Zahl der Bausektionen geregelt werden. Die

Quereinteilung des Aufzuchtstalles kann der Tierzahl in den einzelnen Abteilungen angepaßt werden. Der Futtertrog mit befahrbarem Futterplatz befindet sich an der nördlichen Außenwand, dem Futterplatz sind Liegeplätze und harte Ausläufe angeschlossen. Die Lagerräume werden an den Stirnseiten des Aufzuchtstalles projektiert. Es kann Selbstfütterung eingerichtet werden. Der Stall kann entweder als Tief- oder Flachstall ausgeführt werden. Die 30 cm dicken Umfassungsmauern sind aus nicht gebrannten Formsteinen ausgeführt, der Fußboden ist betoniert, die Säulen sind aus Stahl, der Dachstuhl ist geleimt, die Dacheindeckung besteht aus Asbestbeton. Sie ist mit Glaswolle und Heraklitplatten gedämmt. K.Perlhefter. 13615f.

Čermák, Jan und Pytel, Josef. Výstavba a mechanizace farem pro skot v horských a podhorských oblastech. (Bau und Mechanisierung von Rinderfarmen im Gebirge und Vorgebirge.) Praha: Státní zeměd. naklad. 1962. (173 S.) 8°. (1962 A 980)

Bartmann, R. Weidemelkstandanlage in Fischgrätenform stationär, Typ "M 610-16 FW s". VEB Elfa, Elsterwerda - Prüfbericht Potsdam-Bornim. - Dtsch. Akad. Landwirtsch.-Wiss. Berlin, Inst. Landtechn. Potsdam-Bornim, Prüfber. Nr. 232 (1960) Gr. Nr. 11a. S.1-12. - 1 Abb., 7 Tab.

Der stationäre Weidemelkstand "M610-16 FWs" entspricht in Aufbau und Wirkungsweise dem stationären Fischgrätenmelkstand "601-16 FM". Das massive Gebäude wird durch einen einfachen Melkschuppen ersetzt, in dem die Melkbuchtenrohrkonstruktion auf einem Betonfundament aufgebaut ist. Die Energieversorgung kann, falls Stromanschluß fehlt, durch ein Notstromaggregat oder einen von der Schlepperzapfwelle angetriebenen Generator erfolgen. - Prüfungsergebnisse: Der Weidemelkstand kann auf Weideflächen eingesetzt werden, auf denen man mit einem zentralen Melkplatz für die gesamte Weideperiode auskommt. Um einen wirtsch. Betrieb zu gewährleisten, sollen mindestens 100 Kühe gemolken werden. Vom techn. Standpunkt aus ist es möglich, tägl. zweimal bis zu 400 Kühe in der Anlage zu melken. Die erzielten Melkleistungen mit 2 AK betrugen 47 Kühe/h in der Gesamtarbeitszeit, 59 Kühe/h in der Melkzeit und 78 Kühe/h in der Durchführungszeit. Die stationäre Weidemelkstandanlage ist für den Einsatz in der Landwirtschaft "gut geeignet". M.Lüpnitz. 13620.

Kravčuk, A.T. (Krawtschuk, A.T.); Krasnodar, Forsch.-Inst. für Landwirtsch. Dvuchrjadnaja tranšejnaja doil'naja ploščadka. (Ein Fischgrätenmelkstand.) - Trudy naučnoj konferencii. Kubanskij sel'skochozjajstvennyj institut, Krasnodar 2 (1960) S.340-346. - 1 Abb., 3 Schemata, 3 Tab.

Vf. behandelt eingangs die Frage, welcher Melkstandtyp bestimmten Anforderungen am besten entspricht und stellt fest, daß der zweckmäßigste Melkstand der Fischgrätenmelkstand mit tiefer liegendem Arbeitsplatz der Melker ist. Er bringt in einer Tafel Daten über den räumlichen Arbeitsbereich der Melkerinnen bei verschiedenen Melkstandtypen. Anschließend berichtet Vf.

ausführlich über die Konstruktion und den Betrieb eines vom Krasnodarer Landwirtsch. Forschungsinst. entwickelten Fischgrätenmelkstandes.

W.Balkin. 13620.

W e l l e r, John B. Planning a parlour. (Melkstandplanung.) - Dairy Farmer 9 (1962) Nr.1. S.30-31. - 12 Skizzen.

Es werden die hauptsächlichen Unterscheidungsmerkmale von 4 Melkstandarten (Durchtreibestand mit hintereinander oder parallel angeordneten Kuhständen, Tandemstand und Fischgrätenstand) erläutert. Sowohl einhüftige wie zweihüftige Anlagen werden berücksichtigt. Für die Größenabmessung der Kraftfutterlager sowie für die verschiedenen Möglichkeiten, das Kraftfutter rationsweise im Melkstand selbst zu geben, werden Hinweise erteilt. Für die Vor- und Nachwartehöfe werden Wind- und Wetterschutz sowie der Einbau von Zwangsständen empfohlen. Die Wechselbeziehungen zwischen den Milchaufbereitungsräumen und dem Melkflur werden an Hand verschiedener Grundrißlösungen erläutert.

H.Wanka. 13620.

W e l l e r, J.B.Parlour floors. (Die Ausbildung des Fußbodens im Melkstand.) Dairy Farmer 9 (1962) Nr.3. S.30-31.87. - 3 Abb., 2 Diagr., 6 Schemata.

Der Melkflur und die Standfläche dürfen kein Wasser durchlassen und müssen genügend Gefälle haben. Empfohlen wird ein 4 in. (10 cm) starker Betonfußboden. Das Gefälle soll mindestens 1:12 betragen. In einem Tandemmelkstand liegt die Standfläche der Tiere 3 in. (7,6 cm) über dem Zutreibegang. Das Gefälle führt zur Außenwand. Im Fischgrätenmelkstand ist das Gefälle zur Mitte zu legen. Beim erhöhten Melkstand soll die Standfläche der Kühe 30 in. (76 cm) über dem Melkflur liegen. Für zweireihige Melkstände wird eine Arbeitsgangbreite von 4 ft. (1,22 m) angegeben. Die Oberfläche des Fußbodens ist aufzurauhen. Noch besser ist die Verwendung metallischer Zuschlagsstoffe in der Betonoberfläche.

W.Heinig. 13620.

B u d a g o v, A.A., F i a l k o v s k i j, V.I. und B a s e c k i j, L.I. (Budagow, A.A., Fialkowski, W.I. und Basszki, L.I.); Krasnodar, Landwirtsch. Inst. des Kubangebietes; Jeiskoje, Region Krasnodar, Getreide-Sowchos. Kruglyj mechanizirovannyj svinarnik v Ejskom zernosovchoze. (Ein runder mechanisierter Schweinestall im Getreide-Sowchos von Jeiskoje.) - Trudy naučnoj konferencii. Kubanskij sel'skochozjajstvennyj institut, Krasnodar 2 (1960) S.360-363. - 1 Abb., 2 Schemata.

Vf. beschreibt einen kreisförmigen Schweinestall, bei dem sich mit gleichem Baustoffaufwand eine viel größere Nutzfläche ergibt, als bei rechtecki

Baustoffaufwand eine viel größere Nutzfläche ergibt, als bei rechteckigen Ställen. Der Stall hat einen Dmr. von 70 m. Die Liegeflächen der Schweine bilden einen äußeren und einen inneren überdachten Ring von je 6 m Breite. Zwischen ihnen befindet sich ein 3 m breiter Rundgang, in dessen Mitte ein ringförmiger von einem 4,5 kW-Motor angetriebener Kratzer-Mistförderer angeordnet ist und den Mist in eine Jauchegrube befördert, aus der die festen Bestandteile mit einem weiteren geneigten Förderer in Schlepperanhänger befördert werden. Am Rundgang zwischen den ringförmigen Liegeflächen sind Selbstfütterer für Kraftfutter und für Saftfutter sowie Selbsttränken angeordnet. Die Selbstfütterer werden durch einen ringförmigen Kratzerförderer mit geschrotetem Futter versorgt. Der Innenraum des Stalles wird als Auslauf benutzt. In seiner Mitte befindet sich eine Duschanlage, die für die Besprengung der Schweine mit Wasser oder desinfizierter Lösung dient.

W.Balkin. 13625a.

F ö r s t e r, A.E.; Bonn. Funktionsgerechte Gebäude für Schweine-Zucht und -mast. - Bauen auf d. Lande 13 (1962) Nr.1/2. S.42-45. - 5 Schemata.
Alle Schweine einer Bucht sollen gleichzeitig ohne gegenseitige Behinderung fressen können. Vf. geht auf die Vor- und Nachteile der verschiedenen Aufstallungsarten ein. Die günstigsten Stalltemp. liegen zwischen 15 und 23 °C (Wachstumsoptimum im Bereich von 45-110 kg = 21 °C, von 110-160 kg = 15 °C). Daher sind die Außen- und Fensterflächen sowie Stallhöhe möglichst gering zu halten. Fremde Wärmequellen sind nur für größere Ställe rentabel. Zweireihige Buchtenanordnung ist erst ab 50 Tiere ratsam. Um das Stallvolumen zu verkleinern,kann der Mistgang bzw. Kotplatz nach außen verlegt werden (sog. "deutsche Aufstallung"). Eine Kosteneinsparung läßt sich dadurch jedoch nicht ermöglichen, da der außen liegende Kotplatz breiter und stärker befestigt ist. Eine weitere Möglichkeit bietet der irische sog. "Saunastall", in dem Futter- und Kotgang nach außen verlegt sind und Tröge vollkommen fehlen. In Abferkelställen kommen als zusätzliche Wärmequelle für die Ferkel Infrarot-Strahler und elektrische Fußbodenheizung in Frage. Für die Zuchtsauen werden die sog. Abferkelkäfige befürwortet. Für größere Bestände ist ein Spezialabferkelstall mit Käfigen gerechtfertigt.

E.Kulpe. 13625a.

H u t s c h e n r e u t h e r, Günter und G ü n z e l, Walter. Zur Frage des Klimas in Schweineställen. - Wiss. Z. Hochschule Architektur Bauwes. Weimar 9 (1962) Nr.3. S.197-208.
In dem näher beschriebenen Großbuchtenstall für 1500 Mastschweine der LPG Frauenprießnitz ergaben sich im Winter Schwierigkeiten bei der Regulierung des Stallklimas. Vff. führten darum mit Thermohygrographen stallklimatische Untersuchungen durch. Die Ergebnisse der Temp. und Feuchtigkeitsmessungen werden mitgeteilt. Vff. empfehlen Lüftung mit Ventilatoren (je 5000 m^3/h), die entsprechend den Außentemp. mit Thermostaten zu schalten sind. Der Luftbedarf schwankt von 53 m^3/h·GV im Winter bis 200 m^3/h·GV im Sommer. In Abferkelställen beeinflussen nach den hier geschilderten Versuchen Fensterläden den Wärmehaushalt nicht bes. günstig. Die Bedienung ist zu umständlich, der Holzbedarf zu hoch. Positivere Ergebnisse sind durch Beheizung zu erzielen, wobei Vff. bes. auf die Warmluftheizung eingehen (Verteilung im Stall durch Ventilatoren und Kanäle). E.Mothes. 13625a.

G o o d l a n d, Norman. Double-decker piggery. (Zweigeschossiger Schweinestall.) - Pig Farming 9 (1961) Nr.12. S.28-29.71.
Das Obergeschoß des Gebäudes enthält 12 Buchten für 240 bis 360 Läufer. An den Langseiten außen sind die Futtergänge angeordnet, unter dem First des Stalles verläuft der Kotgang. Das Futter wird im Karren über eine Rampe nach oben gefahren, der Kot durch ein Tor am Giebel auf unten stehende Anhänger abgeworfen. Die Läufer betreten und verlassen den Stall über dieselbe Rampe. Im Untergeschoß, das als Offenstall bewirtschaftet wird, sind 6 Buchten für Schweine aller Art eingerichtet. Die schwenkbaren Brüstungen gestatten das Entmisten mit Hilfe des Traktors. Im Winter werden die Öffnungen zwischen Brüstung und Decke mit Zeltbahnen verhängt.

H.Wanka. 13625a.

K u z n e c o v, V.I. (Kusnezow, W.I.); Moskau, Unions-Forsch.-Inst. für Elektrifizier. der Landwirtsch.; Landwirtsch.Timirjasew-Akad. Opyt ėlektričeskogo obogreva pola v svinarnikach. (Elektrische Fußbodenbeheizung in Schweineställen.) - Sbornik naučno-techničeskoj informacii po ėlektrifikacii sel'skogo chozjajstva. Vsesojuznyj naučno-issledovatel'skij institut ėlektrifikacii sel'skogo chozjajstva (VIĖSCh), Moskva 1961 Nr.10. S.19-24. - 1 Abb., 3 Diagr.

In den Jahren 1958-60 wurden in Schweineaufzuchtställen des Forschungsinstituts für Tierzucht und des Kolchos "Morgenröte" im Gebiet Moskau Versuche mit elektrischen Fußbodenheizungen durchgeführt. Stahldraht von 2 mm Dmr., der mit 2 Emailleschichten isoliert war, wurde in Kanälen des Betonfußbodens verlegt und durch einen Transformator (380/36 V) gespeist. Die mittlere Heizleistung in der Ferkelbucht betrug 120 W/m^2, in der Sauenbucht 80 W/m^2. Die mittlere Bodentemp. erreichte bei den Versuchsgruppen +20 °C, bei den Kontrollgruppen +6 °C, während die Raumtemp. +7,7 °C und die Außentemp. -8,3 °C betrug. Im Dezember sank die Fußbodentemp. bei den Versuchsgruppen nicht unter +17 °C ab, während sie bei den Kontrollgruppen bis auf -5 °C fiel. Die Ferkel in Buchten mit beheizbaren Böden entwickelten sich besser. Bei einer Gruppe von 19 Tieren traten weder Krankheiten noch Ausfälle auf. Dagegen starben in der Kontrollgruppe 4 von 16 Tieren.

G.Hutschenreuther. 13625a.

W i j n a n d s, M. Rietmatten, plastic en het klimaat in varkenstallen. (Rohrmatten, Plastik und das Klima in Schweineställen.) - Landbouwvoorlichting 19 (1962) Nr.3. S.139-143. - 3 Abb., 2 Diagr., 1 Tab.

Die Untersuchungen über den Einfluß des Deckenmaterials auf das Stallklima wurden in einem Massivstall für ca. 100 Schweine (dänische Aufstallung) mit einer Decke aus Rohrmatten und Ventilatorlüftung durchgeführt. Durch das Anbringen einer schwarzen 0,03 mm Plastikfolie oberhalb der Rohrmatten erhöhte sich die Stalltemp. bei Außentemp. unter dem Gefrierpunkt um 6-8 °C. Auch wurden starke Schwankungen der Außentemp. besser ausgeglichen. Die Luftfeuchtigkeit im Stall stieg durch das Anbringen der Plastikfolie von 58-73 % auf 79-90 %. Da durch die Kondenswasserbildung an der Plastikfolie die Rohr- oder Strohmatten zum Verrotten neigen, soll in weiteren Versuchen das Anbringen der Folie unterhalb der Matten erprobt werden.

M.Lüpnitz. 13625a.

W e r t h e i m e r, J. Tepelné problémy podlah poroden prasnic a vztahy ke stájovému klimatu. (Temperaturprobleme der Fußböden in Abferkelställen und ihre Beziehungen zum Mikroklima der Ställe.) - Zemědělské Stavby zemědělské Meliorace 1961 Nr.12. S.428-430. - 3 Abb.

Gestützt auf eigene Erfahrungen gelangt Vf. zu der Überzeugung, daß die beste Methode der Klimaverbesserung in den Abferkelställen die Erwärmung der Liegeplatzfußböden für Muttertiere und Ferkel sei, und zwar durch Ausnutzung des Dampfes oder Heißwassers einer Dampfkolonne oder evt. eines gewöhnlichen Futterdämpfers. Das Röhrensystem, durch das Dampf oder Heißwasser zugeführt wird, liegt etwa 2 cm unter der Fußbodenbetonschicht zwischen Ziegeln, die eine tiefere Fußbodenschicht bilden. Bei mäßigem Frost genügt es, den Liegeplatzboden einmal täglich zu erwärmen.

K.Perlhefter. 13625b.

N i k i t i n, V. (Nikitin, W.); Wologda, RSFSR, Landwirtsch. Versuchsstat. Gruppovoe soderžanie porosjat-sosunov. (Gruppenhaltung von Saugferkeln.) - Kolchoznoe proizvodstvo, Moskva 21 (1961) Nr.11. S.30-31. - 5 Schemata, 1 Tab.

In der Landwirtsch. Versuchsstation Wologda wurden Versuche mit der Fütterung von Saugferkeln mit Saftfutter aus Selbstfütterern durchgeführt. In einer Reihe von Kolchosen sind neuartige Schweineställe gebaut worden, in denen Saugferkel in Gruppen zu 4-8 Würfen bei freier Auslaufmöglichkeit zusammengefaßt und in Futterräumen oder aus Selbstfütterern in den Buchten gefüttert werden. Vf. beschreibt die Buchten und Selbstfütterer sowie einen neuartigen aus dem Stall ins Freie führenden Durchlauf von Jemeljanow, der Zugluft in den Ställen verhindert und die Ställe warm hält. Abschließend beschreibt Vf. transportable Selbstfütterer für den Weidegang.

W.Balkin. 13625b.

N i k i t i n, V.N. (Nikitin, W.N.); Wologda, Landwirtsch. Versuchsstat. Svinarnik-matočnik dlja gruppovogo soderžanija podsosnych svinomatok s porosjatami. (Zuchtstall für die Gruppenhaltung säugender Sauen mit Ferkeln.) - Svinovočstvo, Moskva 15 (1961) Nr.12. S.38-40. - 3 Zeichn.,1 Tab.

Der 80 m lange und 9 m breite Stall hat in der Mitte einen Futtergang; zu beiden Seiten liegen die 3 m langen und 2 m breiten Buchten für jeweils 2 Sauen mit Ferkeln. Die Ferkel gelangen durch Schlupflöcher auf den Gang zwischen Außenwand und Buchten und von dort zu den in den Auslauf führenden Schlupflöchern oder zum Preßplatz (je 1 für 4 Buchten) mit Futterautomat und Selbsttränke. Die Sauen werden auf einem Gruppenfutterplatz neben der Futterküche gefüttert; in den Buchten befinden sich ebenfalls Futterträge zum Füttern von Sauen im hochtragenden Zustand und nach dem Abferkeln. Nach dem Absetzen kommen die Ferkel bis zum Alter von 3-4 Mon. in Gruppenbuchten für 80-100 Tiere, die Schlupflöcher, Futterautomaten und Futtertröge aufweisen. In diesem Stall kann 1 AK 50 Sauen mit Ferkeln betreuen.

F.Schenk. 13625b.

V o l i k, G.P. und D e m i n, Ju.P. (Wolik, G.P. und Demin, Ju.P.); Krasnodar, Zweigstelle des Forsch.-Inst. für Ländl. Bauwes. Malogabaritnyj stanok dlja rodil'nych otdelenij. (Ein kleiner Abferkelkäfig.) - Svinovodstvo, Moskva 16 (1962) Nr.2. S.40-41. - 1 Abb., 2 Schemata.

In dem 1,50 m breiten und 2,25 m langen Abferkelkäfig befinden sich die Sauen von 3-4 Tagen vor dem Abferkeln bis 2 Wochen danach. Da die Sau darin nur stehen oder liegen kann, kann sie die Ferkel nicht verletzen oder erdrücken. Das untere Brett der Seitenwände liegt 30 cm über dem Fußboden, so daß die Ferkel zu den Zitzen gelangen können. Die Ferkel halten sich sonst rechts oder links von der Sau in den umzäunten 43 cm breiten Gängen auf, die eingestreut sind und in denen sich kleine Tröge für Mineralfutter, geröstetes Getreide und Wasser befinden. F.Schenk. 13625b.

R o w l a n d, J.W. Bunching weaners keeps pens cleaner. (Gemauerte Ferkelnester.) - Pig Garming 10 (1962) Nr.5. S.33.35. - 4 Abb.

Der sorgfältig wärmegedämmte Abferkelstall entstand aus einem Altbau. Er hat in jeder Bucht ein aus Ziegelsteinen gemauertes Ferkelnest, das mit einem Holzdeckel verschlossen werden kann. Ein in diesem Deckel eingebautes Fensterchen gestattet die Beobachtung der Ferkel. Jedes Nest besitzt zwei Schlupflöcher und wird von einem Infrarotstrahler erwärmt.

H. Wanka. 13625b.

W a n d e r, Johann-Friedrich; Völkenrode, Inst. für Landwirtsch. Bauforsch. Zur Frage der Buchtenabmessungen in Mastschweineställen. - Landbau-Forsch. Völkenrode 11 (1961) Nr.4. S.75-82.

1960 und 1961 wurden Versuche mit dem Ziel durchgeführt, die Mindestabmessungen von Mastschweinebuchten aus den Körpermaßen und den Lebensgewohnheiten der Tiere für die einzelnen Stadien der Mast zu bestimmen. Es wurden drei mal drei dänische Buchten für je 2, 4 und 6 Tiere, sowie zwei Buchten für je 8 Tiere vorgesehen. Mit Hilfe verschiebbarer Wände konnte die Buchtengröße beliebig verändert werden. Die Ergebnisse sind in Kurven und Tabellen dargestellt. Für Buchten mit 4 bis 6 Tieren erwies sich eine Troglänge je Tier von 1,05·Rumpfbreite, für die Liegeplatztiefe von 1,7 bzw. 1,8·durchschnittliche Rumpflänge als optimales Maß. Folgende vorläufige Richtwerte für Buchten mit mehr als 4 Schweinen werden u.a. mitgeteilt:

Masse je Tier in kg	40	70	100
Buchtenbreite je Tier in m	0,25	0,31	0,35
Liegeplatztiefe in m	1,16	1,43	1,62
Liegefläche je Tier in m^2	0,29	0,44	0,57

Die Mistgangbreite für 4 und 6 Tiere ist mit 0,9·durchschnittliche Rumpflänge ausreichend. Sie hängt jedoch auch von der Mistausbringung ab.

W. Gratz. 13625e.

G a m a l i c k i j, V.A. (Gamaliski, W.A.); Rayon Solnetschnogorsk, Gebiet Moskau, Lenin-Kolchos. Mechanizirovannyj svinarnik-otkormočnik s primeneniem novoj technologii kormlenija životnych. (Ein mechanisierter Schweinemaststall mit einem neuen Fütterungsverfahren.) - Sbornik naučno-techničeskoj informacii po ėlektrifikacii sel'skogo chozjajstva. Vsesojuznyj naučno-issledovatel'skij institut ėlektrifikacii sel'skogo chozjajstva (VIĖSCh), Moskva 1961 Nr.10. S.12-15. - 1 Abb., 2 Zeichn.

Im Typenstall für 500 Mastschweine des Lenin-Kolchos im Gebiet Moskau wurden bisher die wichtigsten Arbeitsgänge in Handarbeit ausgeführt. Die bisherigen kleinen Buchten für 15 bis 20 Schweine ersetzte man durch 4 Großbuchten für 200 Schweine. Die Buchten sind in Liegefläche, Kotplatz und Gang zum Freßplatz eingeteilt. Der Freßplatz befindet sich in Stallmitte. Der Kotkanal, nach dem das Gefälle der Buchten und Gänge verläuft, wird mit einer Schleppschaufel gereinigt. Durch die Umbaumaßnahmen konnte der Tierbesatz im Stall von 500 auf 800 Schweine erhöht werden.

G. Hutschenreuther. 13625c.

L e p a s a l u, P. (Lepasselu, P.); Tartu, Estn. Forsch.-Inst für Tierzucht und Veterinärmed. Kompleksnaja mechanizacija svinarnika-otkormočnika. (Die Vollmechanisierung eines Schweinestalles.) - Svinovodstvo, Moskva 15 (1961) Nr.12. S.41-43. - 1 Abb., 2 Zeichn.

In dem umgebauten Stall können in 7 Großbuchten 800 Mastschweine statt 350 gehalten werden. Die Fütterung erfolgt auf dem an einer Längsseite liegenden Freßplatz (Längsgang), der auch als Kotplatz und zum Futter- und Streutransport benutzt wird. Der 64 m lange Trog wird aus Silikalzitblöcken gebildet und direkt von dem selbstfahrenden Futterverteiler aus gefüllt; dieser besteht aus einem Behälter von 1,4 m^3 Fassungsvermögen, in dem auch die Kartoffeln gedämpft und gemust und mit den übrigen Futterkomponenten vermischt werden. Er läuft mit 4 Rädern auf Hängeschienen und wird über ein biegsames Kabel angetrieben. Der Kot wird mit dem in den Buchten und auf dem Futtergang in einer Rinne laufenden Dungförderer direkt auf den Wagen transportiert. Futterküche, Streu- und Kartoffellager liegen an den Giebelseiten. F.Schenk. 13625c.

K o l o t i j, M.P. Mechanizovana ferma dlja vidgodivli svynej. (Mechanisierte Farm für Schweinemast.) - Socialistyčne tvarynnyctvo, Kyïv 33 (1961) Nr. 10. S.47-50. - 3 Zeichn. Orig.: ukrain.

3 Schweinemastställe, in denen bisher 1800 Schweine aus Trockenfutterautomaten gemästet wurden, waren nach einem Umbau in einen Stall mit Röhrenfütterung, für die Mast von 2500 Schweinen geeignet. Die Futterstelle befindet sich im ehemaligen mittleren Stall, auf dessen beiden Seiten die Ausläufe liegen, an deren Enden die Liegeplätze angeordnet sind. Schlupflöcher (60 x 80 cm) verbinden Liege- und Futterplätze mit den Ausläufen. Die Futterküche ist ausgerüstet mit Universalfutterzerkleinerer, Rübenwaschzerkleinerer, Rübenförderer, zwei Ladeschnecken, einem Futterdämpfer, einem Ventilator, einer Förderpumpe, einem Antriebsmischer, einer Jauchepumpe, einem Kompressor, und einen Mischkübel. Neben der Futterküche stehen ein Kraftfutter- und ein Rübenbunker von je 3 m^3. Im Kesselhaus sind 2 Vertikalkessel (je 8 m^2 Heizfläche) und eine Handpumpe vorhanden. Das zubereitete Futter wird durch 4 Röhren aus den Mischkübeln mittels Pumpen in die Futterapparate an den Futterplätzen gefördert. Getränkt wird aus automatischen Selbsttränken. Mist wird mittels Kratzertransporteure in die Mistgrube und dann mittels Scheibentransporteur auf den Misthof befördert. Für Futterküche und bei starken Frösten auch für die asphaltierten Futterplätze ist Warmwasserheizung vorgesehen. Die Berechnungen zeigen, daß durch den Umbau und die Umstellung auf Röhrenfütterung die Aufnahmefähigkeit des Stalles um 30 % wuchs und das Pflegepersonal um die Hälfte reduziert wurde.
K.Neumann. 13625c.

S a i n s b u r y, David; Cambridge, Univ., School of Vet.Med. Designing fattening houses with yards. (Schweinemastställe mit offenen Kotplätzen.) Pig Farming 9 (1961) Nr.12. S.40-41.

Es werden drei Arten dieser Ställe gezeigt: 1. Ein mit niedrigen Mauern umfriedeter Auslauf, in dem der überdeckte Liegeplatz und ein Futterautomat eingebaut sind. Ein elektrisch geladener Draht hindert die Tiere am Überspringen der Mauer. Der Deckel des Liegeplatzes kann abgenommen werden. 2. Ein einhüftiger Stall mit wärmegedämmten, durch Mauern getrennten Freß-Liegeplätzen und an der Südseite gelegenen, offenen Kotplätzen. Für zweihüftige Anlagen wird zur Vermeidung von Durchzug eine geschlossene Mittelwand empfohlen. 3. Ein zweihüftiger Stall mit mittlerem Futtergang. Hier sind die Freß-Liegeplätze mit niedrigen Ziegelmauern umfriedet, die mit wärmegedämmten Deckeln verschlossen sind. Die offenen Kotplätze liegen unter Dach und sind durch Schlupflöcher erreichbar. Vf. betont jedoch, daß diese Stallarten den geschlossenen Mastställen nur dort vorzuziehen sind, wo die klimatischen und betrieblichen Voraussetzungen dazu bes. günstig sind. H. Wanka. 13625c.

K n a p, Jan. Zlepšená úprava vnitřního uspořádání výkrmny pro 1200 prasat. (Verbesserte Inneneinrichtungen der Schweinemastställe für 1200 Schweine.) Zemědělské Stavby zemědělské Meliorace 1961 Nr. 12. S. 402-403. - 2 Abb.

Der typisierte Maststall für 1200 Schweine hat seine Konstruktions- und Betriebsvorteile und läßt sich sowohl in LPG als auch VEG gleichsam für trockene und nasse Fütterung verwenden. In der Mitte des Maststalles verläuft ein 125 cm breiter Futtergang für den Futterwagen, der das Naßfutter in die Tröge oder das Trockenfutter in die Futterautomaten mech. befördert. Der Freßplatz ist 130 cm breit und dient gleichzeitig als Mistplatz. Er wird automatisch mit Hilfe einer Schaufel gereinigt, die sich unterhalb der die einzelnen Buchten trennenden Zwischenwände bewegt. Dort, wo die Tiere allmonatlich gewogen werden, werden entlang der Außenmauer Triftwege vorgesehen, damit die Schweine zur Waage getrieben werden können; wenn keine regelmäßige Gewichtskontrolle stattfindet, sieht man statt der Triftwege in der Umfassungsmauer zwischen einzelnen Buchten Doppeltüren vor, um die Besetzung und Entleerung der Buchten zu ermöglichen. Im Durchschnitt entfallen auf jedes Schwein von 100 kg Lebendmasse 0,40 m^2 Liegeplatz. Eine verbesserte Lüftungsmethode wird geprüft. K. Perlhefter. 13625c.

W i s e, John. Cheap housing can be costly. (Wechselbeziehungen zwischen Baukosten und Betriebskosten bei Schweineställen.) - Pig Farming 9 (1961) Nr. 12. S. 59.

Es werden traditionelle Bauernställe, Mastställe mit offenem Dunggang und vollwärmegedämmte, nach dem dänischen Prinzip gebaute Ställe miteinander verglichen. Vf. kommt zu dem Schluß, daß die höheren Baukosten der wärmegedämmten Ställe durch bessere Zunahmen der Tiere in einem Jahr ausgeglichen werden können. H. Wanka. 13625c.

A n o n y m. Advanced design in piggeries. (Schweinemaststall aus Holzfertigteilen.) - Pig Farming 9 (1961) Nr. 12. S. 27.

Das in Plattenbauweise montierbare Bauwerk steht auf einem Sockel aus großformatigen Beton-Hohlblocksteinen. Der Betonfußboden ist an den Langseiten als Kotkanal ausgebildet, der mit Spaltenböden überdeckt ist. Die fensterlosen Außenwände und die Dachdecke haben Wärmedämmung aus Glaswolle. In den Langseiten eingebaute Ventilatoren saugen die verbrauchte Luft ab. Die Frischluft wird durch bes. Aufbauten auf dem First eingeführt. Jedem Tier stehen etwa 0,3 m^2 Buchtenfläche zur Verfügung. Die Buchtenwände bestehen aus verzinktem Stahl, wobei die Frontwand den Trog enthält. Sie kann verstellt werden, so daß stets die dem Alter der Schweine entsprechende Liegefläche eingerichtet werden kann. H. Wanka. 13625c.

M o l č a n o v, A.L. und Ž i v o t k o v, A.N. (Moltschanow, A.L. und Shiwotkow, A.N.) Novoe v stroitel'stve krupnych mechanizirovannych otkormočnych ferm. (Neues über den Bau großer mechanisierter Schweinemastfarmen.) Svinovodstvo, Moskva 16 (1962) Nr. 1. S. 36-37. - 2 Schemata.

Es wurde eine vollmechanisierte Mastfarm für 10 000 Schweine projektiert, in der das Futter in den 6 je 100 m langen Ställen mit 2 Futterverteilern verteilt wird. Diese bestehen aus einem Behälter mit 2 t Fassungsvermögen auf einem selbstfahrenden Chassis, auf dem sich auch ein Verbrennungsmotor und ein Reduktor sowie ein Platz für den Fahrer mit Lenkung und Schaltmechanismus für die Verteilerschnecken befinden; mit letzteren wird das Futter selbsttätig durch 2 Rohre an beiden Seiten des Futterverteilers in die Asbestbeton-Tröge zu beiden Seiten des Futterganges befördert. Am Chassis des Futterverteilers wird ein Schiebeschild zum Entfernen des Dungs befestigt. In 1 Std. kann das Futter in allen Ställen verteilt werden.

F.Schenk. 13625c.

M a r k o v s k i j, S.G., L e j b e n k o, V.M. und R y b a l k o, I.A. (Markowski, S.G., Leibenko, W.M. und Rybalko, I.A.) Kompleksnaja mechanizacija otkorma svinej. (Die Vollmechanisierung der Schweinemast.) - Svinovodstvo, Moskva 16 (1962) Nr.1. S.33-36. - 5 Schemata.

Auf der Mastfarm eines Kolchos für 2000 Schweine wurde ein 110 x 10 m großer Maststall vollmechanisiert. In der Mitte des Stalles liegt die Futterküche, an die sich zu beiden Seiten die Liegeplätze mit den Freßplätzen anschließen, die in 4 Sektionen eingeteilt sind. Auf jedem Freßplatz stehen je 3 Vakuumfutterautomaten und eine Gruppenselbsttränke. Gefüttert wird gedämpftes Kraftfutter mit Saftfutter, deren vollmechanisierte Aufbereitung und Verteilung (mittels einer Pumpe durch eine Futterleitung mit 100 um Dmr. in die Futterautomaten) ausführlich erläutert wird. Auch die Füllung der Vakuumfutterautomaten sowie die Konstruktion der Gruppenselbsttränken, der Futterzerkleinerer und Futtermischer werden detailliert beschrieben.

F.Schenk. 13625c.

K u č e r, P., G o r n o v e s o v, G., F l i g e r, N., G o p k a, V. und R u d e n k o, N. (Kutscher, P., Gornowessow, G., Fliger, N., Gopka, W. und Rudenko, N.); Saporoshje, Zweigstelle des Unions-Forsch.-Inst. für Elektrifizier. der Landwirtsch. zu Pljustschewo. Mežkolchoznyj otkormočnyj punkt na 10 tysjač svinej. (Schweinemastzentrale für 10 000 Schweine.) - Technika v sel'skom chozjajstve, Moskva 22 (1962) Nr.3. S.25-29. - 1 Abb., 3 Schemata, 1 Tab.

Vff. beschreiben ein Projekt für Schweinemastzentralen für 10 000 Schweine mit 2 Varianten. Nach der einen Variante sollen 4 Gebäude für je 2500 Schweine und nach der anderen 6 Gebäude für je 1670 Schweine errichtet werden. Die Schweine werden in Gruppen zu 400-500 Stück zusammengefaßt. 60 % der Fläche nehmen die Liegeplätze ein, und 40 % sind für die Futter- und Laufräume vorgesehen. Die Ausrüstung der Futterküche für das Saftfutterbereiten und Futtermischen sowie die der Abteilung für die Trockenfutterbereitung wird genau beschrieben. Das flüssige Futter wird mit 2 Pumpen über Rohrleitungen zu den Vakuum-Selbstfütterern in den Ställen befördert. Auf je 2500 Schweine kommen 12 zweiseitige Vakuum-Selbstfütterer mit 1 m^3 Fassungsvermögen und auf je 1670 Schweine 14 einseitige Vakuum-Selbstfütterer mit 0,6 m^3 Fassungsvermögen. 2 Dungsammler von insgesamt 100 m^3 Fassungsvermögen sind für die tägliche Dungaufnahme von 15 000 Schweinen ausgelegt. Der Mist wird mit Schleppschaufeln und z.T. von Hand durch Luken in Kanäle befördert, in denen er durch einen Klärwasserstrom zu den Dungsammlern geschwemmt wird. Ferner sind offene Dunglagerstätten von je 3100 m^3 Fassungsvermögen für die Aufbewahrung des Dungs von 4 Monaten vorgesehen. Die Jauche wird mit Jaucheverteilern auf die Felder gefahren oder mit einer Jauchepumpe in den Hauptbewässerungskanal gepumpt. W.Balkin. 13625c.

A n o n y m. Die Anwendung des wissenschaftlich-technischen Fortschritts in der Schweinemast. - Tierzucht 16 (1962) Nr.3. S.110-117. - 7 Zeichn.
Als Grundlage für die Anwendung der Großgruppenhaltung in der Schweinemast werden Ausführungen über die Gruppengrößen, den Belegungsrhytnmus und die Aufstellungsmasse, die Bemessung und Ausbildung der Liegefläche, Fütterung, Pflege und Kontrolle der Schweine, Stallklima, Arbeitsverfahren und Mech. und die bauliche Gestaltung gemacht. An Hand von Zeichn. werden Vorschläge zum Umbau von Mastställen und zur Mech. der Fütterung und Entmistung erläutert. G.Koch. 13625c.

K l i n k, Georg, G r a t z, Werner und S c h u l z e, F.; Berlin, Dtsch. Bauakad. Ställe für die Großgruppenhaltung von Mastschweinen. - Bauzeitung 16 (1962) Nr.3. S.75-78; Nr.5. S.167-170. - 10 Zeichn.
Die Ausführungen enthalten neben funktionellen Erläuterungen Hinweise für die konstruktive Ausbildung verschiedener Details und für die Einrichtung der Lüftungsanlagen. Die Vff. beschreiben folgende Einzelheiten: Liegefläche, Kot- und Kontrollgang, Einrichtung des Freßplatzes, Ställe mit Vorratströgen für fließfähiges Futter, Ställe mit Vakuumautomaten für fließfähiges Futter, Ställe mit Vorratströgen bzw. Trögen mit Trogaufsätzen für feuchtkrümeliges Futter, Ställe mit Trögen für feuchtkrümeliges Futter bei Rationsfütterung in Gruppen, Ställe mit Trockenfutterautomaten, Stallfußböden, Futtertröge und Trogaufsätze, Trockenfutterautomaten, Selbsttränken, Jauche- und Reinigungswasserableitung sowie Lüftungseinrichtungen.
G.Klink. 13625c.

P h e l p s, Anthony. My plueprint for the perfect piggery. (Entwurf zu einem idealen Schweinemaststall.) - Pig Farming 10 (1962) Nr.5. S.28-29.31. - 5 Abb., 1 Zeichn.
Drei Hauptforderungen sollen erfüllt werden: 1. Beste Voraussetzung für die Tierhaltung. 2. Beste Ausnutzung der Stallfläche. 3. Geringster Arbeitsaufwand. Techn. komplizierte Anlagen für Mech. und Automatisierung der Fütterung und der Entmistung wurden vermieden. Wände und Dachdecke sollen gut wärmegedämmt sein, da die Kosten hierfür durch Futtereinsparung in rel. kurzer Zeit amortisiert sind. Zur Lüftung des Stallraumes sollen Ventilatoren dienen, dafür werden an jeder Längswand bes. Frischluftzuführungen angebaut. Futtergang und festeingebaute Tröge fallen weg, um Liegefläche zu gewinnen. Während der ersten Hälfte der Mastzeit werden Futterautomaten auf die Liegefläche gestellt, in der zweiten Hälfte wird das Futter auf den Fußboden geschüttet. Der Pfleger läuft dabei auf einem Steg über den Buchten. Die Futtermittel werden mit einer Hängebahn transportiert. Zwei vakuumfeste Futterbehälter an den Giebeln des Gebäudes enthalten die Vorräte. In die Buchten können bewegliche Trennwände aus Stahl eingesetzt werden, damit Schweine unterschiedlicher Größe gehalten werden können. Die Kotgänge erhalten Spaltenfußboden über dem Abschwemmkanal. Die Selbsttränken sind in Nischen der Außenwände eingebaut. H.Wanka. 13625c.

S a y o e, R.B. Attend to detail. (Ratschläge für den Schweinemaststallbau.) Pig Farming 10 (1962) Nr.5. S.43.47. - 6 Abb.

Vf. gibt Zahlen und Maße für verschiedene Technologien der Mastställe an. Für Fußböden, Wände und Decken werden Konstruktionsmethoden unter bes. Beachtung der techn. Bauhygiene erläutert. Für die Lüftung sind Ventilatoren günstig, die vom Pfleger zu bedienen sind. Weiterhin werden Tröge, Buchtentüren, Wasserversorgung, Tränken, der Kotgang mit und ohne Spaltenboden sowie die Jauchebeseitigung besprochen. H.Wanka. 13625c.

H o g l e y, B.T. Pig housing in Norfolk. (Schweinemastställe in Norfolk.) Pig Farming 10 (1962) Nr.5. S.37.39.41. - 9 Abb.

Es werden 5 Ställe mit unterschiedlichem Innenausbau beschrieben. Der erste ist ein geschlossener Warmstall, der sowohl Futterautomaten wie auch Tröge enthält. Die Frontwände der Trogbuchten sind schwenkbar. Traktorenentmistung (monatlich), Selbsttränken und Ventilatorlüftung sind weitere Merkmale. Der zweite ist ein Offenstall (Solari-Typ). Über dem Trog befindet sich ein Wasserbehälter, aus dem nach einen Zug an einer Kette eine Dosis Tränkwasser in den Trog läuft. Im dritten, wärmegedämmten Gebäude, wird der Futtergang durch einen erhöhten Kontrollgang ersetzt. Zweiseitig nutzbare Trockenfutterautomaten bilden die Buchtentrennwände. Die vierte Anlage besteht aus einem nach dem dänischen Aufstallungsprinzip entwickelten Maststall aus vorgefertigten Wandelementen und wärmegedämmtem Aluminiumdach. Der mit Zwangsständen versehene Zuchtstall ist als Anbau konstruiert. Im fünften, fensterlosen Warmstall, kommt als Dachdeckendämmung Steinwolle auf Asbestbetonplatten zur Verwendung. Entmistet wird mit dem Traktor, für je 2 Buchten wird 1 Ventilator eingesetzt. H.Wanka. 13625c.

A n o n y m. Hothouse pens speed up growth. (Maststall nach dem nordischen System.) - Pig Farming 10 (1962) Nr.5. S.51. - 3 Abb.

Die Innentemp. dieses wärmegedämmten Gebäudes liegt bei +36 °C. Ein mittlerer Futtergang wird von beiden Seiten von Trögen flankiert, außerdem wird Futter auf die Fußböden geschüttet. Vom Kotgang wird der Kot durch Löcher in den Außenwänden in einen im Freien liegenden Kotgraben geschoben. Die Tiere kommen mit einer Masse von 45-50 kg in diesen Stall, wo sie dann bis zur Schlachtreife bleiben. Futtermenge und das Mischungsverhältnis werden angegeben. H.Wanka. 13625c.

S a i n s b u r y, David; Cambridge, Univ., School of Vet. Med. Accommodation for sows and boars. (Unterkünfte für Sauen und Eber.) - Pig Farming 10 (1962) Nr.1. S.38-39. - 1 Abb., 4 Schemata.

Die Unterkünfte für die Zuchtschweine sollen nicht kostspielig sein, jedoch sind die vorhandenen Haltungsbedingungen zu verbessern. Empfohlen werden Offenställe, in denen jeweils 10 Sauen in einer Gruppe gehalten werden. Je Sau sind 40 sq.ft. (3,7 m^2) Stallfläche vorzusehen. An der offenen Südseite des Stalles befinden sich die Tröge für die individuelle Fütterung der Sauen. Billiger als Offenställe sind Hütten, in denen je Sau nur 10 sq. ft. (0,9 m^2) überbaute Fläche benötigt werden. Eine interessante Lösung aus Skandinavien ist die individuelle Haltung der Sauen. Die Sauen werden in Einzelbuchten angebunden. damit sie während der Trächtigkeit trocken liegen.

Die Eber sollen in der Nähe der Sauen untergebracht werden. Je Eber sind 40 sq.ft. (3,6 m^2) Stallfäche und 60 sq.ft. (5,6 m^2) Auslauffläche vorzusehen. In den Eberbuchten ist ein Deckstand einzubauen.

W.Heinig. 13625d.

M c K i e, D.L. Better housing for pigs on North Coast dairy farms. (Schweinehütten an der Nordküste Englands.) - Agric. Gaz. New South Wales 73 (1962) Nr.7. S.342-345. - 3 Abb.

Vf. berichtet vom Bau und von den Baukosten der Schweinehütten, die sich auf den Milchviehfarmen an der Nordküste gut bewährt haben. Die Doppelhütten werden für die Haltung ferkelführender Sauen und Mastschweine verwendet. Die gesamte Buchtenfläche umfaßt 16 ft. x 12 ft. (17,8 m^2). Davon sind 8 ft. x 8 ft. (5,9 m^2) von der Hütte überdacht. Die gesamte Fläche ist betoniert. Die Wände von den Hütten bestehen bis zu einer Höhe von 6 in. (15 cm) aus Beton, darüber aus Wellblech. Die Buchten sind durch Wände voneinander abgetrennt. An der Rückseite ist ein Dunggang vorgesehen. Dieser führt über eine Rampe zu einem hochliegenden Stall. Dadurch ist man in der Lage, die Schweine schnell in den hochliegenden Stall zu treiben, wenn Flutgefahr besteht. An der Buchtenabtrennung zwischen einer Doppelhütte sind Futtertröge vorgesehen.

W.Heinig. 13625d.

B e e s t o n, John A. Dual-purpose water bowl. (Selbsttränke für Mehrzwecknutzung.) - Pig Farming 9 (1961) Nr.12. S.39.

In einem wechselweise mit Schweinen oder Kälbern besetzten Stall wurde ein Holzpfosten an der Wand befestigt, der Schraubenbolzen aufnimmt, die das Tränkebecken an zwei verschiedenen Höhen halten. Das Wasser wird von der Hauptleitung über einen flexiblen Krümmer und ein Kunststoffrohr zum Becken geleitet.

H.Wanka. 13625 m.

R u d d, H.A. und W h i t i n g, A.D.G. Bright ideas. (Verbesserungsvorschläge aus der Praxis.) - Pig Farming 10 (1962) Nr.5. S.68. - 3 Zeichn.

1. Mit Hilfe schwenkbarer und einsetzbarer Stahlrohrgitter wird eine Mastbucht in eine Abferkelbucht verwandelt, ohne daß Umbauarbeit entsteht.
2. Durch das Einsetzen von einfachen Brettwänden wird ein normaler Trog in einen Vorratstrog verwandelt.

H.Wanka. 13625m.

U r b a n, W.; Rottenau, Forschungsstelle für Tierzucht. Die Entwicklung der Geflügelwirtschaft in der ČSSR. - Tierzucht 16 (1962) Nr.5. S.221-226. - 2 Tab.

In den Legebetrieben wird sowohl Käfig- als auch Bodenintensivhaltung betrieben, letztere macht 85% aus. In der Geflügelfarm Janska haben die Gebäude für die Bodenintensivhaltung eine Länge von 158 m, sie sind 13 m tief und reichen für 24 000 Küken oder 10 000 Legehennen aus. Das Stallskelett ist eine Stahlkonstruktion, die Wände bestehen aus wärmedämmenden Kunststoffplatten, das Dach ist mit Wellblech eingedeckt. Die Innenausstattung erfolgt nach modernen Gesichtspunkten.

13635a.

A n o n y m. Über die Lüftung von Geflügelställen. - Geflügelhof /Zollikofen-Bern/ 25 (1962) Nr.16. S.268-270.

Der Luftbedarf über die Luftrate beträgt pro Großvieheinheit, das sind ca. 250 Hennen = 500 m^3/h, bei Masthühnern werden 2000 m^3/h genannt. Die Zufuhr solcher Luftmengen kann nur noch zwangsläufig über Ventilatoren bei einem mindestens 7 bis 8-maligen Luftwechsel erfolgen. Dabei wird grundsätzlich mit mehreren kleineren eine bessere und gleichmäßigere Durchlüftung erzielt als mit wenigen leistungsstarken Ventilatoren. Die Luftfeuchtigkeit im Hühnerstall soll 70 % nicht überschreiten und nicht unter 50 % absinken. Günstige Stalltemp. liegen zwischen 10 bis 18 °C. Mit jedem Grad Temperaturerhöhung senkt sich die rel. Feuchtigkeit um 5 %. Bei der Unterdrucklüftung wird die verbrauchte Luft am Boden durch Abluftkästen an der Seitenwand abgesaugt und durch Ausblaseöffnungen nach draußen geleitet. Die Größe der Kästen richtet sich nach der Stallgröße, der Ventilator befindet sich direkt unter der Stalldecke, eine Klappe vor dem Ventilator kann im Sommer geöffnet werden. Da die Frischluftzufuhr durch die poröse Wand allein ungenügend ist, wird die Frischluft durch Einströmöffnungen direkt unter der Decke in den Stall und an der patentierten Leitplattendecke entlanggeleitet, wo sie sich mit der Warmluft vermischt und absinkt.

U.Hofmann. 13635a.

A n o n y m. Versuche mit einem Offenstall in der Geflügelhaltung. - Geflügelhof /Zollikofen-Bern/ 25 (1962) Nr.8. S.125-126. - 4 Abb.

In der Großviehhaltung soll der Offenstall die Baukosten senken und die Gesunderhaltung der Tiere verbessern. Auch in der Geflügelhaltung ist es eine Tatsache, daß die bisher gebauten Stallungen zu teuer sind. Daher wurde vom Zootechn. Inst. in Jouy-en-Josas (Frankreich) ein Offenstall für 100 Legehennen entwickelt, dessen Seiten außer einer 1 m hohen Wand nur aus Drahtgeflecht bestehen. Als Tiefstreu dienten 35 cm Hobelspäne. Verglichen wurden 1956 ein Offenstall (O), ein geschlossener Holzstall (GH) und ein bes. isolierter Stall (IS). Die Baukosten (bzw. jährl. Gebäudekosten) je Huhn betrugen beim O = 1000 fFr. (160 fFr.), beim GH = 4000 fFr. (400 fFr.). Bei Temp. bis -17 °C betrug der Futterverbrauchs-Index (kg-Futter für 1 kg Eimasse, im Ø 3,55) im Januar bzw. Februar beim O = 4,00 bzw. 4,43, beim GH = 3,50 bzw. 4,30 und beim IS = 3,50 bzw. 3,20. 1957 wurde ein weiterer Offenstall mit zusätzlicher elektrischer Beleuchtung (OEB) in den Versuch einbezogen. Der Futterverbrauchs-Index der gleichen Monate war beim O = 3,91 bzw. 4,13, beim OEB = 3,38 bzw. 3,66, beim GH = 3,59 bzw. 3,56 und beim IS = 3,57 bzw. 3,50. Die je Huhn um 50 fFr. höheren Futterkosten wurden durch die um 240 fFr. geringeren Unterhaltungs- und Amortisationskosten mehr als gedeckt. Diese Ergebnisse fordern eine weitere Prüfung dieses Fragenkomplexes. Angaben über die frostfreie Gewinnung der Eier fehlen. E.Kulpe. 13635a.

F i s c h e r, Werner A. Mehr Eier mit weniger Futter. Automatische Be- und Entlüftung eines Hühnerstalles? 2. Mitt. - Dtsch. Geflügelwirtsch. 14 (1962) Nr.16. S.198-200. - 6 Abb., 2 Schemata.

Vf. führte zur Veranschaulichung der stallklimatischen Verhältnisse an einer Legehalle von 800 m² (20 m x 40 m; in 2 Ställe längs geteilt) Wärme- und Feuchtigkeitsberechnungen durch. In der Mitte des Stalles ist eine Kotgrube angeordnet und mit Lattenrosten abgedeckt. Die Scharräume liegen höher als der Boden der Kotgruben(H_2S-Bildung). In Längsrichtung ist die Halle durch einen Luftkanal mit Lufteintrittsöffnungen nach beiden Seiten getrennt. Bei einer rel. Feuchte über 70 % wird 1 Radialgebläse über 1 Hygrostaten in Betrieb gesetzt. Die Luft wird aus der Kotgrube (H_2S) abgesaugt. Wenn die Stalltemp. unter 12 °C sinkt, wird gewärmte Frischluft über den Gebläse-Erhitzer in den Stall gedrückt; über 12 °C Außentemp. erfolgt Zufuhr über Schaltuhr. Die Anlage ist für eine 3fache Luftumwälzung pro Std. eingerichtet. Die Berechnungen verdeutlichen, daß z.B. bei Außentemp. von -20 °C die Innentemp. nicht bei +5 °C und 70 % rel. Luftfeuchtigkeit gehalten werden können. Vf. weist darauf hin, daß derartig niedrige Temp. nur kurzzeitig auftreten, die Ställe noch besser isoliert werden können (Kostenfrage), bei solcher Kälte die Feuchtigkeit im Stall gelassen werden kann (bei besserem Wetter kann der Stall wieder austrocknen). Abschließend geht Vf. auf Klima- und Luftumwälzungsanlagen näher ein. F.Schenk. 13635a.

E i l f o r t, Karl. Einrichtungen im Hühnerstall. 2. Folge. - Dtsch. Geflügelwirtsch. 14 (1962) Nr.15. S.187-188. - 8 Schemata. 1. Folge vgl. LZ. Abt. I 8 (1962) Nr.8. S.996.

Vf. legt zunächst kurz dar, daß die Schwerkraftentlüftung unzureichend ist, weil sie nicht unabhängig von den Außenluftverhältnissen arbeitet (Temperaturgefälle). Im Gegensatz hierzu arbeiten Saug- und Druckentlüftung mit Hilfe von Ventilatoren, sie sind demzufolge der Schwerkraftentlüftung überlegen. Vf. beschreibt die Funktionsweise beider Systeme an Hand von Beispielen. F.Schenk. 13635a.

E i l f o r t, K. Einrichtungen im Hühnerstall. 3. Folge. - Dtsch. Geflügelwirtsch. 14 (1962) Nr.21. S.273-274. - 2. Folge vgl. vorst. Ref.
Voraussetzung für ein einwandfreies Stallklima ist eine gut funktionierende Lüftungsanlage. Beim Einbau ist vor allem ein zu geringer Querschnitt des Ansaugschachtes zu vermeiden, weil dadurch die Leistung des Ventilators sinkt. Als Grundregel für die Querschnittsbemessung im Ansaugschacht gilt: 1/2 Luftleistung des Ventilators in m^3/Std. = Querschnitt in cm^2. Strömungstechn. bes. vorteilhaft ist der quadratische Querschnitt. Die Schächte sollen im Stall bis ca. 40 cm über den Stallfußboden geführt werden, damit auch die schädlichen Schwergase abgesaugt werden. Von bes. Bedeutung für die Lufterneuerung sind bei der Saugentlüftung die Frischluftöffnungen. Die einströmende Frischluft soll kontinuierlich den ganzen Stall durchspülen, ohne Zugerscheinungen zu verursachen. Vf. empfiehlt ggf. einen Fachmann zu Rate zu ziehen, um Fehler von vornherein zu vermeiden. F.Schenk. 13635a.

A n o n y m. Ein neuer Stalltyp aus England. - Geflügelhof [Zollikofen-Bern] 25 (1962) Nr.7. S.108-110. - 7 Abb., 2 Tab.
Das Gebäude wurde nach dem Baukastenprinzip mit Hilfe vorgefertigter Holzbauelemente errichtet, wobei wahlweise Wandelemente mit oder auch ohne Fenster eingesetzt werden können. Die mit Steinwolle gedämmten Wandelemente sind außen mit Brettern, innen mit Asbestbetonplatten verschalt. Die gewölbte Dachkonstruktion trägt eine Wärmedämmung aus Leichtbauplatten unter einer Dachhaut aus Well-Aluminium. Unter den in der fensterlosen Außenwand installierten Ventilatoren sind Heizrohre angebracht. An den Stirnwänden sind Durchfahrtore angeordnet. In 2 Tab. werden Baupreise in Abhängigkeit von der Zahl der Bauelemente angegeben. H.Wanka. 13635a.

A n o n y m. Ein neuer "Norm-Stall" für bäuerliche Geflügelhaltungen. - Geflügelhof [Zollikofen-Bern] 25 (1962) Nr.9. S.140-141. - 5 Abb.
Eine Schweizer Fa. stellt aus Normelementen von 121 cm Breite Geflügelställe verschiedener Größe her, sogar Legehallen von 12 m Breite und beliebiger Länge. Die Wände bestehen außen aus Eternit, innen aus Hart-Pavatex. Dazwischen isolieren 2 Luftschichten und 1 Wannerit-Platte die Wandungen vorzüglich (k-Wert = 1,0). Das Dach ist mit Well-Eternit gedeckt mit darunterliegenden Wanneritplatten; Lüftung durch den First. Die mit punktgeschweißtem Drahtgeflecht und Sitzstangen überdeckte Kotgrube befindet sich in der Mitte des Stalles, darüber Futterautomaten und Rinnentränke. Die Nester stehen an der Stallaußenwand. E.Mothes. 13635b.

G r i g o r e v, G.K. (Grigorjew, G.K.) Rekonstrukcija uzkogabaritnogo ptičnika. (Die Rekonstruktion der Geflügelställe in Schmalbauweise.) - Pticevodstvo, Moskva 1962 Nr.2. S.25-28. - 5 Zeichn.
Nach der Rekonstruktion der alten schmalgiebligen Ställe werden je m^2 5,25 Hennen, also insgesamt 3000 je Stall, gehalten. 1 AK betreut 6000 Hennen. An der Hinterseite der Ställe befindet sich ein 2,20 m breiter Kotbunker, der mit einem Lattenrostboden bedeckt ist. Auf dem Kotbunker befindet sich eine Reihe Gemeinschaftsnester mit schrägem Nestboden und Transportband. Zwischen 2 offenen Futtertrögen ist eine Hängebahn angebracht. An der Vorderseite des Kotbunkers ist eine Durchlauftränke. H.Pingel. 13635f.

H a n e b e r g, B.; München. Der Hühnerstall im Geflügelzelt der DLG-Ausstellung in München. - Dtsch. Geflügelwirtsch. 14 (1962) Nr.20. S.253-254. - 3 Abb., 1 Zeichn.
Der maschinell hergestellte Holzstall ist in Riegelkonstruktion ausgeführt, dessen genormte 2 m lange Einheiten sich nach Bedarf aneinanderreihen lassen. Die Normalgröße des Stalles beträgt 20 m x 10 m = 200 m^2 und bietet 800 Legehennen Platz. Ausgestellt wurde ein Stall von 20 m Länge, jedoch nur halber Tiefe von 5 m, der mit 250 "Edelweiß-Hybridjunghennen" besetzt war. Über die konstruktive Ausführung der Außen- und Innenverschalung, des Dachstuhles, der Stalldecke, der Fenster aus Gitterplastik sowie über die Inneneinrichtung wie Kotgrube, Sitzstangen, Tränkanlagen, Futterversorgung mittels eines Futterbandes und über verschiedene Legenester werden einige Angaben mitgeteilt. Die Lüftung des Stalles erfolgt durch Luftschächte mit regulierbaren Ventilatoren. H.Strecke. 13635f.

K o v l e r, B. (Kowler, B.); Abt. für Ländl. Bauwes. der Staatl. Bauverwalt. der RSFSR. Proekty krupnych mechanizirovannych pticefabrik. (Entwürfe für mechanisierte Geflügelfabriken.) - Sel'skoe stroitel'stvo, Moskva 16 (1962) Nr.9. Ekspress-informacija po sel'skomu stroitel'stvu Nr. 5. S.1-8. - 6 Abb., 2 Zeichn.
Der Entwurf einer Geflügelfabrik für 50 000 Legehennen in Käfighaltung umfaßt: 1. 1 Hauptgebäude mit den Abteilungen für die Legehennenkäfige und die Kükenaufzucht, die Brutabteilung und die Futterküche mit Futterlager; 1 Geflügelstall für 9000 Tiere mit Ausläufen; 4 Akklimatisatoren mit Ausläufen und die erforderlichen Nebengebäude. Es sollen 230 t Geflügelfleisch und 10 Mill. Eier pro Jahr erzeugt werden. Die Gebäude werden aus Stahlbetonfertigteilen unter Verwendung örtlicher und neuer Baustoffe errichtet. -

Beschrieben werden außerdem: 1 Geflügelfabrik für die Käfighaltung von 250 000 Legehennen; 1 Geflügelfarm für 100 000 Legehennen und Geflügelfarmen für 500 000 - 600 000 und 1 000 000 - 1 200 000 Broilerküken. In allen diesen Projekten ist die Vollmechanisierung und Teilautomatisierung der Futterzubereitung und -verteilung, des Eiereinsammelns und der Entmistung vorgesehen. F.Schenk. 13635f.

G u l d a, V. und H o v o r k a, J. Der Bau großer automatisierter Geflügelhaltungsbetriebe. - Int. Z. Landwirtsch. /Sofia/Berlin/ 1962 Nr.4. S.46-50. - 6 Abb., 7 Tab.

Automatisierte Betriebe werden für die Eierproduktion mit je 100 000 (I), andere mit je 24 000 Legehennen (II) aufgebaut, die Broilerbetriebe (III) haben eine Kapazität von 448 000 Tieren je Durchgang. Planzahlen: Zu I: Gruppenkäfige, 40 Hennen je Käfig 135 x 300 x 60 cm groß, netzartiger Käfigboden, Kotkratzer, mechanischer Kotabwurf durch Schacht auf ein Fahrzeug. Zu II: Einetagige Gebäude ohne Fenster, 12 getrennte Räume, 7 Hennen/m^2, Gitterboden mit 20 cm Leistenabstand. I und II gemeinsam je Henne tägl. Futterverbrauch 140 g, 0,5 l Wasser in Durchlauftränken, 50 cm Troglänge für 40 Hennen, automatische Futterkrippe, Beleuchtung 16 Std. tägl., Ultraviolettbestrahlung 3 x tägl. einige Min., mech. Eiersammeln und automatisches Reinigen, Sortieren und Verpacken derselben. Zu III: 10 viergeschossige Gebäude je Etage 8 fensterlose Räume mit je 5 600 Tieren (15 Tiere/m^2). Alle Arbeitsgänge sind voll mech. Eine Mastperiode dauert 80 Tage einschl. 10 Tage für Desinfektion, Reparaturen, Einstreuwechsel und Austausch der Kükenpartien. Täglich werden Küken eingestallt und im eigenen Schlachthaus geschlachtet. In Tab. werden ausführliche Kennziffern zum ökonomischen Vergleich zwischen alten und neuen Produktionsformen mitgeteilt.

H.Ostheeren. 13635f.

H. BAUTEN FÜR DIE VORRATSHALTUNG UND KONSERVIERUNG

G a r b e n, Rolf; Hannover, Landwirtschaftskammer, Bauabt. Futterlagerung auf dem Hof.-Mitt. dtsch. Landwirtsch.-Ges. 76 (1961) Nr.51/52. S.1624. 1626.1628.

Bericht über eine Studienreise nach Dänemark und Südschweden: Es gibt Ställe, die es erlauben, 1 Fütterer 1000 bis 1300 Schweine bzw. 1 Melker die Versorgung von 60 bis 70 Milchkühe anzuvertrauen. Mastschweine füttert man am einfachsten mit einem Kraftfuttergemisch. In Schweden ist auch für Schweine ein Futterband entwickelt worden, wie es das für Geflügel schon lange gibt. Das Band wird von hochgestellten Behältern beschickt. Rüben, Grünfutter und rohe Kartoffeln verlangen einen höheren Aufbereitungsaufwand, der nur für Zuchtsauen gerechtfertigt ist. Nur sorgfältig durchdachte bauliche Lösungen können hier Arbeit ersparen. Bei überwiegender Kartoffelmast hilft Silieren Arbeit sparen. Auch beim Rindviehstall sollen Rüben, Gärfutter u.a. Futtermittel möglichst nahe bei der Krippe lagern. Außer dem Hochsilo empfiehlt Vf. auch Fahrsilos, deren Vorzüge auf arbeitswirtsch. Gebiet (Selbstfütterung) und bei den geringen Baukosten liegen. Der Heubergeraum muß dem Stall so zugeordnet werden, daß eine spätere Verwendung für andere Zwecke (z.B. Getreidesilo) möglich ist. Bereits der Einbau einer Heubelüftungsanlage führt zu höheren Stapeln auf kleiner Grundfläche. Das Strohlager ist knapp zu bemessen, erdlastige Lagerung ist günstig. Man strebt strohlose Aufstallung an. Da sich die Rübenfütterung künftig verringern wird, ist das Rübenlager so anzulegen, daß man es später anderweitig verwenden kann. E.Mothes. 13705.

A p e r d a n n i e r, R. Heutürme. - Mitt. dtsch. Landwirtsch.-Ges. 76 (1961) Nr.31. S.990. - 4 Abb., 1 Tab.
In Baden-Württemberg sind in einigen landwirtsch. Betrieben bereits eine Anzahl von modernen Heutürmen in Betrieb. Während einer Lehrfahrt der Futter- und Grünlandabt. der DLG wurden in den Betrieben Kloster-Beuron und bei A.Ganal, Berg bei Ravensberg, zwei derartige Anlagen besichtigt. Bei diesen Heutürmen handelt es sich um Stahlkonstruktionen, die auf Betonfundamenten ruhen. Die Verkleidung des Gerüstes besteht aus Welleternitplatten mit Luftaustrittsöffnungen. Die achteckigen Türme haben einen Dmr. von rund 7 m und sind 6, 8, 10 oder 12 m hoch. Die Beschickung des Heuturmes erfolgt durch ein Gebläse, daß das 8 bis 12 cm kurzgehäckselte Heu in den Turm fördert. In der Mitte des Turmes bleibt durch einen Stöpsel, der während des Füllens automat. hochgezogen wird, ein Hohlschacht zur Belüftung frei. Nach Angabe der Herstellerfirma kann das Heu mit einem Wassergehalt von 40 % in den Turm eingelagert werden. Die Entnahme erfolgt durch rotierende Sternräder, die das Heu von der Oberfläche "abfräsen" und in den Hohlschacht schieben. Durch den Hohlschacht fällt das Heu auf einen Förderer unterhalb des Turmes, der das Heu bei vollkommener Mechanisierungsstufe bis auf den Futtertisch bringt. Damit wird - wie beim Harvestore-Verfahren - eine geschlossene Futterkette geschaffen. Der Bau von Heutürmen ist nur dann wirtsch., wenn Neubauvolumen eingespart wird.
Chr.Rudolph. 13710.

B ö h l, K. und S a u e r, K.; Frankfurt/Oder, Inst. für Landwirtsch. beim Rat des Bezirkes. Trocknung und Lagerung von Mähdrescherspreu. - Dtsch. Landwirtsch. 13 (1962) Nr.6. S.304-307. - 1 Abb., 7 Zeichn.
Es werden 3 Möglichkeiten beschrieben: a) Spreuturm ohne zusätzliche Belüftung in der LPG Wriezen. Der Turm hat bei 10 m Höhe und 4 x 5 m Grundfäche ein Fassungsvermögen von 200 m³. Die Gestehungskosten betrugen 4068.- DM. 1 dt Spreu wird bei zehnjähriger Haltbarkeit des Turmes mit 2,04 DM Baukosten belastet. b) Kaltlufttrocknung bei Flachlagerung auf Rost in ungenutzten Gebäuden in der LPG Pinnow. Bei einem Fassungsvermögen von 480 m³ wurden 2 Gebläse "SK 8" verwandt. Bei geeigneten Gebäuden entstehen lediglich Ausgaben für Trocknungsroste und für Strom zum Betrieb der Lüfter. c) Spreutrockenschuppen 6 x 15 m mit kombinierter Wirkung von Außenluft und Belüftungsgebläse in der LPG Günterberg. Neben der trocknenden Außenluft wurde ein Gebläse "SK 8" verwandt. W.Gratz. 13710.

H e n r i k s s o n, Rolf; Lund, Schweden, Staatl. Anst. für Landwirtsch. Bauforsch. Getreidekühllagerung. - Agricultura /Lund/ 1960 Nr.1. 13 S. - 4 Abb., 2 Diagr., 1 Tab.
Weil die Getreidetrocknung mit künstlich erwärmter Luft rel. teuer ist,

untersuchte die Forschungsanstalt die Möglichkeiten der Getreidekühlung. Dadurch wird die Atmung der Körner reduziert, die Tätigkeit der Mikroorganismen wird gehemmt. Die Getreidetemp. soll nicht über 12-15 °C betragen, am besten bis zu +5 °C abgesenkt werden. Durch die Erwärmung der ins Getreide eingeblasenen kalten Luft senkt sich deren rel. Feuchtigkeit. Dadurch kommt es zu einer nicht unwesentlichen Trocknung während der Kühlung. Die Versuche erfaßten Futter- und Saatgetreide. Bei einem anfänglichen Feuchtigkeitsgehalt von 22 % und einer Durchschnittstemp. von weniger als 12 bis 15 ° betrug die Keimfähigkeit des Saatgetreides nach der Lagerung noch 92 bis 97 %. Die Kühlung des Getreides geschieht in geringem Maße durch Selbstventilation, in stärkerem Maße durch Ventilatoren. Nach Möglichkeit ist die Nachtluft zur Kühlung auszunutzen. Die Schütthöhe des Getreides soll bis zu 2 m betragen. Die Leistung des Ventilators ist mit 120 m^3Luft/m^3Getreide zu bemessen, wobei ein Luftwiderstand von 48 mm WS entsteht. Die Ventilatoren können von Hand, halbautomatisch und vollautomatisch gesteuert werden, wobei Vf. auf Differentialthermostaten hinweist. Die Luftgeschwindigkeit soll 10 m/sec nicht übersteigen. Die Verteilung der Luft unter dem Getreide kann mittels eines perforierten Fußbodens, durch Verteilerkanäle oder durch einen Gitterfußboden geschehen. Günstig lassen sich für diese Einrichtungen Altbauten ausnutzen. E.Mothes. 13715.

E n j o u v i n, H. Coopérative fruitière agricole de Saint-Andiol-Bouches-du-Rhône. (Obstgenossenschaft in Saint-Andiol-Bouches-du Rhône.) - Génie rural 55 (1962) Nr.1. S.15-21.

1958 besuchten 35 Bauern die bestehende Genossenschaft "La Muscadelle" und beschlossen daraufhin, eine eigene Genossenschaft zu gründen. Die Betriebe der 35 Bauern liegen in einem Umkreis von 10 km und besitzen etwa 900 ha Nutzfläche. Die Genossenschafter brauchen sich nicht um Konservierung und Verkauf ihrer Früchte zu sorgen. Dagegen sind sie gezwungen, alle Früchte (verschiedene Sorten von Pfirsichen, Birnen und Äpfeln) für den Verkauf vorrätig zu halten. Im Betriebsgebäude der Genossenschaft sind Annahme- und Sortierräume, Kühlräume, Eisenbahnanschlußgleise, Räume für Verpackungsmaterial usw. untergebracht. Die Verwaltungs- und Personalräume befinden sich in einem danebenstehenden Geschoßbau. Die einzelnen Abteilungen sowie die Kühlanlagen werden beschrieben. G.Hutschenreuther. 13720.

K o r o b o v a, N. (Korobowa, N.) Universal'noe ovoščeplodochranilišče. (Universelle Gemüse- und Obstlagehalle.) - Sel'skoe stroitel'stvo, Moskva 16 (1962) Nr.10. S.12-13. - 2 Zeichn.

Das Zentrale Forsch.-Inst. für Experimentalbauten der Akad. für Bauwesen und Architektur der UdSSR arbeitete mit dem Giprotorg den Entwurf eines Lagerhauses für 2600 t Kartoffeln aus. In großen spezialisierten Landwirtschaftsbetrieben können dort gleichzeitig Kartoffeln, Gemüse und Früchte gelagert werden. Das Gebäude enthält 3 Kühlkammern und 4 Kammern ohne Kühleinrichtung sowie Nebenräume. Dadurch kann den unterschiedlichen Klimaforderungen der Lagergüter Rechnung getragen werden. Die Lagerung erfolgt in Kisten oder Paletten. Zum Entladen der Lastkraftwagen ist ein fahrbares Entladegerät mit 1,5 t Tragfähigkeit vorhanden. Das Lagerhaus ist 62 m lang, 36 m breit und

4,2 m hoch. Es wird aus Stahlbetonfertigteilen zusammengesetzt.
G.Hutschenreuther. 13720.

S ü d m e y e r, Waltraud; Wiesbaden. Kühlprobleme bei der Obst- und Gemüselagerung. - Bauen auf d. Lande 13 (1962) Nr.12. S.306-307. - 2 Abb.
Für die Obst- und Gemüselagerung sind kältetechn. Ausrüstungen und zweckentsprechende Lagerräume erforderlich. Gefordert wird rasches Herunterkühlen auf die optimale Lagertemp., Erreichen optimaler Luftfeuchtigkeit und gleichmäßige Luftbewegung mit 12-18 fachem Luftwechsel/Std. Luftgekühlte Lagerräume reichen nicht mehr aus. Heute kann die Steuerung und Kontrolle sämtlicher Lagerfaktoren automatisch erfolgen. Bei der üblichen Belegung werden 2-2,5 dt Lagergut/m^3 Luftraum gelagert. Eine künstliche Erhöhung der Luftfeuchtigkeit und Reinigung der Luft kann durch Wand- oder Deckenverdampfer in Verbindung mit Wasserbrausen, durch Luftwaschgeräte in Turmform zum Entfernen flüchtiger Aromastoffe aus der Lagerluft und durch kombinierte Luftwaschgeräte mit Ultra-Violettstrahlern zum Abtöten von Keimen erfolgen.
H.Finsterbusch. 13720.

A n o n y m. Moderne Obstvermarktung. - Bauen auf d. Lande 13 (1962) Nr.12. S.310-311. - 2 Zeichn.
Für die Obstvermarktung werden moderne Gebäude erforderlich. Die Gebäude des Obstgroßmarktes in Heilbronn haben eine Kapazität von 10 000 t. Die Gebäude sind in Sortier-, Verpackungs-, Lager- und Versteigerungsabt. gegliedert. Der Warenfluß erfolgt kreuzungsfrei auf 3 m breiten Wegen in einer Ebene. Verladen wird das Obst in Paletten oder in Kisten auf Paletten mit Hilfe von Elektro-Hubstaplern. In der Annahmehalle, die bei hohen Außentemp. ventiliert, bei niedrigen temperiert werden kann, verbleiben unreife Sorten bis zur Reife. Lagersorten werden direkt oder nach der Sortierung in Kühlzellen eingelagert. Die zentralliegende Sortierhalle ist mit zwei Hochleistungs-Sortiermaschinen ausgestattet. Die Versteigerungshalle faßt 120 t. Das Kühlhaus besteht aus sechs gleichen Kühlzellen mit Turmverdampfern und Luftwäschen mit jeweils 50 t Fassungsvermögen. H.Finsterbusch. 13720.

H e n d r i c h, Karl-Heinz; Hannover. Typisierung von freigestellten Kartoffellagerhäusern. - Kartoffelbau 13 (1962) Nr.12. S.271.
Vf. beschreibt einen kleinen Typ mit einem Fassungsvermögen von 100 - 300 t und ein Lagerhaus für Einlagerungsmengen über 300 t. Beide Lösungen unterscheiden sich durch unterschiedliche Boxentiefe und Schütthöhe. Der kleinere Typ hat eine Boxentiefe von 4 m und eine Schütthöhe von 3 m. Bei einer Durchfahrtbreite von 6,5 m und 2reihiger Boxenanordnung ergibt sich eine Gebäudebreite von 14,5 m. Die Gebäudelänge ist variabel und richtet sich nach der geforderten Einlagerungsmenge. Das Fassungsvermögen je Boxe beträgt etwa 275 dt. Für größere Einlagerungsmengen ist eine Schütthöhe von 3,5 m wirtschaftlicher. Die Kartoffeln lagern auf einem Lattenrost, dessen Höhe durch die Abmessungen des Entnahmebandes bestimmt ist. Die Boxen bestehen aus Holzbohlen zwischen Holzstielen, die im Betonfußboden verankert sind. Die Dachkonstruktion wird freitragend ausgeführt. Jede Boxe kann einzeln klimatisiert werden. Die Ventilatoren saugen die Luft aus dem belüfteten

Dachraum an, und fördern sie unter die Lattenroste. Die Abluft gelangt durch Austrittsöffnungen im Giebel auf direktem Weg ins Freie. Vertiefte Luftkanäle sowie Luftverteiler innerhalb der Boxe entfallen. Zum Abschluß gibt Vf. eine kurze Baubeschreibung. W.Heinig. 13725.

H e n d r i c h, Karl-Heinz; Hannover. Lagerräume für Kartoffeln. - Bauen auf d. Lande 13 (1962) Nr.12. S.312. 314-315. - 4 Abb., 1 Zeichn.
Durch Kartoffellagerräume können der Arbeitsaufwand um mehr als die Hälfte gesenkt, Verluste gemindert, Qualität verbessert und die Arbeitsspitze verringert werden. Die baulichen Forderungen bestehen in einer ausreichenden Wärmedämmung, um optimale Lagertemp. zu gewährleisten. Die Lüftungseinrichtungen werden thermostatisch gesteuert. Kartoffellagerräume bestehen aus einem Arbeitsraum und Lagerboxen. Der Einbau von Kartoffellagerräumen in nicht genutzte Scheunen ist möglich. Konstruktion und Lüftung erfolgen wie bei freistehenden Lagerhäusern. Die Lüfter müssen 70 m^3 Frischluft je Std. und m^3 Lagergut zuführen. Der Baukostenaufwand beträgt im Mittel im Gebiet der Landwirtschaftskammer Hannover bei Neubauten 20-24 DM/dt Kartoffeln, bei Einbau 12-16 DM/dt Kartoffeln je nach Zustand und Eignung der Gebäude. Kartoffellagerräume können auch als Gemeinschaftseinrichtungen angelegt werden. H.Finsterbusch. 13725.

H a g e n, Peter von dem; Mannheim. Ein Beitrag zum Problem der Dampfsperren in Kartoffellagerhäusern.- Bauen auf d. Lande 13 (1962) Nr.12. S.315-317. - 4 Diagr., 4 Tab.
Zum Verhindern von Feuchtigkeitsschäden werden im Kühlraumbau Wasserdampfsperren eingebaut. Da Kartoffeln am zweckmäßigsten bei +5 °C und 90 % rel. Luftfeuchtigkeit gelagert werden, wurde untersucht, wie sich im Kartoffellagerhaus Wasserdampfsperren auswirken. Bei Lagern ohne maschinelle Kühlanlagen besteht von Nov. bis März ein Wasserdampf-Teildruckgefälle von innen nach außen, in den übrigen Monaten gegenläufig (wichtig für die Anordnung von Sperrschichten). Anhand einiger Diagramme wird der Einfluß des wechselnden Klimas auf die Feuchtigkeitsbewegung durch Diffusion an der Außenwand gezeigt. Wenn der Wasserdampfteildruck p nirgends den zur Temp. t gehörenden Sättigungsdruck ps erreicht, findet keine Kondensation in der Wand statt, es erübrigt sich eine Wasserdampfsperrschicht. Wenn der Wasserdampfteildruck p den zur Temp. t gehörenden Sättigungsdruck ps erreicht, würde eine Sperrschicht auf der warmen Seite erforderlich sein. Jedoch erweisen sich innen gelegene Sperrschichten als ungeeignete Mittel, um Isolierschichten trockenzuhalten, da sich an ihnen im Sommer Feuchtigkeit niederschlägt. Erfolgt eine geringe Feuchtigkeitsausscheidung bei tiefen Temp., wird bei steigender Temp., bereits bei über +1 °C die Feuchtigkeit wieder abgegeben. So werden nur bei ganzjährigem Betrieb 2 Sperrschichten an der Innen- und Außenseite angelegt. H.Finsterbusch. 13725.

A n o n y m. Cutting the price of tower silos. (Glasemaillierte Stahlhochsilo.) - Farm. Mechanizat. 14 (1962) Nr. 149. S.34-36.
Hauptbaustoff dieses Hochsilos sind beiderseits mit Glas überzogene Stahlplatten, die untereinander luftdicht verbunden werden. Ihre Lebensdauer wird auf 100 Jahre geschätzt. Das Dach des Silos besteht aus Plastik-Mate-

rial. Beschickung und Entnahme erfolgen durch eine Reihe von luftdicht verschließbaren Luken, denen ein Abwurfrohr vorgebaut ist. Eine Fräse zur Entnahme von unten ist nicht einsetzbar, dagegen kann jedes Gerät zur Entnahme von oben eingesetzt werden. Höhe, Dmr. und Plattendicke dieses Modells werden angegeben. H. Wanka. 13735b.

H e i n i g e r, Albert. Gasdichte allein genügt nicht. - Prakt. Landtechn. /Wien/ 15 (1962) Nr.17. S.311-312.
Vor etwa 30 Jahren wurde zur Abdichtung von Hochsilos das Tauchdeckelverfahren entwickelt. Dabei ist in die Oberkante des Betonsilos eine U-Rinne eingelassen, die zur Hälfte mit einer Sperrflüssigkeit gefüllt wird. Der Ring des Silodeckels taucht in die U-Rinne, so daß der Silo gasdicht verschlossen wird. Damit ein absolut gasdichter Verschluß erreicht wird, gibt der Vf. einige Hinweise. In der Silowirtschaft sind 2 Wege zu beschreiten, die herkömmliche Naß- oder Frischsilagebereitung für kleinere Silagegaben und die Silagebereitung im Anwelkverfahren. Das angewelkte Siliergut soll mit einem mittleren Wassergehalt von 70 % konserviert werden. Mit dieser Methode kann die Heuernte entlastet werden. W. Heinig. 13735b.

I. BAUTEN FÜR DIE DÜNGERWIRTSCHAFT

M o t t r a m, R.S. Bulk fertilizer cuts handling costs. (Verwendung von unverpacktem Mineraldünger im landwirtschaftlichen Betrieb.) - Dairy Farmer 9 (1962) Nr.3. S.58-59. 65. - 3 Abb.
Bei der Verwendung von losem Dünger sind in der Landwirtsch. 2 Wege gebräuchlich. Entweder wird der Dünger auf Grund vertraglicher Vereinbarungen zu einem bestimmten Termin angeliefert, oder es erfolgt eine Bevorratung im landwirtsch. Betrieb. Im ersten Falle liefert der Händler den Dünger in Behältern mit einer Kapazität von 2 t. Die Behälter werden auf der Farm abgesetzt. Mit dem Düngerstreuer kann man unter den Behälter fahren, so daß der Streuer in kurzer Zeit gefüllt werden kann. Bei der Bevorratung im landwirtsch. Betrieb ist vor allem vom Lagerungsort die Feuchtigkeit fernzuhalten. Durch die Verwendung von losem Dünger können die manuelle Arbeit beseitigt, die Arbeitsproduktivität erhöht und die Kosten gesenkt werden.
W. Heinig. 13830.

K. EINSTELLRÄUME UND WERKSTÄTTEN

O e c h s n e r, Albert; Mannheim. Tankstellen, Garagen und ihre Heizungsprobleme. - Haustechn. Rdsch. 60 (1961) Nr.12. S.273-278. - 9 Abb., 1 Schema, 2 Zeichn.
Es werden versch. Standardtypen für Tankstellen erläutert. Dabei macht Vf. detaillierte Angaben über Umfang des Pflege- und Versorgungsprogramms der unterschiedl. Tankstellenarten mit und ohne Reparatur, mit und ohne Garagen. Gleichzeitig erfolgen Hinweise über die Ausstattung der Tankstellen. Umfangreichen Raum widmet Vf. den gesetzlichen Bestimmungen über den Bau und die Anordnung von Tankstellen und Garagen. Insbesondere werden die §§ über Wände, Decken, Tore, Türen, Fenster, Oberlichte, Feuerstätten, Heizung und Lüftung wörtlich zitiert. Ausführlich werden an Hand von Beispielen Heiz-

möglichkeiten von Garagen erörtert, wobei die Schaltung einer Warmluftanlage im Schema, die Anordnung einer Warmluftheizung und die einer Zentralheizung in einer Tankstelle an Hand von Grundrissen beschrieben werden.

F.K.Mann. 13920.

L. AUSSTELLUNGEN, TAGUNGEN, VORFÜHRUNGEN, REISEN, ÜBERSICHTEN

L j u t i v i n s k a j a, T. (Ljutiwinskaja, T.) Soveščanie po proektirovaniju i stroitel'stvu sovchosov Celinnogo kraja. (Die Beratung über Probleme der Projektierung und des Baues von Sowchosen im Neulandgebiet.) - Architektura SSSR, Moskva 1962 Nr.4. S.62-63.

In Zelinograd fand eine Beratung über Projektierung und Bau von Sowchosen und die Entwicklung der materiell.-techn. Basis in Neulandgebieten statt. An ihr nahmen 500 Vertreter von 240 Organisationen aus 48 Städten der Sowjetunion teil. Anläßlich dieser Tagung fand eine Ausstellung von Projekten statt, die begutachtet und kritisiert wurden. Die Vorträge und Diskussionsbeiträge beschäftigten sich mit der Weiterentwicklung der Sowchosen, mit der Organisation des Bauwesens, mit der Wasserversorgung, Entwässerung und Heizung, mit der Skelettbauweise auch für Wohnhäuser sowie mit der Errichtung gesellsch. Bauten.

G.Hutschenreuther. 13960.

Redaktionsschluß: 20. 6. 1963

Herausgeber: Deutsche Demokratische Republik · Deutsche Akademie der Landwirtschaftswissenschaften zu Berlin, Institut für Landwirtschaftliche Information und Dokumentation, Berlin W 8, Krausenstraße 38/39; Fernsprecher: 225161. Chefredakteur: Dr. Ursula Wittbrodt, stellvertretender Chefredakteur: Dr. Werner Kleeberg, Berlin W 8, Krausenstraße 38/39; Fernsprecher: 225161. Redaktion der Abteilung I — Landtechnik: Dr. Joachim Güssefeldt. Verlag: Akademie-Verlag GmbH, Berlin W 8, Leipziger Straße 3—4; Fernsprecher: 220441, Telex-Nr. 011773, Postscheckkonto Berlin 35021. Bestellnummer dieses Heftes: 1030 I—IX/7. Das Landwirtschaftliche Zentralblatt, Abt. Landtechnik, erscheint jährlich in 9 Heften. Einzelheft DM 20,—; einseitig bedruckte Ausgabe DM 24,—. Jahresbezugspreis DM 180,—; einseitig bedruckte Ausgabe DM 216,— einschließl. Autoren- und Sachregister, zuzüglich Porto- und Versandkosten. Gesamtherstellung: VEB Druckerei „Thomas Müntzer" Bad Langensalza. Veröffentlicht unter der Lizenznummer 1289 des Presseamtes beim Vorsitzenden des Ministerrates der Deutschen Demokratischen Republik

Umrechnung von brit. und amerik. Maßen in metrische Maße

(Stand 1. 1. 1960)

Längenmaße

1 in.	25,4	mm
1 ft.	30,5	cm
1 yd.	91,44	cm
1 mile (stat.)	1609,34	m

Geschwindigkeitsmaße

1 ft.p.m.	0,0051	m/s
1 m.p.h.	0,447	m/s
	1,609	km/h

Flächenmaße

1 sq.in.	6,452	cm^2
1 sq.ft.	929,03	cm^2
1 sq.yd.	0,836	m^2
1 acre	0,405	ha
1 sq.mile	2,59	km^2

Raummaße

1 cu.in.	16,39	cm^3
1 cu.ft.	28,32	l
1 cu.yd.	0,7646	m^3
1 acrefoot	1233,48	m^3
1 reg.ton	2,8317	m^3
1 Imp.gal.	4,5460	l
1 USA gal.	3,7854	l
1 bu. (Brit.)	36,368	l
1 bu. (USA)	35,242	l
1 qt.	0,291	l
1 pt.	0,568	l
1 liquid oz.	35,5	cm^3
1 liquid gal. (Brit.)	4,546	l
1 liquid gal. (USA)	3,785	l
1 petr. barrel	1,588	hl

Gewichtsmaße

1 oz.	(Brit.)	28,35	g
	(USA)		
1 lb.	(Brit.)	0,4536	kg
	(USA)		
1 qt.	(Brit.)	12,7	kg
	(USA)	11,34	kg
1 cwt.	(Brit.)	50,80	kg
	(USA)	45,36	kg

1 long ton (Brit.)	1,016	t
1 short ton (USA)	0,907	t

Gewichte/Längeneinheit

1 oz./in.	11,161	g/cm
/ft.	9,301	g/dm
1 lb./in.	0,17858	kg/cm
/ft.	1,4882	kg/m
/yd.	0,4961	kg/m
1 long ton/in.	40,002	t/m
/ft.	3,3335	t/m
/yd.	1,1112	t/m
1 short ton/in.	35,716	t/m
/ft.	2,976	t/m
/yd.	0,992	t/m

Gewichte/Flächeneinheit

1 oz./sq.in.	4,394	g/cm^2
/sq.ft.	0,305	kg/m^2
1 lb./sq.in.	0,070	kg/cm^2
	51,715	mmQS
1 lb./sq.in.	4,882	kg/m^2
/sq.yd.	0,5425	kg/m^2
1 long ton/sq.in.	157,488	kg/cm^2
/sq.ft.	10,937	t/m^2
/sq.yd.	1,215	t/m^2
1 short ton/sq.in.	140,614	kg/cm^2
/sq.ft.	9,765	t/m^2
/sq.yd.	1,085	t/m^2

Gewichte/Raumeinheit

1 oz./cu.in.	1,730	g/cm^3
/cu.ft.	1,001	kg/m^3
1 lb./cu.in.	27,68	g/cm^3
/cu.ft.	16,019	kg/m^3
/cu.yd.	0,593	kg/m^3
/Imp.gal.	0,0998	kg/dm^3
/USA gal.	0,1198	kg/dm^3
/pt.	0,7982	kg/dm^3
1 cwt./Imp.gal.	0,1766	kg/dm^3
1 long ton/cu.ft.	35,8815	t/m^3
/cu.yd.	1,3289	t/m^3
1 short ton/cu.ft.	32,071	t/m^3
/cu.yd.	1,187	t/m^3

Temperatur

1 °F $= 4/9°\ R = 5/9°\ C$

Temp. °C $= 5/9 \times$ (Temp. °F − 32°)

Temp. °R $= 4/9 \times$ (Temp. °F − 32°)

Wärme

1 BTU	$1{,}076 \cdot 10^{2}$	kgm
	$7{,}783 \cdot 10^{2}$	ft.-lb.
	$2{,}9303 \cdot 10^{-4}$	int.kWh
	$2{,}5200 \cdot 10^{-1}$	ITkcal
	$3{,}9307 \cdot 10^{-4}$	HPh

Arbeit, Energie

1 ft.-lb.	0,1383	kgm
	$1{,}3826 \cdot 10^{-1}$	kgm
	$3{,}7650 \cdot 10^{-7}$	int.kWh
	$3{,}2379 \cdot 10^{-4}$	ITkcal
	$1{,}2849 \cdot 10^{-3}$	BTU
1 HPh	$1{,}980 \cdot 10^{6}$	ft.-lb.
	$2{,}7375 \cdot 10^{6}$	kgm
	1,0139	PSh
	$7{,}4548 \cdot 10^{-1}$	int.kWh
	$6{,}4110 \cdot 10^{2}$	ITkcal
	$2{,}5441 \cdot 10^{3}$	BTU

Leistung

1 ft.-lb./s	$1{,}3826 \cdot 10^{-1}$	kgm/s
	$3{,}2379 \cdot 10^{-4}$	ITkcal/s
	$1{,}8434 \cdot 10^{-3}$	PS
	$1{,}8182 \cdot 10^{-3}$	HP
	$1{,}3554 \cdot 10^{-3}$	int.kW
	$1{,}2849 \cdot 10^{-3}$	BTU/s
1 HP	76,04	kgm/s
	550,0	ft.-lb./s
	1,01387	PS
	$7{,}4548 \cdot 10^{-1}$	int.kW
	$1{,}7808 \cdot 10^{-1}$	ITkcal/s
	$1{,}0139 \cdot 1$	ITkcal/s
	$7{,}0670 \cdot 10^{-1}$	BTU/s
BTU/s	$1{,}076 \cdot 10^{2}$	kgm/s
	$7{,}783 \cdot 10^{3}$	ft.-lb./s
	1,0549	int.kW
	$2{,}520 \cdot 10^{-1}$	ITkcal/s
	1,435	PS
	1,415	HP

Berichtigung

Bei der Drucklegung ist die Seite 871 mit der Seite 881 vertauscht worden. Wir bitten das Versehen zu entschuldigen.

Die Druckerei

Kolibri 360 GmbH
Ferdinand-Jühlke-Straße 7
99095 Erfurt, Deutschland
produktsicherheit@kolibri360.de